全国计算机技术与软件专业技术资格（水平

程序员
2012至2017年试题分析与解答

全国计算机专业技术资格考试办公室 主编

清华大学出版社
北京

内 容 简 介

程序员级考试是全国计算机技术与软件专业技术资格（水平）考试的初级职称考试，是历年各级考试报名中最大的热点之一。本书汇集了 2012 上半年到 2017 下半年的所有试题和权威的解析，参加考试的考生，认真读懂本书的内容后，将会更加了解考题的思路，对提升自己考试通过率的信心会有极大的帮助。

图书在版编目（CIP）数据

程序员 2012 至 2017 年试题分析与解答 / 全国计算机专业技术资格考试办公室主编. —北京：清华大学出版社，2018

（全国计算机技术与软件专业技术资格（水平）考试指定用书）

ISBN 978-7-302-50855-7

Ⅰ. ①程…　Ⅱ. ①全…　Ⅲ. ①程序设计 – 资格考试 – 题解　Ⅳ. ①TP311.1-44

中国版本图书馆 CIP 数据核字（2018）第 181535 号

责任编辑：杨如林
封面设计：常雪影
责任校对：徐俊伟
责任印制：李红英

出版发行：清华大学出版社
　　　　　网　　　址：http://www.tup.com.cn, http://www.wqbook.com
　　　　　地　　　址：北京清华大学学研大厦 A 座　　　邮　　编：100084
　　　　　社 总 机：010-62770175　　　　　　　　邮　　购：010-62786544
　　　　　投稿与读者服务：010-62776969，c-service@tup.tsinghua.edu.cn
　　　　　质量反馈：010-62772015，zhiliang@tup.tsinghua.edu.cn
印 装 者：三河市君旺印务有限公司
经　　销：全国新华书店
开　　本：185mm×230mm　印　张：34.5　防伪页：1　字　数：733 千字
版　　次：2018 年 10 月第 1 版　　　　　　　　印　次：2018 年 10 月第 1 次印刷
定　　价：128.00 元

产品编号：080249-01

前　言

根据国家有关的政策性文件，全国计算机技术与软件专业技术资格（水平）考试（以下简称"计算机软件考试"）已经成为计算机软件、计算机网络、计算机应用、信息系统、信息服务领域高级工程师、工程师、助理工程师、技术员国家职称资格考试。而且，根据信息技术人才年轻化的特点和要求，报考这种资格考试不限学历与资历条件，以不拘一格选拔人才。现在，软件设计师、程序员、网络工程师、数据库系统工程师、系统分析师、系统架构设计师和信息系统项目管理师等资格的考试标准已经实现了中国与日本互认，程序员和软件设计师等资格的考试标准已经实现了中国和韩国互认。

计算机软件考试规模发展很快，年报考规模已超过 30 万人，二十多年来，累计报考人数约 500 万人。

计算机软件考试已经成为我国著名的 IT 考试品牌，其证书的含金量之高已得到社会的公认。计算机软件考试的有关信息见网站 www.ruankao.org.cn 中的资格考试栏目。

对考生来说，学习历年试题分析与解答是理解考试大纲的最有效、最具体的途径。

为帮助考生复习备考，全国计算机专业技术资格考试办公室汇集了程序员 2012 年至 2017 年的试题分析与解答，以便于考生测试自己的水平，发现自己的弱点，更有针对性、更系统地学习。

计算机软件考试的试题质量高，包括了职业岗位所需的各个方面的知识和技术，不但包括技术知识，还包括法律法规、标准、专业英语、管理等方面的知识；不但注重广度，而且还有一定的深度；不但要求考生具有扎实的基础知识，还要具有丰富的实践经验。

这些试题中，包含了一些富有创意的试题，一些与实践结合得很好的佳题，一些富有启发性的试题，具有较高的社会引用率，对学校教师、培训指导者、研究工作者都是很有帮助的。

由于作者水平有限，时间仓促，书中难免有错误和疏漏之处，诚恳地期望各位专家和读者批评指正，对此，我们将深表感激。

编　者

目　　录

第1章　2012上半年程序员上午试题分析与解答

试题（1）、（2）

Word 2003 中的水平标尺如下图所示，图中①和②分别表示__(1)__；图中③和④分别表示__(2)__。

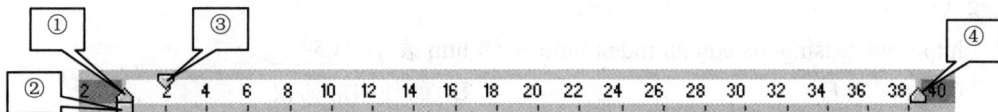

（1）A. 首行缩进和左缩进　　　　　　　　B. 悬挂缩进和左缩进

　　　C. 首行缩进和右缩进　　　　　　　　D. 悬挂缩进和右缩进

（2）A. 首行缩进和左缩进　　　　　　　　B. 悬挂缩进和左缩进

　　　C. 首行缩进和右缩进　　　　　　　　D. 悬挂缩进和右缩进

试题（1）、（2）分析

本题考查 Word 方面的基础知识。

段落缩进是指段落与左、右页边距的距离。在 Word 中，编辑窗口中的水平标尺上分别显示了段落的缩进标记，包括首行缩进、悬挂缩进、左缩进和右缩进。各类缩进的含义如下：

- 首行缩进：指段落的第一行相对于左页边距向右缩进的距离，如首行空两个字符。图中③表示首行缩进。
- 悬挂缩进：指段落的除第一行外，其余各行相对于左边界向右缩进的距离。图中①表示悬挂缩进。
- 左缩进：指整个段落的左边界向右缩进的距离。图中②表示左缩进。
- 右缩进：指整个段落的右边界向左缩进的距离。图中④表示右缩进。

参考答案

（1）B　　　（2）C

试题（3）、（4）

在 Excel 中，设 A1 单元格的值为 23，A2 单元格的值为 36，若在 A3 单元格中输入 A1–A2，则 A3 单元格中的内容为__(3)__；若在 A3 单元格输入公式"=TEXT(A2, "￥0.00")"，则 A3 单元格的值为__(4)__。

（3）A. –13　　　　　B. 13　　　　　　C. ######　　　　D. A1–A2

（4）A. ￥36　　　　　B. ￥36.00　　　　C. 36.00　　　　　D. #VALUE

试题（3）、（4）分析

本题考查 Excel 应用知识。

根据题意，在 A3 单元格中输入 A1–A2，意味着在 A3 单元格中输入的是字符串，所以选项 D 是正确的。

函数 TEXT 的功能是根据指定格式将数值转换为文本，公式 "=TEXT(A1,"￥0.00")" 转换的结果为￥36.00，因此试题（4）正确的答案为选项 B。

参考答案

（3）D　　（4）B

试题（5）

http:// www.tsinghua.edu.cn/index.html 中的 http 表示　__（5）__　。

（5）A. 域名　　　　　　　　　　　　B. 所使用的协议

　　　C. 访问的主机　　　　　　　　　D. 请求查看的文档名

试题（5）分析

本题考查网络地址方面的基础知识。

统一资源地址（URL）用来在 Internet 上唯一确定位置的地址，通常用来指明所使用的计算机资源位置及查询信息的类型。http://www.tsinghua.edu.cn/index.html 中，http 表示所使用的协议，www.tsinghua.edu.cn 表示访问的主机和域名，com.cn 表示域名，index.html 表示请求查看的文档。

参考答案

（5）B

试题（6）

寄存器寻址方式中的操作数放在　__（6）__　中。

（6）A. 高速缓存　　　B. 主存单元　　　C. 通用寄存器　　　D. 程序计数器

试题（6）分析

本题考查计算机系统中指令系统的基础知识。

指令中的寻址方式就是如何对指令中的地址字段进行解释，以获得操作数的方法或获得程序转移地址的方法。常用的寻址方式有：

- 立即寻址。操作数就包含在指令中。
- 直接寻址。操作数存放在内存单元中，指令中直接给出操作数所在存储单元的地址。
- 寄存器寻址。操作数存放在某一寄存器中，指令中给出存放操作数的寄存器名。
- 寄存器间接寻址。操作数存放在内存单元中，操作数所在存储单元的地址在某个寄存器中。
- 间接寻址。指令中给出操作数地址的地址。
- 相对寻址。指令地址码给出的是一个偏移量（可正可负），操作数地址等于本条

　　指令的地址加上该偏移量。
- 变址寻址。操作数地址等于变址寄存器的内容加偏移量。

参考答案

　　（6）C

试题（7）

　　以下关于虚拟存储器的叙述中，正确的是　 (7) 　。

　　（7）A. 虚拟存储器的容量必须等于主存的容量

　　　　　B. 虚拟存储器的容量是高速缓存、主存和辅助的容量之和

　　　　　C. 虚拟存储器由应用程序来实现信息调度和管理

　　　　　D. 虚拟存储器由硬件和操作系统来实现信息调度和管理

试题（7）分析

　　本题考查计算机系统中存储器基础知识。

　　虚拟存储器（Virtual Memory）是为了给用户提供更大的随机存取空间而采用的一种存储技术。它将内存与外存（辅存）结合使用，好像有一个容量极大的内存储器，工作速度接近于主存，每位的成本又与辅存相近，在整机形成多层次存储系统。虚拟存储区的容量与物理主存大小无关，而受限于计算机的地址结构和可用磁盘容量。

　　虚拟存储器是由硬件和操作系统自动实现存储信息调度和管理的，其工作过程包括6 个步骤：

　　① 中央处理器将访问主存的逻辑地址分解成组号 a 和组内地址 b，并对组号 a 进行地址变换，即以 a 为索引查地址变换表，以确定该组信息是否在主存中。

　　② 若该组号已在主存，则转而执行④；否则检查主存中是否有空闲区，如果没有，便将某个暂时不用的组调出送往辅存，以便将需要的这组信息调入主存。

　　③ 从辅存读出所要的组，并送到主存空闲区，并登记在地址变换表中。

　　④ 从地址变换表读出与逻辑组号 a 对应的物理组号 a。

　　⑤ 从物理组号 a 和组内字节地址 b 得到物理地址。

　　⑥ 根据物理地址从主存中存取需要的信息。

参考答案

　　（7）D

试题（8）

　　以下关于奇偶校验的叙述中，正确的是　 (8) 　。

　　（8）A. 奇校验能够检测出信息传输过程中所有出错的信息位

　　　　　B. 偶校验能够检测出信息传输过程中所有出错的信息位

　　　　　C. 奇校验能够检测出信息传输过程中一位数据出错的情况，但不能检测出是哪一位出错

　　　　　D. 偶校验能够检测出信息传输过程中两位数据出错的情况，但不能检测出是哪

两位出错

试题（8）分析

本题考查数据校验基础知识。

奇偶校验是一种简单有效的校验方法。这种方法通过在编码中增加一个校验位来使编码中 1 的个数为奇数（奇校验）或者偶数（偶校验）。对于奇偶校验，若合法编码中奇数个位发生了错误，也就是编码中的 1 变成 0 或 0 变成 1，则编码中 1 的个数的奇偶性就发生了变化，从而可以发现错误，但不能检测出是哪些位出错。

参考答案

（8）C

试题（9）

常见的内存由___（9）___构成，它用电容存储信息且需要周期性地进行刷新。

（9）A. DRAM　　　　B. SRAM　　　　C. EPROM　　　　D. Flash ROM

试题（9）分析

本题考查计算机系统中存储器基础知识。

DRAM（Dynamic Random Access Memory，动态随机存取存储器）使用电容存储，为了保持数据，必须隔一段时间刷新一次，如果存储单元没有被刷新，存储的信息就会丢失。

SRAM（Static Random Access Memory）利用晶体管来存储数据，不需要刷新电路即能保存它内部存储的数据。SRAM 具有较高的性能，缺点是集成度较低。

相同容量的 DRAM 内存可以设计为较小的体积，SRAM 却需要很大的体积，且功耗较大。

主存常用 DRAM，高速缓存（Cache）常采用 SRAM。

EEPROM（Electrically Erasable Programmable Read-Only Memory，电可擦可编程只读存储器）是一种掉电后数据不丢失的存储芯片。

闪存（Flash Memory）是一种长寿命的非易失性（在断电情况下仍能保持所存储的数据信息）存储器，它是电子可擦除只读存储器（EEPROM）的变种，由于能在字节水平上进行删除和重写而不是整个芯片擦写，闪存比 EEPROM 的更新速度快。

参考答案

（9）A

试题（10）、（11）

在 8 位、16 位、32 位和 64 位字长的计算机中，___（10）___位字长计算机的数据运算精度最高；计算机的运算速度通常是指每秒钟所能执行___（11）___指令的数目，常用 MIPS 来表示。

（10）A. 8　　　　　　B. 16　　　　　　C. 32　　　　　　D. 64

（11）A. 加法　　　　B. 减法　　　　C. 乘法　　　　D. 除法

试题（10）、（11）分析

本题考查考生计算机性能方面的基础知识。

字长是计算机运算部件一次能同时处理的二进制数据的位数，字长越长，数据的运算精度也就越高，计算机的处理能力就越强。

计算机的运算速度通常是指每秒钟所能执行加法指令数目，常用每秒百万次（MIPS）来表示。

参考答案

（10）D　　（11）A

试题（12）

以下文件格式中，__(12)__属于声音文件格式。

（12）A. PDF　　　　　B. MID　　　　　C. XLS　　　　　D. GIF

试题（12）分析

本题考查多媒体基础知识。

声音在计算机中存储和处理时，其数据必须以文件的形式进行组织，所选用的文件格式必须得到操作系统和应用软件的支持。如同文本文件一样，在因特网上和各种不同计算机以及应用软件中使用的声音文件格式也互不相同。MID 是目前较成熟的音乐格式，实际上已经成为一种产业标准，如 General MIDI 就是最常见的通行标准。作为音乐产业的数据通信标准，MIDI 能指挥各音乐设备的运转，而且具有统一的标准格式，能够模仿原始乐器的各种演奏技巧甚至无法演奏的效果，而且文件的长度非常短。

参考答案

（12）B

试题（13）

一幅分辨率为 320×240 的 256 色未压缩图像所占用的存储空间为 __(13)__ KB。

（13）A. $\dfrac{320\times240\times8}{8\times2^{10}}$　　　　　　B. $\dfrac{320\times240\times8}{8\times10^{3}}$

　　　C. $\dfrac{320\times240\times256}{8\times10^{3}}$　　　D. $\dfrac{320\times240\times256}{8\times2^{10}}$

试题（13）分析

本题考查多媒体基础知识。

扫描生成一幅图像时，实际上就是按一定的图像分辨率和一定的图像深度对模拟图片或照片进行采样，从而生成一幅数字化的图像。图像的图像分辨率越高，图像深度越深，则数字化后的图像效果越逼真，图像数据量越大。如果按照像素点及其深度映射的图像数据大小采样，可用下面的公式估算数据量：

图像数据量=图像的总像素×图像深度/8（字节）

其中图像的总像素为图像的水平方向像素乘以垂直方向像素数。

参考答案

（13）A

试题（14）

声音信号采样时，　　(14)　　不会影响数字音频数据量的多少。

（14）A. 采样率　　　　B. 量化精度　　　C. 声道数量　　　D. 音量放大倍数

试题（14）分析

本题考查多媒体基础知识。

波形声音信息是一个用来表示声音振幅的数据序列，它是通过对模拟声音按一定间隔采样获得的幅度值，再经过量化和编码后得到的便于计算机存储和处理的数据格式。声音信号数字化后，其数据传输率（每秒位数）与信号在计算机中的实时传输有直接关系，而其总数据量又与计算机的存储空间有直接关系。

参考答案

（14）D

试题（15）

在 Windows 系统中，如果希望某用户对系统具有完全控制权限，则应该将该用户添加到　　(15)　　用户组中。

（15）A. everyone　　　B. administrators　　C. power users　　　D. users

试题（15）分析

本题考查 Windows 用户权限方面的知识。

在以上 4 个选项中，用户组默认权限由高到低的顺序是 administrators→power users →users→everyone，其中只有 administrators 拥有完全控制权限。

参考答案

（15）B

试题（16）

以下关于钓鱼网站的说法中，错误的是　　(16)　　。

（16）A. 钓鱼网站仿冒真实网站的 URL 地址以及页面内容

　　　　B. 钓鱼网站是一种新型网络病毒

　　　　C. 钓鱼网站的目的主要是窃取访问者的账号和密码

　　　　D. 钓鱼网站可以通过 E-mail 传播网址

试题（16）分析

本题考查网络安全方面的知识。

钓鱼网站是指一类仿冒真实网站的 URL 地址，通过 E-mail 传播网址，目的是窃取用户账号、密码等机密信息的网站。

参考答案

（16）B

试题（17）

M 软件公司为确保其软件产品在行业中的技术领先地位，保持其在市场竞争中占据优势，对公司职工进行了保密约束，防止技术秘密外泄。但该公司某开发人员将其所开发软件的程序设计技巧和算法流程通过论文发表。以下说法正确的是　(17)　。

(17) A. M 软件公司不享有商业秘密权

　　　B. 该开发人员享有商业秘密权

　　　C. 该开发人员的行为侵犯了公司的商业秘密权

　　　D. 该开发人员的行为未侵犯公司的商业秘密权

试题（17）分析

软件公司享有商业秘密权。一项商业秘密受到法律保护的依据，必须具备构成商业秘密的三个条件，即不为公众所知悉、具有实用性、采取了保密措施。商业秘密权保护软件是以软件中是否包含着"商业秘密"为必要条件的。该软件公司组织开发的应用软件具有商业秘密的特征，即包含着他人不能知道的技术秘密；具有实用性，能为软件公司带来经济效益；对职工进行了保密的约束，在客观上已经采取相应的保密措施。

该开发人员的行为侵犯了公司的商业秘密权。《反不正当竞争法》中罗列的侵犯商业秘密的行为之一是"违反保密义务披露、使用或允许他人使用其掌握的商业秘密"。该开发人员不顾权利人（软件公司）的保密要求，擅自将其所知悉的软件技术秘密通过论文披露，属于侵犯商业秘密权的行为。

参考答案

(17) C

试题（18）

　　(18)　不是软件商业秘密的基本特性。

(18) A. 秘密性　　　　　　B. 实用性　　　　　C. 保密性　　　　　D. 公开性

试题（18）分析

我国《反不正当竞争法》中对商业秘密的定义为"不为公众所知悉、能为权利人带来经济利益、具有实用性并经权利人采取保密措施的技术信息和经营信息"。从这一定义中可以看出商业秘密具有秘密性、实用性和保密性三个特征。这些特征表明了商业秘密的基本构成条件。

秘密性（未公开性）是指商业秘密事实上未被公众了解（不为公众所知悉）或没有进入公共领域。"公众"的含义是相对的，除负有保密或不得利用该秘密义务的人外，都可以称之为"公众"。狭义的讲，只要被一个"公众"从公开渠道直接知晓，该秘密就意味着公开，也就丧失了"秘密性"。

实用性（价值性）是指商业秘密能给拥有者带来经济利益，或者说商业秘密能为权利人带来商业利益，具有经济上的价值。这种经济利益或实用性，是指该信息具有确定的可应用性（该信息能够直接应用），能够为权利人带来现实的或潜在的经济利益或竞争优势，或者具有积极意义。

保密性是指商业秘密的合法拥有者在主观上应有保守商业秘密的意愿，在客观上已经采取相应的措施进行保密。如果主观上没有保守商业秘密的意愿，或者客观上没有采取相应的保密措施，那么就认为不具有保密性。

一项商业秘密受到法律保护的依据是必须具备构成商业秘密的三个条件，即不为公众所知悉（未公开）、具有实用性、采取了保密措施，当缺少三个条件之一都会造成商业秘密丧失保护。例如，由于商业秘密权利人采取的保密措施不当，或者第三人的善意取得（如合法购买者通过对软件的反编译得到软件的源代码），都可能导致"秘密性"的丧失，不再构成商业秘密。只要商业秘密不再是"秘密"，也就无法据此来主张权利。

公开性是知识产权保护对象（客体）的一个基本特征，但商业秘密不具有此特征，它是依靠保密来维持其专有权利的，如果公开将失去法律的保护。

参考答案

（18）D

试题（19）、（20）

若用 8 位机器码表示十进制整数–127，则其原码表示为　(19)　，补码表示为　(20)　。

（19）A. 10000000　　　　B. 11111111　　　　C. 10111111　　　　D. 11111110

（20）A. 10000001　　　　B. 11111111　　　　C. 10111110　　　　D. 11111110

试题（19）、（20）分析

本题考查计算机系统中数据表示基础知识。

如果机器字长为 n（即采用 n 个二进制位表示数据），则最高位是符号位，0 表示正号，1 表示负号，其余的 n–1 位表示数值的绝对值。正数的补码与其原码相同，负数的补码则等于其原码的数值部分各位取反，末尾再加 1。

十进制整数–127 的二进制表示为–1111111，其原码表示为 11111111，补码表示为 10000001。

参考答案

（19）B　　　（20）A

试题（21）

要判断 16 位二进制整数 x 的低三位是否全为 0，则令其与十六进制数 0007 进行　(21)　运算，然后判断运算结果是否等于 0。

（21）A. 逻辑与　　　　B. 逻辑或　　　　C. 逻辑异或　　　　D. 算术相加

试题（21）分析

本题考查计算机系统中数据运算基础知识。

在逻辑运算中，设 A 和 B 为两个逻辑变量，当且仅当 A 和 B 的取值都为"真"时，A 与 B 的值为"真"；否则 A 与 B 的值为"假"。当且仅当 A 和 B 的取值都为"假"时，A 或 B 的值为"假"；否则 A 或 B 的值为"真"。当且仅当 A、B 的值不同时，A 异或 B

为"真"，否则 A 异或 B 为"假"。

对于 16 位二进制整数 x，其与 0000000000000111（即十六进制数 0007）进行逻辑与运算后，结果的高 13 位都为 0，低 3 位则保留 x 的低 3 位，因此当 x 的低 3 位全为 0 时，上述逻辑与运算的结果等于 0。

参考答案

（21）A

试题（22）

在计算机系统中，___（22）___是指在 CPU 执行程序的过程中，由于发生了某个事件，需要 CPU 暂时中止正在执行的程序，转去处理这一事件，之后又回到原先被中止的程序，接着中止前的状态继续向下执行。

（22）A. 调用　　　B. 调度　　　　C. 同步　　　　　D. 中断

试题（22）分析

本题考查计算机系统的中断基础知识。

中断是计算机系统中的一个重要概念，它是指在 CPU 执行程序的过程中，由于某一个外部的或 CPU 内部事件的发生，使 CPU 暂时中止正在执行的程序，转去处理这一事件，当事件处理完毕后又回到原先被中止的程序，接着中止前的状态继续向下执行。

参考答案

（22）D

试题（23）、（24）

在 Windows 系统中，若要查找文件名中第二个字母为 b 的所有文件，则可在查找对话框中输入___（23）___；若用鼠标左键双击应用程序窗口左上角的图标，则可以___（24）___该应用程序窗口。

（23）A. ?b*.*　　B. ?b.*　　　　C. *b*.*　　　　D. *b.*

（24）A. 缩小　　　B. 放大　　　　C. 移动　　　　D. 关闭

试题（23）、（24）分析

本题考查 Windows 系统基本操作方面的基础知识。

Windows 系统中有两个通配符?、*，其中?与单个字符匹配，而*与 0 至多个字符匹配，故若要查找文件名的第二个字母为 b 的所有文件，则可在查找对话框中输入"?b*.*"。

在 Windows 系统中用鼠标左键双击应用程序窗口左上角的图标，则可以关闭该应用程序窗口。

参考答案

（23）A　　（24）D

试题（25）、（26）

在操作系统的进程管理中，若系统中有 8 个进程要使用互斥资源 R，但最多只允许两个进程进入互斥段（临界区），则信号量 S 的变化范围是　(25)　；若信号量 S 的当前值为–4，则表示系统中有　(26)　个进程正在等待该资源。

　（25）A. –2～0　　　　B. –2～1　　　　C. –6～2　　　　D. –8～1

　（26）A. 1　　　　　B. 2　　　　　　C. 3　　　　　　D. 4

试题（25）、（26）分析

本题考查操作系统进程管理方面的基础知识。

试题（25）正确答案为 C。本题中，已知有 8 个进程共享一个互斥资源 R，如果最多允许两个进程同时进入互斥段，这意味着系统有两个单位的资源，信号量的初值应设为 2。当第一个申请该资源的进程对信号量 S 执行 P 操作，信号量 S 减 1 等于 1，进程可继续执行；当第二个申请该资源的进程对信号量 S 执行 P 操作，信号量 S 减 1 等于 0，进程可继续执行；当第三个申请该资源的进程对信号量 S 执行 P 操作，信号量 S 减 1 等于–1，进程由于得不到所需资源而不能继续执行……当第 8 个申请该资源的进程对信号量 S 执行 P 操作，信号量 S 减 1 等于–6。可见，信号量的取值范围是–6～2。

试题（26）正确答案为 D。因为信号量 S 的物理意义为：当 S≥0 时，表示资源的可用数；当 S<0 时，其绝对值表示等待资源的进程数。由于 S 当前值为–4，其绝对值为 4，表示系统中有 4 个正在等待该资源的进程。

参考答案

　（25）C　　　（26）D

试题（27）

在移臂调度算法中，　(27)　算法可能会随时改变移动臂的运动方向。

　（27）A. 电梯调度算法和最短寻道时间优先算法

　　　　B. 先来先服务算法和最短寻道时间优先算法

　　　　C. 单向扫描算法和最短寻道时间优先算法

　　　　D. 先来先服务算法和电梯调度算法

试题（27）分析

本题考查磁盘调度方面的基本知识。

在磁盘移臂调度算法中，先来先服务是根据谁先请求满足谁的请求，而最短寻道时间优先是根据当前磁臂到要请求访问磁道的距离，谁移臂距离短满足谁的请求，故先来先服务和最短寻道时间优先算法可能会随时改变移动臂的运动方向。

参考答案

　（27）B

试题（28）

若正规式为 "(1|01)*0"，则该正规式描述了　(28)　。

　（28）A. 长度为奇数且仅由字符 0 和 1 构成的串

　　　　B. 长度为偶数且仅由字符 0 和 1 构成的串

C. 以 0 结尾，0 不能连续出现且仅由字符 0 和 1 构成的串

D. 以 1 开始，以 0 结尾且仅由字符 0 和 1 构成的串

试题（28）分析

本题考查程序语言基础知识。

正规式中的基本运算符号有"|""·""*"，分别称为"或""连接"和"闭包"，连接运算符"·"可省略。

正规式"(1|01)"表示的串是"1"或者"01"，对其进行"*"运算得到的串为空串，或者"1"无限次地连接"1"或"01"，或者"01"无限次地连接"1"或"01"，例如"1""01""11""101""011""0101"……"(1|01)*0"则表示这样的 0 和 1 构成的串：以 0 结尾且 0 不能连续出现。

参考答案

（28）C

试题（29）

_____（29）专门用于翻译汇编语言源程序。

（29）A. 编译程序　　　B. 汇编程序　　　C. 解释程序　　　D. 链接程序

试题（29）分析

本题考查程序语言翻译基础知识。

用某种高级语言或汇编语言编写的程序称为源程序，源程序不能直接在计算机上执行。如果源程序是用汇编语言编写的，则需要一个称为汇编程序的翻译程序将其翻译成目标程序后才能执行。如果源程序是用某种高级语言编写的，则需要对应的解释程序或编译程序对其进行翻译，然后在机器上运行。

解释程序翻译源程序时不产生与源程序等价的、独立的目标程序，而编译程序则需将源程序翻译成独立的目标程序。

链接程序则用于将多个目标程序链接起来，以形成可执行程序。

参考答案

（29）B

试题（30）

程序设计中，不能__(30)__。

（30）A. 为常量命名　　　　　　　　　B. 为变量命名

C. 用赋值运算改变变量的值　　　D. 用赋值运算改变常量的值

试题（30）分析

本题考查程序语言基础知识。

在程序执行过程中，常量的值不能被修改，而变量的值则可以修改。赋值运算是程序执行过程中频繁使用的一种运算，用于改变数据对象的值。

进行程序设计时，可以为常量和变量命名，变量的值常由赋值运算修改，而常量的

值则不能通过赋值运算修改。

参考答案

（30）D

试题（31）

后缀表达式"ab+cd−*"与表达式 __（31）__ 对应。

（31）A. (a+b)*(c−d)　　　B. a+b*c−d　　　C. a+b*(c−d)　　　D. (a+b)*c−d

试题（31）分析

本题考查程序语言基础知识。

后缀表达式（也称为逆波兰式）是波兰逻辑学家卢卡西维奇（Lukasiewicz）发明的一种表示表达式的方法。这种表示方式把运算符写在运算对象的后面，例如把 a+b 写成 ab+。这种表示法的优点是根据运算对象和算符的出现次序进行计算，不需要使用括号，也便于用栈实现求值。

后缀表达式"ab+cd−*"中的运算是：第一步进行 a+b 运算，第二步进行 c−d 运算，最后进行乘（"*"）运算，所以表示为常见形式就是"(a+b)*(c−d)"。

"a+b*c−d"的后缀式为"abc*+d−"。

"a+b*(c−d)"的后缀式为"abcd−*+"。

"(a+b)*c−d"的后缀式为"ab+c*d−"。

参考答案

（31）A

试题（32）、（33）

函数 f()、g()的定义如下所示，已知调用 f 时传递给形参 x 的值是 1。在函数 f 中，若以引用调用（call by reference）的方式调用 g，则函数 f 的返回值为 __（32）__；若以值调用（call by value）的方式调用 g，则函数 f 的返回值为 __（33）__。

```
f(int x)                      g(int b)

int a = x-1;                  b = b+10;
x = g(a);                     return 2*b;
return a + x;
```

（32）A. 10　　　　　B. 11　　　　　C. 20　　　　　D. 30
（33）A. 10　　　　　B. 11　　　　　C. 20　　　　　D. 30

试题（32）、（33）分析

本题考查程序语言基础知识。

若实现函数调用时实参向形式参数传递相应类型的值，则称为是传值调用。这种方式下形式参数不能向实参传递信息。引用调用的本质是将实参的地址传给形参，函数中对形参的访问和修改实际上就是针对相应实际参数变量所作的访问和改变。

在函数 f 中，先通过"a = x−1"将 a 的值设置为 0。函数调用 g(a)执行时，在引用调用方式下，g 函数体中的 b 就是 f 中 a 的引用，即访问 b 也就是访问 f 中的 a，修改 b 就是修改 f 中的 a，因此 "b=b+10" 将 f 中 a 的值改为了 10，语句 "return 2*b;" 则使 f 中的 x 得到的值为 20，这样，f 中的语句 "return a + x;" 就会返回 30。

在值调用方式下，g 函数体中的 b 与 f 中的 a 是相互独立的，它们之间唯一的联系就是函数调用 g(a) 执行时将 a 的值（即 0）传给了 b，因此运算 "b=b+10" 将 b 的值改为 10，语句 "return 2*b;" 则使 f 中的 x 得到的值为 20，此时 a 的值仍然为 0，因此 f 中的语句 "return a + x;" 返回的值为 20。

参考答案

（32）D　　（33）C

试题（34）

对于高级语言源程序，若 __(34)__，则可断定程序中出现语法错误。

（34）A. 编译时发现所定义的变量未赋初值

　　　　B. 编译时发现表达式中的括号不匹配

　　　　C. 运行时出现数组下标越界的情况

　　　　D. 运行时出现除数为 0 的情况

试题（34）分析

本题考查程序语言基础知识。

由用户编写的源程序不可避免地会有一些错误，这些错误大致可分为静态错误和动态错误两类。动态错误也称为动态语义错误，它们发生在程序运行时，例如变量取零时作除数、引用数组元素下标越界等。静态错误是指编译时所发现的程序错误，可分为语法错误和静态语义错误，如单词拼写错误、标点符号错、表达式中缺少操作数、括号不匹配等有关语言结构上的错误称为语法错误；而语义分析时发现的运算符与运算对象类型不合法等错误属于静态语义错误。

对于有语法错误的程序，在编译阶段就会报错。

参考答案

（34）B

试题（35）

设有二维数组 a[1..m,1..n]（2<m<n），其第一个元素为 a[1,1]，最后一个元素为 a[m,n]，若数组元素以行为主序存放，每个元素占用 k 个存储单元（k>1），则元素 a[2, 2] 的存储位置相对于数组空间首地址的偏移量为 __(35)__。

（35）A. (n+1)*k　　　　B. n*k+1　　　　C. (m+1)*k　　　　D. m*k+1

试题（35）分析

本题考查数据结构基础知识。

二维数组 a[1..m,1..n] 如下所示。

$$
\begin{array}{ccccc}
a[1,1] & a[1,2] & \cdots & a[1,j] & \cdots & a[1,n] \\
a[2,1] & a[2,2] & \cdots & a[2,j] & \cdots & a[2,n] \\
\vdots & \vdots & & \vdots & & \vdots \\
a[i,1] & a[i,2] & \cdots & a[i,j] & \cdots & a[i,n] \\
\vdots & \vdots & & \vdots & & \vdots \\
a[m,1] & a[m,2] & \cdots & a[m,j] & \cdots & a[m,n]
\end{array}
$$

当元素以行为主序存放时，a[2,2]之前的元素有 a[1,1]，a[1,2]，…，a[1,n]，a[2,1]，因此在数组 a 的存储空间中，a[2,2]的存储地址就等于 a[1,1]的存储地址+(n+1)*k，即 a[2,2]的存储位置相对于数组空间首地址的偏移量为(n+1)*k。

参考答案

（35）A

试题（36）

某研究机构有 n 名研究人员（n>2），其每个人都与一名以上的同事有过研究项目合作关系，那么用　(36)　结构表示该机构研究人员间的项目合作关系较为合适。

（36）A. 树　　　　　B. 图　　　　　C. 栈　　　　　D. 队列

试题（36）分析

本题考查数据结构应用知识。

栈和队列都是线性结构，其逻辑关系为一对一，即除了唯一的开始结点和唯一的终止结点外，其余每个结点有唯一的直接前驱和唯一的直接后继，结点间是线性关系。

树结构中结点间的逻辑关系为一对多，即每个结点有多个直接后继（孩子结点），每个结点（除根结点之外）有唯一的直接前驱（父结点），结点间是严格的层次关系。

在图结构中，任意两个结点之间都可能有直接的关系，所以图中一个结点的直接前驱和直接后继的数目是没有限制的。对应到本题，任意两名研究人员之间都可能有合作关系，因此用图结构表示该机构研究人员间的项目合作关系最为合适。

参考答案

（36）B

试题（37）

以下关于字符串的叙述中，正确的是　(37)　。

（37）A. 包含任意个空格字符的字符串称为空串

　　　B. 仅包含一个空格字符的字符串称为空串

　　　C. 字符串的长度是指串中所含字符的个数

　　　D. 字符串的长度是指串中所含非空格字符的个数

试题（37）分析

本题考查数据结构基础知识。

字符串是仅由字符构成的有限序列，串长是指字符串中的字符个数，空串是长度为 0 的串，即空串不包含任何字符。空格串是由一个或多个空格组成的串。空格串不是空串。

参考答案

（37）C

试题（38）

设循环队列 Q 的定义中有 rear 和 size 两个域变量，其中，rear 指示队尾元素之后的位置，size 表示队列的长度，如图所示（队列长度为 3，队头元素为 x）。设队列的存储空间容量为 M，则队头元素的位置为 __(38)__ 。

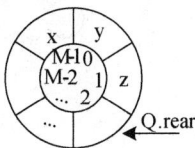

（38）A. (Q.rear–Q.size+1)　　　　　B. (Q.rear–Q.size+1)%M

　　　C. (Q.rear–Q.size)　　　　　　D. (Q.rear–Q.size+M)%M

试题（38）分析

本题考查数据结构基础知识。

队列是一种先进先出（FIFO）的线性表，它只允许在表的一端插入元素，而在表的另一端删除元素。在队列中，允许插入元素的一端称为队尾（rear），允许删除元素的一端称为队头（front）。

将元素存储在一维数组中的队列假想成一个环状结构，称为循环队列。

根据题中的图示，Q.size 的合法取值为 0～M，Q.rear 的合法取值为 0～M–1，显然，队头元素的合法位置应该为 0～M–1，因此通过整除 M 取余运算（即%M）可以确保这一点。当 Q.rear–Q.size≥0 时，队头元素的位置就是 Q.rear–Q.size，其值一定在 0～M–1 之间；当 Q.rear–Q.size<0 时，队头元素的位置为(Q.rear–Q.size+M)。综上，队头元素的位置应该为(Q.rear–Q.size+M)%M。

参考答案

（38）D

试题（39）

已知某二叉树的先序遍历序列为 ABCD，中序遍历序列为 BADC，则该二叉树的后序遍历序列为 __(39)__ 。

（39）A. BDCA　　　　B. CDBA　　　　C. DBCA　　　　D. BCDA

试题（39）分析

本题考查数据结构基础知识。

二叉树的先序遍历定义为：访问根结点，先序遍历根的左子树，先序遍历根的右子树。

二叉树的中序遍历定义为：中序遍历根的左子树，访问根结点，中序遍历根的右子树。

显然，先序遍历序列的第一个结点就是二叉树的根结点，而在中序遍历序列中，根结点的左边为左子树上的结点，右边为右子树上的结点。因此，首先由先序遍历序列确定根结点，然后在中序遍历序列中找到根结点，据此就可以将左子树和右子树的结点区分开。对于左、右子树同样处理，就可以得到对应的二叉树。

本题中的二叉树如下图所示，其后序遍历序列为 BDCA。

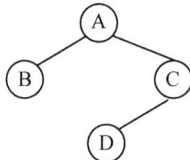

参考答案

（39）A

试题（40）

对于任意一个结点数为 n（n>0）的二叉树，其高度 h __(40)__ 。

（40）A. 一定大于 n　　　　　　　　　　B. 一定小于 n

　　　　C. 一定小于 $\log_2 n$　　　　　　　D. 一定大于 $\log_2 n$

试题（40）分析

本题考查数据结构基础知识。

对于有 n（n>0）个结点的二叉树，若这 n 个结点分布在 n 层上，则该二叉树的高度为 n，若结点尽可能分布在低层上，即只有在第 k 层布满结点后，才在第 k+1 层分布结点，则高度为 $\lfloor \log_2 n \rfloor +1$，因此任意一个结点数为 n（n>0）的二叉树，其高度都一定大于 $\log_2 n$。

参考答案

（40）D

试题（41）

__(41)__ 最不适用于处理序列已经正序有序的情况。

（41）A. 冒泡排序　　　B. 快速排序　　　C. 归并排序　　　D. 直接插入排序

试题（41）分析

本题考查排序算法基础知识。

分析冒泡排序、快速排序、归并排序和直接插入排序的过程可知，在待排序列已经有序的情况下，快速排序的效率最低。

参考答案

（41）B

试题（42）

以下关于顺序查找和二分查找的叙述中，正确的是 __(42)__ 。

（42）A. 顺序查找方法只适用于采用顺序存储结构的查找表

      B. 顺序查找方法只适用于采用链表存储结构的查找表

      C. 二分查找只适用于采用顺序存储结构的查找表

      D. 二分查找只适用于采用循环链表存储结构的查找表

试题（42）分析

本题考查查找运算基础知识。

顺序查找是从表中的一端开始，逐个将记录的关键字和给定值进行比较，若找到一个记录的关键字与给定值相等，则查找成功；若整个表中的记录均比较过，仍未找到关键字等于给定值的记录，则查找失败。

二分查找过程是首先令处于中间位置记录的关键字和给定值比较，若相等，则查找成功；若不等，则缩小范围，以中间位置为界，下一步到前半区或后半区继续进行折半查找，直至新的查找区间中间位置记录的关键字等于给定值或者查找区间没有元素时（表明查找不成功）为止。

因此，二分查找要求查找表有序且采用顺序存储结构，而顺序查找方法在顺序存储结构和链表上都适用。

参考答案

（42）C

试题（43）

以下关于图的存储结构的叙述中，正确的是 ___（43）___ 。

（43）A. 有向图的邻接矩阵一定是对称的

      B. 有向图的邻接矩阵一定是不对称的

      C. 无向图的邻接矩阵一定是对称的

      D. 无向图的邻接矩阵一定是不对称的

试题（43）分析

本题考查数据结构基础知识。

图的基本存储结构有邻接矩阵表示法和邻接链表表示法两种。

图的邻接矩阵表示利用一个矩阵来表示图中顶点之间的关系。对于具有 n 个顶点的图 G = (V, E)，其邻接矩阵是一个 n 阶方阵，且满足：

$$A[i][j] = \begin{cases} 1 & 若 (v_i, v_j) 或 <v_i, v_j> 是 E 中的 \\ 0 & 若 (v_i, v_j) 或 <v_i, v_j> 不是 E 中的 \end{cases}$$

在无向图中，v_i 到 v_j 的边同时也是 v_j 到 v_i 的边；而在有向图中，v_i 到 v_j 有弧不代表 v_j 到 v_i 有弧，因此无向图的邻接矩阵一定是对称的，有向图则不一定。

参考答案

（43）C

试题（44）

在面向对象系统中，对象是基本的运行时实体，它___(44)___。

(44) A. 只能包括数据（属性）　　　　　　B. 只能包括操作（行为）

　　　 C. 把属性和行为封装为一个整体　　D. 必须具有显式定义的对象名

试题（44）分析

本题考查面向对象的基本知识。

在面向对象系统中，对象是基本的运行时实体，它既包括数据（属性），也包括作用于数据的操作（行为），一个对象把属性和行为封装为一个整体。通常可由对象名、属性和行为三部分组成，但并非必须显式定义对象名。

参考答案

(44) C

试题（45）、（46）

在统一建模语言（UML）中，___(45)___用于描述一组对象类、接口、协作以及它们之间的关系。其中关联的多重度是指___(46)___。

(45) A. 对象图　　　　　B. 类图　　　　　C. 用例图　　　　　D. 通信图

(46) A. 一个类中能被另一个类调用的方法个数

　　　 B. 一个类的某个方法被另一个类调用的次数

　　　 C. 一个类的实例能够与另一个类的多少个实例相关联

　　　 D. 两个类所具有的相同的方法数和属性数

试题（45）、（46）分析

本题考查统一建模语言（UML）的基本知识。

UML 2.0 中提供了多种图形，从不同方面描述系统。对象图展现了一组对象及其之间的关系，描述了在类图中所建立事物的实例的静态快照。类图展现了一组对象、接口、协作和它们之间的关联关系，还可以在类图中图示关联中的数量关系，即多重度，用以说明数量或数量范围，表示有多少个实例（对象）能被连接起来，即一个类的实例能够与另一个类的多少个实例相关联。用例图展现了一组用例、参与者以及它们之间的关系，描述了谁将使用系统以及用户期望以什么方式与系统交互。通信图强调收发消息的对象的结构组织。

参考答案

(45) B　　(46) C

试题（47）

在有些程序设计语言中，一个给定的过程调用和响应调用需执行的代码的结合是在编译时进行的，这种绑定称为___(47)___。

(47) A. 静态绑定　　　　B. 动态绑定　　　　C. 过载绑定　　　　D. 强制绑定

试题（47）分析

本题考查面向对象的基本知识。

在面向对象系统中，绑定是一个把过程调用和响应调用需要执行的代码加以结合的过程。在有些程序设计语言中，绑定是在编译时进行的，叫做静态绑定。在有些程序设计语言中，绑定则是在运行时进行的，即一个给定的过程调用和响应调用需执行的代码的结合直到调用发生时才进行。

参考答案

（47）A

试题（48）

以下关于类继承的说法中，错误的是__(48)__。

（48）A. 通过类继承，在程序中可以复用基类的代码

　　　 B. 在继承类中可以增加新代码

　　　 C. 在继承类中不能定义与被继承类（基类）中的方法同名的方法

　　　 D. 在继承类中可以覆盖被继承类（基类）中的方法

试题（48）分析

本题考查面向对象的基本知识。

继承是面向对象技术的核心概念之一，它是父类和子类之间共享数据和方法的机制，是类之间的一种关系。在定义和实现一个类的时候，可以在一个已经存在的类的基础上进行，把这个已经存在的类所定义的内容作为自己的内容，并加入若干新的内容，也可以定义和被继承类相同方法名称的方法，构成方法的重载或覆盖。

参考答案

（48）C

试题（49）、（50）

在设计白盒测试用例时，__(49)__是最弱的覆盖准则。下图至少需要__(50)__个测试用例才可以进行路径覆盖。

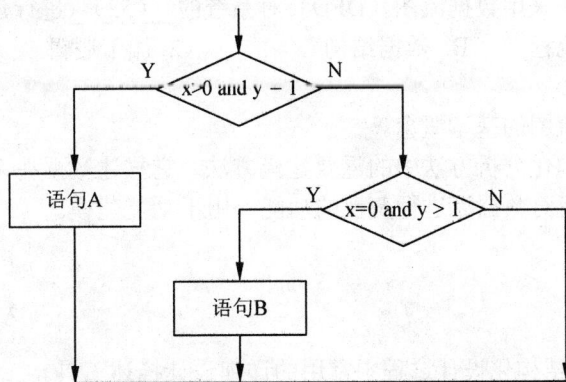

（49）A. 路径覆盖　　　　B. 条件覆盖　　　C. 判定覆盖　　　D. 语句覆盖
（50）A. 1　　　　　　　　B. 2　　　　　　　C. 3　　　　　　　D. 4

试题（49）、（50）分析

本题考查软件测试的基本概念。

白盒测试也称为结构测试，根据程序的内部结构和逻辑来设计测试用例，对程序的路径和过程进行测试，检查是否满足设计的需要。在白盒测试中，语句覆盖是指选择足够的测试用例，使被测程序中每条语句至少执行一次。它对程序执行逻辑的覆盖很低，因此一般认为是很弱的逻辑覆盖；判定覆盖是指设计足够的测试用例，使得被测程序中每个判定表达式至少获得一次"真"值和"假"值；条件覆盖是指设计足够的测试用例，使得每一个判定语句中每个逻辑条件的各种可能的值至少满足一次；路径覆盖是指覆盖被测程序中所有可能的路径。在这些覆盖技术中，最弱的覆盖是语句覆盖。

在该图中，要完成路径覆盖，至少需要 3 个测试用例，如测试用例（1，1）、（0，2）和（1，2）即可完成路径覆盖，测试用例格式为（x 的值，y 的值）。

参考答案

（49）D　　（50）C

试题（51）

软件测试的主要目的是　__（51）__　。

（51）A. 发现软件中的错误　　　　　　　B. 试验性运行软件
　　　　C. 证明软件的正确性　　　　　　　D. 改正软件中隐藏的全部错误

试题（51）分析

本题考查软件测试的基础知识。

软件测试是为了发现错误而执行程序的过程。因此软件测试的目的是发现软件的错误。软件测试不能证明软件中不存在错误，只能说明软件中存在错误。

参考答案

（51）A

试题（52）

结构化分析方法采用数据流图（DFD）对系统的　__（52）__　进行建模。

（52）A. 控制流程　　　B. 数据结构　　　　C. 加工逻辑　　　D. 功能

试题（52）分析

本题考查数据流图的基本概念。

数据流图是结构化分析方法中的重要建模方法，它描述数据在系统中如何被传送或变换，以及描述如何对数据流进行变换的功能，用于功能建模。

参考答案

（52）D

试题（53）

__（53）__不是结构化设计过程中常用的详细设计描述工具。

（53）A. 结构化语言　　B. 判定表　　　C. 甘特图　　　D. 程序流程图

试题（53）分析

本题考查结构化设计的相关内容。

结构化设计方法中，详细设计的一个重要内容是用一种合适的表达方法来描述每个模块的执行过程。常用的描述工具有：

① 结构化语言：用来描述模块具体算法的、非正式的、比较灵活的语言。

② 程序流程图：描述模块或程序执行过程的历史最久、流行最广的一种图形表示方法。

③ NS 图：是支持结构化程序设计方法而产生的一种描述工具。

④ 判定表：一种适合于描述判断条件较多，各条件又相互组合且相应的决策方案较多的情形的逻辑功能的图形工具。

⑤ 决策树：一种适合于描述加工中具有多个策略且每个策略和若干条件有关的逻辑功能的图形工具。

甘特图是项目管理中进行进度安排的一种图形描述方法。

参考答案

（53）C

试题（54）

增强信息意识是对程序员的基本要求。以下叙述中，__(54)__是信息意识不强的表现。

① 对重要信息、特殊信息和异常信息的敏感度不强

② 所编写的数据处理程序在测试时经常会出现某些错误

③ 缺乏良好的收集信息的习惯，编写文档有困难

④ 许多统计信息被搁置，没有进一步做分析利用

（54）A.①②③　　　　　B.①②④　　　　C.①③④　　　　D.②③④

试题（54）分析

本题考查软件工程基础知识。

许多程序员需要编写程序来处理大量的信息，增强信息意识是对他们的基本要求。

信息意识是指人们对信息的敏感程度，包括对信息识别与获取能力，对信息的分析、判断以及对信息的利用和评价素养。

有些人只看到大批信息的表面现象，对其中的重要信息、特殊信息和异常信息不敏感，没有及时发现及时处理，这就是信息意识不强的表现。有些人缺乏良好的收集信息的习惯，编写文档时就会有困难；有些人将许多宝贵的统计信息搁置起来，没有进一步做分析利用，这些都是信息意识不强的表现。程序员所编写的数据处理程序在测试时经常会出现某些错误，这是正常的，不是信息意识的问题。编程是世界上最容易犯错误，也是最能被容忍犯错误的工作之一。编程错误需要通过测试来纠正。

参考答案

（54）C

试题（55）

以下关于用户界面设计时颜色搭配的注意事项中，不正确的是 __(55)__ 。

（55）A. 除渐变色与图片外，同一界面上操作元素的颜色不宜超过 4~5 种

B. 前景色、活动对象要鲜明；背景色、非活动图像要暗淡，使用浅色

C. 遵循常规原则，例如以红色表示警告，以绿色表示正常运行

D. 相邻区域尽量使用相近颜色，以避免色彩跳跃

试题（55）分析

本题考查软件工程基础知识。

用户界面设计是程序员编程的重要内容。用户界面设计时需要注意颜色搭配。除渐变色与图片外，同一界面上操作元素的颜色不宜超过 4~5 种，否则会显得眼花缭乱，很刺眼，用户很反感。前景色、活动对象要鲜明，而背景色、非活动图像要暗淡，宜使用浅色。颜色设计时应遵循常规原则，例如以红色表示警告，以绿色表示正常运行。相邻区域的颜色应尽量明显区别，避免混淆，以利于用户操作。

参考答案

（55）D

试题（56）

屏幕设计的原则不包括 __(56)__ 。

（56）A. 平衡原则，即屏幕上下左右应比较平衡

B. 效率原则，即占用存储少，运行速度快

C. 规范原则，即屏幕对象及其处理要规范化

D. 经济原则，即使用简明清晰的形式表达更多的信息

试题（56）分析

本题考查软件工程基础知识。

屏幕是用户界面的基本单元，屏幕设计是程序员编程的重要部分，是程序与用户交互的关键。屏幕设计的原则包括：平衡原则，即屏幕上下左右应比较平衡，不要一头拥挤一头空旷，让人看了不舒服；规范原则，即屏幕对象及其处理要规范化，例如保存文件的图标统一采用软盘形状，让大家一看就明白；经济原则，即使用简明清晰的形式表达更多的信息，文字不要啰唆。效率问题是程序内部算法实现的问题，不属于屏幕设计的原则。对于执行时间较长的命令，在屏幕上应显示进度状况。

参考答案

（56）B

试题（57）

对程序员的要求不包括 __(57)__ 。

（57）A. 了解相关的应用领域业务

B. 软件架构设计能力

C. 熟悉相关的开发环境、开发工具和开发规范

D. 与项目组成员的合作精神

试题（57）分析

本题考查软件工程基础知识。

由于应用程序需要满足应用领域的要求，因此程序员应了解相关的应用领域业务，否则所编的程序非常外行，不受欢迎。

程序员应熟悉相关的开发环境、开发工具和开发规范，这是最核心的技术要求。现代的编程都是在特定开发环境下利用某种开发工具完成的。招聘程序员时首先要求程序员熟悉相关的开发环境和开发工具。国家、行业以及大的企业都有开发规范，要求按照这些规范进行编程。程序员需要在工作中认真学习，逐步掌握这些规范。

现在的程序设计项目大多需要由很多人合作完成，与项目组成员的合作精神非常重要，沟通不畅经常是项目失败的原因。

软件架构设计是软件架构设计师的工作，对程序员的要求中并不包括这一项。程序员需要在软件架构设计的基础上再分工进行程序设计。

参考答案

（57）B

试题（58）

若关系 R 与 S 的 ___(58)___ ，则关系 R 与 S 可以执行并、交、差运算。

（58）A. 主键相同　　　B. 外键相同　　　C. 结构相同　　　D. 部分结构相同

试题（58）分析

本题考查数据库系统基本概念方面的基础知识。

若关系 R 与 S 具有相同的关系模式，即关系 R 与 S 的结构相同，则关系 R 与 S 可以进行并、交、差运算。

参考答案

（58）C

试题（59）～（61）

设有学生关系 Student（学号，姓名，系名，课程号，成绩），则查询至少选修了四门课程的学生学号、姓名及平均成绩的 SELECT 语句为：

```
SELECT 学号,姓名, (59)
       FROM Student
       GROUP BY  (60)
       HAVING  (61)
```

（59）A. SUM(成绩)　　　　　　　　　　B. AVG(SUM(成绩))

　　　　C. AVG(成绩)AT 平均成绩　　　　D. AVG(成绩)AS 平均成绩

（60）A. 学号　　　　B. 姓名　　　　C. 系名　　　　D. 课程号

（61）A. COUNT(DISTINCT 学号)>3　　　　B. COUNT(课程号)>3
　　　　 C. COUNT(DISTINCT 学号)>=3　　　 D. COUNT(课程号)>=3

试题（59）～（61）分析

本题考查 SQL 方面的基础知识。

SQL 提供可为关系和属性重新命名的机制，这是通过使用 as 子句来实现的。选项 D 的含义为：将计算的平均成绩值的属性列名命名为平均成绩，因此试题（59）的正确答案为 D。

试题（60）的正确答案为 A，试题（61）的正确答案为 B。因为 GROUP BY 子句可以将查询结果表的各行按一列或多列取值相等的原则进行分组，对查询结果分组的目的是为了细化集函数的作用对象。如果分组后还要按一定的条件对这些组进行筛选，最终只输出满足指定条件的组，可以使用 HAVING 短语指定筛选条件。由题意可知，在这里只能根据学号进行分组，并且要满足条件：此学号的学生至少选修了四门课。

综上分析，本题完整的 SELECT 语句如下：

```
SELECT 学号,姓名,AVG(成绩) AS 平均成绩
       FROM Student
       GROUP BY 学号
       HAVING COUNT(课程号)>3
```

参考答案

　　（59）D　　　（60）A　　　（61）B

试题（62）、（63）

对关系 S 进行　(62)　运算，可以得到表 1；对关系 R 和 S 进行　(63)　运算，可以得到表 2。

R

商品号	商品名
1010	电视
1011	显示器
2020	打印机
2025	冰箱
2030	手机

S

商品号	订货者
1010	A 公司
1011	B 公司
1011	C 公司
2025	A 公司
2025	C 公司

表 1

订货者
A 公司
B 公司
C 公司

表 2

商品号	商品名	订货者
1010	电视	A 公司
1011	显示器	B 公司
1011	显示器	C 公司
2025	冰箱	A 公司
2025	冰箱	C 公司

（62）A. 自然连接　　　B. 投影　　　C. 选择　　　D. 并
（63）A. 自然连接　　　B. 投影　　　C. 选择　　　D. 并

试题（62）、（63）分析

本题考查关系代数运算方面的基础知识。

投影操作是从关系 R 中选择出若干属性列组成新的关系，该操作对关系进行垂直分割，消去某些列，并重新安排列的顺序，再删去重复元组。对关系 S 进行属性"订货者"投影操作，可以得到表 1。

自然连接是一种特殊的等值连接，它要求两个关系中进行比较的分量必须是相同的属性组，并且在结果集中将重复属性列去掉。显然，本题对关系 R 和 S 进行自然联接运算可以得到表 2。

参考答案

（62）B　　（63）A

试题（64）

某市有 N 个考生参加了程序员上午和下午两科考试，两科成绩都及格才能合格。设上午和下午考试科目的及格率分别为 A 和 B，合格率为 C，则　__（64）__。

（64）A. $C \geq \max(A, B)$　　　　　　　　B. $C \geq \min(A, B)$

　　　C. $\min(A, B) \leq C \leq \max(A, B)$　　　D. $C \leq \min(A, B)$

试题（64）分析

本题考查数学基础知识。

N 个考生参加了程序员上午和下午两科考试，设上午考试有 a 人及格，下午考试有 b 人及格，两科都及格（合格）有 c 人。显然 $c \leq a$，$c \leq b$，因此 $c \leq \min(a, b)$。$\min(a, b)$ 是 a 和 b 中的最小值。因为 $A = a/N$，$B = b/N$，$C = c/N$，所以 $c/N \leq a/N$，$c/N \leq b/N$，$C \leq \min(A, B)$。

参考答案

（64）D

试题（65）

从任意初始值 X_0 开始，通过迭代关系式 $X_n = X_{n-1}/2 + 1(n=1, 2, \cdots)$，可形成序列 X_1，X_2，$\cdots$。该序列将收敛于　__（65）__。

（65）A. 1/2　　　　　　B. 1　　　　　　C. 3/2　　　　　　D. 2

试题（65）分析

本题考查计算数学的基础知识。

从任意初始值 X_0 开始，通过迭代关系式 $X_n = X_{n-1}/2 + 1(n=1, 2, \cdots)$，可形成序列：

$X_1 = X_0/2 + 1$

$X_2 = X_0/2^2 + 1/2 + 1$

$X_3 = X_0/2^3 + 1/2^2 + 1/2 + 1$

$\vdots$

$X_n = X_0/2^{n-1} + 1/2^{n-2} + \cdots + 1/2 + 1$

其中首项的极限为 0，后面等比数列的和极限为 2，因此序列 X_n 的极限为 2。

（由于序列 X_n 的极限存在，设其极限为 X，则对等式 $X_n = X_{n-1}/2 + 1$ 两边取极限得到 $X = X/2 + 1$，因此 $X = 2$。）

参考答案

（65）D

试题（66）

在 HTML 文件中，＿＿(66)＿＿是段落标记对。

(66) A. <a></a>   B. <p></p>   C. <dl></dl>   D. <div></div>

试题（66）分析

本题考查 HTML 语言的基础知识。

超文本标记语言（HTML）是一种对文档进行格式化的标注语言。HTML 文档的扩展名为.html 或.htm，包含大量的标记，用以对网页内容进行格式化和布局，定义页面在浏览器中查看时的外观，在常用标记对中<p></p>是段落标记。

参考答案

(66) B

试题（67）

IP 地址块 192.168.80.128/27 包含了＿＿(67)＿＿个可用的主机地址。

(67) A. 15   B. 16   C. 30   D. 32

试题（67）分析

地址块 192.168.80.128/27 预留的主机 ID 为 5 位，包含的地址数为 32，其中可作为主机地址的有 30 个。

参考答案

(67) C

试题（68）

内联网（Intranet）是利用因特网技术构建的企业内部网，其中必须包括＿＿(68)＿＿协议。

(68) A. TCP/IP   B. IPX/SPX   C. NetBuilder   D. NetBIOS

试题（68）分析

Intranet 是 Internet（因特网）和 LAN（局域网）技术相结合的产物。Intranet 也叫内联网，它是把 Internet 技术应用于局域网上建立的企业网或校园网。Internet 的关键技术就是 TCP/IP 协议和 Web/Browser 访问模式。利用这些技术建立的企业网与外部的 Internet 之间用防火墙隔离，外部网络对 Intranet 的访问是可以控制的，从而提供了一定的安全保障机制。由于利用了 Internet 技术，因此 Intranet 具有良好的开放性，提供了统一的信息发布方式和友好的用户访问界面。同时在 Intranet 内部还可以利用局域网的控制机制进行有效的配置和管理。

参考答案

(68) A

试题（69）、（70）

ARP 协议属于＿＿(69)＿＿层，其作用是＿＿(70)＿＿。

(69) A. 传输层   B. 网络层   C. 会话层   D. 应用层

(70) A. 由 MAC 地址求 IP 地址   B. 由 IP 地址求 MAC 地址

　　　　C. 由 IP 地址查域名　　　　　　　　D. 由域名查 IP 地址

试题（69）、（70）分析

ARP 协议属于网络层，其作用是由 IP 地址求 MAC 地址。

参考答案

（69）B　　（70）B

试题（71）

The　(71)　is a combination of keys that allows the user to activate a program function without clicking a series of menus options.

（71）A. shortcut-key　　　B. quick-key　　　C. fast-key　　　D. rapid-key

参考译文

快捷键是组合键，使用户无需单击一系列菜单选项就能启动某个程序功能。

参考答案

（71）A

试题（72）

In computer science, a data　(72)　is a way of storing data in a computer so that it can be used efficiently.

（72）A. record　　　　　B. file　　　　　C. structure　　　D. pool

参考译文

计算机科学中，数据结构是计算机中存储数据的一种方式，使其得到高效率的使用。

参考答案

（72）C

试题（73）

A　(73)　is a named memory block. By using its name, we can refer to the data stored in the memory block.

（73）A. word　　　　　B. record　　　　C. program　　　D. variable

参考译文

变量是命名的存储区块，用其名就可以引用存储在该区块中的数据。

参考答案

（73）D

试题（74）

The term,　(74)　loop, refers to a loop that is contained within another loop.

（74）A. program　　　　　B. nested　　　　C. statement　　　D. network

参考译文

术语"嵌套循环"指的是包含在另一个循环中的循环。

参考答案

（74）B

试题（75）

The　(75)　 is designed specifically as a security system for preventing unauthorized communications between one computer network and another computer network.

（75）A. firewall　　　　　　B. protocol　　　　C. hacker　　　　　D. virus

参考译文

防火墙是专门设计的一种安全系统，旨在防止计算机网络之间的非授权通信。

参考答案

（75）A

第2章 2012上半年程序员下午试题分析与解答

试题一（共15分）

阅读以下说明和流程图，填补流程图中的空缺（1）～（5），将解答填入答题纸的对应栏内。

【说明】

已知数组 A[1:n]中各个元素的值都是非零整数，其中有些元素的值是相同的(重复)。为删除其中重复的值，可先通过以下流程图找出所有的重复值，并对所有重复值赋 0 标记。该流程图采用了双重循环。

处理思路：如果数组 A 某个元素的值在前面曾出现过，则该元素赋标记值 0。例如，假设数组 A 的各元素之值依次为 2，5，5，1，2，5，3，则经过该流程图处理后，各元素之值依次为 2，5，0，1，0，0，3。

【流程图】

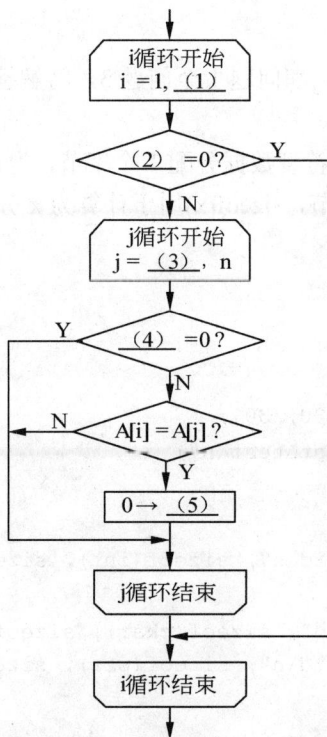

试题一分析

在处理大批数据记录时，删除重复记录（关键词重复的记录）是常见的操作。本题源自这种应用。删除重复记录算法可分两步进行。第一步将重复出现的多余元素标记为 0；第二步再删除所有的 0 元素。本题流程图只做第一步处理。

本流程图采用了对 i 和 j 的双重循环，对每个元素 A[i]，需要查看其后面的各个元素（用 A[j]表示）是否与 A[i]相同。因此，外层循环应对 i=1,n−1 进行，从而在（1）处应填 "n–1"。内层循环应对 j= i+1,n 进行，从而在（3）处应填 "i+1"。

在外循环处理中首先应判断 A[i]是否已经标记为 0，若是则无需进一步处理。因此，（2）处应填 "A[i]"。而在内循环处理中首先应判断 A[j]是否已经标记为 0，若是则无需进一步处理。因此，（4）处应填 "A[j]"。如果发现元素重复（即 A[i]=A[j]），则需要再将 A[j]赋值为 0（标记），因此，（5）处应填 "A[j]"。

参考答案

（1）n–1

（2）A[i]

（3）i+1

（4）A[j]

（5）A[j]

试题二（共 15 分）

阅读以下说明、C 程序代码和问题 1 至问题 3，将解答写在答题纸的对应栏内。

【说明 1】

设在某 C 系统中为每个字符型数据分配 1 个字节，为每个整型（int）数据分配 4 个字节，为每个指针分配 4 个字节，sizeof(x)用于计算为 x 分配的字节数。

【C 代码】

```c
#include<stdio.h>
#include<string.h>
int main()
{   int arr[5] = {10, 20, 30};
    char mystr[] = "JustAtest\n";
    char *ptr = mystr;

    printf("%d %d %d\n", sizeof(int), sizeof(unsigned int), sizeof
    (arr));
    printf("%d %d\n", sizeof(char), sizeof(mystr));
    printf("%d %d %d\n", sizeof(ptr), sizeof (*ptr), strlen(ptr));
    return 0;
}
```

【问题 1】（8 分）

请写出以上 C 代码的运行结果。

【说明 2】

const 是 C 语言的一个关键字，可以用来定义"只读"型变量。

【问题 2】（4 分）

（1）请定义一个"只读"型的整型常量 size，并将其值初始化为 10；

（2）请定义一个指向整型变量 a 的指针 ptr，使得 ptr 的值不能修改，而 ptr 所指向的目标变量的值可以修改（即可以通过 ptr 间接修改整型变量 a 的值）。

注：无需给出整型变量 a 的定义。

【问题 3】（3 分）

某 C 程序文件中定义的函数 f 如下所示，请简要说明其中 static 的作用，以及形参表"const int arr[]"中 const 的作用。

```
static int f(const int arr[])
{
    /*函数体内的语句省略*/
}
```

试题二分析

本题考查 C 语言基础及应用。

【问题 1】

sizeof 是 C 语言提供的一个关键字，sizeof(x)用于计算为 x 分配的字节数，其结果与系统或编译器相关。若 x 是数组名时，用于计算整个数组所占用存储空间的字节数；若 x 是指针，则无论其指向的目标数据是什么类型，x 所占用的存储空间大小都相同（在同一系统或编译环境中）；若 x 是结构体变量或类型，则需要根据系统规定的对齐要求来计算为 x 所分配空间的字节数。

根据说明，系统为每个字符型数据分配 1 个字节，为每个整型（int）数据分配 4 个字节，为每个指针分配 4 个字节，那么 sizeof(int)、sizeof(unsigned int)是计算整型数据和无符号整型数据的存储空间大小，sizeof(arr)是计算数组 arr 的字节数，它们的值分别为 4、4 和 20。

sizeof(char)计算一个字符数据所占用的字节数，根据说明应为 1。sizeof(mystr)计算为字符数组 mystr 分配的空间大小，该数组的大小由字符串"JustAtest\n"决定，该字符串的长度为 10，还有一个串尾结束标志字符'\0'，因此 sizeof(mystr)的值为 11。

ptr 是指向字符数组 mystr 的指针，显然 sizeof(ptr)的结果为 4。由于*ptr 指向了一个字符数据，因此 sizeof (*ptr)的结果为 1，函数 strlen(ptr)计算 ptr 所指字符串的长度，结果为 10。

【问题 2】

在 C 语言中，const 关键字的一个作用是限定一个变量的值不能被改变，使用 const 可以在一定程度上提高程序的安全性和可靠性。

```
const int size = 10; 或 int const size = 10;
```

以上代码都可以定义一个"只读"型的整型常量 size 并将其值初始化为 10。

当 const 用于修饰指针时，常见的情形如下：

（1）const 修饰的是指针所指向的对象，该对象不可改变，指针变量可改变。

```
const int *p; 或 int const *p;
```

（2）const 修饰的是指针，该指针变量不可改变，其指向的对象可改变。

```
int *const p;
```

（3）const 修饰的是指针以及指针所指向的对象，都不可改变。

```
const int *const p;
```

【问题 3】

关键字 static 用于修饰函数中的局部变量时，是通知编译器将该变量的存储空间安排在全局存储区，这样在下一次调用函数时还保留上一次对该变量的修改结果。

当一个源程序由多个源文件组成时，用 static 修饰的全局变量和函数，其作用域为当前文件，对其他源文件不可见，即它们不能被其他源文件引用或调用。

当函数的形参用 const 修饰时，在函数体内部不能被修改。

参考答案

【问题 1】

4 4 20

1 11

4 1 10

【问题 2】

（1）const int size =10;　　或 int const size =10;

（2）int* const ptr = &a;

【问题 3】

static 的作用：说明 f 是内部函数，只能在本文件中调用它。

const 的作用：在函数 f 中不能修改数组元素的值，若有修改，编译时会报错。

试题三（共 15 分）

阅读以下说明和 C 函数，填补 C 函数中的空缺（1）～（6），将解答写在答题纸的对应栏内。

【说明】

函数 numberOfwords (char message[])的功能是计算存储在 message 字符数组中的一段英文语句中的单词数目，输出每个单词（单词长度超过 20 时仅输出其前 20 个字母），并计算每个英文字母出现的次数（即频数），字母计数时不区分大小写。

假设英文语句中的单词合乎规范（此处不考虑单词的正确性），单词不缩写或省略，即不会出现类似 don't 形式的词，单词之后都为空格或标点符号。

函数中判定单词的规则是：

（1）一个英文字母串是单词；

（2）一个数字串是单词；

（3）表示名词所有格的撇号（'）与对应的单词看作是一个单词。

除上述规则外，其他情况概不考虑。

例如，句子"The 1990's witnessed many changes in people's concepts of conservation."中有 10 个单词，输出如下：

```
The
1990's
witnessed
many
changes
in
people's
concepts
of
conservation
```

函数 numberOfwords 中用到的部分标准库函数如下表所述。

函 数 原 型	说　　明
int islower(int ch);	若 ch 表示一个小写英文字母，则返回一个非 0 整数，否则返回 0
int isupper(int ch);	若 ch 表示一个大写英文字母，则返回一个非 0 整数，否则返回 0
int isalnum(int ch);	若 ch 表示一个英文字母或数字字符，则返回一个非 0 整数，否则返回 0
int isalpha (int ch);	若 ch 表示一个英文字母，则返回一个非 0 整数，否则返回 0
int isdigit (int ch);	若 ch 表示一个数字字符，则返回一个非 0 整数，否则返回 0

【C 函数】

```
int numberOfwords (char message[])
{
char wordbuffer[21], i = 0;      /*i 用作 wordbuffer 的下标*/
      (1)  pstr;
```

```
        int ps[26] = {0};              /*ps[0]用于表示字母'A'或'a'的频数*/
/*ps[1]用于表示字母'B'或'b'的频数，依此类推*/
        int wordcounter = 0;

    pstr = message;
    while (*pstr) {
        if ( ___(2)___(*pstr) ) {/*调用函数判定是否为一个单词的开头字符*/
        i = 0;
        do{/*将一个单词的字符逐个存入 wordbuffer[]，并进行字母计数*/
            wordbuffer[i++] = *pstr;
            if (isalpha(*pstr)) {
                    if ( ___(3)___(*pstr) ) ps[*pstr-'a']++;
                    else  ps[*pstr-'A']++;
            }
            ___(4)___ ;            /*pstr 指向下一字符*/
        }while (i<20 && (isalnum(*pstr)||*pstr=='\''));

            if (i>=20)        /*处理超长单词(含名词所有格形式)*/
            while (isalnum(*pstr)||*pstr=='\'') { pstr++; }

        ___(5)___ = '\0';        /*设置暂存在 wordbuffer 中的单词结尾*/
        wordcounter ++;        /*单词计数*/
        puts(wordbuffer);        /*输出单词*/
        }
        ___(6)___ ;            /*pstr 指向下一字符*/
    }

    return wordcounter;
}
```

试题三分析

本题考查 C 语言程序设计基本技术。

题目中涉及的知识点主要有字符串、字符指针和函数调用等，首先应认真阅读题目的说明部分，以了解函数代码的功能和大致的处理思路，然后理清代码的框架，明确各个变量（或数组元素）所起的作用，并以语句组分析各段代码的功能，从而完成空缺处的代码填充。

函数中空（1）处所在语句为定义变量 pstr 的声明语句，根据下面对 pstr 的使用方式，可知 pstr 是一个指向字符的指针变量，因此空（1）处应填入 "char *"。

显然，"pstr = message;" 使 pstr 指向了英文语句的第一个字符，下面的 while 循环则用于遍历语句中的每一个字符：

```
while (*pstr) {
```

```
    ...
    }
```

对于语句中的一个字符*pstr，它可能是一个单词中的字符、空格、标点符号或其他字符，由于函数的功能是取出单词并进行统计，因此首先考虑该字符是否属于一个单词以及是否是单词的开头（字母或数字字符），结合注释，可知空（2）处用于判定当前字符*pstr 是否是单词的开头字符，即是否是字母或数字，由于代码中已给出了(*pstr)，因此最合适的做法是直接调用库函数进行处理，即空（2）处应填入"isalnum"，也可以填入"isalpha(*pstr) || isdigit"。

得到一个单词的开头字符后就用 do-while 语句依次取出该单词的每一个字符，直到单词结束为止。根据题目说明，单词中包含的字符为字母、数字或撇号(')，因此 do-while 继续循环的条件之一是表达式"isalnum(*pstr)||*pstr=='\''"的值为"真"，另一个条件是关于单词长度不超过 20 的限制。

分析空（3）所在的语句（如下所示），显然是对单词中的字母进行计数，在*pstr 是字母（isalpha(*pstr)的返回值为 1）的前提下，"ps[*pstr–'a']++"是对小写字母进行计数，"ps[*pstr–'A']++"是对大写字母进行计数，所以空（3）处应判断*pstr 是否为小写字母，应填入"islower"，或者填入"!isupper"。

```
if (isalpha(*pstr)) {
        if ( __(3)__ (*pstr) ) ps[*pstr-'a']++;
        else  ps[*pstr-'A']++;
    }
```

空（4）处是令 pstr 指向下一字符，因此应填入"pstr++"或其等价形式。
空（5）处是设置字符串结尾字符，因此应填入"wordbuffer[i]"或其等价形式。
空（6）处是令 pstr 指向下一字符，因此应填入"pstr++"或其等价形式。

参考答案

（1）char *或 unsigned　char

（2）isalnum 或 isalpha(*pstr) || isdigit

（3）islower 或!isupper

（4）pstr++或++pstr 或 pstr=pstr+1 或 pstr+=1

（5）wordbuffer[i]或*(wordbuffer+i)

（6）pstr++或++pstr 或 pstr=pstr+1 或 pstr+=1

试题四（共 15 分）

阅读以下说明和 C 函数，填补 C 函数中的空缺（1）～（5），将解答写在答题纸的对应栏内。

【说明】

　　函数 SetDiff(LA, LB)的功能是将 LA 与 LB 中的共有元素从 LA 中删除,使得 LA 中仅保留与 LB 不同的元素,而 LB 不变,LA 和 LB 为含头结点的单链表的头指针。

　　例如,单链表 LA、LB 的示例如图 4-1 中的(a)、(b)所示,删除与 LB 共有的元素后的 LA 如图 4-1 中的(c)所示。

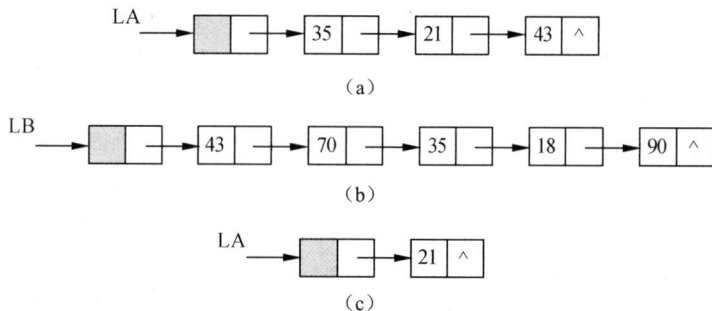

（a）

（b）

（c）

图 4-1

链表的结点类型定义如下:

```
typedef struct Node{
    int data;
    struct Node *next;
}Node, *LinkList;
```

函数 SetDiff(LinkList LA, LinkList LB)的处理思路如下:

　　(1)从 LA 的第一个元素结点开始,令 LA 的第一个元素为当前元素。

　　(2)在 LB 中进行顺序查找,查找与 LA 的当前元素相同者,方法是令 LA 的当前元素先与 LB 的第一个元素进行比较,若相等,则结束在 LB 中的查找过程,否则继续与 LB 的下一个元素比较,重复以上过程,直到 LB 中的某一个元素与 LA 的当前元素相等(表明查找成功),或者到达 LB 的表尾(表明查找失败)为止。

　　(3)结束在 LB 表的一次查找后,若在 LB 中发现了与 LA 的当前元素相同者,则删除 LA 的当前元素,否则保留 LA 的当前元素。

　　(4)取 LA 的下一个元素为当前元素,重复(2)、(3),直到 LA 的表尾。

【C 函数】

```
void SetDiff(LinkList LA, LinkList LB)
{
LinkList pre, pa, pb;
/*pa 用于指向单链表 LA 的当前元素结点,pre 指向 pa 所指元素的前驱*/
/*pb 用于指向单链表 LB 的元素结点*/
```

```
    (1)  ;  /*开始时令 pa 指向 LA 的第一个元素*/
pre = LA;
while (pa) {
  pb = LB->next;
/*在 LB 中查找与 LA 的当前元素相同者，直到找到或者到达表尾*/
  while (   (2)   ) {
    if (pa->data == pb->data)
      break;
      (3)  ;
  }

  if (!pb) {
/*若在 LB 中没有找到与 LA 中当前元素相同者，则继续考察 LA 的后续元素*/
    pre = pa;
    pa = pa->next;
  }
  else {
 /*若在 LB 中找到与 LA 的当前元素相同者，则删除 LA 的当前元素*/
    pre->next =    (4)   ;
    free(pa);
    pa =    (5)   ;
  }
}
}
```

试题四分析

本题考查 C 程序设计基本技术及指针的应用。

题目中涉及的考点主要有链表的查找、删除运算以及程序逻辑，分析程序时首先要明确各个变量所起的作用，并按照语句组分析各段代码的功能，从而完成空缺处的代码填充。

根据注释，空（1）处应为指针变量 pa 赋值，使其指向 LA 链表的第一个元素结点，由于 LA 为指向头结点的指针，因此空（1）处应填入 "pa = LA->next"。

以指针 pa 的值为循环条件的以下循环语句用于遍历 LA 的每一个元素。

```
while(pa) {
  …
}
```

对于 LA 中的每一个元素 pa->data，需要在 LB 中查找是否存在与其相同者，代码段为：

```
pb = LB->next;
/*在 LB 中查找与 LA 的当前元素相同者，直到找到或者到达表尾*/
while (   (2)   ) {
    if (pa->data == pb->data)
        break;
      (3)   ;
}
```

显然，通过"pb = LB->next"已经令 pb 指向了 LB 的第一个元素，接下来的 while 语句就用于和 LB 的元素 pb->data 逐个比较，显然，空（2）处应填入"pb"，表明 pb 为非空指针，使得循环体中进行"pa->data == pb->data"运算时，pb 指针是有效的。在该循环中，若找到了两个链表的共有元素，则用 break 跳出循环，此时 pb 正指向 LB 中的该共有元素；否则继续在 LB 中查找，那就需要在空（3）处填入"pb = pb->next"。

在 LB 结束查找后，如果找到了与 pa->data 相同的元素，则之前已经令 pb 指向它；若是没有找到，则 pb 是空指针。

因此，接下来根据 pb 的值判断是否需要删除 LA 的当前元素。若不删除，则执行语句组"pre = pa; pa = pa->next;"，继续考察 LA 的后续元素；若需删除（pa 指向的结点），则相关指针的指向如下图所示。

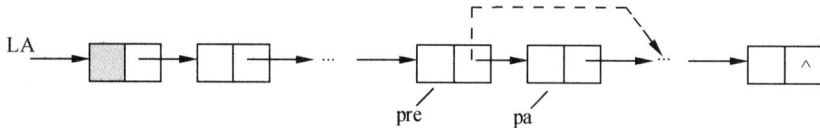

显然，pre 已经指向 pa 所指结点的前驱，要删除 pa 所指结点，只要将 pre->next 设置为指向 pa 所指结点的后继结点即可，即令 pre->next = pa->next。因此，在 free(pa) 之后需重新设置 pa 的指向，即令 pa = pre->next，为继续处理后续元素做好准备。对应地，空（4）应填入"pa->next"，空（5）应填入"pre->next"。

参考答案

（1）pa = LA ->next

（2）pb 或 pb!=0 或 pb!=NULL

（3）pb = pb->next

（4）pa->next

（5）pre->next

试题五（共 15 分）

阅读以下说明和 C++代码，填补 C++代码中的空缺（1）～（6），将解答写在答题纸的对应栏内。

【说明】

已知某公司按周给员工发放工资，其工资系统需记录每名员工的员工号、姓名、工资等信息。其中一些员工是正式的，按年薪分周发放（每年按 52 周计算）；另一些员工是计时工，以小时工资为基准，按每周工作小时数核算发放。

下面是实现该工资系统的 C++ 代码，其中定义了四个类：工资系统类 PayRoll，员工类 Employee，正式工类 Salaried 和计时工类 Hourly，Salaried 和 Hourly 是 Employee 的子类。

【C++代码】

```cpp
//头文件和域名空间略
const int EMPLOYEE_NUM = 5;
class Employee {
    protected:
        int empCode;                    //员工号
        string name;                    //员工姓名
        double salary;                  //周发放工资
    public:
        Employee( const int empCode, const string &name ){
            this->empCode = empCode;      this->name = name;
        }
        virtual ~Employee(){}
        virtual void pay() = 0;
        double getSalary(){  return this->salary;  }
};
class Salaried ___(1)___ {
    private:    double payRate;        //年薪
    public:
        Salaried(const int empCode, const string &name, double payRate)
        :Employee(empCode,name) {
            this->payRate = payRate;
        }
        void pay() {
            this->salary = ___(2)___;   //计算正式员工的周发放工资数
            cout << this->name << " : " << this->salary << endl;
        }
};
class Hourly ___(3)___ {
    private:
        double payRate;                 //小时工资数
    int hours;                          //周工作小时数
```

```cpp
public:
    Hourly(const int empCode, const string &name, int hours, double
    payRate)
    :Employee(empCode,name) {
        this->payRate = payRate;   this->hours = hours;
    }
    void pay() {
        this->salary =   (4)  ;   //计算计时工的周发放工资数
        cout << this->name << " : " << this->salary << endl;
    }
};
class PayRoll {
 public:
    void pay(Employee* e[]) {
        for (int i = 0; i < EMPLOYEE_NUM; i++) {
            e[i]->pay();
        }
    }
};
int main() {
    PayRoll* payRoll = new PayRoll;
     (5)    employees[EMPLOYEE_NUM] = {
        new Salaried(1001,"Zhang San", 58000.00),
        // 此处省略对其他职工对象的生成
        new Hourly(1005,"Li", 12, 50.00),
    };
    payRoll->pay(  (6)  );
    double total = 0.0;
    for (int i = 0; i < EMPLOYEE_NUM; i++ )
      { total += employees[i]->getSalary(); }    //统计周发放工资总额
    cout << "总发放额 = " << total << endl;
    delete payRoll;  return 0;
}
```

试题五分析

本题考查 C++语言程序设计能力，涉及类、对象、函数及虚函数的定义和相关操作，以及继承关系和多态。要求考生根据给出的案例和执行过程说明，认真阅读理清程序思路，然后完成题目。

根据本题说明中描述，需要记录每名员工的员工号、姓名和工资等信息。公司员工分为正式工和计时工两类，正式工和计时工的工资支付方式不同，根据面向对象设计的概念，这两种员工都是员工，设计时将公有属性和行为封装成抽象类，并使用继承关系设计两种不同员工类作为子类。因此，系统设计了 4 个类：工资系统类 PayRoll、员工类 Employee、正式工类 Salaried 和计时工类 Hourly，Salaried 和 Hourly 继承了 Employee 类。Employee 中定义两类员工公有属性和方法，以及支付方式的接口标识，Salaried 和 Hourly 需要在各自的类中有具体支付方式的实现。

　　根据类定义及其之间的关系，将 Employee 类中支付工资定义为纯虚函数，即 virtual void pay() = 0;，这样就定义了支付方式的接口，子类中必须实现各具体的支付方法。这样，在 PayRoll 中对 Salaried 和 Hourly 两类的对象使用同样的调用方式 e[i]–>pay()达到不同支付效果，也就达到了多态。Salaried 和 Hourly 均继承了 Employee，并在 Salaried 和 Hourly 的构造函数中调用父类的构造函数，所以继承的权限为 public，其语法为:public 后加类名。Salaried 的工资发放方式为"按年薪分周发放（每年按 52 周计算）"，因此在 pay()方法的实现中，分周发放工资采用"年薪/52"进行计算。Hourly 的工资发放方式是"以小时工资为基准，按每周工作小时数核算发放"，即"小时工资×周工作小时"进行计算。

　　在 main()中创建了一组员工，用数组存储，由于数组元素包括 Salaried 和 Hourly 两种，因此其声明类型采用父类类型 Employee 的指针，可以定义为静态数组，对象的创建采用 new 关键字加类名。集中对所有员工进行支付，将数据作为 payRoll 相同的 pay()的参数，即 payRoll–>pay(employees)。用 new 关键字创建的数组，在使用完成之后通过 delete 进行释放。

　　因此空（1）和（3）处添加继承父类，并且权限为 public，即: public Employee。空（2）和（4）处补充通过使用计算得到所发放的工资额，空（2）处为计算正式员工的周发放工资数，即 payRate/52；空（4）处为计时工的周发放工资数，即 payRate*hours。空（5）处定义员工数组的类型，即 Employee* 或 static Employee*。空（6）处将员工数组传递给 pay()方法，即 employees。

参考答案

　　（1）: public Employee

　　（2）payRate/52

　　（3）: public Employee

　　（4）payRate*hours

　　（5）Employee* 或 static Employee*

　　（6）employees

试题六（共 15 分）

　　阅读以下说明和 Java 代码，填补 Java 代码中的空缺（1）～（6），将解答写在答题纸的对应栏内。

【说明】

　　已知某公司按周给员工发放工资，其工资系统需记录每名员工的员工号、姓名、工资等信息。其中一些员工是正式的，按年薪分周发放（每年按 52 周计算）；另一些员工是计时工，以小时工资为基准，按每周工作小时数核算发放。

下面是实现该工资系统的 Java 代码，其中定义了四个类：工资系统类 PayRoll，员工类 Employee，正式工类 Salaried 和计时工类 Hourly，Salaried 和 Hourly 是 Employee 的子类。

【Java 代码】

```
abstract class Employee {
    protected String name;            //员工姓名
    protected int empCode;            //员工号
    protected double salary;          //周发放工资
    public Employee(int empCode, String name) {
        this.empCode = empCode;
        this.name = name;
    }
    public double getSalary(){
        return this.salary;
    }
public abstract void pay();
}

class Salaried   (1)   Employee {
    private double annualSalary;
    Salaried(int empCode, String name, double payRate){
        super(empCode, name);
        this.annualSalary = payRate;
    }
    public void pay(){
        salary =   (2)  ;          //计算正式员工的周发放工资数
        System.out.println(this.name + " : " + this.salary);
    }
}


class Hourly   (3)   Employee {
    private double hourlyPayRate;
    private int hours;
    Hourly(int empCode, String name, int hours, double payRate){
        super(empCode, name);
        this.hourlyPayRate = payRate;
```

```java
            this.hours = hours;
        }
    public void pay(){
        salary =    (4)   ;           //计算计时工的周发放工资数
        System.out.println(this.name + " : " + this.salary);
        }
    }


public class PayRoll {
    private    (5)    employees[] = {
        new Salaried(1001,"Zhang San", 58000.00),
//此处省略对其他职工对象的生成
        new Hourly(1005,"Li", 12, 50.00)
    };
    public void pay(Employee e[]) {
        for (int i = 0; i < e.length; i++) {
            e[i].pay();
        }
    }
    public static void main(String[] args)
    {
        PayRoll payRoll = new PayRoll();
        payRoll.pay(   (6)   );
        double total = 0.0;
        for (int i = 0; i < payRoll.employees.length; i++ ) {
                                    //统计周发放工资总额
            total += payRoll.employees[i].getSalary();
        }
    System.out.println(total);
        }
    }
```

试题六分析

本题考查 Java 语言程序设计能力，涉及类和抽象类、对象、方法及抽象方法的定义和相关操作，以及继承关系和多态。要求考生根据给出的案例和执行过程说明，认真阅读理清程序思路，然后完成题目。

根据本题中说明中描述，需要记录每名员工的员工号、姓名和工资等信息。公司员工分为正式工和计时工两类，正式工和计时工的工资支付方式不同，根据面向对象设计的概念，这两种员工都是员工，设计时将公有属性和行为封装成抽象类，并使用继承关系设计两种不同员工类作为子类。因此，系统设计了四个类：工资系统类 **PayRoll**，员工类 Employee，正式工类 Salaried 和计时工类 Hourly，Salaried 和 Hourly 继承了 Employee 类。Employee 中定义两类员工公有属性和方法，以及支付方式的接口标识，Salaried 和 Hourly 需要在各自的类中有具体支付方式的实现。

根据类定义及其之间的关系，将 Employee 类定义为抽象类，其中支付工资定义为抽象方法，public abstract void pay();，这样就定义了支付方式的接口，子类中必须实现各自具体的支付方法。这样，在 PayRoll 中对 Salaried 和 Hourly 两类的对象使用同样的调用方式 e[i].pay()达到不同支付效果，也就达到了多态。Salaried 和 Hourly 均继承了 Employee，其语法为 extends 后加类名，在两者的构造方法中调用父类的构造方法，进行相应的员工公共信息初始化操作，所以均在构造方法的第一句（必须是第一句）采用 super 调用父类构造方法。Salaried 的工资发放方式为"按年薪分周发放（每年按 52 周计算）"，因此在 pay()方法的实现中，每周发放工资采用"年薪/52"进行计算。Hourly 的工资发放方式是"以小时工资为基准，按每周工作小时数核算发放"，即"小时工资×周工作小时"进行计算。

在 PayRoll 中创建了一组员工，用数组存储，由于数组元素包括 Salaried 和 Hourly 两种，因此其声明类型采用父类类型 Employee，可以定义为静态数组，对象的创建采用 new 关键字加类名。在 PayRoll 中支付时，集中对所有员工进行支付，将数据作为 payRoll 的 pay()的参数，在 Java 中用数组引用名直接作为参数，即 payRoll.pay(payRoll.employees)。

因此空（1）和（3）处添加继承父类，即 extends。空（2）和（4）处补充通过使用计算得到所发放的工资数，空（2）处为计算正式员工的周发放工资数，即 annualSalary/52；空（4）处为计时工的周发放工资数，即 hourlyPayRate*hours。空（5）处定义员工数组的类型，即 Employee 或 static Employee。空（6）处将员工数组的引用传递给 pay()方法，即 employees（空（5）只能为 static Employee）或 payRoll.employees。

参考答案

（1）extends

（2）annualSalary/52

（3）extends

（4）hourlyPayRate * hours

（5）Employee 或 static Employee

（6）employees （空（5）只能为 static Employee）或 payRoll.employees

第3章 2012下半年程序员上午试题分析与解答

试题（1）、（2）

在文字处理软件 Word 的编辑状态下，将光标移至文本行首左侧空白处呈"✍"（箭头）形状时，若双击鼠标左键，则可以选中 __(1)__；要复制选定的文档内容，可使用鼠标指针指向被选定的内容并按住 __(2)__ 键，拖曳鼠标至目标处。

(1) A. 单词   B. 一行   C. 一段落   D. 全文

(2) A. Ctrl   B. Shift   C. Alt   D. Ins

试题（1）、（2）分析

本题考查 Word 方面的基础知识。

试题（1）正确的选项为 C。在 Word 2003 的编辑状态下，将光标移至文本行首左侧空白处呈 ✍ 形状时，若单击鼠标左键，则可以选中一行；若双击鼠标左键，则可以选中一段落；若三击鼠标左键，则可以选中全文。

试题（2）正确的选项为 A。要复制选定的文档内容，可使用鼠标指针指向被选定的内容并按住 Ctrl 键，拖曳鼠标至目标处。

参考答案

(1) C   (2) A

试题（3）、（4）

在电子表格软件 Excel 中，假设 A1 单元格的值为 15，若在 A2 单元格输入"=AND(15<A1, A1<100)"，则 A2 单元格显示的值为 __(3)__；若在 A2 单元格输入"=IF(AND(15<A1, A1<100) , "数据输入正确", "数据输入错误")"，则 A2 单元格显示的值为 __(4)__。

(3) A. TRUE   B. =AND(15<A1, A1<100)

     C. FALSE   D. AND(15<A1, A1<100)

(4) A. TRUE   B. FALSE

     C. 数据输入正确   D. 数据输入错误

试题（3）、（4）分析

本题考查 Excel 基础知识方面的知识。

试题（3）正确的答案为选项 C。公式"=AND(15<A1, A1<100)"的含义为：当"15<A1<100"成立时，其值为 TRUE，否则为 FALSE。而 A1 单元格的值为 15，故 A2 单元格显示的值 FALSE。

试题（4）正确的答案为选项 D，因为函数 IF（条件，值 1，值 2）的功能是当满足条件时，则结果返回值 1；否则，返回值 2。本题不满足条件，故应当返回"数据输入错误"。

参考答案

（3）C　　　（4）D

试题（5）

采用 IE 浏览器访问工业和信息化部-教育与考试中心网主页时，正确的地址格式是 ___(5)___ 。

（5）A．Web://www.ceiaec.org　　　　　B．http:\www.ceiaec.org

　　　C．Web:\www.ceiaec.org　　　　　D．http://www.ceiaec.org

试题（5）分析

本题考查网络地址方面的基础知识。

统一资源地址（URL）是用来在 Internet 上唯一确定位置的地址。通常用来指明所使用的计算机资源位置及查询信息的类型。http://www.ceiaec.org 中，http 表示所使用的协议，www.ceiaec.org 表示访问的主机和域名。

参考答案

（5）D

试题（6）

CPU 的基本功能不包括 ___(6)___ 。

（6）A．指令控制　　B．操作控制　　C．数据处理　　D．数据通信

试题（6）分析

本题考查计算机系统硬件方面的基础知识。

CPU 主要由运算器、控制器（Control Unit，CU）、寄存器组和内部总线组成，其基本功能有指令控制、操作控制、时序控制和数据处理。

指令控制是指 CPU 通过执行指令来控制程序的执行顺序。

操作控制是指一条指令功能的实现需要若干操作信号来完成，CPU 产生每条指令的操作信号并将操作信号送往不同的部件，控制相应的部件按指令的功能要求进行操作。

时序控制是指 CPU 通过时序电路产生的时钟信号进行定时，以控制各种操作按照指定的时序进行。

数据处理是指完成对数据的加工处理，是 CPU 最根本的任务。

参考答案

（6）D

试题（7）

计算机中主存储器主要由存储体、控制线路、地址寄存器、数据寄存器和 ___(7)___ 组成。

（7）A．地址译码电路　　　　　　　　　B．地址和数据总线

　　C．微操作形成部件　　　　　　　D．指令译码器

试题（7）分析

本题考查存储系统基础知识。

主存储器简称为主存、内存，设在主机内或主机板上，用来存放机器当前运行所需要的程序和数据，以便向 CPU 提供信息。相对于外存，其特点是容量小速度快。

主存储器主要由存储体、控制线路、地址寄存器、数据寄存器和地址译码电路等部分组成。

参考答案

（7）A

试题（8）

硬磁盘的主要技术指标不包括　(8)　。

（8）A．平均寻道时间　　　　　　　B．旋转等待时间

　　　C．存取周期　　　　　　　　　D．数据传输率

试题（8）分析

本题考查存储设备基础知识。

硬盘的寻址信息由硬盘驱动号、圆柱面号、磁头号（记录面号）、数据块号（或扇区号）以及交换量组成。硬磁盘的主要技术指标如下：道密度、位密度、存储容量、平均存取时间、寻道时间、等待时间、数据传输率。

参考答案

（8）C

试题（9）

以下关于串行接口和并行接口的叙述中，正确的是　(9)　。

（9）A．并行接口适用于传输距离较远、速度相对较低的场合

　　　B．并行接口适用于传输距离较近、速度相对较高的场合

　　　C．串行接口适用于传输距离较远、速度相对较高的场合

　　　D．串行接口适用于传输距离较近、速度相对较高的场合

试题（9）分析

本题考查计算机系统硬件方面的基础知识。

并行接口采用并行传送方式，即一次把一个字节（或一个字）的所有位同时输入或输出，同时（并行）传送若干位。并行接口一般指主机与 I/O 设备之间、接口与 I/O 设备之间均以并行方式传送数据。

串行接口采用串行传送方式，数据的所有位按顺序逐位输入或输出。一般情况下，接口与 I/O 设备之间采用串行传送方式，而串行接口与主机之间则采用并行方式。

一般来说，并行接口适用于传输距离较近、速度相对较高的场合，接口电路相对简单；串行接口则适用于传输距离较远、速度相对较低的场合。

参考答案

（9）B

试题（10）、（11）

声卡的性能指标主要包括　（10）　和采样位数；在采样位数分别为 8、16、24、32 时，采样位数为　（11）　表明精度更高，所录制的声音质量也更好。

（10）A．刷新频率　　　　B．采样频率　　　C．色彩位数　　　D．显示分辨率

（11）A．8　　　　　　　B．16　　　　　　C．24　　　　　　D．32

试题（10）、（11）分析

本题考查计算机系统及设备性能方面的基础知识。

试题（10）正确的答案为选项 B，试题（11）正确的答案为选项 D。声卡的性能指标主要包括采样频率和采样位数。其中，采样频率即每秒采集声音样本的数量。标准的采样频率有三种：11.025kHz（语音）、22.05kHz（音乐）和 44.1kHz（高保真），有些高档声卡能提供 5～48kHz 的连续采样频率。采样频率越高，记录声音的波形就越准确，保真度就越高，但采样产生的数据量也越大，要求的存储空间也越多。采样位数为是将声音从模拟信号转化为数字信号的二进制位数，即进行 A/D、D/A 转换的精度，位数越高，采样精度越高。

参考答案

（10）B　　　（11）D

试题（12）

以下文件中，　（12）　是声音文件。

（12）A．marry.wps　　　　B．index.htm　　　C．marry.bmp　　　D．marry.mp3

试题（12）分析

本题考查多媒体基础知识。

声音在计算机中存储和处理时，其数据必须以文件的形式进行组织，所选用的文件格式必须得到操作系统和应用软件的支持。在互联网上和各种不同计算机以及应用软件中使用的声音文件格式也互不相同。wps 是文档文件（一种文字格式文件）；htm 是网页文件；bmp 是一种图像文件格式，在 Windows 环境下运行的所有图像处理软件几乎都支持 bmp 图像文件格式；mp3 文件是流行的声音文件格式（音乐产业的数据标准）。

参考答案

（12）D

试题（13）

　（13）　不能用矢量图表示。

（13）A．几何图形　　　B．美术字　　　C．风景照片　　　D．CAD 图

试题（13）分析

本题考查多媒体基础知识。

矢量图形是用一系列计算机指令来描述和记录的一幅图的内容，即通过指令描述构成一幅图的所有直线、曲线、圆、圆弧、矩形等图元的位置、维数和形状，也可以用更为复杂的形式表示图像中的曲面、光照、材质等效果。矢量图法实质上是用数学的方式（算法和特征）来描述一幅图形图像，在处理图形图像时根据图元对应的数学表达式进行编辑和处理。在屏幕上显示一幅图形图像时，首先要解释这些指令，然后将描述图形图像的指令转换成屏幕上显示的形状和颜色。编辑矢量图的软件通常称为绘图软件，适于绘制机械图、电路图的 AutoCAD 软件等。这种软件可以产生和操作矢量图的各个成分，并对矢量图形进行移动、缩放、移动、叠加、旋转和扭曲等变换。编辑图形时将指令转变成屏幕上所显示的形状和颜色，显示时也往往能看到绘图的过程。由于所有的矢量图形部分都可以用数学的方法加以描述，从而使得计算机可以对其进行任意的放大、缩小、旋转、变形、扭曲、移动、叠加等变换，而不会破坏图像的画面。但是，用矢量图形格式表示复杂图像（如人物、风景照片），并要求很高时，将需要花费大量的时间进行变换、着色、处理光照效果等。因此，矢量图形主要用于表示线框型的图画、工程制图、美术字等。

风景照片是表现比较细腻，层次较多，色彩较丰富，包含大量细节的图像，通常采用摄像机或扫描仪等输入设备捕捉实际场景画面，离散化为空间、亮度、颜色（灰度）的序列值，即把一幅彩色图或灰度图分成许许多多的像素（点），每个像素用若干二进制位来指定该像素的颜色、亮度和属性。

参考答案

（13）C

试题（14）

利用　(14)　不能将印刷图片资料录入计算机。

（14）A. 扫描仪　　　　B. 数码相机　　　　C. 摄像设备　　　　D. 语音识别软件

试题（14）分析

本题考查多媒体基础知识，主要涉及多媒体信息采集与转换设备（软、硬件设备）。

数字转换设备可以把从现实世界中采集到的文本、图形、图像、声音、动画和视频等多媒体信息转换成计算机能够记录和处理的数据。例如，使用扫描仪对印刷品、图片、照片或照相底片等进行扫描，使用数字相机或数字摄像机对选定的景物进行拍摄等均可获得数字图像数据、数字视频数据等。又如，使用计算机键盘选择任意输入法软件人工录入文字资料，使用语音识别软件以朗读方式录入文字资料，使用扫描仪扫描文字资料后利用光学字符识别（OCR）软件录入文字资料等。

参考答案

（14）D

试题（15）

下列病毒中，属于宏病毒的是　(15)　。

（15）A. Trojan.QQ3344 　　　　　　B. Js.Fortnight.c.s

　　　C. Macro.Melissa 　　　　　　D. VBS.Happytime

试题（15）分析

本题考查病毒相关知识。

以上 4 种病毒中，Js.Fortnight.c.s 和 VBS.Happytime 是脚本病毒，Macro.Melissa 是宏病毒，这三种病毒都属于单机病毒；而 Trojan.QQ3344 是一种特洛伊木马，它通过网络来实现对计算机的远程攻击。

参考答案

（15）C

试题（16）

如果要清除上网痕迹，必须 　（16）　。

（16）A. 禁用 ActiveX 控件 　　　　B. 查杀病毒

　　　C. 清除 Cookie 　　　　　　　D. 禁用脚本

试题（16）分析

本题考查网络安全方面的基础知识。

Cookies 是服务器暂存在用户的电脑里的资料，以便服务器用来辨认用户计算机。当用户再次访问同一个网站时，Web 服务器会先检测有没有它上次留下的 Cookies 资料，有的话，就会依据 Cookie 里的内容来判断使用者，送出特定的网页内容给用户，为用户提供个性化的服务。但是，Cookies 与安全是密切相关的。清理 Cookies 不仅仅是清除了上网痕迹，而且也减少系统的冗余，提高系统运行速度，同时也保证了你的一些私密信息不被泄露。因此有必要养成定期清理 Cookies 的习惯，可以手动清除，也可以选择工具软件清除。

参考答案

（16）C

试题（17）

软件著作权保护的对象不包括 　（17）　。

（17）A. 源程序 　　　　B. 目标程序 　　　C. 流程图 　　　D. 算法思想

试题（17）分析

本题考查知识产权基础知识。

软件著作权保护的对象是指著作权法保护的计算机软件，包括计算机程序及其有关文档。计算机程序是指为了得到某种结果而可以由计算机等具有信息处理能力的装置执行的代码化指令序列，或可被自动转换成代码化指令序列的符号化指令序列或符号化语句序列，通常包括源程序和目标程序。软件文档是指用自然语言或者形式化语言所编写的文字资料和图表，以用来描述程序的内容、组成、设计、功能、开发情况、测试结果及使用方法等，如程序设计说明书、流程图、数据流图、用户手册等。

著作权法只保护作品的表达，不保护作品的思想、原理、概念、方法、公式、算法等，对计算机软件来说，只有程序的作品性能得到著作权法的保护，而体现其功能性的程序构思、程序技巧等却无法得到保护。如开发软件所用的思想、处理过程、操作方法或者数学概念等。

参考答案

（17）D

试题（18）

M 画家将自己创作的一幅美术作品原件赠与了 L 公司。L 公司未经该画家的许可，擅自将这幅美术作品作为商标注册，且取得商标权，并大量复制用于该公司的产品上。L 公司的行为侵犯了 M 画家的　(18)　。

（18）A．著作权　　　　　B．发表权　　　　　C．商标权　　　　　D．展览权

试题（18）分析

本题考查知识产权基础知识。

著作权是指作者及其他著作权人对其创作（或继受）的文学艺术和科学作品依法享有的权利，即著作权权利人所享有的法律赋予的各项著作权及相关权的总和。著作权包括著作人身权和著作财产权两部分。著作人身权是指作者基于作品的创作活动而产生的与其人利益紧密相连的权利，包括发表权、署名权、修改权和保护作品完整权。著作财产权是指作者许可他人使用、全部或部分转让其作品而获得报酬的权利，主要包括复制权、发行权、出租权、改编权、翻译权、汇编权、展览权、信息网络传播权，以及应当由著作权人享有的其他权利。未经著作权人许可，复制、发行、汇编、通过信息网络向公众等传播其作品的行为，均属侵权行为。

发表权是作者依法决定作品是否公之于众和以何种方式公之于众的权利，包括决定作品何时、何地、以何种方式公诸于众。发表权有两个特点：第一，发表权是一次性权利，即作品的首次公诸于众即为发表。以后再次使用作品与发表权无关，而是行使作品的使用权。第二，发表权难以孤立地行使，而需借助一定的作品使用方式。如书籍的出版、剧本的上演、绘画的展出等，既是作品的发表，同时也是作品的使用。

商标权是指商标所有人将其使用的商标，依照法律的注册条件、原则和程序，向商标局提出注册申请，商标局经过审核，准予注册而取得商标专用权。在我国，商标注册是确定商标专用权的法律依据，只有经过注册的商标，才受到法律保护。画家未将自己创作的美术作品作为商标注册，所以不享有商标权。申请注册的商标不能与他人合法利益相冲突，即不能损害公民或法人在先的著作权、外观设计专利权、商号权、姓名权、肖像权等。

展览权是指将作品原件或复制件公开陈列的权利。即公开陈列美术作品、摄影作品的原件或者复制件的权利。展览权的客体限于艺术类作品，可以是已经发表的作品，也可以是尚未发表的作品。绘画、书法、雕塑等美术作品的原件可以买卖、赠与。然而，

获得一件美术作品并不意味着获得该作品的著作权。著作权法规定："美术等作品原件所有权的转移。不视为作品著作权的转移，但美术作品原件的展览权由原件所有人享有。"这就是说作品物转移的事实并不引起作品著作权的转移，受让人只是取得物的所有权和作品原件的展览权，作品的著作权仍然由作者等著作权人享有。画家将美术作品原件赠与了 L 公司后，这幅美术作品的著作权仍属于画家。这是因为画家将美术作品原件赠与了 L 公司时，只是将其美术作品原件的物权转让给了他，并未将其著作权一并转让，美术作品原件的转移不等于美术作品著作权的转移。

参考答案

（18）A

试题（19）

获取操作数速度最快的寻址方式是 （19） 。

（19）A．立即寻址　　　　B．直接寻址　　　C．间接寻址　　　D．寄存器寻址

试题（19）分析

本题考查计算机系统硬件方面的基础知识。

寻址方式就是如何对指令中的地址字段进行解释，以获得操作数的方法或获得程序转移地址的方法。

立即寻址是指操作数就包含在指令中。

直接寻址是指操作数存放在内存单元中，指令中直接给出操作数所在存储单元的地址。

间接寻址是指令中给出操作数地址的地址。

寄存器寻址是指操作数存放在某一寄存器中，指令中给出存放操作数的寄存器名。

参考答案

（19）A

试题（20）

可用紫外光线擦除信息的存储器是 （20） 。

（20）A．DRAM　　　　B．PROM　　　C．EPROM　　　D．EEPROM

试题（20）分析

本题考查存储器基础知识。

DRAM（Dynamic Random Access Memory），即动态随机存取存储器，是最为常见的系统内存。DRAM 使用电容存储数据，所以必须隔一段时间刷新一次，如果存储单元没有被刷新，存储的信息就会丢失。

可编程的只读存储器（Programmable Read Only Memory，PROM）：其内容可以由用户一次性地写入，写入后不能再修改。

可擦除可编程只读存储器（Erasable Programmable Read Only Memory，EPROM）：其内容既可以读出，也可以由用户写入，写入后还可以修改。改写的方法是，写入之前先用紫外线照射 15～20 分钟以擦去所有信息，然后再用特殊的电子设备写入信息。

电擦除的可编程只读存储器（Electrically Erasable Programmable Read Only Memory，EEPROM）：与 EPROM 相似，EEPROM 中的内容既可以读出，也可以进行改写。只不过这种存储器是用电擦除的方法进行数据的改写。

参考答案

（20）C

试题（21）

设 X、Y 为逻辑变量，与逻辑表达式 $X + \overline{X}Y$ 等价的是　__(21)__ 。

（21）A. $X + \overline{Y}$　　　　　B. $\overline{X} + \overline{Y}$　　　　　C. $\overline{X} + Y$　　　　　D. $X + Y$

试题（21）分析

本题考查逻辑运算基础知识。

题中各逻辑式的真值表如下所示。

X	Y	$X + \overline{X}Y$	$X + \overline{Y}$	$\overline{X} + \overline{Y}$	$\overline{X} + Y$	$X + Y$
0	0	0	1	1	1	0
0	1	1	0	1	1	1
1	0	1	1	1	0	1
1	1	1	1	0	1	1

参考答案

（21）D

试题（22）

已知 $x = -\dfrac{61}{128}$，若采用 8 位定点机器码表示，则 $[x]_原$ = __(22)__ 。

（22）A. 00111101　　　　B. 10111101　　　　C. 10011111　　　　D. 00111110

试题（22）分析

本题考查数据表示基础知识。

已知 $\dfrac{61}{128} = \dfrac{32}{128} + \dfrac{16}{128} + \dfrac{8}{128} + \dfrac{4}{128} + \dfrac{1}{128}$，表示为二进制则是 0.0111101。

如果机器字长为 n（即采用 n 个二进制位表示数据），则原码表示的最高位是符号位，0 表示正号，1 表示负号，其余的 $n-1$ 位表示数值的绝对值。因此–0.0111101 的原码表示为 10111101

参考答案

（22）B

试题（23）、（24）

在 Windows 系统中，扩展名 __(23)__ 表示该文件是批处理文件；若用户想用鼠标来复制所选定的文件，应该在按下 __(24)__ 键的同时，按住鼠标左键拖曳文件到目的文件夹，松开鼠标即可完成文件的复制。

（23）A．com　　　　　B．sys　　　　　C．bat　　　　　D．swf

（24）A．Alt　　　　　B．Ctrl　　　　　C．Tab　　　　　D．Shift

试题（23）、（24）分析

试题（23）正确答案为 C。在 Windows 操作系统中，文件名通常由主文件名和扩展名组成，中间以"."连接，如 myfile.doc，扩展名常用来表示文件的数据类型和性质。下表给出常见的扩展名所代表的文件类型：

扩　展　名	说　　明	扩　展　名	说　　明
exe	可执行文件	sys	系统文件
com	命令文件	zip	压缩文件
bat	批处理文件	doc 或 docx	Word 文件
txt	文本文件	c	C 语言源程序
bmp	图像文件	pdf	Adobe Acrobat 文档
swf	Flash 文件	wav	声音文件
html	网页文件	java	Java 语言源程序

试题（24）正确答案为 B。在 Windows 系统中，若用户利用鼠标来复制所选定的文件，应该在按下 Ctrl 键的同时，按住鼠标左键拖曳文件到目的文件夹，松开鼠标即可完成文件的复制。

参考答案

（23）C　　　（24）B

试题（25）～（27）

某企业有生产部和销售部，生产部负责生产产品并送入仓库，销售部从仓库取产品销售。假设仓库可存放 n 件产品。用 PV 操作实现他们之间的同步过程如下图所示。

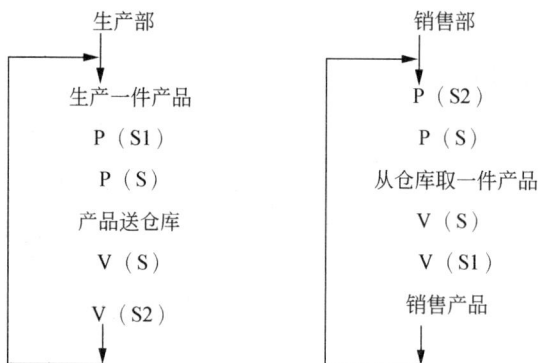

其中，信号量 S 是一个互斥信号量，初值为 __(25)__ ；S_1 是一个 __(26)__ ；S_2 是一个 __(27)__ 。

（25）A．0　　　　　　　B．1　　　　　　　C．n　　　　　　　D．－1

（26）A．互斥信号量，表示仓库的容量，初值为 n

B. 互斥信号量，表示仓库是否有产品，初值为 0

C. 同步信号量，表示仓库的容量，初值为 n

D. 同步信号量，表示仓库是否有产品，初值为 0

（27）A. 互斥信号量，表示仓库的容量，初值为 n

B. 互斥信号量，表示仓库是否有产品，初值为 0

C. 同步信号量，表示仓库的容量，初值为 n

D. 同步信号量，表示仓库是否有产品，初值为 0

试题（25）～（27）分析

本题考查 PV 操作方面的基础知识。

试题（25）的正确答案是 B。根据题意，可以通过设置三个信号量 S、S_1 和 S_2，其中，S 是一个互斥信号量，初值为 1，因为仓库是一个互斥资源，所以将产品送仓库时需要执行进行 P（S）操作，当产品放入仓库后需要执行 V（S）操作。

试题（26）的正确答案是 C。从图中可以看出，当生产一件产品送入仓库时，首先应判断仓库是否有空间存放产品，故需要执行 P（S_1）操作，该操作是对信号量 S_1 减 1，若≥0 表示仓库有空闲，则可以将产品放入仓库。由于仓库的容量为 n，最多可以存放 n 件产品，所以信号量 S_1 初值应设为 n。

试题（27）的正确答案是 D。从图中可以看出，生产部将产品放入仓库后必须通知销售部，故应执行 V（S_2）操作。销售部要从仓库取产品，首先判断仓库是否存有产品，故应执行 P（S_2）操作。若仓库没有产品，则执行 P（S_2）操作时，信号量 S_2 减 1，$S_2 < 0$ 则表示仓库无产品，显然 S_2 的初值应设为 0。

参考答案

（25）B　　（26）C　　（27）D

试题（28）

　（28）不属于程序的基本控制结构。

（28）A. 顺序结构　　　B. 分支结构　　　C. 循环结构　　　D. 递归结构

试题（28）分析

本题考查程序语言基础知识。

算法和程序的三种基本控制结构为顺序结构、分支结构和循环结构。

参考答案

（28）D

试题（29）

在编译过程中，进行类型分析和检查是　（29）　阶段的一个主要工作。

（29）A. 词法分析　　B. 语法分析　　C. 语义分析　　D. 代码优化

试题（29）分析

本题考查程序语言基础知识。

　　一般的编译程序工作过程包括词法分析、语法分析、语义分析、中间代码生成、代码优化、目标代码生成，以及出错处理和符号表管理。

　　词法分析阶段是编译过程的第一阶段，这个阶段的任务是对源程序从前到后（从左到右）逐个字符地扫描，从中识别出一个个"单词"符号。

　　语法分析的任务是在词法分析的基础上，根据语言的语法规则将单词符号序列分解成各类语法单位，如"表达式""语句"和"程序"等。

　　语义分析阶段主要分析程序中各种语法结构的语义信息，包括检查源程序是否包含语义错误，并收集类型信息供后面的代码生成阶段使用。只有语法和语义都正确的源程序才能被翻译成正确的目标代码。

　　由于编译器将源程序翻译成中间代码的工作是机械的、按固定模式进行的，因此，生成的中间代码往往在时间上和空间上有很大的浪费。当需要生成高效的目标代码时，就必须进行优化。

参考答案

　　（29）C

试题（30）

　　在以阶段划分的编译器中，符号表管理和 　（30）　 贯穿于编译器工作始终。

　　（30）A．语法分析　　　B．语义分析　　　C．代码生成　　　D．出错处理

试题（30）分析

　　本题考查程序语言基础知识。

　　一般的编译程序工作过程包括词法分析、语法分析、语义分析、中间代码生成、代码优化、目标代码生成，以及出错处理和符号表管理，如下图所示。

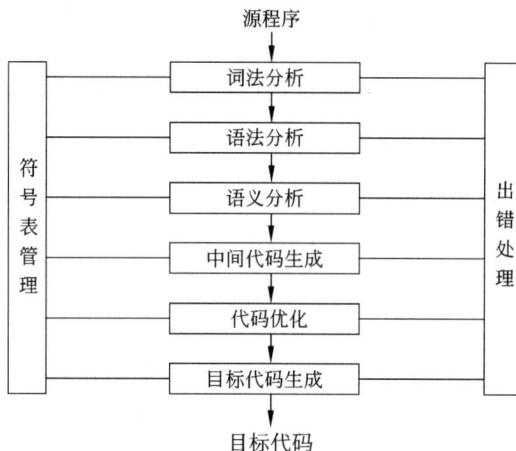

参考答案

　　（30）D

试题（31）

脚本语言程序开发不采用"编写-编译-链接-运行"模式，以下语言中，__(31)__ 不属于脚本语言。

（31）　A. Delphi　　　　B. PHP　　　　C. Python　　　　　　D. Ruby

试题（31）分析

本题考查程序语言基础知识。

Delphi 是 Windows 平台下著名的快速应用程序开发工具和可视化编程环境。

PHP（Hypertext Preprocessor）是一种 HTML 内嵌式的语言，是一种在服务器端执行的嵌入 HTML 文档的脚本语言，语言的风格类似于C 语言。

Python 是一种面向对象、解释型编程语言，也是一种功能强大的通用型语言，支持命令式程序设计、面向对象程序设计、函数式编程、面向切面编程、泛型编程多种编程范式。Python 经常被当作脚本语言用于处理系统管理任务和网络程序编写。

Ruby 是一种为简单快捷的面向对象编程而创建的脚本语言，20 世纪 90 年代由日本人松本行弘开发。

参考答案

（31）A

试题（32）、（33）

已知函数 f1()、f2()的定义如下所示，设调用函数 f1 时传递给形参 x 的值是 10，若函数调用 f2(a)以引用调用（call by reference）的方式传递信息，则函数 f1 的返回值为 __(32)__；若函数调用 f2(a)以值调用（call by value）的方式传递信息，则函数 f1 的返回值为 __(33)__。

f1(int x)	f2(int y)

int a = x;
f2(a);
return a+x;
	y = 5*y-1;
	return;

（32）A. 10　　　　B. 20　　　　C. 59　　　　D. 98

（33）A. 10　　　　B. 20　　　　C. 59　　　　D. 98

试题（32）、（33）分析

本题考查程序语言基础知识。

以值调用方式进行参数传递时，需要先计算出实参的值并传递给对应的形参，然后执行所调用的过程（或函数），在过程（或函数）执行时对形参的修改不影响实参的值。对于引用调用，调用时首先计算实参的地址，并将此地址传递给被调用的过程，因此被调用的函数既得到了实参的值又得到了实参的地址，然后执行被调用的过程（或函数）。在过程（或函数）的执行过程中，针对形参的修改结果将反映在对应的实参变量中。

　　　题目中，若 f2(a)采用引用调用方式，则在 f2 中对 y 的访问本质上是对 f1 中 a 的访问，因此经过运算"y=5*y-1"后，y 的值为 49，即 f1 中 a 的值为 49，x 的值是 10，因此函数 f1 的返回值为 59。若 f2(a)采用值调用方式，则 f2 中对 y 的访问与 f1 中的 a 无关，f2(a)调用完成后，在 f1 中 a 和 x 的值保持不变（都为 10），因此函数 f1 的返回值为 20。

参考答案

　　（32）C　　　（33）B

试题（34）

　　正规式(a|b)(0|1|2)*(a|b)表示的正规集合中有 ___（34）___ 个元素。

　　（34）A. 5　　　　　　　B. 12　　　　　　　C. 7　　　　　　　D. 无穷

试题（34）分析

　　本题考查程序语言基础知识。

　　在正规式中，闭包运算"*"表示对其运算对象的无限次连接。例如，a*表示由 0 个或多个 a 构成的符号串集合，也就是任意个 a 构成的字符串的集合，是无限集合。

参考答案

　　（34）D

试题（35）

　　设数组 a[1..n,1..m]（n>1，m>1）中的元素以行为主序存放，每个元素占用 1 个存储单元，则数组元素 a[i,j]（1≤i≤n，1≤j≤m）相对于数组空间首地址的偏移量为 ___（35）___ 。

　　（35）A. (i−1)*m+j−1　　　　　　　　　B. (i−1)*n+j−1

　　　　　 C. (j−1)*m+i−1　　　　　　　　　D. (j−1)*n+i−1

试题（35）分析

　　本题考查数据结构基础知识。

　　数组 a[1..n,1..m]（n>1，m>1）如下所示。

$$A_{n*m} = \begin{bmatrix} a_{11} & a_{12} & \cdots & a_{1m-1} & a_{1m} \\ a_{21} & a_{22} & \cdots & a_{2m-1} & a_{2m} \\ \vdots & \vdots & \vdots & \vdots & \vdots \\ a_{n1} & a_{n2} & \cdots & a_{nm-1} & a_{nm} \end{bmatrix}$$

　　数组元素的存储地址 = 数组空间首地址 + 偏移量

　　其中偏移量的计算根据排列在所访问元素之前的元素个数乘以每个元素占用的存储单元数来得到。

　　对于元素 a[i,j]，在按行存储（以行为主序存放）方式下，该元素之前的元素个数为(i−1)*m+j−1。

参考答案

（35）A

试题（36）

线性表采用单链表存储结构时，访问表中元素的方式为　（36）　。

（36）A. 随机存取　　　B. 顺序存取　　　C. 索引存取　　　D. 散列存取

试题（36）分析

本题考查数据结构基础知识。

随机存取表示以同等时间存取一组序列中的一个随意元素。序列中的元素占用地址连续的存储空间。

顺序存取是指访问信息时，只能按存储单元的位置，顺序地一个接一个地进行存取。序列中的元素不一定占用地址连续的存储空间。

索引存取是指需要建立一个元素的逻辑位置与物理位置之间相对应的索引表，存取元素时先访问索引表，先获取元素存储位置的相关信息，然后再到元素所在的存储区域访问元素。

散列存取是指按照事先设定的散列函数，根据元素的关键码计算出该元素的存储位置。

线性表采用单链表作为存储结构时，第 i 个元素的存储地址存放在第 i-1 个元素的结点中，只能按逻辑顺序地访问元素，而不能对元素进行随机存取。

参考答案

（36）B

试题（37）

在具有 n 个结点的有序单链表中插入一个新结点并保持有序的运算的时间复杂度为　（37）　。

（37）A. $O(1)$　　　　B. $O(\log n)$　　　　C. $O(n)$　　　　D. $O(n^2)$

试题（37）分析

本题考查数据结构基础知识。

在具有 n 个结点的有序单链表中插入一个新结点时，插入操作本身仅需要修改两个指针，时间主要消耗在顺序地比对需插入的元素与表中元素的大小，从而确定其插入位置。若要插入的元素小于表中的最小元素，则插入该元素时与表中的一个元素进行比较，若要插入的元素大于表中的最大元素，则需要与表中的 n 个元素全部比较一遍。

因此，单链表中参与比较的元素个数平均为 $(1+2+\cdots+n+n)/(n+1)$，即该操作的时间复杂度为 $O(n)$。

参考答案

（37）C

试题（38）

栈和队列的主要区别是　(38)　。

（38）A．逻辑结构不同
B．存储结构不同
C．基本运算数目不同
D．插入运算和删除运算的要求不同

试题（38）分析

本题考查数据结构基础知识。

栈和队列是程序中常用的两种数据结构，它们的逻辑结构与线性表相同。其特点在于运算受到了限制：栈按"后进先出"的规则进行操作，队列按"先进先出"的规则进行操作，故称运算受限的线性表。

参考答案

（38）D

试题（39）

　(39)　不属于特殊矩阵。

（39）A．对称矩阵　　B．对角矩阵　　C．稀疏矩阵　　D．三角矩阵

试题（39）分析

本题考查数据结构基础知识。

若矩阵中元素（或非零元素）的分布有一定的规律，则称之为特殊矩阵。常见的特殊矩阵有对称矩阵、三角矩阵和对角矩阵等。

在一个矩阵中，若非零元素的个数远远少于零元素的个数，且非零元素的分布没有规律，则称之为稀疏矩阵。

参考答案

（39）C

试题（40）

一个高度为 h 的满二叉树的结点总数为 2^h-1，其每一层结点个数都达到最大值。从根结点开始顺序编号，每一层都从左到右依次编号，直到最后的叶子结点层为止。即根结点编号为 1，其左、右孩子结点编号分别为 2 和 3，再下一层从左到右的编号为 4、5、6、7，依此类推，那么，在一棵满二叉树中，对于编号为 m 和 n 的两个结点，若 m=2n，则结点　(40)　。

（40）A．m 是 n 的左孩子
B．m 是 n 的右孩子
C．n 是 m 的左孩子
D．n 是 m 的右孩子

试题（40）分析

本题考查数据结构基础知识。

用验证的方法求解，以高度为 3 的满二叉树（如下图所示）为例进行说明。

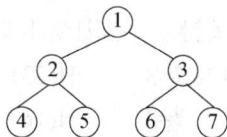

若 m=2n，则结点 m 是 n 的左孩子结点。

参考答案

（40）A

试题（41）

在一棵非空二叉排序树中，关键字最小的结点的　（41）　。

（41）A. 左子树一定为空、右子树不一定为空

　　　　B. 左子树不一定为空、右子树一定为空

　　　　C. 左子树和右子树一定都为空

　　　　D. 左子树和右子树一定都不为空

试题（41）分析

本题考查数据结构基础知识。

二叉查找树又称为二叉排序树，它或者是一棵空树，或者是具有如下性质的二叉树：若它的左子树非空，则左子树上所有结点的值均小于根结点的值；若它的右子树非空，则右子树上所有结点的值均大于根结点的值；左、右子树本身就是两棵二叉查找树。

例如，下面是一个二叉排序树示例，最小元素为 9，树中不存在比最小元素还要小的元素，所以其左子树一定为空。

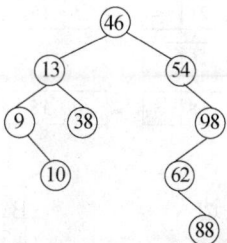

参考答案

（41）A

试题（42）

若采用链地址法对关键字序列（74, 10, 23, 6, 45, 38, 18）构造哈希表（或散列表），设散列函数为 H(Key)=Key % 7（%表示整除取余运算），则哈希表中地址为　（42）　的单链表长度为 0（即没有关键字被映射到这些哈希地址）。

（42）A. 0、1 和 2　　　B. 1、2 和 3　　　C. 1、3 和 5　　　D. 0、1 和 5

试题（42）分析

本题考查数据结构基础知识。

根据题中给出的散列函数，对关键字序列计算其散列地址，如下：

H(74)=74 % 7=4　　　H(10)=10 % 7=3　　　H(23)=23 % 7=2　　H(6)=6 % 7=6

H(45)=45 % 7=3　　　H(38)=38 % 7=3　　　H(18)=18 % 7=4

采用链地址法构造的散列表如下所示：

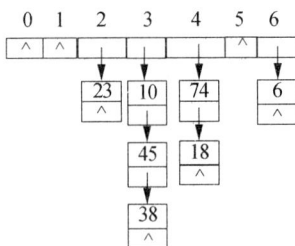

显然，该关键字序列经过映射后不存在哈希地址为 0、1、5 的元素，所以其单链表长度为 0。

参考答案

（42）D

试题（43）

有 6 个顶点的图 G 的邻接表如下所示，以下关于图 G 的叙述中，正确的是　(43)　。

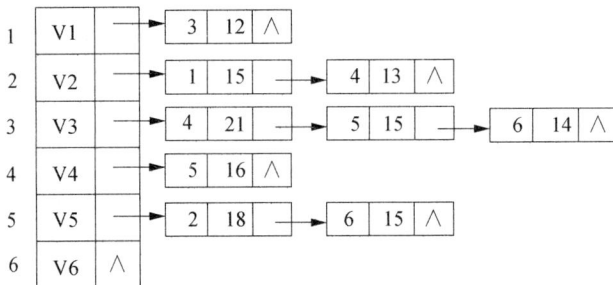

（43）A．G 是无向图，有 9 条边　　　　　　B．G 是有向图，有 9 条弧

　　　 C．G 是无向图，有 15 条边　　　　　D．G 是有向图，有 15 条弧

试题（43）分析

本题考查数据结构基础知识。

题中邻接表表示的图如下图所示。

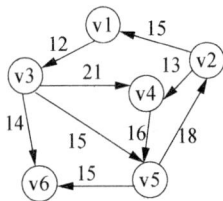

参考答案

（43）B

试题（44）

在面向对象系统中，对象的属性是　 (44) 　。

（44）A．对象的行为特性　　　　　　　B．和其他对象相关联的方式

　　　 C．和其他对象相互区分的特性　　D．与其他对象交互的方式

试题（44）分析

本题考查面向对象的基础知识。

在面向对象技术中，对象是基本的运行时的实体，它既包括数据（属性），也包括作用于数据的操作（行为）。一个对象把属性和行为封装为一个整体。对象的属性表示了对象特有的与其他对象相互区分的特性。

参考答案

（44）C

试题（45）

在统一建模语言（UML）中，通常　 (45) 　不用于描述用例。

（45）A．序列图　　　　B．活动图　　　　C．用例图　　　　D．通信图

试题（45）分析

本题考查统一建模语言（UML）的基础知识。

UML 2.0 中提供了多种图形。序列图是场景的图形化表示，描述了以时间顺序组织的对象之间的交互活动，对用例中的场景可以采用序列图进行描述。活动图（activity diagram）是一种特殊的状态图，它展现了在系统内从一个活动到另一个活动的流程。活动图专注于系统的动态视图，它对于系统的功能建模特别重要，并强调对象间的控制流程。通常用于在建模用例图之后，对复杂用例进行进一步细化。用例图（use case diagram）展现了一组用例、参与者（Actor）以及它们之间的关系，在建模用例图时，根据用例图的复杂程度，采用层次化建模方法，先建模出抽象层次高的用例图，然后对用例进行进一步精化，建模更详细的用例图。通信图则是强调接收和发送消息的对象的结构组织的交互图。

参考答案

（45）D

试题（46）

对象是面向对象系统的最基本的元素，一个运行期系统就是对象之间的协作。一个对象通过　 (46) 　改变另一个对象的状态。

（46）A．另一个对象的修改操作符　　　B．另一个对象的选择操作符

　　　 C．获得那个对象的属性值　　　　D．创建那个对象的类的一个新对象

试题（46）分析

本题考查面向对象的基础知识。

在面向对象系统中，对象是基本的运行时的实体，是最基本的元素，一个运行期系统就是对象之间的协作。一个对象既包括数据（属性），也包括作用于数据的操作（行为）。一个对象把属性和行为封装为一个整体，与其他对象之间有清晰的边界，有良好定义的行为。一个对象 A 要改变另一个对象 B 的状态，要通过 B 的修改操作符进行；如果需要读取 B 的状态信息，则通过 B 的选择操作符，并可获取 B 对象的属性值。创建 B 对象的类的一个新的对象，并不对 B 进行任何操作。

参考答案

（46）A

试题（47）

以下关于类设计的叙述中，正确的是 （47） 。

（47）A．好的设计耦合性高，而差的设计耦合性低

  B．好的设计耦合性低，而差的设计耦合性高

  C．好的设计无耦合性，而差的设计耦合性低

  D．好的设计耦合性高，而差的设计无耦合性

试题（47）分析

本题考查面向对象的基础知识。

采用面向对象方法进行设计时，类图用于对系统的静态设计视图建模，展示系统的静态结构。类模型中的类之间具有不同程度的耦合性。好的设计遵循高内聚低耦合特性，即好的设计耦合性低，而差的设计耦合性高。当然，面向对象系统就是类的对象的协作，因此类之间也难以达到毫无耦合性。

参考答案

（47）B

试题（48）

在面向对象设计时，若系统有交通工具、汽车、卡车和轿车，则 （48） 关系最适合用于表示这些类的设计。

（48）A．继承   B．组合   C．多态   D．覆盖

试题（48）分析

本题考查面向对象的基础知识。

继承是父类和子类之间共享数据和方法的机制。这是类之间的一种关系，在定义和实现一个类的时候，可以在一个已经存在的类的基础上来进行，把这个已经存在的类所定义的内容作为自己的内容，并加入若干新的内容，即子类比父类更加具体化。组合是表示对象之间的整体和部分的关系。多态（polymorphism）是不同的对象收到同一消息可以进行不同的响应，产生完全不同的结果，用户可以发送一个通用的消息，而实现细

节则由接收对象自行决定，使得同一个消息就可以调用不同的方法，即一个对象具有多种形态。覆盖是在继承时使用，如果父类定义的行为中子类继承其时，不满足类的需求，子类可以重新实现具有相同行为标识的行为。交通工具是泛指各类交通工具，而汽车、卡车和轿车都是交通工具，且各自具有自己的特性。因此，继承关系最适合表达这些类的设计，在继承交通工具的基础上，设计汽车类，进一步卡车和轿车都是汽车，再继承汽车类，添加各自特有的行为，设计出子类。

参考答案

（48）A

试题（49）

以下关于数据流图的叙述中，错误的是 __（49）__ 。

（49）A．每条数据流的起点和终点必须是加工

　　　B．允许一个加工有两条相同的输出数据流流向两个不同的加工

　　　C．允许一个加工有多条不同数据流流向同一个加工

　　　D．每个加工必须既有输入数据流，又有输出数据流

试题（49）分析

数据流图是结构化分析方法的重要模型，用于描述系统的功能、输入、输出和数据存储等。在绘制数据流图中，每条数据流的起点或者终点必须是加工，即至少有一端是加工。允许一个加工有两条相同的输出数据流流向两个不同的加工，允许一个加工有两条相同的输出数据流流向两个不同的加工。对于每个加工，必须既有输入数据流又有输出数据流。

参考答案

（49）A

试题（50）

在结构化设计中，主要根据 __（50）__ 进行软件体系结构设计。

（50）A．数据流图　　　　　　　　　　B．实体-关系图

　　　C．状态-迁移图　　　　　　　　　D．数据字典

试题（50）分析

在结构化设计中，根据数据流图进行体系结构设计和接口设计，根据数据字典和实体关系图进行数据设计，根据加工规格说明、状态转换图和控制规格说明进行过程设计。

参考答案

（50）A

试题（51）

若某模块的所有语句都与存款功能相关，则该模块的内聚是 __（51）__ 。

（51）A．逻辑内聚　　　B．顺序内聚　　　C．功能内聚　　　D．通信内聚

试题（51）分析

本题考查结构化分析与设计方法。

模块独立性是创建良好设计的一个重要原则，一般采用模块间的耦合和模块的内聚两个准则来进行度量。内聚是模块功能强度的度量，一个模块内部各个元素之间的联系越紧密，则它的内聚性就越高，模块独立性就越强。一般来说模块内聚性由低到高有巧合内聚、逻辑内聚、时间内聚、过程内聚、通信内聚、信息内聚和功能内聚七种类型。若一个模块把几种相关的功能组合在一起，每次被调用时，由传送给模块的判定参数来确定该模块应执行哪一种功能，则该模块的内聚类型为逻辑内聚。顺序内聚是指一个模块中各个处理元素都密切相关于同一功能且必须顺序执行，前一功能元素的输出就是下一功能元素的输入。若一个模块中各个部分都是完成某一个具体功能必不可少的组成部分，则该模块为功能内聚模块。通信内聚是指模块内所有处理元素都在同一个数据结构上操作，或者指各处理使用相同的输入结构或产生相同的输出数据。本题所述模块的所有语句与存款功能相关，因此内聚类型为功能内聚。

参考答案

（51）C

试题（52）

下图所示的逻辑流中，至少需要＿＿（52）＿＿个测试用例才可以完成路径覆盖。

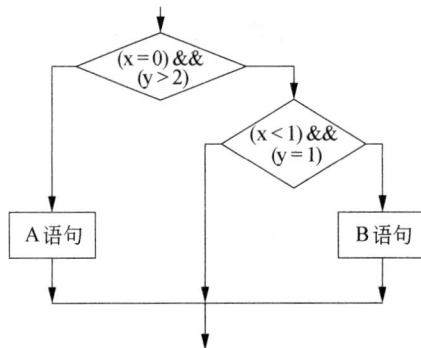

（52）A．1 　　　　　B．2 　　　　　C．3 　　　　　D．4

试题（52）分析

白盒测试也称为结构测试，根据程序的内部结构和逻辑来设计测试用例，对程序的路径和过程进行测试，检查是否满足设计的需要。其常用的技术有逻辑覆盖、循环覆盖和基本路径测试。逻辑覆盖中的路径覆盖是指覆盖被测程序中所有可能的路径。本题所示的逻辑流中包含 3 个可能的路径，因此至少需要 3 个测试用例。

参考答案

（52）C

试题（53）

以下关于软件测试的叙述中，不正确的是（53）。

（53）A．所有的测试都应追溯到用户需求

　　　B．软件测试的计划和设计需要在程序代码产生之后进行

　　　C．测试软件时，不仅要检验软件是否做了该做的事，还要检验软件是否做了
　　　　　不该做的事

　　　D．成功的测试是发现了迄今尚未发现的错误的测试

试题（53）分析

本题考查软件工程方面的基础知识。

软件测试过程的 V 模型指出，左边从上到下依次是软件开发过程的各个阶段，以用户需求为基础，进行需求分析—系统设计—详细设计—编码，而右边从下到上分别对应单元测试—集成测试—系统测试—验收测试。即使单元测试发现的问题归根到底也是不符合用户需求的问题。同样，所有测试发现的问题都可以追溯到用户需求。

验收测试计划应在需求分析阶段来做，系统测试计划和系统测试设计应在系统设计阶段完成，集成测试和单元测试的计划和测试方案设计应在详细设计阶段完成。编码完成后，就要按有关计划逐步实施这些测试。

测试软件时，不仅要检验软件是否做了该做的事，还要检验软件是否做了不该做的事。做多余的事反而会影响该做的事（产生新的问题，至少影响效率）。

有效的测试就是在同样的时间段内能发现更多的问题，而且越早发现越好。

参考答案

（53）B

试题（54）

在软件维护中，为了加强、改善系统的功能和性能，以满足用户新的要求的维护称为　（54）　。

（54）A．改正性维护　　　B．适应性维护　　C．完善性维护　　D．预防性维护

试题（54）分析

软件维护一般包括下面四个方面。正确性维护是指改正在系统开发阶段已经发生而在系统测试阶段尚未发生的错误。适应性维护是指使应用软件适应信息技术变化和管理需求变化而进行的修改。完善性维护为扩充功能和改善性能而进行的修改。预防性维护是为了改进应用软件的可靠性和可维护性，为了适应未来的软硬件环境的编号，主动增加预防性的新的功能，以使应用系统适应各类变化而不被淘汰。

参考答案

（54）C

试题（55）

系统集成就是将各类资源有机、高效地整合到一起，形成一个完整的系统。信息系统集成包括网络集成、数据集成和应用集成等。其中，数据集成和应用集成分别用于解决系统的　（55）　。

（55）A．互操作性、互连性　　　　　　　B．互操作性、互通性

　　　　C．互连性、互通性　　　　　　　　D．互通性、互操作性

试题（55）分析

本题考查软件工程方面的基础知识。

现在的软件开发工作大多数是集成，所有部分都从头开发效率会很低，问题也会更多，成本也会更高。

系统集成就是将各类资源有机、高效地整合到一起，形成一个完整的系统。信息系统集成包括网络集成、数据集成和应用集成等。网络集成、数据集成和应用集成分别用于解决系统的互连性、互通性和互操作性。网络集成重点是系统中异构网络的互连，数据集成重点是系统中异构数据集的互通使用和统一管理，应用集成重点是解决系统中的不同应用程序能顺利操作处理异构的数据集。

参考答案

（55）D

试题（56）

某程序员针对用户在使用其软件后反映的以下各种操作问题，分别提出了改进方法，其中　(56)　不能很好地解决问题。

（56）A．用户无意中单击了某个需要执行 3 分钟的选项。虽然界面上显示了进度条，但仍必须等待它执行完后才能做其他操作。改进方法：显示进度条的框中增设"取消"按钮

　　　B．某个菜单项需要执行多个子任务，其进度条中显示了正在执行的子任务的名称及进度，但用户不知道该菜单项还要多长时间执行完。改进方法：增设一个总体进度条

　　　C．用户单击某个选项时需要 5 秒才能出现相应的对话框，用户常会再次单击它，最后出现多个同样的对话框。改进方法：单击该选项后光标立即变成沙漏

　　　D．某系统在用户正确登录后立即显示了主窗口，但系统需要花费十几秒加载数据，此时主窗口中的各种操作都不起作用。改进方法：这期间将各种选项设置为禁用的灰色

试题（56）分析

本题考查软件工程方面的基础知识。

软件开发过程中，需要不断征求用户意见，不断进行改进。在软件的运行维护过程中，更需要收集用户的反馈意见，解决有关的问题，陆续推出新的软件版本。对用户操作方面提出的意见，常由程序员去解决。

在 A 中，用户无意中单击了某个需要执行 3 分钟的选项。虽然界面上显示了进度条，但仍必须等待它执行完后才能做其他操作。其实用户不需要该操作继续进行，所以应该

设置"取消"按钮，让操作能立即停止。

在 B 中，某个菜单项需要执行多个子任务，其进度条中显示了正在执行的子任务的名称及进度，但用户不知道该菜单项需要执行多少个子任务，还要多长时间执行完。因此应再增设一个总体进度条，让用户了解该菜单总的执行进度，心中有数。

在 C 中，用户单击某个选项时需要 5 秒才能出现相应的对话框，用户常会再次单击它，最后出现多个同样的对话框。改进方法：单击该选项后光标立即变成沙漏，使用户不必再次进行重复操作。

在 D 中，某系统在用户正确登录后立即显示了主窗口，但用户不知道系统需要花费十几秒加载数据，此时主窗口中的各种操作都不起作用，用户常认为系统出现了问题。即使这期间将各种选项设置为禁用的灰色或者出现沙漏光标，用户仍不知道系统正在加载数据。正确的改进方法是，在正确登录后，应显示沙漏等待系统加载数据，待加载完成后再显示主窗口，以便能直接进行主窗口的操作。

参考答案

（56）D

试题（57）

以质量为中心的信息系统工程控制管理工作是由三方：建设单位（主建方）、集成单位（承建方）和　（57）　单位分工合作实施的。

（57）A．开发　　　　　　B．销售　　　　　C．监理　　　　　D．服务

试题（57）分析

本题考查软件工程方面的基础知识。

以质量为中心的信息系统工程控制管理工作是由三方：建设单位（主建方）、集成单位（承建方）和监理单位分工合作实施的。这三方的能力和水平都会直接影响到信息系统工程的质量、进度和成本等方面。为此，信息产业部于 2002 年发布了"信息系统工程监理暂行规定"，2003 年发布了"信息系统工程监理单位资质管理办法"和"信息系统工程监理工程师资格管理办法"。

参考答案

（57）C

试题（58）

假设实体集 E1 中的一个实体可与实体集 E2 中的多个实体相联系，E2 中的一个实体只与 E1 中的一个实体相联系，那么 E1 和 E2 之间的联系类型为　（58）　。

（58）A．1∶1　　　　　B．1∶n　　　　　C．n∶1　　　　D．n∶m

试题（58）分析

本题考查数据库实体和联系方面的知识掌握程度。

试题（58）的正确答案为 B。根据题意，E1 中的一个实体可与 E2 中的多个实体相联系，E2 中的一个实体只与 E1 中的一个实体相联系，那么 E1 和 E2 之间的联系类型为

1：n。例如，某公司有部门实体集 E1 和员工实体集 E2，若每个部门只有一名负责人，多名员工，且每名员工只属于一个部门，那么部门与员工之间的联系为 1：n。

参考答案

（58）B

试题（59）、（60）

假设关系 R、S、T 如下表所示，关系代数表达式 T=　(59)　；S=　(60)　。

R

学号	姓名	所在系
1001	吴铭	计算机
1002	刘刚	计算机

S

学号	姓名	所在系
2005	马林立	外语

T

学号	姓名	所在系
1001	吴铭	计算机
1002	刘刚	计算机
2005	马林立	外语

（59）A．R∩S　　　　　B．R∪S　　　　C．R×S　　　　D．R／S

（60）A．T∩R　　　　　B．T∪R　　　　C．T×R　　　　D．T−R

试题（59）、（60）分析

本题考查关系代数方面的基础知识。

试题（59）的正确选项是 B。∪是并运算符，R∪S 的含意为 R 关系的记录（元组）与 S 关系的记录（元组）进行合并运算，所以 T=R∪S。

试题（60）的正确选项是 D。−是差运算符，T−R 的含意为 T 关系的记录（元组）与 R 关系的记录（元组）进行差运算，即去掉 T 和 R 关系中的重复记录，所以 S＝T−R。

参考答案

（59）B　　　（60）D

试题（61）、（62）

设员工关系 Emp(E_no, E_name, E_sex, D_name, E_age, E_Add)，关系 Emp 中的属性分别表示员工的员工号、姓名、性别、所在部门、年龄和通信地址；其中 D_name 是部门关系 Dept 的主键。查询各个部门员工的最大年龄、最小年龄，以及最大年龄与最小年龄之间年龄差的 SQL 语句如下：

```
SELECT D_name, MAX(E_age),MIN(E_age), (61)
FROM Emp
 (62) ;
```

（61）A．MAX(E_age)−MIN(E_age) IN 年龄差

　　　　B．年龄差 IN MAX(E_age)−MIN(E_age)

　　　　C．MAX(E_age)−MIN(E_age) AS 年龄差

　　　　D．年龄差 AS MAX(E_age)−MIN(E_age)

（62）A．GROUP BY E_name　　　　　　　B．GROUP BY D_name

　　　　C．ORDER BY E_name　　　　　　　D．ORDER BY D_name

试题（61）、（62）分析

本题考查 SQL 语言应用知识。

试题（61）的正确答案为 C。SQL 用 AS 子句为关系和属性指定不同的名称或别名，以增加可读性，其格式为：Old-name AS New-nam。其中，Old-name 表示原关系名或属性名，New-name 表示新关系名或属性名。选项 A 和选项 B 是错误的，因为"IN"的功能是判断是否在集合中。选项 D 是错误的，因为 AS 的格式使用不对。

试题（62）的正确答案为 B。GROUP BY 子句可以对元组进行分组，保留字 GROUP BY 后面跟着一个分组属性列表。题中的语句是将 Emp 关系的元组重新组织，并进行分组使得同一个部门的元组被组织在一起，然后分别求出每个部门最大年龄的员工与最小年龄的员工之间的年龄差值。

根据以上分析，完整的 SQL 语句如下：

```
SELECT D_name, MAX(E_age),MIN(E_age), MAX(E_age)-MIN(E_age) AS 年龄差
FROM Emp
GROUP BY D_name;
```

参考答案

（61）C　　　（62）B

试题（63）

设平面上有 16 个点 $\{(i,j)|i,j=0,1,2,3\}$，则两点间不同的距离长度共有 __(63)__ 种。

（63）A. 7　　　　B. 8　　　　C. 9　　　　D. 10

试题（63）分析

本题考查应用数学方面的基础知识。

16 个点 $\{(i,j)|i,j=0,1,2,3\}$ 组成 4*4 点阵，相邻点的间距都是 1，任两点间的距离有如下多种：

横向或纵向距离为 1、2、3 三种。斜向距离必然是直角三角形的斜边，而直角两边长只能为 1、2、3。因此直角三角形两边可以是（1，1），（1，2），（1，3），（2，2），（2，3），（3，3），因此，斜边距离分别为 2、5、10、8、13、18 的平方根，共 6 种。总之，共有 9 种不同的距离。

参考答案

（63）C

试题（64）

设 10*10 矩阵 A 的主对角元素均为 0，其他元素均为 1，则对于线性方程组：

$(X_1,X_2,\cdots,X_{10})$ A= $(1,2,\cdots,10)$

其解满足 __(64)__。

（64）A. $X_1>0, X_2>0,\cdots, X_{10}>0$　　　　　B. $X_1>X_2>\cdots>X_{10}$

C．$X_1 < X_2 < \cdots < X_{10}$ 　　　　　　　　D．$X_1 * X_2 * \cdots * X_{10} < 0$

试题（64）分析

本题考查应用数学方面的基础知识。

题中的线性方程组及展开后的结果为：

$$\begin{pmatrix} 0 & 1 & \cdots & 1 \\ 1 & 0 & \cdots & 1 \\ \cdots & \cdots & \cdots & \cdots \\ 1 & 1 & \cdots & 0 \end{pmatrix}\begin{pmatrix} X_1 \\ X_2 \\ \vdots \\ X_{10} \end{pmatrix} = \begin{pmatrix} 1 \\ 2 \\ \vdots \\ 10 \end{pmatrix} \qquad \begin{aligned} X_2 + X_3 + \cdots + X_{10} &= 1 \\ X_1 + X_3 + \cdots + X_{10} &= 2 \\ &\cdots \\ X_1 + X_2 + \cdots + X_9 &= 10 \end{aligned}$$

将这 10 个方程加起来就得到：

$$9（X_1+X_2+\cdots+X_{10}）=1+2+\cdots+10=55$$

$$X_1+X_2+\cdots+X_{10}=55/9=6.11\cdots=C$$

将此方程与上面每个方程比较就得到：

$$X_1=C-1,\quad X_2=C-2,\cdots,X_{10}=C-10$$

因此有 $X_1>X_2>\cdots>X_{10}$（前 6 个为正，后 4 个为负）。

参考答案

（64）B

试题（65）

数控编程常需要用参数来描述需要加工的零件的图形。在平面坐标系内，确定一个点需要两个独立的参数，确定一段圆弧需要　（65）　个独立的参数。

（65）A．4　　　　　　B．5　　　　　　C．6　　　　　　D．7

试题（65）分析

本题考查应用数学方面的基础知识。

在平面坐标系内，确定一个点需要两个独立的参数（x,y）。为确定一段圆弧，可以先用两个参数确定圆心，再用一个参数确定半径，再用两个参数确定圆弧起点的圆心角和圆弧终点的圆心角，共用 5 个独立的参数。当然，人们也可以用其他参数来确定圆弧，但只要是独立参数，就一定是 5 个参数。

参考答案

（65）B

试题（66）

HTML 中的<p> </p>标记用来定义　（66）　。

（66）A．一个表格　　B．一个段落　　　C．一个单元格　　D．一个标题

试题（66）分析

本题考查 HTML 的基础知识。

在浏览器中显示 HTML 时，会省略源代码中多余的空白字符（空格或回车等）。这样 HTML 中换行的实现主要依靠段落标记和换行标记。

HTML 的段落标记是通过 <p> </p> 标记对定义的。在使用段落标记时，浏览器会自动地在段落的前后添加空行。如果希望在不产生一个新段落的情况下进行换行（新行），可以使用
 标记。

参考答案

（66）B

试题（67）

IE 浏览器不能解释执行的是 ＿（67）＿ 程序。

（67）A．HTML　　　　B．客户端脚本　　C．服务器端脚本 D．XML

试题（67）分析

本题考查 IE 浏览器相关知识。

IE 浏览器是客户端代理程序，负责解析服务器端传输过来的数据，包括 HTML 格式的文件、客户端脚本程序、Cookie 等。服务器端脚本需由服务器端程序进行解释，将结果用客户端能解释的格式传回客户端。

参考答案

（67）C

试题（68）

下列选项中，防范网络监听最有效的方法是 ＿（68）＿。

（68）A．安装防火墙　　　　　　　　B．采用无线网络传输

　　　　C．数据加密　　　　　　　　　D．漏洞扫描

试题（68）分析

本题考查网络安全方面的基础相关知识。

网络监听的防范一般比较困难，通常可采取数据加密和网络分段两种方法。

数据加密：该方法的优越性在于，即使攻击者获得了数据，如果不能破译，这些数据对攻击者也是没有用的。一般而言，人们真正关心的是那些秘密数据的安全传输，使其不被监听和偷换。如果这些信息以明文的形式传输，就很容易被截获而且阅读出来。因此，对秘密数据进行加密传输是一个很好的办法。

网络分段：该方法是通过建立安全的网络拓扑结构，将一个大的网络分成若干个小的网络，如将一个部门、一个办公室等可以相互信任的主机放在一个物理网段上，网段之间再通过网桥、交换机或路由器相连，实现相互隔离。这样，即使某个网段被监听了，网络中其他网段还是安全的。因为数据包只能在该子网的网段内被截获，网络中剩余的部分（不在同一网段的部分）则被保护了。

参考答案

（68）C

试题（69）

某用户正在 Internet 浏览网页，在 Windows 命令窗口中输入 arp -a 命令后，得到本机的 ARP 缓存记录如下图所示。图中 119.145.167.254 是___（69）___的 IP 地址。

```
C:\Documents and Settings\User> arp -a
Interface: 119.145.167.192 --- 0x2
   Internet Address        Physical Address        Type
   119.145.167.254         10-2B-89-2A-16-7D       dynamic
```

（69）A．网关　　　　　B．本机　　　　　C．Web 服务器　　D．DNS 服务器

试题（69）分析

本试题考查 ARP 命令及以太帧构成原理。

arp -a 显示的是本地 ARP 缓存中的记录，由于某用户正在 Internet 浏览网页，因此其本地 ARP 缓存中必定要有网关记录，即 119.145.167.254 10-2B-89-2A-16-7D　dynamic 为网关的 ARP 记录。

综上，备选选项中 A 为正确答案。

参考答案

（69）A

试题（70）

TFTP 封装在 UDP 报文中进行传输，其作用是___（70）___。

（70）A．文件传输　　　　B．域名解析　　　C．邮件接收　　　D．远程终端

试题（70）分析

本试题考查 TFTP 协议相关知识。

TFTP 是 TCP/IP 协议族中的一个用来在客户机与服务器之间进行简单文件传输的协议，提供不复杂、开销不大的文件传输服务，端口号为 69。它使用的传输层协议是 UDP。

参考答案

（70）A

试题（71）

___（71）___ has many elements: text, audio sound, static graphics images, animations, and video.

（71）A．Multimedia　　　　B．Database　　　C．File　　　　D．Document

参考译文

多媒体有如下多种元素：文本、音频、静态图像、动画和视频。

参考答案

（71）A

试题（72）

A ___（72）___ is a file that contains metadata—that is, data about data.

（72）A．document　　　　B．Excel table　　C．database　D．data dictionary

参考译文

数据字典是一个包含元数据（即关于数据的数据）的文件。

参考答案

（72）D

试题（73）

　（73）　 is a query language for manipulating data in a relational database.

（73）A．Assemble　　　　B．SQL　　　　C．C++　　　　D．Fortran

参考译文

SQL 是一种在关系数据库中获取数据的查询语言。

参考答案

（73）B

试题（74）

The development process in the software 　（74）　 involves four phases: analysis, design, implementation, and testing.

（74）A．maintenance　　　　　　B．life cycle

　　　C．programming　　　　　　D．upgrading

参考译文

软件生命周期中的开发过程包括四个阶段：分析、设计、实现和测试。

参考答案

（74）B

试题（75）

WWW is a large network of Internet servers providing 　（75）　 and other services to terminals running client applications such as a browser.

（75）A．modem　　　　　　　B．compression

　　　C．hypertext　　　　　　D．encode

参考译文

WWW 是由很多互联网服务器组成的一个大型网络，它向装有浏览器等客户端应用程序的终端提供了超文本等服务。

参考答案

（75）C

第4章 2012下半年程序员下午试题分析与解答

试题一（共 15 分）

阅读以下说明和流程图，填补流程图中的空缺（1）～（5），将解答填入答题纸的对应栏内。

【说明】

本流程图用于计算菲波那契数列 $\{a_1=1, a_2=1, \cdots, a_n=a_{n-1}+a_{n-2}|n=3,4,\cdots\}$ 的前 n 项（n≥2）之和 S。例如，菲波那契数列前 6 项之和为 20。计算过程中，当前项之前的两项分别动态地保存在变量 A 和 B 中。

【流程图】

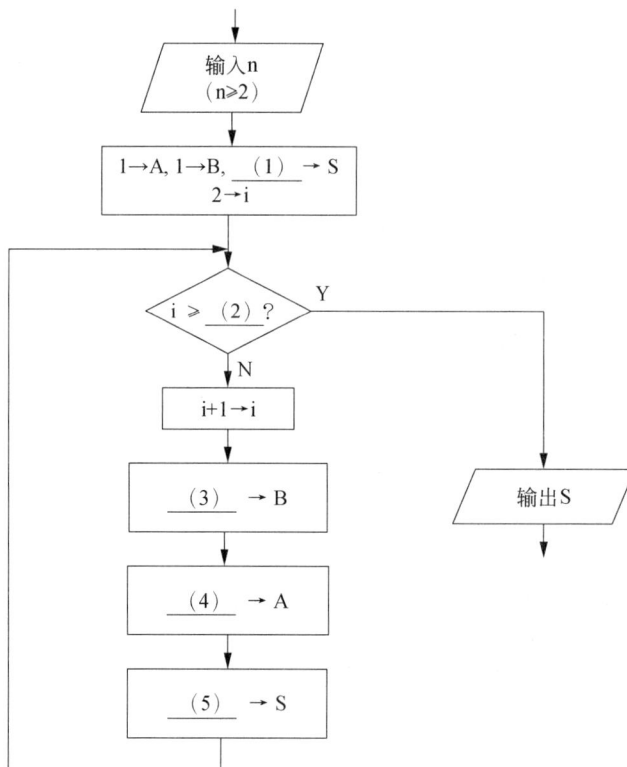

试题一分析

菲波那契数列的特点是首 2 项都是 1，从第 3 项开始，每一项都是前两项之和。该数列的前几项为 1，1，2，3，5，8，…。

在流程图中，送初始值 1→A，2→B 后，显然前 2 项的和 S 应等于 2，所以（1）处应填 2（或 A+B）。此时 2→i（i 表示动态的项编号），说明已经计算出前 2 项之和。接着判断循环的结束条件。显然当 i=n 时表示已经计算出前 n 项之和，循环可以结束了。因此（2）处填 n。判断框中用 ">" 或 "⩾" 的效果是一样的，因为随着 i 的逐步增 1，只要有 i=n 结束条件，就不会遇到 i>n 的情况。不过编程的习惯使循环结束条件扩大些，以防止逻辑出错时继续循环。

接下来 i+1→i 表示数列当前项的编号增 1，继续往下计算。原来的前两项值（分别在变量 A 和 B 中）将变更成新的前两项再放到变量 A 和 B 中。

原 A	原 B	原当前项
新 A	新 B	新当前项

首先可以用 A+B→B 实现（原 A）+（原 B）→（新 B），因此（3）处填 A+B。为了填新 A 值（原来的 B 值），不能用 B→A，因为变量 B 的内容已经改变为（原 A）+（原 B），而 B−A 正是（（原 A）+（原 B））−（原 A）=（原 B），因此可以用 B−A→A 来实现新 A 的赋值。这样，（4）处填 B−A。最后应是前 n 项和值的累加（比原来的 S 值增加了新 B 值），所以（5）处应填 S+B。填完各个空后，最好再用具体的数值来模拟流程图走几个循环检查所填的结果（这是防止逻辑上出错的好办法）。

参考答案

（1）2　或　A+B

（2）n

（3）A+B

（4）B−A

（5）S+B

试题二（共 15 分）

阅读以下说明和 C 函数，填充函数中的空缺，将解答填入答题纸的对应栏内。

【说明】

如果矩阵 A 中的元素 A[i,j] 满足条件：A[i,j] 是第 i 行中值最小的元素，且又是第 j 列中值最大的元素，则称之为该矩阵的一个马鞍点。

一个矩阵可能存在多个马鞍点，也可能不存在马鞍点。下面的函数求解并输出一个矩阵中的所有马鞍点，最后返回该矩阵中马鞍点的个数。

【C 函数】

```c
int findSaddle(int a[][N], int M)
{   /*a 表示 M 行 N 列矩阵，N 是宏定义符号常量*/
    int row, column, i, k;
    int minElem;
    int count = 0;  /*count 用于记录矩阵中马鞍点的个数*/
```

```
for ( row = 0; row < ___(1)___ ; row++ ) {
    /*minElem 用于表示第 row 行的最小元素值，其初值设为该行第 0 列的元素值*/
    ___(2)___ ;
    for ( column = 1; column < ___(3)___ ; column++)
        if ( minElem > a[row][column] ) {
            minElem = a[row][column];
        }

    for ( k = 0; k < N; k++ )
        if ( a[row][k]==minElem ) {
            /*对第 row 行的每个最小元素，判断其是否为所在列的最大元素*/
            for (i = 0; i < M; i++)
                if ( ___(4)___ > minElem ) break;

            if ( i>= ___(5)___ ) {
                printf("(%d, %d): %d\n", row, k, minElem); /*输出马鞍点*/
                count++;
            }/*if*/
        }/*if*/

}/*for*/

return count;

}/*findSaddle*/
```

试题二分析

本题考查 C 程序设计基本技术。

题目中涉及的主要知识点为二维数组和程序控制逻辑。首先应认真阅读题目的说明部分，以了解函数代码的功能和大致的处理思路，然后理清代码的框架，明确各个变量（或数组元素）所起的作用，并以语句组分析各段代码的功能，从而完成空缺处的代码填充。

由于矩阵中的马鞍点 A[i,j] 是其所在行的最小元素，同时又是其所在列的最大元素，因此，对于矩阵中的每一行元素，先找出其最小者之值（用 minElem 表示），然后判断每一行的最小元素是否为其所在列的最大元素，若是则找到了一个马鞍点。

显然，空（1）所在的表达式用于判断 M 行 N 列矩阵中的行数，因此应填入"M"。

空（2）处应对变量 minElem 设置初始值。根据注释，minElem 用于表示第 row 行的最小元素值，其初值设为该行第 0 列的元素值，因此空（2）处应填入"minElem =

a[row][0]"。

空（3）所在的 for 语句用于找出一行中的最小元素，column 应索引至每行的最后一个元素，因此空（3）处应填入"N"。

找出一行中的最小元素后，还要判断该元素是否为其所在列的最大元素。由于可能存在多个马鞍点，因此，一行中的最小元素可能不唯一，所以需要重新扫描该行的所有元素，一旦其等于最小元素值，则有可能成为马鞍点。实现该功能的代码如下：

```
for ( k = 0; k < N; k++ )
    if ( a[row][k]==minElem ) {
        /*对第 row 行的每个最小元素，判断其是否为所在列的最大元素*/
        for (i = 0; i < M; i++)
            if ( __(4)__ > minElem ) break;

        if ( i>= __(5)__ ) {
            printf("(%d, %d): %d\n", row, k, minElem); /*输出马鞍点*/
            count++;
        }/*if*/
    }/*if*/
```

由于 k 的取值范围为[0,N)，且 k 作为元素 a[row][k]的列下标（或第二下标），因此当"a[row][k]==minElem"时，即在第 row 行上找到了一个最小元素 a[row][k]，接下来就判断它是否为所在列的最大元素了，空（4）所在的语句"for (i = 0; i < M; i++)"实现该判断处理。若空（4）处所在的表达式为真，则通过 break 跳出 i 作为循环控制的 for 语句。显然，根据该表达式的作用，当元素 a[i][k]大于 minElem 时（minElem 与 a[row][k]相等），说明 a[row][k]虽然是其所在行的最小元素，但它不是其所在列（第 k 列）的最大元素，因此，可确定 a[row][k]不是马鞍点。

当然，如果在第 k 列上没有找到比 a[row][k]更大的元素，则 a[row][k]即是马鞍点。结合空（4），可知空（5）应填入"M"。

参考答案

（1）M

（2）minElcm = a[row][0] 或其等价形式

（3）N

（4）a[i][k] 或其等价形式

（5）M

试题三（共 15 分）

阅读以下说明和 C 函数，填充函数中的空缺，将解答填入答题纸的对应栏内。

【说明】

函数 Insert_key(*root, key)的功能是将键值 key 插入到*root 指向根结点的二叉查找树中（二叉查找树为空时*root 为空指针）。若给定的二叉查找树中已经包含键值为 key 的结点，则不进行插入操作并返回 0；否则申请新结点、存入 key 的值并将新结点加入树中，返回 1。

【提示】

二叉查找树又称为二叉排序树，它或者是一棵空树，或者是具有如下性质的二叉树：

- 若它的左子树非空，则其左子树上所有结点的键值均小于根结点的键值；
- 若它的右子树非空，则其右子树上所有结点的键值均大于根结点的键值；
- 左、右子树本身就是二叉查找树。

设二叉查找树采用二叉链表存储结构，链表结点类型定义如下：

```
typedef struct BiTnode{
    int  key_value;                /*结点的键值，为非负整数*/
struct BiTnode *left,*right;        /*结点的左、右子树指针*/
}BiTnode, *BSTree;
```

【C 函数】

```
int  Insert_key ( BSTree *root, int key )
{
    BiTnode *father = NULL, *p = *root, *s;

    while ( __(1)__ && key != p->key_value ) {    /*查找键值为 key 的结点*/
        father = p;
        if ( key < p->key_value )  p = __(2)__ ;  /*进入左子树*/
        else    p = __(3)__ ;                      /*进入右子树*/
    }

    if (p) return 0;    /*二叉查找树中已存在键值为 key 的结点，无需再插入*/

    s = (BiTnode *)malloc(__(4)__);  /*根据结点类型生成新结点*/
    if (!s) return -1;
    s->key_value = key;  s->left = NULL;  s->right = NULL;

    if ( !father )
        __(5)__ ;        /*新结点作为二叉查找树的根结点*/
    else                 /*新结点插入二叉查找树的适当位置*/
            if ( key < father->key_value )  father->left = s;
            else    father->right = s;
    return 1;
}
```

试题三分析

本题考查 C 程序设计基本技术及指针的应用。

题目中涉及的考点主要有链表的查找、插入运算以及程序逻辑，分析程序时首先要明确各个变量所起的作用，并按照语句组分析各段代码的功能，从而完成空缺处的代码填充。

在二叉排序树上插入结点时，首先应通过查找运算确定结点的插入位置。空（1）～（3）所在代码段即用来实现二叉排序树的查找运算。

根据说明，指针变量 p 的初始值设置为指向根结点（p = *root），在通过指针访问链表中的结点时，应确保 p 的值为非空指针才行，因此空（1）处应填入"p"或"p!=NULL"。若待查找的键值 key 等于 p 指向结点的键值 key_value，则查找成功且 p 正指向所找到的结点；若 key<p->key_value，则应令 p 指向左子树结点，即空（2）处应填入"p->left"；否则令 p 指向右子树结点，即空（3）处应填入"p->right"，从而根据待查找键值的大小进入了结点的子树。

空（4）所在代码生成待插入键值所需结点，根据链表结点类型的定义，此处应填入"sizeof(BiTnode)"。

空（5）所在语句处理将新结点作为二叉查找树的根结点的情况，根据参数 root 的作用，此处应填入"*root = s"。

参考答案

（1）p 或 p!=NULL

（2）p->left

（3）p->right

（4）sizeof(BiTnode)

（5）*root = s

试题四（共 15 分）

阅读以下说明和 C 函数，填充函数中的空缺，将解答填入答题纸的对应栏内。

【说明】

已知两个整数数组 A 和 B 中分别存放了长度为 m 和 n 的两个非递减有序序列，函数 Adjustment(A,B,m,n)的功能是合并两个非递减序列，并将序列的前 m 个整数存入 A 中，其余元素依序存入 B 中。

例如：

	合并前	合并后
数组 A 的内容	1,9,28	1,4,7
数组 B 的内容	4,7,12,29,37	9,12,28,29,37

合并过程如下：从数组 A 的第一个元素开始处理。用数组 B 的最小元素 B[0]与数

组 A 的当前元素比较，若 A 的元素较小，则继续考查 A 的下一个元素；否则，先将 A 的最大元素暂存入 temp，然后移动 A 中的元素挪出空闲单元并将 B[0]插入数组 A，最后将暂存在 temp 中的数据插入数组 B 的适当位置（保持 B 的有序性）。如此重复，直到 A 中所有元素都不大于 B 中所有元素为止。

【C 函数】

```
void Adjustment(int A[],int B[],int m,int n)
{   /*数组 A 有 m 个元素，数组 B 有 n 个元素*/
   int i, k, temp;

   for(i = 0; i < m; i++)
   {
      if (A[i] <= B[0])  continue;

      temp = ___(1)___ ;   /*将 A 中的最大元素备份至 temp*/

      /*从后往前依次考查 A 的元素，移动 A 的元素并将来自 B 的最小元素插入 A 中*/
      for(k = m-1; ___(2)___ ; k--)
        A[k] = A[k-1];
        A[i] = ___(3)___ ;

      /*将备份在 temp 的数据插入数组 B 的适当位置*/
      for(k = 1; ___(4)___ && k < n; k++)
        B[k-1] = B[k];
      B[k-1] = ___(5)___ ;
   }
}
```

试题四分析

本题考查 C 程序设计基本技术。

题目中涉及的考点主要有一维数组及程序的运算逻辑，分析代码时首先要明确各个变量所起的作用，并按照语句组分析各段代码的功能，从而完成空缺处的代码。

根据题目中的说明和注释，此题的代码逻辑较为清楚。显然，A 的最大元素总是其最后一个元素，因此，空（1）处应填入 "A[m-1]"。

空（2）所在语句从后往前移动 A 的元素，然后将来自 B 的最小元素插入 A 数组的适当位置，显然需要通过比较 B[0]与 A 中的元素来查找插入位置。

对于 B[0]与 A 中的元素的比较处理，其对应的语句如下：

```
for(i = 0; i < m; i++)
{
```

```
    if (A[i] <= B[0])  continue;
    ...
}
```

该语句的作用是将 i 的值增加到 A[i] >B[0]时为止，即 B[0]是正好小于 A[i]且最接近 A[i]的元素时 i 的值。

因此，空（2）处应填入"k > i"，使得其所在的 for 语句能完成将大于或等于 B[0]的元素向后移动（A[k] = A[k-1]），接下来在空（3）处将元素 B[0]的值放入 A[i]，即空（3）处应填入"B[0]"。

最后需要将备份在 temp 的数据插入数组 B 的适当位置。由于原来保存在 B[0]中的值已插入 A 中，因此 B[0]目前是一个空闲单元，如果 temp 的值比 B[1]、B[2]等元素都要大，则需要将 B[1]、B[2]等元素的值依次前移，因此空（4）处应填入"temp > B[k]"。完成元素的移动后，将暂存于 temp 中的元素放入 B 的适当位置，即空（5）处应填入"temp"。

参考答案

（1）A[m-1]或*(A+m-1)或其等价形式

（2）k > i 或其等价形式

（3）B[0]或*B

（4）temp > B[k]或 temp > *(B+k)或其等价形式

（5）temp

试题五（共 15 分）

阅读以下说明和 C++代码，填充代码中的空缺，将解答填入答题纸的对应栏内。

【说明】

下面的程序用来计算并寻找平面坐标系中给定点中最近的点对（若存在多对，则输出其中的一对即可）。程序运行时，先输入点的个数和一组互异的点的坐标，通过计算每对点之间的距离，从而确定出距离最近的点对。例如，在图 5-1 所示的 8 个点中，点(1, 1)与(2, 0.5)是间距最近的点对。

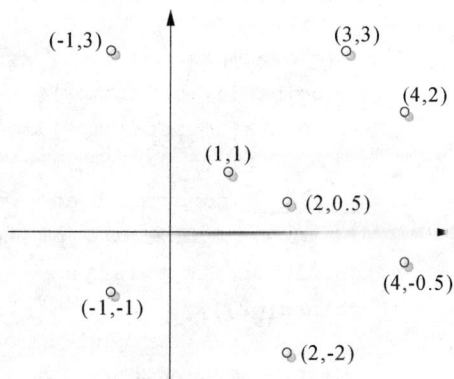

图 5-1　平面中的点

【C++代码】

```cpp
#include<iostream>
#include<cmath>
using namespace std;
class GPoint {
private:
```

```
        double x, y;
public:
    void setX(double x) { this->x = x; }
    void setY(double y) { this->y = y; }
    double getX() { return this->x; }
    double getY() { return this->y; }
};

class ComputeDistance {
public:
    double distance(GPoint a, GPoint b) {
        return sqrt((a.getX() - b.getX())*(a.getX() - b.getX())
            + (a.getY() - b.getY())*(a.getY() - b.getY()));
    }
};

int main()
{
    int i, j, numberOfPoints = 0;
    cout << "输入点的个数: ";
    cin >> numberOfPoints;
        (1)     points = new GPoint[numberOfPoints]; //创建保存点坐标的数组
    memset(points, 0, sizeof(points));
    cout << "输入" << numberOfPoints << " 个点的坐标: ";
     for (i = 0; i < numberOfPoints; i++) {
         double tmpx, tmpy;
        cin>>tmpx>>tmpy;
        points[i].setX(tmpx);
        points[i].setY(tmpy);
    }
        (2)     computeDistance = new ComputeDistance();
    int p1 = 0, p2 = 1; //p1 和 p2 用于表示距离最近的点对在数组中的下标
     double shortestDistance = computeDistance->distance(points[p1],
    points[p2]);

    //计算每一对点之间的距离
    for (i = 0; i < numberOfPoints; i++) {
        for (j = i+1; j <     (3)    ; j++) {
            double tmpDistance = computeDistance->    (4)    ;
            if (     (5)     ) {
                p1 = i; p2 = j;
```

```
            shortestDistance = tmpDistance;
        }
    }
}
cout << "距离最近的点对是: (" ;
cout << points[p1].getX() << "," << points[p1].getY()<<")和(" ;
cout << points[p2].getX() << "," << points[p2].getY() << ")" << endl;
delete computeDistance;
return 0;
}
```

试题五分析

本题考查 C++语言程序设计的能力，涉及类、对象、函数的定义和相关操作。要求考生根据给出的案例和执行过程说明，认真阅读理清程序思路，然后完成题目。

先考查题目说明。计算平面或空间中点之间的距离是目前很多应用中需要的，如 GPS 计算等。本题目简化了点之间距离的要求，其主要任务是计算并寻找平面坐标系中给定点中最近的点对（若存在多对，则输出其中的一对即可）。数轴上两点之间的距离等于相应两数差的绝对值，而平面坐标系中两点之间的距离等于相应两点的横坐标差和纵坐标差的平方和的算数平方根。假设平面左边系中的两点 $P_1(x_1, y_1)$ 和 $P_2(x_2, y_2)$，两者之间的距离 $|P_1P_2| = \sqrt{(x_2 - x_1)^2 + (y_2 - y_1)^2}$。如题中图 5-1 所示的 8 个点中，点 $(1,1)$ 和 $(2,0.5)$ 之间的距离为 $\sqrt{(1-2)^2 + (1-0.5)^2}$。

根据说明，点是一种类型，设计为类 GPoint，点之间的距离设计为类 ComputeDistance，整体主逻辑代码在 main 函数中实现。类设计时，一般将属性设置为 private，而对其的获取和更改等操作通过其中 public 方法进行。因此，在 GPoint 设计时，将 x 和 y 坐标设计为 private 属性，将读取和设置 x 和 y 坐标的值设计为相应的 get 和 set 函数；在设计点之间的距离类 ComputeDistance 时，将两个 GPoint 类的对象作为 distance 函数的参数传递。

main 函数中实现控制流程，在程序运行时，先输入点的个数，创建相应大小的数组，再输入相应个数的一组互异的点的坐标，将点保存在一个数组中。C++中定义指向对象数组的指针的创建方式为：

```
ClassName * varName = new ClassName[numberOfArray];
```

用 new 创建对象数据返回的是指针类型，此处需要 ClassName *。然后在对数组内存空间清零之后，输入相应个数的互异的点的坐标，存入点数组，然后通过计算每对点之间的距离，从而确定距离最近的点对。其计算方式是：预设定第一次参与运算的两个点之间的距离为最短距离，然后计算每一对点之间的距离，其计算过程为从第一个点开始依次和其后所有的点之间调用两点之间距离计算函数计算其他点之间距离，每次计算和设定的最短距离进行比较，如果比当前最短距离短，则更新最短距离并记录相应的点。最后输出所记录的最短距离和相应的点。

　　因此，空（1）需要指向 GPoint 类型的对象数组的指针，即为 GPoint *；空（2）需要计算两点之间距离的对象，用 new 创建，即 ComputeDistance *；空（3）处判定是否所有与当前点还没有比较过的点之间的距离都计算完成，因为当前点和在数组前面的点的比较在前面计算时已经计算过，所以从和后一个点计算直到数组的最后一个点计算完成，即 j < numberOfPoints，即空（3）为 numberOfPoints；空（4）处调用 computeDistance 的 distance 函数，计算当前循环的两个点之间的距离，即 distance(points[i], points[j])；空（5）处通过判定计算出的当前两个点之间的距离和当前最短距离，来判定是否需要更新当前最短距离，即 shortestDistance > tmpDistance。

参考答案

　　（1）GPoint *

　　（2）ComputeDistance*

　　（3）numberOfPoints

　　（4）distance(points[i], points[j])

　　（5）shortestDistance > tmpDistance

试题六（共 15 分）

　　阅读以下说明和 Java 程序，填充程序中的空缺，将解答填入答题纸的对应栏内。

【说明】

　　下面的程序用来计算并寻找平面坐标系中给定点中最近的点对（若存在多对，则输出其中的一对即可）。程序运行时，先输入点的个数和一组互异的点的坐标，通过计算每对点之间的距离，从而确定出距离最近的点对。例如，在图 6-1 所示的 8 个点中，点(1, 1)与(2, 0.5)是间距最近的点对。

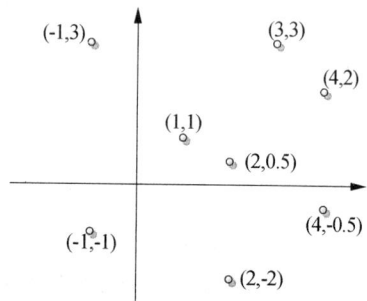

图 6-1　平面中的点

【Java 代码】

```java
import java.util.Scanner;
class GPoint
{
    private double x, y;
    public void setX(double x)  { this.x = x; }
    public void setY(double y)  { this.y = y; }
    public double getX()         { return this.x;  }
```

```
        public double getY()         { return this.y;  }
}
class FindNearestPoints {
    public static void main(String[] args) {
        Scanner input = new Scanner(System.in);
        System.out.print("输入点的个数: ");
        int numberOfPoints = input.nextInt();
        ___(1)___ points = new GPoint[numberOfPoints];   //创建保存点坐标
                                                          的数组
        System.out.print("请输入 " + numberOfPoints + " 个点的坐标: ");
        for (int i = 0; i < points.length; i++) {
            points[i] = ___(2)___;
            points[i].setX(input.nextDouble());
            points[i].setY(input.nextDouble());
        }
        FindNearestPoints fnp = new FindNearestPoints();
        int p1 = 0, p2 = 1;    // p1 和 p2 用于表示距离最近的点对在数组中的下标
        double shortestDistance = fnp.getDistance(points[p1], points[p2]);

        //计算每一对点之间的距离
        for (int i = 0; i < points.length; i++)
        {
            for (int j = i + 1; j < ___(3)___; j++)
            {
                double tmpDistance = fnp.___(4)___;
                //计算两点间的距离

                if ( ___(5)___ )
                {
                    p1 = i;
                    p2 = j;
                    shortestDistance = tmpDistance;
                }
            }
        }
        System.out.println("距离最近的点对是 (" +
            points[p1].getX() + ", " + points[p1].getY() + ") 和 (" +
            points[p2].getX() + ", " + points[p2].getY() + ")");
    }

    public double getDistance(GPoint pt1, GPoint pt2)
```

```
    {
        return Math.sqrt((pt2.getX() - pt1.getX()) * (pt2.getX() -
        pt1.getX())+ (pt2.getY() - pt1.getY()) * (pt2.getY() -
        pt1.getY()));
    }
}
```

试题六分析

　　本题考查 Java 语言程序设计的能力，涉及类、对象、方法的定义和相关操作。要求考生根据给出的案例和执行过程说明，认真阅读理清程序思路，然后完成题目。

　　先考查题目说明。计算平面或空间中点之间的距离是目前很多应用中需要的，如 GPS 计算等。本题目简化了点之间距离的要求，其主要任务是计算并寻找平面坐标系中给定点中最近的点对（若存在多对，则输出其中的一对即可）。数轴上两点之间的距离等于相应两数差的绝对值，而平面坐标系中两点之间的距离等于相应两点的横坐标差和纵坐标差的平方和的算数平方根。假设平面左边系中的两点 $P_1(x_1, y_1)$ 和 $P_2(x_2, y_2)$，两者之间的距离 $|P_1 P_2| = \sqrt{(x_2 - x_1)^2 + (y_2 - y_1)^2}$。如题中图 6-1 所示的 8 个点中，点 $(1,1)$ 和 $(2,0.5)$ 之间的距离为 $\sqrt{(1-2)^2 + (1-0.5)^2}$。

　　根据说明，点是一种类型，设计为类 GPoint；寻找点之间的距离设计为类 FindNearestPoints，整体主逻辑代码在其中的 main 方法中实现。类设计时，一般将属性设置为 private，而对其的获取和更改等操作通过其中 public 方法进行。因此，在 GPoint 设计时，将 x 和 y 坐标设计为 private 属性，将读取和设置 x 和 y 坐标的值设计相应的 get 和 set 方法；在设计寻找距离最近的点的类 FindNearestPoints 时，其主要方法包括计算两个点之间的距离方法 getDistance，将两个 GPoint 类的对象作为 distance 方法的参数传递。

　　FindNearestPoints 中的 main 方法执行控制流程，在程序运行时，先输入点的个数，创建相应大小的数组，再输入相应个数的一组互异的点的坐标，将点保存在一个数组 points 中。Java 中对象数组的创建方式为：

```
ClassName[] varName = new ClassName[numberOfArray];
```

　　或者：

```
ClassName varName[] = new ClassName[numberOfArray];
```

　　然后输入相应个数的互异的点的坐标，存入点数组，然后通过计算每对点之间的距离，从而确定出距离最近的点对。其计算方式是：预设定第一次参与运算的两个点之间的距离为最短距离，然后计算每一对点之间的距离，其计算过程为从第一个点开始依次和其后所有的点之间调用两点之间距离计算函数计算其他点之间距离，每次计算和设定的最短距离进行比较，如果比当前最短距离短，则更新最短距离并记录相应的点。最后输出所记录的最短距离和相应的点。

　　因此空（1）需要声明 GPoint 类型的对象数组，即为 GPoint[]；空（2）需要对数组中的每个对象进行初始化，即 new GPoint()；空（3）处判定是否所有与当前点还没有比较过的点之间的距离都计算完成，因为当前点和在数组前面的点的比较在前面计算时已经计算过，所以从和后一个点计算直到数组的最后一个点计算完成，即 j < points.length，即空（3）为 points.length；空（4）处调用 getDistance 方法，计算当前循环的两个点之间的距离，即 getDistance(points[i], points[j])；空（5）处通过判定计算出的当前两个点之间的距离和当前最短距离，来判定是否需要更新当前最短距离，即 shortestDistance > tmpDistance。

参考答案

　　（1）GPoint[]

　　（2）new GPoint()

　　（3）points.length　或　numberOfPoints

　　（4）getDistance(points[i], points[j])

　　（5）shortestDistance > tmpDistance

第5章 2013上半年程序员上午试题分析与解答

试题（1）、（2）

在 Word 的编辑状态下，若要防止在段落中间出现分页符，可以通过右击，在弹出的快捷菜单中选择 __(1)__ 命令；在"段落"对话框中，选择"换行和分页"选项卡，然后再勾选 __(2)__ 。

（1）A. 段落(P)...　　　　B. 插入符号(S)　　　C. 项目符号(B)　　　D. 编号(N)

（2）A. ☐孤行控制(W)　　　　　　　　B. ☐与下段同页(X)

　　　C. ☐段中不分页(K)　　　　　　　　D. ☐段前分页(B)

试题（1）、（2）分析

在 Word 编辑状态下，若要防止在段落中间出现分页符，可以通过右击，弹出如图（a）所示快捷菜单；选择"段落(P)..."命令；在系统弹出的"段落"对话框中，选择"换行和分页"选项卡，如图（b）所示；然后再勾选"☐段中不分页(K)"即可。

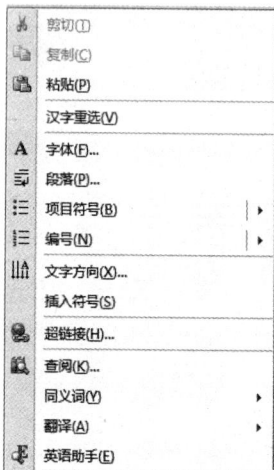

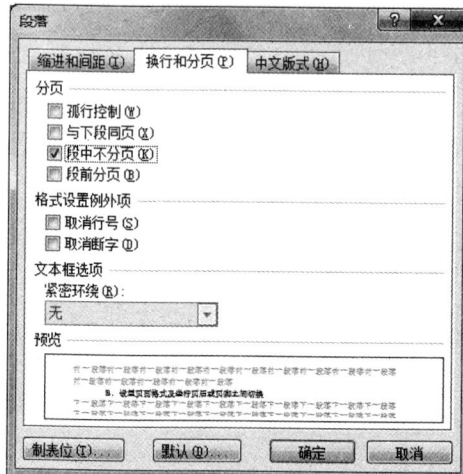

（a）　　　　　　　　　　　　　　　　　（b）

参考答案

（1）A　　（2）C

试题（3）、（4）

某 Excel 工作表如下所示，若在 D1 单元格中输入=$A$1+$B$1+C1，则 D1 的值为 __(3)__ ；此时，如果向垂直方向拖动填充柄至 D3 单元格，则 D2 和 D3 的值分别为 __(4)__ 。

	A	B	C	D
1	16	18	20	
2	23	26	30	
3	35	38	26	
4				

（3）A. 34　　　　　　B. 36　　　　　　C. 39　　　　　　D. 54

（4）A. 79 和 99　　　B. 69 和 93　　　C. 64 和 60　　　D. 79 和 93

试题（3）、（4）分析

在 Excel 中，$A$1 和$B$1 为绝对地址，其值为 16 和 18；C1 为相对地址，故在 D1 单元格中输入=$A$1+$B$1+C1，则 D1=16+18+20=54；若向垂直方向拖动填充柄至 D2 单元格时，则 D2=16+18+30=64，结果如下图所示，若向垂直方向拖动填充柄至 D3 单元格时，则 D3=16+18+26=60。结果如下图所示。

D2			▼	fx	=$A$1+$B$1+C2
	A	B	C	D	E
1	16	18	20	54	
2	23	26	30	64	
3	35	38	26		

D3			▼	fx	=$A$1+$B$1+C3
	A	B	C	D	E
1	16	18	20	54	
2	23	26	30	64	
3	35	38	26	60	

（a）　　　　　　　　　　　　　　　　（b）

参考答案

（3）D　　（4）C

试题（5）

_____（5）_____服务的主要作用是实现文件的上传和下载。

（5）A. Gopher　　　　B. FTP　　　　C. Telnet　　　　D. E-mail

试题（5）分析

Internet 网络提供的服务有多种，每一种服务都对应一种服务器，常见的几种服务器如下。

Gopher 服务器：提供分类的文档查询及管理。它将网络中浩瀚如海的信息分门别类地整理成菜单形式，提供用户快捷查询并选择使用。

Telnet 服务器：提供远程登录服务。一般使用 Telnet 协议。使用 Telnet 可以实现远程计算机资源共享，也就是说使用远程计算机就和使用本地计算机一样。很多 BBS（电子公告牌）就是使用该协议来实现的。

FTP 服务器：提供文件的上传和下载服务。一般使用 FTP 协议。使用该协议可以实现文件的共享，可以远程传递较大的文件。同时，该服务器也提供存放文件或软件的磁盘空间。

E-mail 服务器：提供电子邮件服务。一般都支持 SMTP 和 POP3 协议。该服务器用来存放用户的电子邮件并且维护邮件用户的邮件发送。

Web 服务器：提供 www 服务。一般使用 http 协议来实现。浏览器软件必须通过访问 Web 服务器才能获取信息。

参考答案

（5）B

试题（6）

与八进制数 1706 等值的十六进制数是　　(6)　　。

（6）A．3C6　　　　　B．8C6　　　　　C．F18　　　　　D．F1C

试题（6）分析

本题考查数制转换知识。

八进制数 1706 的二进制表示为 0011 1100 0110，从右往左 4 位一组可得对应的十六进制数 3C6。

参考答案

（6）A

试题（7）

若计算机字长为 8，则采用原码表示的整数范围为 –127～127，其中，　　(7)　　占用了两个编码。

（7）A．–127　　　　　B．127　　　　　C．–1　　　　　D．0

试题（7）分析

本题考查数据表示基础知识。

整数 X 的原码记为 $[X]_{原}$，如果机器字长为 n（即采用 n 个二进制位表示数据），则最高位是符号位，0 表示正号，1 表示负号，其余的 n–1 位表示数值的绝对值。数值零的原码表示有两种形式：$[+0]_{原} = 0\ 0000000$，$[-0]_{原} = 1\ 0000000$。

参考答案

（7）D

试题（8）、（9）

CPU 执行指令时，先要根据　　(8)　　将指令从内存读取出并送入　　(9)　　，然后译码并执行。

（8）A．程序计数器　　　　　　　　B．指令寄存器

　　　C．通用寄存器　　　　　　　　D．索引寄存器

（9）A．程序计数器　　　　　　　　B．指令寄存器

　　　C．地址寄存器　　　　　　　　D．数据寄存器

试题（8）、（9）分析

本题考查考生计算机系统的基础知识。

寄存器是 CPU 中的一个重要组成部分，它是 CPU 内部的临时存储单元。CPU 中的寄存器通常分为存放数据的寄存器、存放地址的寄存器、存放控制信息的寄存器、存放状态信息的寄存器和其他寄存器等类型。

指令寄存器用于存放正在执行的指令。对指令译码后将指令的操作码部分送到指令译码器进行分析，然后根据指令的功能向有关部件发出控制命令。

程序计数器（PC）用于给出指令的内存地址：当程序顺序执行时，每取出一条指令，PC 内容自动增加一个值，指向下一条要取的指令。当程序出现转移时，则将转移地址送入 PC，然后由 PC 指向新的程序地址。

在 CPU 与内存之间交换数据时，需要将要访问的内存单元地址放入地址寄存器，需要交换的数据放入数据寄存器。

参考答案

（8）A   （9）B

试题（10）、（11）

显示器的性能指标主要包括___（10）___和刷新频率。若显示器的___（11）___，则图像显示越清晰。

（10）A. 重量   B. 分辨率   C. 体积   D. 采样速度

（11）A. 采样频率越高   B. 体积越大   C. 分辨率越高   D. 重量越重

试题（10）、（11）分析

显示器的性能指标主要包括分辨率和刷新频率，分辨率（如 1900×1200 像素）越高则图像显示越清晰。

参考答案

（10）B   （11）C

试题（12）

图像文件格式分为静态图像文件格式和动态图像文件格式。___（12）___属于静态图像文件格式。

（12）A. MPG   B. AVS   C. JPG   D. AVI

试题（12）分析

多媒体计算机图像义件格式主要分为两大类：静态图像文件格式和动态图像文件格式。标记图像文件格式和目标图像文件格式都属于静态图像文件格式。

参考答案

（12）C

试题（13）

将声音信号数字化时，___（13）___不会影响数字音频数据量。

（13）A. 采样率   B. 量化精度   C. 波形编码   D. 音量放大倍数

试题（13）分析

本题考查考生多媒体基础知识。

声音信号是一种模拟信号，计算机要对它进行处理，必须将它转换成为数字信号，即用二进制数字的编码形式来表示声音信号。最基本的声音信号数字化方法是取样-量化法，其过程包括采样、量化和编码。

采样是把时间连续的模拟信号转换成时间离散、幅度连续的信号。在某些特定的时刻获取声音信号幅值叫做采样，由这些特定时刻采样得到的信号称为离散时间信号。一般都是每隔相等的一小段时间采样一次，为了不产生失真，采样频率不应低于声音信号最高频率的两倍。因此，语音信号的采样频率一般为 8kHz，音乐信号的采样频率则应在40kHz 以上。采样频率越高，可恢复的声音信号分量越丰富，其声音的保真度越好。

量化处理是把在幅度上连续取值（模拟量）的每一个样本转换为离散值（数字量）表示，因此量化过程有时也称为 A/D 转换（模数转换）。量化后的样本是用二进制数来表示的，二进制数位数的多少反映了度量声音波形幅度的精度，称为量化精度，也称为量化分辨率。例如，每个声音样本若用 16 位（2 字节）表示，则声音样本的取值范围是0～65 535，精度是 1/65 536；若只用 8 位（1 字节）表示，则样本的取值范围是 0～255，精度是 1/256。量化精度越高，声音的质量越好，需要的存储空间也越多；量化精度越低，声音的质量越差，而需要的存储空间越少。

经过采样和量化处理后的声音信号已经是数字形式了，但为了便于计算机的存储、处理和传输，还必须按照一定的要求进行数据压缩和编码，以减少数据量，再按照某种规定的格式将数据组织成为文件。波形编码是一种直接对取样、量化后的波形进行压缩处理的方法。

参考答案

（13）D

试题（14）

计算机系统中，内存和光盘属于___（14）___。

（14）A. 感觉媒体　　　B. 存储媒体　　　C. 传输媒体　　　D. 显示媒体

试题（14）分析

本题考查考生多媒体基础知识。

感觉媒体是指直接作用于人的感觉器官，使人产生直接感觉的媒体，如引起听觉反应的声音、引起视觉反应的图像等。传输媒体是指传输表示媒体的物理介质，如电缆、光缆、电磁波等。表现媒体是指进行信息输入和输出的媒体，如键盘、鼠标、话筒等为输入媒体；显示器、打印机、喇叭等为输出媒体。存储媒体是指用于存储表示媒体的物理介质，如硬盘、软盘、磁盘、光盘、ROM 及 RAM 等。

参考答案

（14）B

试题（15）

对计算机软件的法律保护不涉及　　(15)　　。

(15) A. 知识产权法　　B. 著作权法　　　C. 刑法　　　　　D. 合同法

试题（15）分析

本题考查考生的知识产权知识，涉及知识产权的基本概念。

计算机软件既是作品，又是一种使用工具，还是一种工业产品（商品），具备作品性、工具性、商业性特征。因此对于计算机软件保护来说，仅依靠某项法律或法规不能解决软件的所有知识产权问题，需要利用多层次的法律保护体系对计算机软件实施保护。我国已形成了比较完备的计算机软件知识产权保护的法律体系，即已形成以著作权法、计算机软件保护条例、计算机软件著作权登记办法保护为主，以专利法、反不正当竞争法、合同法、商标法、刑法等法律法规为辅的多层次保护体系，可对计算机软件实施交叉和重叠保护。在这样的保护体系下，计算机软件能够得到全面的、适度的保护。例如，计算机软件符合专利法所保护的法定主题，就可以申请专利，利用专利法来保护其中符合发明创造条件的创造性成果。对于那些为极少数专门用户开发的专用软件，可以利用反不正当竞争法中的商业秘密权和合同法来保护其中的技术秘密。

我国没有专门针对知识产权制定统一的法律（知识产权法），而是在民法通则规定的原则下，根据知识产权的不同类型制定了不同的单项法律及法规，如著作权法、商标法、专利法、计算机软件保护条例等，这些法律、法规共同构成了我国保护知识产权的法律体系。

参考答案

(15) A

试题（16）

以下知识产权保护对象中，　　(16)　　不具有公开性基本特征。

(16) A. 科学作品　　　B. 发明创造　　　C. 注册商标　　　D. 商业秘密

试题（16）分析

公开性是指将知识产权保护对象向社会公布，使公众知悉。公开是取得知识产权，或者取得经济利益的前提，且只有公开才能被他人承认和利用。不同表现形式的知识产权保护对象都表现了公开性特征，但公开性形式不同。例如，作品的公开性是通过传播体现的。作者创作作品的目的之一，就是使之传播，并在传播中得以行使权利，取得利益。作品广泛的传播就是公开，传播是作品公开的一种形式；一项发明创造要取得法律保护必须将发明创造向社会公示（公布），公开是发明创造取得专利权的前提；商标公开的方式有多种，如在商品（产品）使用商标标志、广告宣传，且取得商标权需要将商标标志公示（公布）。商业秘密不具有公开性，它是依靠保密来维持其专有权利的，如果公开将失去法律的保护。

参考答案

(16) D

试题（17）

防火墙的 NAT 功能主要目的是 (17) 。

(17) A. 进行入侵检测　　　　　　　　B. 隐藏内部网络 IP 地址及拓扑结构信息

　　　 C. 防止病毒入侵　　　　　　　　D. 对应用层进行侦测和扫描

试题（17）分析

本题考查考生的防火墙的基础知识。

防火墙的网络地址转换功能（Network Address Translation，NAT）是一种将私有（保留）地址转化为合法 IP 地址的转换技术，NAT 不仅完美地解决了 IP 地址不足的问题，而且还能够有效地避免来自网络外部的攻击，隐藏内部网络 IP 地址及拓扑结构信息。

参考答案

(17) B

试题（18）

脚本漏洞主要攻击的是 (18) 。

(18) A. PC　　　　　　B. 服务器　　　　　C. 平板电脑　　　　D. 智能手机

试题（18）分析

本题考查考生的病毒的基础知识。

跨站脚本攻击（也称为 XSS）主要攻击服务器。其利用网站漏洞从用户那里恶意盗取信息。用户在浏览网站、使用即时通信软件、甚至在阅读电子邮件时，通常会点击其中的链接。攻击者通过在链接中插入恶意代码，就能够盗取用户信息。攻击者通常会用十六进制（或其他编码方式）将链接编码，以免用户怀疑它的合法性。网站在接收到包含恶意代码的请求之后会产生一个包含恶意代码的页面，而这个页面看起来就像是那个网站应当生成的合法页面一样。

参考答案

(18) B

试题（19）

工作时需要动态刷新的是 (19) 。

(19) A. DRAM　　　　　B. PROM　　　　　C. EPROM　　　　D. SRAM

试题（19）分析

本题考查考生的计算机系统中存储器基础知识。

主存一般由 RAM 和 ROM 这两种工作方式的存储器组成，其绝大部分存储空间由 RAM 构成。其中，RAM 分为 SRAM（静态 RAM）和 DRAM（动态 RAM）两种，DRAM 利用电容存储数据，电容会漏电，因此 DRAM 需要周期性的进行刷新，以保护数据。

参考答案

(19) A

试题（20）

若计算机字长为 64 位，则用补码表示时的最小整数为 (20) 。

（20）A. -2^{64}　　　B. -2^{63}　　　　C. $-2^{64}+1$　　　D. $-2^{63}+1$

试题（20）分析

本题考查考生的数据表示基础知识。

数值 X 的补码记作[X]_补，如果机器字长为 n，则最高位为符号位，0 表示正号，1 表示负号，表示的整数范围为 $-2^{n-1} \sim +(2^{n-1}-1)$。正数的补码与其原码和反码相同，负数的补码则等于其反码的末尾加 1。

因此字长为 64 时，用补码表示时的最小整数为 -2^{63}。

参考答案

（20）B

试题（21）

对于容量为 32K×32 位、按字编址（字长为 32）的存储器，其地址线的位数应为 (21) 。

（21）A. 15　　　　B. 32　　　　C. 64　　　　D. 5

试题（21）分析

本题考查考生的计算机系统存储器的基础知识。

容量为 32K×32 位、按字编址（字长为 32）的存储器，其编址单元有 32K（1K=1024）个，即 2^{15} 个，因此地址线的位数应为 15。

参考答案

（21）A

试题（22）

对于一个值不为 0 的整数 x，进行 (22) 运算后结果为 0。

（22）A. x 与 x 按位与　　　　　　B. 将 x 按位取反

　　　 C. x 与 x 按位或　　　　　　D. x 与 x 按位异或

试题（22）分析

本题考查考生的逻辑运算基础知识。

基本的逻辑运算定义如下：

A	B	A·B（按位与）	A+B（按位或）	A⊕B（按位异或）
0	0	0	0	0
0	1	0	1	1
1	0	0	1	1
1	1	1	1	0

x 与 x 进行按位异或运算时，由于都是 0 和 0、1 和 1 进行异或，因此结果为 0。

参考答案

（22）D

试题（23）

在操作系统设备管理中，通常不能采用　　（23）　　分配算法。

（23）A. 先来先服务　　B. 时间片轮转　　C. 单队列优先　　D. 多队列优先

试题（23）分析

操作系统进行设备管理时，对于独占设备，若让用户轮流使用，会产生错误。例如，两个以上（包括两个）用户同时都申请使用打印机，操作系统不能采用时间片轮转分配算法让每个用户轮流地使用打印机，导致不同用户信息打在同一页面上无法识别等错误。

参考答案

（23）B

试题（24）、（25）

Windows 磁盘碎片整理程序　　（24）　　，通过对磁盘进行碎片整理，　　（25）　　。

（24）A. 只能将磁盘上的可用空间合并为连续的区域

　　　 B. 只能使每个操作系统文件占用磁盘上连续的空间

　　　 C. 可以使每个文件和文件夹占用磁盘上连续的空间，合并盘上的可用空间

　　　 D. 可以清理磁盘长期不用的文件，回收其占用空间使其成为连续的区域

（25）A. 可以提高对文件和文件夹的访问效率

　　　 B. 只能提高对文件夹的访问效率，但对文件的访问效率保持不变

　　　 C. 只能提高系统对文件的访问效率，但对文件夹的访问效率保持不变

　　　 D. 可以将磁盘空间的位示图管理方法改变为空闲区管理方法

试题（24）、（25）分析

在 Windows 系统中的磁盘碎片整理程序可以分析本地卷，使每个文件或文件夹占用卷上连续的磁盘空间，合并卷上的可用空间使其成为连续的空闲区域，这样系统就可以更有效地访问文件或文件夹，以及更有效地保存新的文件和文件夹。通过合并文件和文件夹，磁盘碎片整理程序还将合并卷上的可用空间，以减少新文件出现碎片的可能性。合并文件和文件夹碎片的过程称为碎片整理。

参考答案

（24）C　　（25）A

试题（26）、（27）

在段页式管理中，如果地址长度为 32 位，并且地址划分如下图所示：

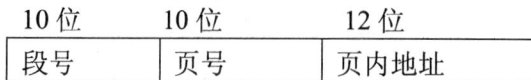

10 位	10 位	12 位
段号	页号	页内地址

在这种情况下，系统页面的大小应为　　（26）　　KB，且　　（27）　　。

（26）A. 1　　　　　　B. 2　　　　　　C. 3　　　　　　D. 4

（27）A. 最少有 1024 个段，每段最大为 4096KB

B. 最多有 1024 个段，每段最大为 4096KB

C. 最少有 1024 个段，每段最小为 4096KB

D. 最多有 1000 个段，每段最小为 4000KB

试题（26）、（27）分析

根据题意可知，页内的地址长度为 12 位，所以页面的大小应该为 $2^{12} = 4096 = 4$KB。

段号的地址长度为 10 位时，最多有 $2^{10} = 1024$ 个段。又因为页号的地址长度为 10 位，故每个段最多允许有 $2^{10} = 1024$ 个页面，由于页面的大小=4KB，故段的大小最大为 4096KB。

参考答案

（26）D　　（27）B

试题（28）～（30）

高级程序设计语言都会提供描述 __(28)__ 、 __(29)__ 、控制和数据传输的语言成分，控制成分中有顺序结构、选择结构、 __(30)__ 。

（28）A. 数据　　B. 整型　　　C. 数组　　　　D. 指针

（29）A. 判定　　B. 函数　　　C. 运算　　　　D. 递归

（30）A. 函数　　B. 循环　　　C. 递归　　　　D. 反射

试题（28）～（30）分析

本题考查考生的程序语言基础知识。

程序设计语言的基本成分有数据成分、运算成分、控制成分和传输成分。其中，数据成分用于描述程序所涉及的数据；运算成分用以描述程序中所包含的运算；控制成分用以描述程序中所包含的控制；传输成分，用以表达程序中数据的传输。

控制成分指明语言允许表述的控制结构，程序员使用控制成分来构造处理数据时的控制逻辑。理论上已经证明可计算问题的程序都可以用顺序、选择和循环这三种控制结构来描述。

参考答案

（28）A　　（29）C　　（30）B

试题（31）

在以阶段划分的编译器中，贯穿于编译器工作始终的是 __(31)__ 。

（31）A. 词法分析和语法分析　　B. 语法分析和语义分析

　　　C. 符号表管理和出错处理　　D. 代码优化

试题（31）分析

本题考查考生的程序语言翻译基础知识。

编译程序的功能是把某高级语言书写的源程序翻译成与之等价的目标程序（汇编语言程序或机器语言程序）。编译程序的工作过程如下图所示。

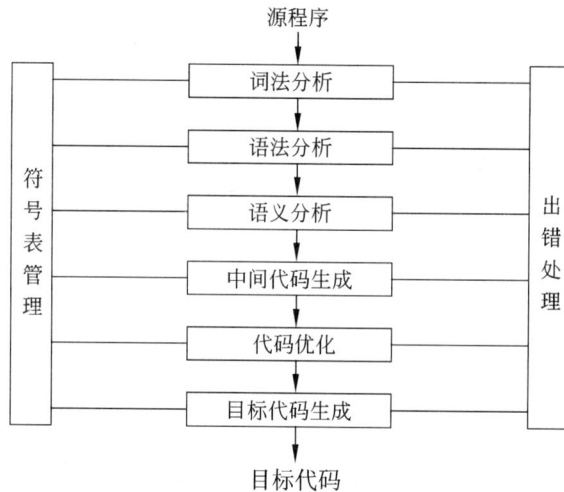

源程序

↓

词法分析

↓

语法分析

↓

语义分析

↓

中间代码生成

↓

代码优化

↓

目标代码生成

↓

目标代码

符号表管理

出错处理

参考答案

（31）C

试题（32）

将一个可执行程序从其汇编语言形式翻译成某种高级程序设计语言形式的过程称为___（32）__。

（32）A. 编译　　　　　B. 反编译　　　　　C. 汇编　　　　　D. 解释

试题（32）分析

本题考查考生的程序语言基础知识。

通常采用高级程序语言进行程序开发，由于计算机不能直接识别高级语言，因此需将高级语言源程序经过编译及链接转换为可执行程序再运行，反编译就是对程序语言进行翻译处理的逆过程。

参考答案

（32）B

试题（33）、（34）

正规式(ab|c)(0|1|2)表示的正规集合中有___（33）__个元素，___（34）__属于该正规集。

（33）A. 3　　　　　B. 5　　　　　C. 6　　　　　D. 9

（34）A. abc012　　　B. a0　　　　　C. c02　　　　　D. c0

试题（33）、（34）分析

本题考查考生的程序语言基础知识。

正规式用于表示正规集。(ab|c)(0|1|2)表示的正规集合为{ab0, ab1, ab2, c0, c1, c2}，该集合包含 6 个元素。

参考答案

（33）C　　（34）D

试题（35）

在函数调用时，引用调用方式下传递的是实参的__(35)__。

（35）A. 左值　　　　　　B. 右值　　　　　　C. 名称　　　　　　D. 类型

试题（35）分析

本题考查考生的程序语言基础知识。

调用函数和被调用函数之间交换信息的方法主要有两种：一种是由被调用函数把返回值返回给主调函数，另一种是通过参数带回信息。函数调用时实参与形参间交换信息的方法有传值调用和引用调用两种。若实现函数调用时实参向形式参数传递相应类型的值（右值），则称为是传值调用。引用调用的实质是将实参的地址（左值）传递给形参，函数中对形参的访问和修改实际上就是针对相应实际参数所作的访问和改变。

参考答案

（35）A

试题（36）

单链表不具有的特点是__(36)__。

（36）A. 插入、删除运算不需要移动元素

　　　 B. 可随机访问链表中的任一元素

　　　 C. 不必事先估计存储空间量

　　　 D. 所需存储空间量与线性表长度成正比

试题（36）分析

本题考查考生的数据结构基础知识。

单链表示意图如下，只能从头指针（Head）出发顺序地访问表中的元素。

参考答案

（36）B

试题（37）

不适合采用栈结构的是__(37)__。

（37）A. 判断一个表达式中的括号是否匹配

　　　 B. 判断一个字符串是否是中心对称

　　　 C. 按照深度优先的方式后序遍历二叉树

　　　 D. 按照层次顺序遍历二叉树

试题（37）分析

本题考查考生的数据结构应用知识。

栈的特点是后进先出，队列的特点是先进先出。

栈的典型应用有：判断表达式中的括号是否匹配，判断一个字符串是否是回文（即中心对称），程序执行过程中的嵌套调用和返回、函数的递归执行等。

依层次顺序遍历二叉树时，访问结点按照路径长度自近至远、同层次结点从左至右的顺序来进行，可以借助一个队列实现。

参考答案

（37）D

试题（38）

设有字符串 S 和 P，串的模式匹配是指___（38）___。

（38）A. 确定 P 在 S 中首次出现的位置　　　B. 将 S 和 P 连接起来

　　　　C. 将 S 替换为 P　　　　　　　　　　D. 比较 S 和 P 是否相同

试题（38）分析

本题考查考生的数据结构基础知识。

子串（也称为模式串）在主串中的定位操作通常称为串的模式匹配，它是各种串处理系统中最重要的运算之一。

参考答案

（38）A

试题（39）

以下关于特殊矩阵和稀疏矩阵的叙述中，正确的是___（39）___。

（39）A. 特殊矩阵适合采用双向链表存储，稀疏矩阵适合采用单向链表存储

　　　　B. 特殊矩阵的非零元素分布有规律，可以用一维数组进行压缩存储

　　　　C. 稀疏矩阵的非零元素分布没有规律，只能用二维数组压缩存储

　　　　D. 稀疏矩阵的非零元素分布没有规律，只能用双向链表进行压缩存储

试题（39）分析

本题考查考生的数据结构基础知识。

矩阵是很多科学与工程计算领域研究的数学对象，在程序中可以用二维数组直接表示。在一些矩阵中，存在很多值相同的元素或者是零元素。为了节省存储空间，可以对这类矩阵进行压缩存储。压缩存储的含义是为多个值相同的元素只分配一个存储单元，对零元不分配存储单元。假如值相同的元素或零元在矩阵中的分布有一定的规律，则称此类矩阵为特殊矩阵。若矩阵中非零元素远远少于零元素且分布没有规律，则称为稀疏矩阵。

参考答案

（39）B

试题（40）

已知某二叉树的先序遍历序列为 ABDCEFG、中序遍历序列为 BDACFGE，则该二叉树的层数为　（40）　。

（40）A. 3　　　　　　　B. 4　　　　　　C. 5　　　　　　D. 6

试题（40）分析

本题考查考生的数据结构基础知识。

由二叉树的先序遍历序列和中序序列进行二叉树的重构要点是：根据先序遍历序列可以找出整棵树及各个子树的根结点，然后根据中序序列划分左、右子树中的结点。题目中的二叉树如下所示。

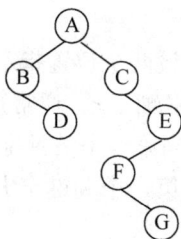

参考答案

（40）C

试题（41）

在一棵非空的二叉排序树中，关键字最大的结点的　（41）　。

（41）A. 左子树一定为空、右子树不一定为空

　　　 B. 左子树不一定为空、右子树一定为空

　　　 C. 左子树和右子树一定都为空

　　　 D. 左子树和右子树一定都不为空

试题（41）分析

本题考查考生的数据结构基础知识。

二叉排序树又称为二叉查找树，它或者是一棵空树，或者是具有如下性质的二叉树：若它的左子树非空，则左子树上所有结点的值均小于根结点的值；若它的右子树非空，则右子树上所有结点的值均大于根结点的值；左、右子树本身就是两棵二叉排序树。

下图所示为一棵二叉排序树，关键字最大的结点为 81。

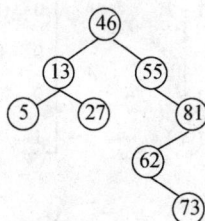

参考答案

（41）B

试题（42）

为实现快速排序算法，待排序列适合采用　__(42)__　。

（42）A. 顺序存储　　　B. 链式存储　　　　C. 散列存储　　　　D. 索引存储

试题（42）分析

本题考查算法基础知识。

快速排序的基本思想是：通过一趟排序将待排的记录划分为独立的两部分，其中一部分记录的关键字均比另一部分记录的关键字小，然后再分别对这两部分记录继续进行快速排序，以达到整个序列有序。

一趟快速排序的具体做法是：附设两个位置指示变量 i 和 j，它们的初值分别指向序列的第一个记录和最后一个记录。设枢轴记录（通常是第一个记录）的关键字为 pivotkey，则首先从 j 所指位置起向前搜索，找到第一个关键字小于 pivotkey 的记录，将其向前移，然后从 i 所指位置起向后搜索，找到第一个关键字大于 pivotkey 的记录，将其向后移，重复这两步直至 i 与 j 相等为止。

显然，上述的过程需要顺序存储，以利于对元素迅速地定位。

参考答案

（42）A

试题（43）

若某无向图具有 n 个顶点、e 条边，则其邻接矩阵中值为 0 的元素个数为　__(43)__　。

（43）A. e　　　　　　　B. 2e　　　　　　　C. n*n–2e　　　　D. n–2e

试题（43）分析

本题考查考生的数据结构基础知识。

邻接矩阵表示法利用一个矩阵来表示图中顶点之间的关系。对于具有 n 个顶点的图 G=(V，E) 来说，其邻接矩阵是一个 n 阶方阵，且满足：

$$A[i][j] = \begin{cases} 1 & 若(v_i, v_j)或 <v_i, v_j> 是 E 中的 \\ 0 & 若(v_i, v_j)或 <v_i, v_j> 不是 E 中的 \end{cases}$$

某有向图和无向图的邻接矩阵如下图所示。

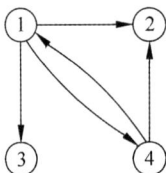

（a）有向图

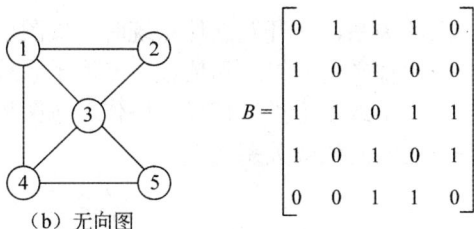

$$B = \begin{bmatrix} 0 & 1 & 1 & 1 & 0 \\ 1 & 0 & 0 & 1 & 0 \\ 1 & 1 & 0 & 1 & 1 \\ 1 & 0 & 1 & 0 & 1 \\ 0 & 0 & 1 & 1 & 0 \end{bmatrix}$$

（b）无向图

参考答案

（43）C

试题（44）

Peter Coad 和 Edward Yourdon 将面向对象表示为对象、分类、继承和__（44）__之和。

（44）A. 通过消息的通信　　　　　　　B. 对象的属性

　　　 C. 对象的行为　　　　　　　　　D. 对象的抽象

试题（44）分析

本题考查面向对象的基本概念。

Peter Coad 和 Edward Yourdon 提出用下面的等式识别面向对象方法：

面向对象 = 对象（object）

　　　　　　 + 分类（classification）

　　　　　　 + 继承（inheritance）

　　　　　　 + 通过消息的通信（communication with messages）

可以说，采用这 4 个概念开发的软件系统是面向对象的。

参考答案

（44）A

试题（45）、（46）

在统一建模语言（UML）中，__（45）__展现了一组对象以及它们之间的关系，给出了系统的静态设计视图或静态进程视图，描述了__（46）__中所建立的事物实例的静态快照。

（45）A. 序列图　　　　B. 状态图　　　　C. 对象图　　　　D. 通信图

（46）A. 类图　　　　　B. 组件图　　　　C. 对象图　　　　D. 包图

试题（45）、（46）分析

本题考查统一建模语言（UML）的基本知识。

UML 2.0 中提供了多种图形。序列图是场景的图形化表示，描述了以时间顺序组织的对象之间的交互活动，对用例中的场景可以采用序列图进行描述。状态图展现了一个状态机，用于建模时间如何改变对象的状态以及引起对象从一个状态向另一个状态转换的事件，关注系统的动态视图。对象图展现了一组对象以及它们之间的关系，描述了在类图中所建立的事物实例的静态快照，从真实的或原型案例的角度给出系统的静态设计视图或静态进程视图。通信图强调收发消息的对象之间的结构组织。类图展现了一组对象、接口、协作和它们之间的关系，在开发软件系统时，类图用于对系统的静态设计视图建模。组件图展现了一组组件之间的组织和依赖，专注于系统的静态实现视图，与类图相关，通常把组件映射为一个或多个类、接口或协作。包图描述类或其他 UML 构件如何组织成包，以及这些包之间的依赖关系。

参考答案

（45）C　　（46）A

试题（47）、（48）

继承是父类和子类之间共享数据和方法的机制，类的继承支持多态的实现。以下关于类继承的说法中，不正确的是　(47)　。在多态的几种不同的形式中，　(48)　多态是指同一个名字在不同上下文中可代表不同的含义。

（47）A. 一个父类可以有多个子类

　　　　B. 父类描述子类的公共属性和方法

　　　　C. 一个子类可以继承父类中的属性和方法，而不必在子类中定义

　　　　D. 子类不可以定义新的属性和方法

（48）A. 参数　　　　B. 包含　　　　C. 过载　　　　D. 强制

试题（47）、（48）分析

本题考查面向对象的基本知识。

面向对象技术中，继承关系是一种模仿现实世界中继承关系的一种类之间的关系，是超类（父类）和子类之间共享数据和方法的机制。父类定义公共的属性和方法，一个父类可以有多个子类。一个子类可以继承其父类或祖先类中的属性和方法而不必自己定义，也可以覆盖这些操作，并定义新的属性和方法。

类的继承支持多态的实现。多态有参数多态、包含多态、过载多态和强制多态四类。参数多态是应用比较广泛的多态，被称为最纯的多态，包含多态在许多语言中都存在，最常见的例子就是子类型化，即一个类型是另一个类型的子类型。过载多态是同一个名字在不同的上下文中所代表的含义不同。

参考答案

（47）D　　（48）C

试题（49）、（50）

某教务系统的部分需求包括：教务人员输入课程信息；学生选择课程，经教务人员审核后安排到特定的教室和时间上课；教师根据安排的课程上课，考试后录入课程成绩；学生可以查询本人的成绩；教务人员可以增加、修改、删除和查询课程信息。若用顶层数据流图来建模，则上述需求应包含　(49)　个加工。用模块化方法对系统进行模块划分后，若将对课程信息的增加、修改、删除和查询放到一个模块中，则该模块的内聚类型为　(50)　。

（49）A. 1　　　　B. 3　　　　C. 5　　　　D. 6

（50）A. 逻辑内聚　　　B. 信息内聚　　　C. 过程内聚　　　D. 功能内聚

试题（49）、（50）分析

本题考查结构化分析与设计方法和数据流图的概念。

分层数据流图是结构化分析方法的重要组成部分，顶层数据流图表示目标系统与外部环境的关系，仅有目标系统一个加工。

在进行软件设计的时候，模块独立性是创建良好设计的一个重要原则，一般采用模块间的耦合和模块的内聚两个准则来进行度量。内聚是模块功能强度的度量，一个模块内部各个元素之间的联系越紧密，则它的内聚性就越高，模块独立性就越强，一般来说，模块内聚性由低到高有偶然内聚、逻辑内聚、时间内聚、过程内聚、通信内聚、信息内聚和功能内聚七种。若一个模块把几种相关的功能组合在一起，每次被调用时，由传送给模块的判定参数来确定该模块应执行哪一种功能，则该模块的内聚类型为逻辑内聚。若一个模块内的处理是相关的，而且必须以特定次序执行，则称这个模块为过程内聚模块。信息内聚模块完成多个功能，各个功能都在同一个数据结构上操作，每一项功能有一个唯一的入口点。若一个模块中各个部分都是完成某一个具体功能必不可少的组成部分，则该模块为功能内聚模块，根据上述分析，本题的模块内聚类型为信息内聚。

参考答案

（49）A　　（50）B

试题（51）

黑盒测试不能发现　__（51）__ 。

（51）A. 不正确或遗漏的功能　　　　　B. 初始化或终止性错误

　　　 C. 程序的某条路径存在逻辑错误　D. 错误的处理结果

试题（51）分析

本题考查软件测试技术。

白盒测试和黑盒测试是两类常用的测试技术。白盒测试技术也称为结构测试，根据程序的内部结构和逻辑来设计测试用例，对程序的执行路径和过程进行测试，检查是否满足设计的需要。黑盒测试技术也称为功能测试，在完全不考虑软件的内部结构和特性的情况下，测试软件的外部特性。进行黑盒测试主要是为了发现以下几类错误：是否有错误的功能或者遗漏的功能；界面是否有误，输入是否正确接收，输出是否正确；是否有数据结构或外部数据库访问错误；性能是否能够接受；是否有初始化或终止性错误。

参考答案

（51）C

试题（52）

在软件正式运行后，一般来说，　__（52）__ 错误导致的维护代价最高。

（52）A. 需求　　　B. 概要设计　　　C. 详细设计　　　D. 编码

试题（52）分析

本题考查软件维护知识。

软件系统从交付使用开始进入软件维护阶段，维护根据需求变化或硬件环境的变化对应于程序进行部分或全部修改。在软件投入运行之后，往往需要改正在系统开发阶段已发生而系统测试阶段尚未发现的错误，而越早期发生的错误维护的代价就越高，因此需求阶段的维护代价最高，然后依次是设计和编码阶段。

参考答案

（52）A

试题（53）

软件测试的原则不包括　(53)　。

(53) A. 测试应在软件项目启动后尽早介入

B. 测试工作不应该由原开发软件的人或小组全部承担

C. 测试应该考虑所有的测试用例，确保测试的全面性

D. 测试应该严格按照测试计划进行，避免测试的随意性

试题（53）分析

本题考查软件工程的基础知识。

实施软件开发项目是一项工程。软件测试应贯穿于整个软件开发生命周期中。软件开发的各个阶段有不同的测试对象，需要做不同类型的测试。需求分析、概要设计、详细设计以及编码等各个阶段形成的文档也是测试的对象。软件项目启动后，测试工作应尽早介入，在编制的项目开发计划中就应包括测试计划。作为工程项目的实施，测试应该严格按照测试计划进行，避免测试的随意性。除单元测试主要由原开发人员或小组承担外，集成测试、系统测试、验收测试等都不应由原开发人员为主来做，自己犯的习惯性错误、思路方面的错误等靠自己来发现可能是困难的。对于一个实用的程序，其测试用例往往是海量的，不可能用所有的测试用例进行测试，只能在某种测试原则下，选用有代表性的测试用例进行测试。

参考答案

（53）C

试题（54）

在软件开发过程中，管理者和技术人员的观念是十分重要的。以下叙述中正确的是　(54)　。

(54) A. 如果已经落后于计划，必须增加更多的程序员来赶上进度

B. 在程序真正运行之前，就可以对其设计进行质量评估

C. 有了概要设计就足以开始写程序了，以后可以补充细节

D. 项目需求总是在不断的变化，但这些变化很容易满足，因为软件是灵活的

试题（54）分析

本题考查软件工程的基础知识。

在软件开发过程中，如果发现进度已经落后于计划，那么就需要采取必要的、适当的赶工措施。例如在需求分析阶段、设计阶段、编码阶段可以聘请更有经验的人参加，也可以增加服务人员多做些辅助性工作，使技术骨干能集中精力做重要的事。一般情况下，增加更多的程序员不能解决问题，只能产生更多的问题。在详细设计后，对设计本身就可以进行质量评估。例如检查算法是否正确、处理效率是否高等。概要设计后，如果不经过详细设计就开始编写程序，可能会造成隐患，不是补充细节能解决的。对于多数的应用，需求不断变化是常见的。为满足这些变化，往往需要采用更合适的开发方法以及灵活的软件架构。但这不是很容易的，不是因为软件本身的灵活性特点就容易实现，而是需要开发者做出很大努力。

参考答案

（54）B

试题（55）

软件开发出现质量问题的主要原因不包括___（55）___。

（55）A. 软件开发人员与用户对应用需求的理解有差异

　　　　B. 编程人员与设计人员对设计说明书的理解有差异

　　　　C. 软件开发项目的管理有问题

　　　　D. 开发软件所用的工具不够先进

试题（55）分析

本题考查软件工程的基础知识。

软件开发经常会出现质量问题，追根寻源，一是软件开发人员与用户对应用需求的理解常常有差异，用户需求难以获得确切的表述，从而开发的软件不能使用户满意；二是编程人员与设计人员对设计说明书的理解有差异，导致软件没有达到设计要求；三是软件开发项目的管理问题（例如缺乏质量控制措施，为了赶进度而忽略全面测试等）。这些因素都会造成质量问题。开发工具不够先进主要导致开发效率低，不是质量问题的根源。

参考答案

（55）D

试题（56）

软件工程每个阶段的各类文档完成后，需要对文档进行复审，这是保证软件产品质量的关键步骤之一。对设计文档进行复审的主要内容不包括___（56）___。

（56）A. 设计文档中对要件的定义是否含糊不清，是否有重复或歧义的定义

　　　　B. 设计文档中各项内容是否满足了用户的需求

　　　　C. 设计文档是否有利于团队合作实施

　　　　D. 对设计文档中所有的要件能否通过测试手段来验证

试题（56）分析

本题考查软件工程的基础知识。

软件工程每个阶段都会形成文档。根据质量保证计划，需要由质保人员对各类文档进行复审。如果在设计文档中对某些要件的定义含糊不清，有歧义，那么后续的工作就会产生问题。复审还要检查设计文档中的各项内容是否满足了用户需求，有没有遗漏或者误解，还要考虑其中所有的要件能否通过测试手段来验证。无法验证的功能或性能就难以确保质量。设计文档是技术文档，团队合作实施是管理问题。项目管理人员总是努力采用团队合作的方式按照设计文档来实施项目。

参考答案

（56）C

试题（57）～（62）

设有公民关系 P（姓名，身份证号，年龄，性别，联系电话，家庭住址），__(57)__ 唯一标识关系 P 中的每一个元组，并且应该用 __(58)__ 来进行主键约束。该关系中，__(59)__ 属于复合属性。

（57）A. 姓名   B. 身份证号   C. 联系电话   D. 家庭住址

（58）A. NULL   B. NOT NULL

         C. PRIMARY KEY   D. FOREIGN KEY

（59）A. 姓名   B. 身份证号   C. 联系电话   D. 家庭住址

若要将身份证号为"100120189502101111"的人的姓名修改为"刘丽华"，则对应的 SQL 语句为：

```
UPDATE  P
   (60)
WHERE   (61)  = '1001201895021011111';
```

（60）A. SET 姓名='刘丽华'   B. Modify 姓名='刘丽华'

         C. SET 姓名=刘丽华   D. Modify 姓名=刘丽华

（61）A. 刘丽华   B. '刘丽华'   C. 身份证号   D. '身份证号'

若要查询家庭住址包含"朝阳区"的人的姓名及联系电话，则对应的 SQL 语句为：

```
SELECT 姓名, 电话
FROM P
WHERE 家庭住址 (62)  ;
```

（62）A. IN（朝阳区）   B. like '朝阳区'

         C. IN（'朝阳区'）   D. like '%朝阳区%'

试题（57）～（62）分析

身份证号可以唯一标识每一个公民，故为公民关系 P 的主键，并且应用 "PRIMARY

KEY"来约束。

复合属性可以细分为更小的部分（即划分为别的属性），而家庭住址可以进一步分为邮编、省、市、街道，故家庭住址为复合属性。

根据题意，将身份证号为"100120189502101111"的姓名修改为"刘丽华"的 SQL 语句应该采用"UPDATE …SET…"，完整的 SQL 语句为：

```
UPDATE  P
SET 姓名= '刘丽华'
WHERE 身份证号= '100120189502101111';
```

根据题意，查询家庭住址包含"西安"的供应商名及电话的 SQL 语句应该采用"SELECT…"，完整的 SQL 语句为：

```
SELECT 姓名，联系电话
FROM P
WHERE 家庭住址 like '%朝阳区%';
```

参考答案

（57）B　（58）C　（59）D　（60）A　（61）C　（62）D

试题（63）

平面上由条件 $X \geqslant 0$、$Y \geqslant 0$、$2X+Y \leqslant 6$ 和 $X+2Y \leqslant 6$ 所限定的区域，其面积为　(63)　。

（63）A. 2　　　　　B. 3　　　　　C. 4　　　　　D. 6

试题（63）分析

本题考查应用数学基础知识。

平面上由条件 $X \geqslant 0$、$Y \geqslant 0$、$2X+Y \leqslant 6$ 和 $X+2Y \leqslant 6$ 所限定的区域，就是由 X 轴、Y 轴、直线 $2X+Y=6$ 和直线 $X+2Y=6$ 包围的区域（见下图）。直线 $2X+Y=6$（当 X=0 时 Y=6，当 Y=0 时 X=3），通过点（0，6）和（3，0）。直线 $X+2Y=6$（当 X=0 时 Y=3，当 Y=0 时 X=6），通过点（0，3）和（6，0）。通过这样的两点可以画出直线。这两条直线的交点是（2，2）。从图可以看出，这四条线所包围的区域由两个三角形组成，其面积都是 2*3/2=3，所以该区域的面积为 6。

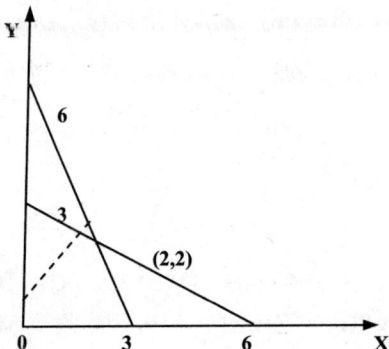

参考答案

（63）D

试题（64）

某汽车在匀速行驶一段时间后，司机踩刹车逐渐减速直到停车。为描述其行驶过程，以时间 t 为 X 轴，行驶距离 S 为 Y 轴，建立坐标系。下图中，曲线　（64）　大致反映了其刹车过程。

（64）

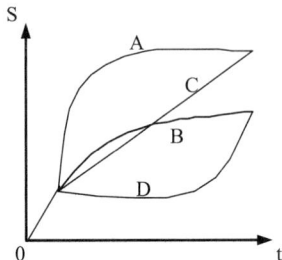

试题（64）分析

本题考查应用数学基础知识（数学建模）。

在（t，S）坐标系中的直线表示匀速运动。曲线在任一点的切线的斜率反映了速度（曲线函数的导数）。因此，从图中看出，开始时从原点出发匀速开车了一段时间。直线段 C 表示车仍在匀速前进，但速度比原来降低了一些（斜率小些），并没有刹车的迹象，这不符合题意。曲线 A 表示突然加速（切线的斜率大于原来的直线段斜率），再减速直到速度几乎为 0（最后一段时间内距离没有变化），即先加速再刹车，这也不符合题意。曲线 D 表示先刹车（甚至有点倒车），最后再加速（很短一段时间内前进的距离很大），这也不符合题意。曲线 B 则表示速度（切线的斜率）逐渐降低直到 0，即经过刹车逐渐停止。

参考答案

（64）B

试题（65）

随着社会信息化程度的迅速提高，我们已经进入了大数据时代。数据量的单位也在不断扩展：B、KB、MB、GB、TB、PB、EB、ZB 等，后者是前者的 1024 倍。因此，1EB =　（65）　GB。

（65）A．1K　　　　　　　B．1M　　　　　　　C．1G　　　　　　　D．1T

试题（65）分析

本题考查应用数学基础知识。

B 表示字节（8 个二进位）。根据题意，1KB=1024B，1MB=1024KB，1GB=1024MB，1TB=1024GB，1PB=1024TB，1EB=1024PB，1ZB=1024EB。因此，1GB=1024MB=

1024*1024KB=1024*1024*1024B   ,   1EB=1024PB=1024*1024TB=1024*1024*1024GB=
1GGB。

参考答案

（65）C

试题（66）

ISO/OSI 参考模型的___（66）___使用硬件地址作为服务访问点。

（66）A. 物理层   B. 数据链路层   C. 网络层   D. 传输层

试题（66）分析

硬件地址是数据链路层的服务访问点。

参考答案

（66）B

试题（67）

以下 IP 地址中，___（67）___可以指定给因特网接口。

（67）A. 10.110.33.224   B. 40.94.255.10

      C. 172.16.17.18   D. 192.168.22.35

试题（67）分析

公共互联网中的地址不能是规定的私网地址，地址 10.110.33.224 是 A 类私网地址，地址 192.168.22.35 是 C 类私网地址，地址 172.16.17.18 是 B 类私网地址，都不能应用于互联网中。只有 40.94.255.10 是公网地址。

参考答案

（67）B

试题（68）

在 HTML 中，表格边框的宽度由___（68）___属性指定。

（68）A. width   B. height   C. border   D. cellpadding

试题（68）分析

本题考查 HTML 语言的基础知识。

在 HTML 中，表格有很多属性。其中，表的大小用 width=#和 height=#属性说明。前者为表宽，后者为表高，#是以像素为单位的整数。边框宽度由 border=#说明，#为宽度值，单位是像素。表格间距即划分表格的线的粗细，用 cellspacing=#表示，#的单位是像素。

参考答案

（68）C

试题（69）

在地址栏中输入 www.abc.com，浏览器默认的协议是___（69）___。

（69）A. HTTP   B. DNS   C. TCP   D. FTP

试题（69）分析

本题考查浏览器、网页浏览等相关知识。

在浏览器的地址栏中，如果默认协议，默认的协议为 HTTP。

参考答案

（69）A

试题（70）

在 Windows 系统中，通过安装　（70）　组件来创建 FTP 站点。

（70）A. DNS　　　　　　B. IIS　　　　　　C. POP3　　　　　　D. Telnet

试题（70）分析

本题考查服务器的安装。

在 Windows 系统中，FTP 组件通常集成在 IIS 中，故通过安装 IIS 组件来创建 FTP 站点。

参考答案

（70）B

试题（71）

In C language,　（71）　consists of variables and constants connected by operators.

（71）A. an expression　　　　　　　　B. a subroutine

　　　 C. a function　　　　　　　　　 D. a loop

参考译文

C 语言中，表达式由变量、常数及其连接的运算符组成。

参考答案

（71）A

试题（72）

We consider a　（72）　successful only when an error is discovered.

（72）A. design　　　B. program　　　C. development　　　D. test

参考译文

我们认为，仅当测试发现了错误时测试才算是成功的。

参考答案

（72）D

试题（73）

　（73）　of database refers to the protection of data against unauthorized disclosure, alteration, or destruction.

（73）A. Security　　　B. Access　　　C. Backup　　　D. Creation

参考译文

数据库的安全性是指对数据的保护以防止非授权的泄露、修改和破坏。

参考答案

（73）A

试题（74）

One of the major features in C++ is ___（74）___ handling, which is a better way of handling errors.

（74）A. data　　　　B. pointer　　　　C. test　　　　D. exception

参考译文

C++的主要特征之一是异常处理，即以更好的方式来处理错误。

参考答案

（74）D

试题（75）

___（75）___ is a method or procedure for carrying out a task.

（75）A. Thought　　B. Ideality　　C. Algorithm　　D. Creation

参考译文

算法是执行某种任务的一种方法或者过程。

参考答案

（75）C

第6章　2013上半年程序员下午试题分析与解答

试题一（共15分）

阅读以下说明和流程图，填补流程图中的空缺（1）～（5），将解答填入答题纸的对应栏内。

【说明】

平面上一个封闭区域内稳定的温度函数是一个调和函数。如果区域边界上各点的温度是已知的（非常数），那么就可以用数值方法近似地计算出区域内各点的温度。

假设封闭区域是矩形，可将整个矩形用许多横竖线切分成比较细小的网格，并以最简单的方式建立坐标系统，从而可以将问题描述为：已知调和函数 $u(i,j)$ 在矩形 $\{0 \leqslant i \leqslant m;$ $0 \leqslant j \leqslant n\}$ 四边上的值，求函数 u 在矩形内部各个网格点 $\{(i,j)|i=1,\cdots,m-1;\ j=1,\cdots,n-1\}$ 上的近似值。

根据调和函数的特点可以推导出近似算式：该矩形内任一网格点上的函数值等于其上下左右四个相邻网格点上函数值的算术平均值。这样，我们就可以用迭代法来进行数值计算了。首先将该矩形内部所有网格点上的函数值设置为一个常数，例如 $u(0,0)$；然后通过该迭代式计算矩形内各网格点上的新值。这样反复进行迭代计算，若某次迭代后所有的新值与原值之差别都小于预定的要求（如0.01），则结束求解过程。

【流程图】

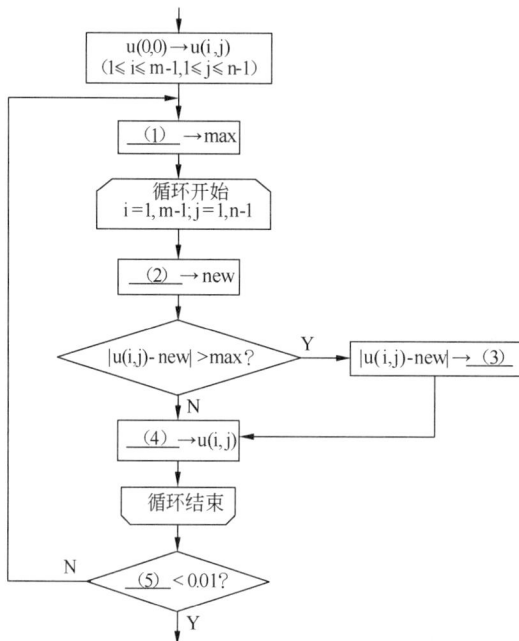

试题一分析

本题考查算法（数值计算）流程的描述。

封闭区域内稳定（没有奇异点）的温度场、磁场等都是调和函数。已知边界上的值，就可以近似计算区域内各点的值。对于网格化后的矩形区域{0≤i≤m；0≤j≤n}，其边界点为{(0,j)|j=0,⋯,n}、{((i,0)|i=0,⋯,m}、{(m,j)|j=0,⋯,n}、{((i,n)|i=0,⋯,m}，其内点为{(i,j)|i=1,⋯,m−1;j=1,⋯,n−1}。

本题采用迭代法进行近似计算。初始时，设矩形每个内点处的 $u(i,j)$ 均等于常数 $u(0,0)$。每次迭代需要再计算出所有内点处的 $u(i,j)$ 新值。为了检查迭代能否结束，需要算出所有内点处函数 u 的新值与旧值之差的绝对值是否都小于 0.01（或判断其最大值是否小于 0.01）。为此，每次算出的新值需要先暂存于一个临时变量 new。它应是点(i,j)上下左右四个点处 u 值的算术平均值，因此（2）处应填 $(u(i,j+1)+u(i,j−1)+u(i−1,j)+u(i+1,j))/4$。

为了计算本次迭代中新老值之差的绝对值|$u(i,j)$−new|的最大值 max，需要先对 max 赋一个不可能再低的值（由于绝对值总是非负，所以 max 常先存 0）。因此（1）处可以填 0（填任何一个负数也是可以的）。

当某个内点处新老 u 值之差的绝对值超过 max 时，就需要将该值赋给 max。因此，（3）处应填 max。不管是否更新了 max，此后新值就可以替代老值了。因此（4）处应填 new。

（5）处应填本次迭代求出的最大值 max，以判断它是否小于 0.01，是否达到了近似要求。如果已经达到误差要求，则计算结束，所有的 $u(i,j)$ 就是计算结果。否则，还需要继续进行迭代。

参考答案

（1）0 或任意一个负数

（2）$(u(i,j+1)+u(i,j−1)+u(i−1,j)+u(i+1,j))/4$ 或等价形式

（3）max

（4）new 或 $((u(i,j+1)+u(i,j−1)+u(i−1,j)+u(i+1,j))/4$ 或等价形式

（5）max

试题二（共 15 分）

阅读以下说明和 C 函数，填充函数中的空缺，将解答填入答题纸的对应栏内。

【说明】

函数 GetDateId(DATE date)的功能是计算并返回指定合法日期date 是其所在年份的第几天。例如，date 表示 2008 年 1 月 25 日时，函数的返回值为 25，date 表示 2008 年 3 月 3 日时，函数返回值为 63。

函数 Kday_Date(int theyear, int k)的功能是计算并返回指定合法年份 theyear（theyear≥1900）的第 k 天（1≤k≤365）所对应的日期。例如，2008 年的第 60 天是 2008 年 2 月 29 日，2009 年的第 60 天是 2009 年 3 月 1 日。

函数 isLeapYear(int y)的功能是判断 y 代表的年份是否为闰年，是则返回 1，否则返回 0。

DATE 类型定义如下：

```
typedef struct {
       int  year, month, day;
}DATE;
```

【C 函数 1】

```
int GetDateId( DATE date )
{
    const int days_month[13] = { 0, 31, 28, 31, 30, 31, 30, 31, 31, 30,
    31, 30, 31 };
       int i, date_id = date.day;
       for( i = 0; i <   (1)   ; i++ )
           date_id += days_month[i];
       if(   (2)   && isLeapYear(date.year) )  date_id++;
       return date_id;
    }
```

【C 函数 2】

```
   (3)   Kday_Date(int theyear, int k)
{
int i;
DATE date;
    int days_month[13] = { 0, 31, 28, 31, 30, 31, 30, 31, 31, 30, 31, 30, 31};
     assert(k>=1 && k<=365 && theyear>=1900);   /* 不满足断言时程序终止 */
    date.year =   (4)   ;
    if (isLeapYear(date.year))   days_month[2]++;
    for(i=1; ; ) {
       k = k - days_month[i++];
        if (k<=0) { date.day = k +   (5)   ; date.month = i-1;   break; }
    }
    return date;
}
```

试题二分析

本题考查 C 程序的基本语法和运算逻辑。

函数 GetDateId(DATE date)的功能是计算并返回指定合法日期 date 是其所在年份的第几天。处理思路是：先将 1 月～date.month−1 月的天数累加起来，然后加上 date.month

的天数 date.day 即可。若 date.month>2，则需要考虑特殊情况 2 月份，在闰年为 29 天而不是 28 天。因此，空（1）处应填入 date.month，空（2）处应填入 date.month>2。

函数 Kday_Date(int theyear, int k)的功能是计算并返回指定合法年份 theyear(theyear≥1900)的第 k 天（1≤k≤365）所对应的日期。根据说明，显然空（3）应填入"DATE"。

当 k<32 时，计算出的日期一定在 1 月份；当 k 大于 31 而小于 60（闰年时为 61）时，计算出的日期一定在 2 月份；以此类推。函数中的处理思路是：先将 k 的值减去 1 月份的天数，若仍大于 0，则继续减去 2 月份的天数，以此类推，直到 k 的值小于或等于 0。此时将多减去的最后 1 个月的天数加上即可。因此，空（4）应填入"theyear"，空（5）应填入"days_month[i]"。

参考答案

（1）date.month

（2）date.month > 2 或其等价形式

（3）DATE

（4）theyear

（5）days_month[i] 或其等价形式

试题三（共 15 分）

阅读以下说明和 C 程序，填充程序中的空缺，将解答填入答题纸的对应栏内。

【说明】

埃拉托斯特尼筛法求不超过自然数 N 的所有素数的做法是：先把 N 个自然数按次序排列起来，1 不是素数，也不是合数，要划去；2 是素数，取出 2（输出），然后将 2 的倍数都划去；剩下的数中最小者为 3，3 是素数，取出 3（输出），再把 3 的倍数都划去；剩下的数中最小者为 5，5 是素数，再把 5 的倍数都划去。这样一直做下去，就会把不超过 N 的全部合数都筛掉，每次从序列中取出的最小数所构成的序列就是不超过 N 的全部质数。

下面的程序实现埃拉托斯特尼筛法求素数，其中，数组元素 sieve[i]（i>0）的下标 i 对应自然数 i，sieve[i]的值为 1/0 分别表示 i 在/不在序列中，也就是将 i 划去（去掉）时，就将 sieve[i]设置为 0。

【C 程序】

```c
#include<stdio.h>
#define N 10000
int main()
{
    char sieve[N+1] = {0};
    int i = 0, k;
```

```
/*初始时 2 ~ N 都放入 sieve 数组*/
for(i = 2;    (1)   ; i++)
    sieve[i] = 1;

for( k = 2; ; ){
    /*找出剩下的数中最小者并用 k 表示*/
    for( ; k<N+1&& sieve[k]==0;    (2)   );

    if (   (3)   ) break;
    printf("%d\t", k);   /*输出素数*/

    /*从 sieve 中去掉 k 及其倍数*/
    for( i=k; i<N+1; i=    (4)    )
        (5)   ;
}/*end of for*/

    return 0;
} /*end of main*/
```

试题三分析

本题考查 C 程序的运算逻辑，应用案例是埃拉托斯特尼筛法求素数。

显然，空（1）所在的 for 语句用于设置 sieve[] 的初始值，根据题目描述，一开始 1～N 范围内的自然数 i 都在序列中，因此对应的数组元素 sieve[i] 都要设置为 1。因此，空（1）处应填入 "i<N+1" 或其等价形式。

根据注释，空（2）所在的 for 语句要找出剩下数中的最小者，也就是要找出 sieve 中第一个值不等于 0 的数组元素 sieve[k]，顺序地考查 sieve 的元素即可，因此空（2）处应填入 "k++"。

空（3）应填入 "k>N" 或其等价形式，表示要找的最小素数已经大于 N，应结束处理。

空（4）和（5）所在 for 语句用于将刚找出的素数 k 及其倍数从序列中去掉，用 i 表示 k 的倍数（包括 k 自己）时，i 的取值为 k，2k，3k，…，在 i 的初值已设置为 k 的情况下，i 的迭代方式为 i=i+k，因此空（4）处应填入 "i+k"，空（5）处应填入 "sieve[i]=0"

参考答案

（1）i < N+1 或其等价形式

（2）k++ 或++k 或其等价形式

（3）k > N 或 k==N+1 或其等价形式

（4）i+k 或其等价形式

（5）sieve[i] = 0 或其等价形式

试题四（共 15 分）

阅读以下说明和 C 程序，填充函数中的空缺，将解答填入答题纸的对应栏内。

【说明】

N 个游戏者围成一圈，从 1～N 顺序编号，游戏方式如下：从第一个人开始报数（从 1 到 3 报数），凡报到 3 的人退出圈子，直到剩余一个游戏者为止，该游戏者即为获胜者。

下面的函数 playing(LinkList head) 模拟上述游戏过程并返回获胜者的编号。其中，N 个人围成的圈用一个包含 N 个结点的单循环链表来表示，如图 4-1 所示，游戏者的编号放在结点的数据域中。

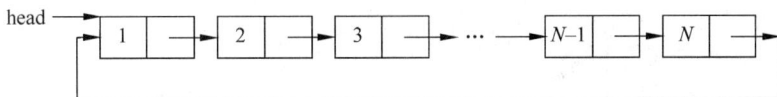

图 4-1

在函数中，以删除结点来模拟游戏者退出圈子的处理。整型变量 c（初值为 1）用于计数，指针变量 p 的初始值为 head（如图 4-1 所示）。游戏时，从 p 所指向的结点开始计数，p 沿链表中的指针方向遍历结点，c 的值随 p 的移动相应地递增。当 c 计数到 2 时，就删除 p 所指结点的下一个结点（因下一个结点就表示报数到 3 的游戏者），如图 4-2 所示，然后将 c 设置为 0 后继续游戏过程。

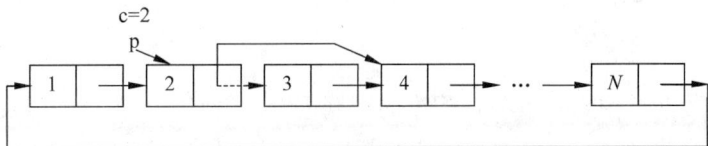

图 4-2

结点类型定义如下：

```
typedef struct node{
    int  code;              /*游戏者的编号*/
    struct node *next;
}NODE, *LinkList;
```

【C 函数】

```
int playing(LinkList head, int n)
{   /* head 指向含有 n 个结点的循环单链表的第一个结点（即编号为 1 的游戏者）*/

LinkList p = head, q;
```

```
int theWinner, c = 1;

    while ( n >   (1)   ){
        if (c == 2) { /*当 c 等于 2 时，p 所指向结点的后继即为将被删除的结点*/
            q = p->next;
            p->next =   (2)   ;
            printf("%d\t", q->code);   /*输出退出圈子的游戏者编号*/
            free(q);
            c =   (3)   ;
            n--;
        }/*if*/
        p =   (4)   ;
        c++;
    }/*while*/
    theWinner =   (5)   ;
free(p);

    return theWinner;   /*返回最后一个游戏者（即获胜者）的编号*/
}
```

试题四分析

本题考查数据结构的应用和 C 程序的运算逻辑，主要涉及指针和链表。

由于游戏最后剩一人时结束，因此空（1）处应填入"1"，表示 N>1 时游戏过程要继续。

当 c 等于 2 时，p 所指结点的后继表示为 q（q = p->next），q 所指结点即为要删除的结点，即如下图所示。

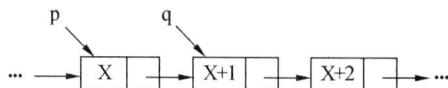

此时，需要修改 p 所指结点的指针域，令其指向 q 所指结点的后继结点，对应的操作为 p->next = q->next（等同于 p->next = p->next->next），因此空（2）处应填入 "q->next" 或 "p->next->next"。将 q 所示结点删除后的相关指针如下图所示。

题目中已经说明，完成结点的删除后将 c 的值置为 0，因此空（3）处应填入"0"，为开始下次报数做好准备。由于下次应从上图中的 x+2 所在结点从 1 开始报数，因此空（4）处应填入"p->next"，以令 p 指向上图中的 x+2 所在结点。空（5）处应填入"p->code"。

参考答案

（1）1

（2）q->next 或 p->next->next

（3）0

（4）p->next

（5）p->code

试题五（共 15 分）

阅读下列说明和 C++代码，填充代码中的空缺，将解答填入答题纸的对应栏内。

【说明】

某学校在学生毕业时要对其成绩进行综合评定，学生的综合成绩（GPA）由其课程加权平均成绩（Wg）与附加分（Ag）构成，即 GPA = Wg + Ag。

设一个学生共修了 n 门课程，则其加权平均成绩（Wg）定义如下：

$$Wg = \frac{\sum_{i=1}^{n} grade_i \times C_i}{\sum_{i=1}^{n} C_i}$$

其中，$grade_i$、C_i 分别表示该学生第 i 门课程的百分制成绩及学分。

学生可以通过参加社会活动或学科竞赛获得附加分（Ag）。学生参加社会活动所得的活动分（Apoints）是直接给出的，而竞赛分（Awards）则由下式计算（一个学生最多可参加 m 项学科竞赛）：

$$Awards = \sum_{i=1}^{m} l_i \times s_i$$

其中，l_i 和 s_i 分别表示学生所参加学科竞赛的级别和成绩。

对于社会活动和学科竞赛都不参加的学生，其附加分按活动分为 0 计算。

下面的程序实现计算学生综合成绩的功能，每个学生的基本信息由抽象类 Student 描述，包括学号（stuNo）、姓名（name）、课程成绩学分（grades）和综合成绩（GPA）等，参加社会活动的学生由类 ActStudent 描述，其活动分由 Apoints 表示，参加学科竞赛的学生由类 CmpStudent 描述，其各项竞赛的成绩信息由 awards 表示。

【C++代码】

```
#include<string>
```

```cpp
#include<iostream>
using namespace std;
const int N=5;          /*课程数*/
const int M=2;          /*竞赛项目数*/

class Student{
protected:
    int stuNo;  string name;
double GPA;                 /*综合成绩*/
int (*grades)[2];          /*各门课程成绩和学分*/
public:
    Student ( const int stuNo, const string &name, int grades[][2] ){
        this->stuNo = stuNo;    this->name = name;  this->grades =
        grades;
    }
virtual ~Student(){}
    int getStuNo()  {  /*实现略*/ }
string getName()  { /*实现略*/ }
    ___(1)___ ;
    double computeWg () {
        int totalGrades = 0, totalCredits = 0;
        for (int i = 0; i < N; i++) {
            totalGrades += grades[i][0] * grades[i][1];  totalCredits +=
            grades[i][1];
        }
        return GPA = (double)totalGrades / totalCredits;
    }
};
class ActStudent: public Student {
int Apoints;
public:
    ActStudent (const int stuNo, const string &name, int gs[][2], int
    Apoints)
:___(2)___ {
        this->Apoints = Apoints;
    }
    double getGPA() {    return GPA = ___(3)___ ; }
};
```

```
class CmpStudent: public Student{
private:
int (*awards)[2];
public:
    CmpStudent (const int stuNo, const string &name, int gs[][2], int
    awards[][2])
    :   (4)   { this->awards = awards;  }
    double getGPA() {
        int Awards = 0;
        for (int i = 0; i < M; i++) {
Awards += awards[i][0] * awards[i][1];
}
        return GPA =   (5)   ;
    }
};


int main()
{   //以计算 3 个学生的综合成绩为例进行测试
int g1[][2] = {{80,3},{90,2},{95,3},{85,4}, {86,3}},
    g2[][2] = {{60,3},{60,2},{60,3},{60,4}, {65,3}},
    g3[][2] = {{80,3},{90,2},{70,3},{65,4}, {75,3}};  //课程成绩
  int c3[][2] = {{2, 3},{3,3}};                        //竞赛成绩
  Student* students[3] = {
      new ActStudent (101,"John", g1, 3),  //3 为活动分
      new ActStudent (102, "Zhang", g2, 0) ,
      new CmpStudent (103,"Li", g3, c3),
  };

//输出每个学生的综合成绩
  for(int i=0; i<3; i++)
      cout <<   (6)   << endl;
  delete *students;
  return 0;
}
```

试题五分析

本题考查 C++语言程序设计的能力，涉及类、对象、函数的定义和相关操作。要求考生根据给出的案例和执行过程说明，认真阅读理清程序思路，然后完成题目。

先考查题目说明。以学校计算综合成绩（GPA）为背景。本题目中综合成绩除了考

虑基础课程加权平均成绩（Wg）之外，还有附加分（Ag），程序的主要任务是计算加权平均成绩和附加分，并根据情况选择社会活动或学科竞赛获得的不同附加分：活动分（Apoints）或竞赛分（Awards）。每种成绩计算方式如题中所述。

根据说明，将学生设计为一种类型，设计为类 Student，学号（stuNo）、姓名（name）、课程成绩学分（grades）和综合成绩（GPA）分别作为其数据属性，构造函数中对 stuNo、name、grades 进行初始化，用相应的 get 函数获取相关属性值。对于 GPA 的获取值的函数，因为不同附加分的计算方法不同，设计为纯虚函数，具体实现由子类完成。将计算加权平均成绩设计为 double computeWg ()。将有活动附加分的学生设计为 ActStudent，有竞赛附加分的学生设计为 CmpStudent，都作为 Student 的子类。

子类中，继承父类中访问属性为 protected 的属性，其构造函数进行初始化时，调用父类 Student 中的构造函数对学号、项目和学分成绩进行初始化，并对活动分或竞赛分进行初始化。

```
ActStudent (const int stuNo, const string &name, int gs[][2], int Apoints)
:Student(stuNo,name, gs)
```

或

```
CmpStudent (const int stuNo, const string &name, int gs[][2], int awards[][2])
    : Student(stuNo,name, gs)
```

在子类中，实现了获取 GPA 的函数 getGPA，根据题目描述，GPA 的计算方式为加权平均成绩（Wg）和附加分（Ag）之和，所以返回值就是：

```
computeWg() + Apoints 或 computeWg() + Awards
```

其中，computeWg()在父类 Student 中定义，子类直接可以作为自己的函数一样使用。

主控逻辑代码在 main 函数中实现。初始化学生的各科学分和成绩，用数组 gi 表示，学生的竞赛分用数组 ci 表示。用 Student* student 定义学生数组，而每个具体的学生是 ActStudent 或 CmpStudent 类型的对象，这里会自动向上转型成为 Student 类型。用 for 循环对每个学生的综合成绩进行输出，调用时会继续动态绑定每个数组元素的实际类型，并调用其 getGPA 函数，即：

```
cout << students[i]->getGPA()<< endl;
```

使用完指针数组对象之后，需要用 delete 操作进行释放，即：delete *students;。

因此，空（1）需要指向定义纯虚函数 getGPA()，即为 virtual double getGPA()=0；空（2）和空（4）需要调用父类的构造函数，即 Student(stuNo,name, gs)；空（3）处计算附加分为活动分的 GPA，调用 computeWg()计算加权平均分，再加上附加分 Apoints，即空（3）为 computeWg() + Apoints；空（5）处计算附加分为竞赛分的 GPA，调用

computeWg()计算加权平均分，再加上计算出来的总竞赛分 Awards，即空（5）为 computeWg() + Awards；空（6）处为在循环中根据数组下标所表示的每个学生对象调用 getGPA()输出每个学生的 GPA，即 students[i]->getGPA()。

参考答案

（1）virtual double getGPA()=0

（2）Student(stuNo,name, gs)

（3）computeWg() + Apoints 或 Student::computeWg + Apoints

（4）Student(stuNo,name, gs)

（5）computeWg() + Awards 或 Student::computeWg + Awards

（6）students[i]->getGPA()

试题六（共 15 分）

阅读以下说明和 Java 程序，填充代码中的空缺，将解答填入答题纸的对应栏内。

【说明】

某学校在学生毕业时要对其成绩进行综合评定，学生的综合成绩（GPA）由其课程加权平均成绩（Wg）与附加分（Ag）构成，即 GPA = Wg + Ag。

设一个学生共修了 n 门课程，则其加权平均成绩（Wg）定义如下：

$$Wg = \frac{\sum_{i=1}^{n} grade_i \times C_i}{\sum_{i=1}^{n} C_i}$$

其中，$grade_i$、C_i 分别表示该学生第 i 门课程的百分制成绩及学分。

学生可以通过参加社会活动或学科竞赛获得附加分（Ag）。学生参加社会活动所得的活动分（Apoints）是直接给出的，而竞赛分（Awards）则由下式计算（一个学生最多可参加 m 项学科竞赛）：

$$Awards = \sum_{i=1}^{m} l_i \times s_i$$

其中，l_i 和 s_i 分别表示学生所参加学科竞赛的级别和成绩。

对于社会活动和学科竞赛都不参加的学生，其附加分按活动分为 0 计算。

下面的程序实现计算学生综合成绩的功能，每个学生的基本信息由抽象类 Student 描述，包括学号（stuNo）、姓名（name）、课程成绩学分（grades）和综合成绩（GPA）等，参加社会活动的学生由类 ActStudent 描述，其活动分由 Apoints 表示，参加学科竞赛的学生由类 CmpStudent 描述，其各项竞赛的成绩信息由 awards 表示。

【Java 代码】

```
abstract class Student {
    protected String name;
```

```
    protected int stuNo;
    protected double GPA;                    /*综合成绩*/
    protected int[][] grades;                /*各门课程成绩和学分*/
    //其他信息略
    public Student(int stuNo, String name, int[][] grades) {
        this. stuNo = stuNo; this.name = name; this.grades = grades;
    }
      (1)   ;
    double computeWg(){
        int totalGrades = 0, totalCredits = 0;
        for (int i = 0; i < grades.length; i++) {
            totalGrades += grades[i][0] * grades[i][1];
            totalCredits += grades[i][1];
        }
        return (double)totalGrades / totalCredits;
    }
}


class ActStudent extends Student {
    private int Apoints;
    ActStudent (int stuNo, String name, int[][] grades, int Apoints){
          (2)   ;
        this. Apoints = Apoints;
    }
    public double getGPA(){
return GPA =   (3)   ;
}
}


class CmpStudent extends Student {
    private int[][] Awards;
    CmpStudent (int stuNo, String name, int[][] grades, int[][] awards){
          (4)   ;
        this.Awards = awards;
    }
    public double getGPA(){
        int totalAwards = 0;
        for (int i = 0; i < awards.length; i++) {
totalAwards += awards[i][0] * awards[i][1];
}
        return GPA =   (5)   ;
```

```
        }
    }

public class GPASystem {  //以计算 3 个学生的综合成绩为例进行测试
public static void main(String[] args) {
        int [][] g1 = {{80,3},{90,2},{95,3},{85,4}, {86,3}},
g2 = {{60,3},{60,2},{60,3},{60,4}, {65,3}},
    g3 = {{80,3},{90,2},{70,3},{65,4}, {75,3}};    //课程成绩
        int [][] e1 = {{2, 3},{1,2}}, e2 = {{1,3}};    //竞赛成绩
        Student students[] = {
new ActStudent (101,"John", g1, 3),  //3 为活动分
        new ActStudent (102, "Zhang", g2, 0) ,
        new CmpStudent (103,"Li", g3, e2)};
    }

    //输出每个学生的综合成绩
        for (int i = 0; i < students.length; i++) {
        System.out.println(___(6)___);
    }
    }
}
```

试题六分析

本题考查 Java 语言程序设计的能力，涉及类、对象、方法的定义和相关操作。要求考生根据给出的案例和执行过程说明，认真阅读理清程序思路，然后完成题目。

先考查题目说明。以学校计算综合成绩（GPA）为背景。本题目中综合成绩除了考虑基础课程加权平均成绩（Wg）之外，还有附加分（Ag），其主要任务是计算加权平均成绩和附加分，并根据情况选择社会活动或学科竞赛获得的不同附加分：活动分（Apoints）或竞赛分（Awards）。每种成绩计算方式如题中所述。

根据说明，将学生设计为一种类型，设计为类 Student，学号（stuNo）、姓名（name）、课程成绩学分（grades）和综合成绩（GPA）分别作为其数据属性，构造方法中对 stuNo、name、grades 进行初始化，用相应的 get 方法获取相关属性值。对于 GPA 的获取值的方法，因为不同附加分的计算方法不同，设计为抽象方法，实现由子类完成。因为类中包含抽象方法，所以 Student 必须设计为抽象类。将计算加权平均成绩设计为方法 double computeWg()。将有活动附加分的学生设计为 ActStudent，有竞赛附加分的学生设计为 CmpStudent，都作为 Student 的子类。

子类中，继承父类中访问属性为 protected 的属性，其构造方法进行初始化时，调用父类 Student 中的构造方法对学号、项目和学分成绩进行初始化，并对活动分或竞赛分

进行初始化。Java 中，调用父类的构造方法在构造方法体内的第一条语句，即：

```
ActStudent (int stuNo, String name, int[][] grades, int Apoints){
super(stuNo, name, grades)
```

或

```
CmpStudent (int stuNo, String name, int[][] grades, int[][] awards){
    super(stuNo, name, grades)
```

在子类中，实现了获取 GPA 的方法 getGPA，根据题目描述，GPA 的计算方式为加权平均成绩（Wg）和附加分（Ag）之和，所以返回值就是：

```
computeWg() + Apoints 或 computeWg() + totalAwards
```

其中，computeWg()在父类 Student 中定义，子类直接可以作为自己的方法一样使用。

主控逻辑代码在 GPASystem 类中的 main 方法中实现。初始化学生的各科学分和成绩，用数组 gi 表示，学生的竞赛分用数组 ei 表示。用 Student students[]定义学生数组，而每个具体的学生是 ActStudent 或 CmpStudent 类型的对象，这里会自动向上转型成为 Student 类型。用 for 循环对每个学生的综合成绩进行输出，调用时会动态绑定每个数组元素的实际类型，并调用其 getGPA()方法，即：

```
System.out.println(students[i]. getGPA());
```

因此，空（1）需要指向定义抽象方法 getGPA()，即为 abstract double getGPA()；空（2）和空（4）需要调用父类的构造方法，即 super(stuNo, name, grades)；空（3）处计算附加分为活动分的 GPA，调用 computeWg()计算加权平均分，再加上附加分 Apoints，即空（3）为 computeWg() + Apoints；空（5）处计算附加分为竞赛分的 GPA，调用 computeWg()计算加权平均分，再加上计算出来的总竞赛分 totalAwards，即空（5）为 computeWg() + totalAwards；空（6）处为在循环中根据数组下标所表示的每个学生对象调用 getGPA()输出每个学生的 GPA，即 students[i].getGPA()。

参考答案

（1）abstract double getGPA()

（2）super(stuNo, name, grades)

（3）computeWg() + Apoints 或 super.computeWg() + Apoints

（4）super(stuNo, name, grades)

（5）computeWg() + totalAwards 或 super.computeWg() + totalAwards

（6）students[i].getGPA()

第 7 章　2013 下半年程序员上午试题分析与解答

试题（1）、（2）

在 Word 编辑状态下，将光标移至文本行首左侧空白处呈 ✏ 形状时，单击鼠标左键可以选中　(1)　，按下　(2)　键可以保存当前文档。

（1）A. 单词　　　　　B. 一行　　　　　C. 一段落　　　　D. 全文

（2）A. Ctrl+S　　　　B. Ctrl+D　　　　C. Ctrl+H　　　　D. Ctrl+K

试题（1）、（2）分析

本题考查计算机基本操作。

在 Word 编辑状态下，输入文字时有些英文单词和中文文字下面会被自动加上红色或绿色的波浪形细下画线，红色波浪线表示拼写错误，绿色波浪线表示语法错误，这就是 Word 中文版提供的"拼写和语法"检查功能，它使用波浪形细下画线提醒用户，此处可能有拼写或语法错误。

使用 Word 中文版提供的热键 Ctrl+S 可以保存当前文档；Ctrl+D 可以打开字体选项卡；Ctrl+H 可以打开查找替换对话框的查找选项卡；Ctrl+K 可以打开超链接对话框。

参考答案

（1）B　　（2）A

试题（3）、（4）

用 Excel 制作的学生计算机文化基础课程成绩表如下。当学生成绩小于 60 分，需要在对应的备注栏填"不及格"；若学生成绩大于 59 分，小于 79，需要在对应的备注栏填"及格"，否则在对应的备注栏填"良好"。实现时，可在 D3 单元格输入"=IF(　(3)　，"不及格"，(　(4)　))"，并向下拖动填充柄至 D7 单元格即可。

	A	B	C	D
1	计算机文化基础成绩表			
2	学号	姓名	成绩	备注
3	13001	李晓华	56	不及格
4	13002	王国军	78	及格
5	13003	刘丽丽	85	良好
6	13004	胡晓华	92	良好
7	13005	林志荣	60	及格

（3）A. IN(0<=c3,c3<60)　　　　　　B. AND(0<=c3,c3<60)

　　　C. "IN(0<=c3,c3<60) "　　　　D. "AND(0<=c3,c3<60) "

（4）A. IF(IN(59<c3,c3<79),"及格","良好")

B．"IF(IN(59<c3,c3<79),"及格","良好")"

C．IF(AND(59<c3,c3<79),"及格","良好")

D．"IF(AND(59<c3,c3<79),"及格","良好") "

试题（3）、（4）分析

本题考查 Excel 基础知识。

试题（3）正确的答案为选项 B，试题（4）正确的答案为选项 C。AND 函数的一种常见用途就是扩大用于执行逻辑检验的其他函数的效用。例如，IF 函数用于执行逻辑检验，它在检验的计算结果为 TRUE 时返回一个值，结果为 FALSE 时返回另一个值。通过将 AND 函数用作 IF 函数的 logical_test 参数，可以检验多个不同的条件，而不仅仅是一个条件。

例如，公式"=IF(AND(1<A3, A3<100), A3, "数值超出范围")"表示如果单元格 A3 中的数字介于 1 和 100 之间，则显示该数字。否则，显示消息"数值超出范围"。

根据题意，实现的公式为 "=IF(AND(C3<60),"不及格",(IF(AND(59<C3,C3<79),"及格","良好")))"。

参考答案

（3）B　　　（4）C

试题（5）

"http:// www.sina.com.cn" 中，"__(5)__" 属于组织和地理性域名。

（5）A. sina.com　　　　B. com.cn　　　　C. sina.cn　　　　D. www.sina

试题（5）分析

试题（5）的正确答案为 B。因特网最高层域名分为机构性（或称组织性）域名和地理性域名两大类。其中，域名地址由字母或数字组成，中间以"."隔开，例如 www.sina.com.cn。其格式为：机器名.网络名.机构名.最高域名。Internet 上的域名由域名系统 DNS 统一管理。

域名被组织成具有多个字段的层次结构。最左面的字段表示单台计算机名，其他字段标识了拥有该域名的组；第二组表示网络名，如 rkb；第三组表示组织机构性质，例如 gov 是政府部门；而最后一个字段被规定为表示组织或者国家，称为顶级域名，常见的国家或地区域名如表 1 所示。

表 1　常见的国家域名

域名	国家/地区	域名	国家/地区
.cn	China 中国	.gb	Great Britain 英国
.au	Australia 澳大利亚	.hk	HongKang 中国香港
.ca	Canada 加拿大	.kr	Korea-south 韩国
.jp	Japan 日本	.ru	Russian 俄罗斯
.de	Germany 德国	.it	Italy 意大利
.fr	France 法国	.tw	Taiwan 中国台湾

常见的机构性域名如表 2 所示。

表 2　常见的机构性域名

域名	机 构 性 质	域名	机 构 性 质
.com	工、商、金融等企业	.rec	消遣机构
.net	互联网络、接入网络服务机构	.org	各种非盈利性的组织
.gov	政府部门	.edu	教育机构
.arts	艺术机构	.mil	军事机构
.info	提供信息服务的企业	.firm	商业公司
.store	商业销售机构	.nom	个人或个体

参考答案

（5）B

试题（6）

在下列寻址方式中，__(6)__ 取得操作数的速度最快。

（6）A. 直接寻址　　　　　　　　B. 寄存器寻址

　　　C. 立即寻址　　　　　　　　D. 寄存器间接寻址

试题（6）分析

本题考查计算机系统中指令系统基础知识。

直接寻址方式下，操作数在内存中，指令中给出操作数的地址，需要再访问一次内存来得到操作数。

立即寻址方式下，操作数在指令中，所以在取得指令时就得到操作数，是速度最快的。

寄存器寻址方式下，操作数在 CPU 的寄存器中，与在内存中取得操作数相比，该方式下获取操作数的速度是很快的。

寄存器间接寻址方式下，操作数的地址在 CPU 的寄存器中，还需要访问一次内存来得到操作数。

参考答案

（6）C

试题（7）

用来指出下一条待执行指令地址的是__(7)__。

（7）A. 程序计数器　　　　　　　　B. 通用寄存器

　　　C. 指令寄存器　　　　　　　　D. 状态寄存器

试题（7）分析

本题考查计算机系统基础知识。

CPU 中有一些重要的寄存器，其中程序计数器中存放待执行指令的内存地址，指令寄存器则存放正在执行的指令，状态寄存器用于保存指令执行完成后产生的条件码，通用寄存器则作为暂时存放数据的存储设备，相对于主存储器，访问寄存器的速度要快得多。

参考答案

（7）A

试题（8）

构成运算器的部件中，最核心的是__（8）__。

（8）A. 数据总线   B. 累加器

        C. 算术和逻辑运算单元   D. 状态寄存器

试题（8）分析

本题考查计算机系统基础知识。

运算器（简称为 ALU）主要完成算术运算和逻辑运算，实现对数据的加工与处理。不同计算机的运算器结构不同，但基本都包括算术和逻辑运算单元、累加器（AC）、状态字寄存器（PSW）、寄存器组及多路转换器等逻辑部件。

参考答案

（8）C

试题（9）

Cache 的作用是__（9）__。

（9）A. 处理中断请求　并实现内外存的数据交换

       B. 解决 CPU 与主存间的速度匹配问题

       C. 增加外存容量并提高外存访问速度

       D. 扩大主存容量并提高主存访问速度

试题（9）分析

本题考查计算机系统基础知识。

Cache 的工作是建立在程序与数据访问的局部性原理上。即经过对大量程序执行情况的结果分析：在一段较短的时间间隔内程序集中在某一较小的内存地址空间执行，这就是程序执行的局部性原理。同样，对数据的访问也存在局部性现象。为了提高系统处理速度才将主存部分存储空间中的内容复制到工作速度更快的 Cache 中，同样为了提高速度的原因，Cache 系统都是由硬件实现的。因此，Cache 的作用是解决 CPU 与主存间的速度匹配问题。

参考答案

（9）B

试题（10）、（11）

硬盘的性能指标不包括__（10）__；其平均访问时间=__（11）__。

（10）A. 磁盘转速及容量   B. 磁盘转速及平均寻道时间

        C. 盘片数及磁道数   D. 容量及平均寻道时间

（11）A. 磁盘转速+平均等待时间　　　　B. 磁盘转速+平均寻道时间

　　　　C. 数据传输时间+磁盘转速　　　　D. 平均寻道时间+平均等待时间

试题（10）、（11）分析

本题考查计算机性能方面的基础知识。

硬盘的性能指标主要包括磁盘转速、容量、平均寻道时间。

硬盘平均访问时间=平均寻道时间+平均等待时间。其中，平均寻道时间（Average seek time）是指硬盘在盘面上移动读写头至指定磁道寻找相应目标数据所用的时间，它描述硬盘读取数据的能力，单位为毫秒；平均等待时间也称平均潜伏时间（Average latency time），是指当磁头移动到数据所在磁道后，然后等待所要的数据块继续转动到磁头下的时间。

参考答案

（10）C　　（11）D

试题（12）

以下文件中，___(12)___ 是图像文件。

（12）A. marry.wps　　　　B. marry.htm　　　　C. marry.jpg　　　　D. marry.mp3

试题（12）分析

本题考查多媒体基础知识。

通过文件的扩展名可以得知文件的类型。"wps"是国产软件公司金山软件的文字处理系统默认的文档扩展名；"htm"是静态网页文件的扩展名；"mp3"是音频文件扩展名；"jpg"是图像文件扩展名。

参考答案

（12）C

试题（13）

掉电后存储在 ___(13)___ 中的数据会丢失。

（13）A. U 盘　　　　　　B. 光盘　　　　　　C. ROM　　　　　　D. RAM

试题（13）分析

本题考查存储介质方面的基础知识。

存储器是计算机系统中的记忆设备，分为内部存储器（Main Memory，MM，简称内存、主存）和外部存储器（简称外存）。

U 盘又称为 USB 闪存盘，是使用闪存（Flash Memory）作为存储介质的一种半导体存储设备，采用 USB 接口标准。闪存盘具备比软盘容量更大（8GB 和 16GB 是目前常见的优盘容量）、速度更快、体积更小、寿命更长等优点，而且容量不断增加、价格不断下降。根据不同的使用要求，U 盘还具有基本型、加密型和启动型等类型，在移动存储领域已经取代了软盘。

光盘是一种采用聚焦激光束在盘式介质上非接触地记录高密度信息的存储装置。其内容不会因掉电而丢失，可以长期保留。

ROM（Read Only Memory）是只读存储器，这种存储器是在厂家生产时就写好数据的，其内容只能读出，不能改变，故这种存储器又称为掩膜 ROM。这类存储器一般用于存放系统程序 BIOS 和用于微程序控制。

RAM（Random Access Memory）是读写存储器，该存储器是既能读取数据也能存入数据的存储器。这类存储器的特点是它存储信息的易失性，即一旦去掉存储器的供电电源，则存储器所存信息也随之丢失。

参考答案

（13）D

试题（14）

计算机系统中，显示器属于＿＿（14）＿＿。

（14）A. 感觉媒体　　　B. 传输媒体　　　　C. 表现媒体　　　　D. 存储媒体

试题（14）分析

本题考查多媒体基础知识。

媒体的概念范围相当广泛，按照国际电话电报咨询委员会（Consultative Committee on International Telephone and Telegraph，CCITT）的定义，媒体可以归类为如下几类。

① 感觉媒体（Perception Medium）指直接作用于人的感觉器官，使人产生直接感觉的媒体。如引起听觉反应的声音、引起视觉反应的图像等。

② 表示媒体（Representation Medium）指传输感觉媒体的中介媒体，即用于数据交换的编码。如图像编码（JPEG、MPEG）、文本编码（ASCII、GB2312）和声音编码等。

③ 表现媒体（Presentation Medium）指进行信息输入和输出的媒体，如键盘、鼠标、扫描仪、话筒和摄像机等为输入媒体；显示器、打印机和喇叭等为输出媒体。

④ 存储媒体（Storage Medium）指用于存储表示媒体的物理介质，如硬盘、软盘、磁盘、光盘、ROM 及 RAM 等。

⑤ 传输媒体（Transmission Medium）指传输表示媒体的物理介质，如电缆、光缆和电磁波等。

参考答案

（14）C

试题（15）

下面关于数字签名的说法中，正确的是＿＿（15）＿＿。

（15）A. 数字签名是指利用接受方的公钥对消息加密

　　　 B. 数字签名是指利用接受方的公钥对消息的摘要加密

　　　 C. 数字签名是指利用发送方的私钥对消息加密

　　　 D. 数字签名是指利用发送方的私钥对消息的摘要加密

试题（15）分析

本题考查信息安全方面的基础知识。

数字签名（Digital Signature）技术是不对称加密算法的典型应用，其主要功能是保证信息传输的完整性、发送者的身份认证、防止交易中的抵赖发生。

数字签名的应用过程是：数据源发送方使用自己的私钥对数据校验和其他与数据内容有关的变量进行加密处理，完成对数据的合法"签名"，数据接收方则利用对方的公钥来解读收到的"数字签名"，并将解读结果用于对数据完整性的检验，以确认签名的合法性。利用数字签名技术将摘要信息用发送者的私钥加密，与原文一起传送给接收者。接收者只有用发送者的公钥才能解密被加密的摘要信息，然后用 Hash 函数对收到的原文产生一个摘要信息，与解密的摘要信息对比。如果相同，则说明收到的信息是完整的，在传输过程中没有被修改，否则说明信息被修改过，因此数字签名能够验证信息的完整性。数字签名是加密的过程，而数字签名验证则是解密的过程。

参考答案

（15）D

试题（16）

下面不属于访问控制策略的是　(16)　。

（16）A．加口令　　　　　　　　　B．设置访问权限

　　　 C．加密/解密　　　　　　　 D．角色认证

试题（16）分析

本题考查信息安全方面的基础知识。

访问控制机制可以限制对关键资源的访问，防止非法用户进入系统及合法用户对系统资源的非法使用。访问控制是网络安全防范和保护的主要策略，它的主要任务是保证网络资源不被非法使用和非法访问。其主要策略包括设置访问权限、角色认证和加口令。

加密技术是一种重要的安全保密措施，是最常用的安全保密手段。数据加密就是对明文（未经加密的数据）按照某种加密算法（数据的变换算法）进行处理，从而形成难以理解的密文（经过加密的数据）。即使密文被截获，入侵者（或窃听者）也无法理解其真正的含义，从而防止信息泄漏。故加密/解密不属于访问控制策略。

参考答案

（16）C

试题（17）

M 书法家将自己创作的一幅书法作品原件出售给了 L 公司。L 公司未经 M 书法家的许可将这幅书法作品作为商标注册，并取得商标权。以下说法正确的是　(17)　。

（17）A．L 公司的行为侵犯了 M 书法家的著作权

　　　 B．L 公司的行为未侵犯 M 书法家的著作权

　　　 C．L 公司的行为侵犯 M 书法家的商标权

D. L 公司与 M 书法家共同享有该书法作品的著作权

试题（17）分析

本题考查知识产权方面的基础知识。

某些知识产权具有财产权和人身权双重性，例如著作权，其财产权属性主要体现在所有人享有的独占权以及许可他人使用而获得报酬的权利，所有人可以通过独自实施获得收益，也可以通过有偿许可他人实施获得收益，还可以像有形财产那样进行买卖或抵押；其人身权属性主要是指署名权等。有的知识产权具有单一的属性，例如，发现权只具有名誉权属性，而没有财产权属性；商业秘密只具有财产权属性，而没有人身权属性；专利权、商标权主要体现为财产权。所以，L 公司未经 M 书法家的许可将这幅书法作品作为商标注册，并取得商标权，L 公司的行为侵犯了 M 书法家的著作权。

参考答案

（17）A

试题（18）

关于软件著作权产生的时间，表述正确的是　（18）　。

（18）A. 自软件首次公开发表时　　　B. 自开发者有开发意图时

　　　C. 自软件开发完成之日时　　　D. 自软件著作权登记时

试题（18）分析

本题考查计算机软件知识产权方面的基础知识。

根据《著作权法》和《计算机软件保护条例》的规定，计算机软件著作权的权利自软件开发完成之日起产生，保护期为 50 年。保护期满，除开发者身份权以外，其他权利终止。一旦计算机软件著作权超出保护期，软件就进入公有领域。

参考答案

（18）C

试题（19）

某计算机内存空间按字节编址，若某区域的起始地址为 4A000H，终止地址为 4DFFFH，则该段内存区域的容量为　（19）　。

（19）A. 2^4KB　　　B. 2^{14}KB　　　C. 1MB　　　D. 2MB

试题（19）分析

本题考查计算机系统基础知识。

终止地址减去起始地址即可得到编址单元的个数，即 4DFFF–4A000=3FFF，由于是按字节编址，所以将十六进制的 3FFF 表示为十进制后等于 2^4KB 或 2^{14}B。

参考答案

（19）A

试题（20）

某 CPU 的时钟频率为 2.0GHz，其时钟信号周期为　（20）　ns。

（20）A．2.0　　　　　　B．1.0　　　　　　C．0.5　　　　　　D．0.25

试题（20）分析

本题考查计算机系统基础知识。

周期是频率的倒数，频率越高则周期越短。时钟频率为 1.0GHz，时钟信号周期等于 1ns。题目中，时钟频率为 2.0GHz，换算出的时钟信号周期等于 1/2.0GHz，即 0.5ns。

参考答案

（20）C

试题（21）

某数据的 7 位编码为 0100011，若要增加一位奇校验位（最高数据位之前），则编码为　（21）　。

（21）A．11011100　　　B．01011100　　　C．10100011　　　D．00100011

试题（21）分析

本题考查校验基础知识。

奇校验是指加入 1 个校验位后使得数据位和校验位中 1 的个数合起来为奇数。题目中数据的编码为 0100011，其中 1 的个数为 3，已经是奇数了，因此校验位应为 0，将校验位加在最高数据位之前得到的编码为 00100011。

参考答案

（21）D

试题（22）

在堆栈操作中，　（22）　保持不变。

（22）A．堆栈的顶　　　B．堆栈的底　　　C．堆栈指针　　　D．堆栈中的数据

试题（22）分析

本题考查计算机系统基础知识。

根据栈的定义，入栈和出栈操作都仅在栈顶进行，因此栈顶是变化的，这通过堆栈指针来体现。保持不变的是栈底。

参考答案

（22）B

试题（23）、（24）

在 Windows 系统中，对话框是特殊类型的窗口，其大小　（23）　；下图所示的对话框中，　（24）　是当前选项卡。

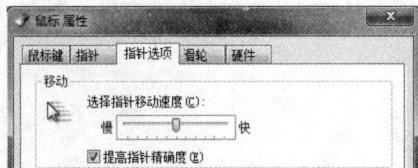

（23）A. 不能改变，但可以被移动

    B. 可以改变，而且可以被移动

    C. 可以改变，允许用户选择选项来执行任务，或者提供信息

    D. 不能改变，而且不允许用户选择选项来执行任务，或者提供信息

（24）A. 鼠标键　　　　　B. 指针　　　　　C. 指针选项　　　D. 滑轮

试题（23）、（24）分析

在 Windows 系统中，对话框是特殊类型的窗口，其大小是不能改变的，但可以被移动。

从题图中可以看出，"指针选项"是当前选项卡。

参考答案

（23）A　　（24）C

试题（25）

嵌入式操作系统的主要特点是微型化、___（25）___。

（25）A. 可定制、实时性、高可靠性和易移植性

    B. 可定制、实时性和易移植性，但可靠性差

    C. 实时性、可靠性和易移植性，但不可定制

    D. 可定制、实时性和可靠性，但不易移植

试题（25）分析

本题考查操作系统的基础知识。

嵌入式操作系统运行在嵌入式智能芯片环境中，对整个智能芯片以及它所操作、控制的各种部件装置等资源进行统一协调、处理、指挥和控制。其主要特点：

① 微型化。从性能和成本角度考虑，希望占用资源和系统代码量少，如内存少、字长短、运行速度有限、能源少（用微小型电池）。

② 可定制。从减少成本和缩短研发周期考虑，要求嵌入式操作系统能运行在不同的微处理器平台上，能针对硬件变化进行结构与功能上的配置，以满足不同应用需要。

③ 实时性。嵌入式操作系统主要应用于过程控制、数据采集、传输通信、多媒体信息及关键要害领域需要迅速响应的场合，所以对实时性要求高。

④ 可靠性。系统构件、模块和体系结构必须达到应有的可靠性，对关键要害应用还要提供容错和防故障措施。

⑤ 易移植性。为了提高系统的易移植性，通常采用硬件抽象层（Hardware Abstraction Level，HAL）和板级支持包（Board Support Package，BSP）的底层设计技术。

参考答案

（25）A

试题（26）、（27）

假设系统有 6 个进程共享一个互斥段，如果最多允许 3 个进程同时进入互斥段，则

信号量 S 的初值为　(26)　，信号量 S 的变化范围是　(27)　。

(26) A. 0　　　　　　　B. 1　　　　　　　C. 3　　　　　　　D. 6

(27) A. 0~6　　　　　B. –3~3　　　　　C. –4~2　　　　　D. –5~1

试题(26)、(27)分析

本题考查操作系统进程管理中信号量与同步互斥方面的基础知识。

本题中已知有 6 个进程共享一个互斥段，而且最多允许 3 个进程同时进入互斥段，这意味着系统有 3 个单位的资源，所以，信号量的初值应设为 3。

当第一个申请该资源的进程对信号量 S 执行 P 操作，信号量 S 减 1 等于 2，进程可继续执行；当第二个申请该资源的进程对信号量 S 执行 P 操作，信号量 S 再减 1 等于 1，进程可继续执行；当第三个申请该资源的进程对信号量 S 执行 P 操作，信号量 S 再减 1 等于 0，进程可继续执行；当第四个申请该资源的进程对信号量 S 执行 P 操作，信号量 S 再减 1 等于– 1，进程申请的资源得不到满足处于等待状态；当第五个申请该资源的进程对信号量 S 执行 P 操作，信号量 S 减 1 等于– 2；当第六个申请该资源的进程对信号量 S 执行 P 操作，信号量 S 再减 1 等于– 3，进程申请的资源得不到满足处于等待状态。所以信号量 S 的变化范围是– 3~3。

参考答案

(26) C　(27) B

试题(28)~(30)

编译和解释是实现高级语言翻译的两种基本方式，相对应的程序分别称为编译器和解释器。与编译器相比，解释器　(28)　。编译器对高级语言源程序的处理过程可以划分为词法分析、语法分析、语义分析、中间代码生成、代码优化、目标代码生成等几个阶段；其中，代码优化和　(29)　并不是每种编译器都必需的。词法分析的作用是识别源程序中的　(30)　。

(28) A. 不参与用户程序的运行控制，用户程序执行的速度更慢

B. 参与用户程序的运行控制，用户程序执行的速度更慢

C. 参与用户程序的运行控制，用户程序执行的速度更快

D. 不参与用户程序的运行控制，用户程序执行的速度更快

(29) A. 语法分析　　　　　　　　　　　B. 语义分析

C. 中间代码生成　　　　　　　　　D. 目标代码生成

(30) A. 常量和变量　　B. 数据类型　　C. 记号　　　　D. 语句

试题(28)~(30)分析

本题考查程序语言基础知识。

在实现程序语言的编译和解释两种方式中，编译方式下会生成用户源程序的目标代码，而解释方式下则不产生目标代码。目标代码经链接后产生可执行代码，可执行代码可独立加载运行，与源程序和编译程序都不再相关。而在解释方式下，在解释器的控制

下执行源程序或其中间代码，因此相对而言，用户程序执行的速度更慢。

中间代码生成和优化不是编译过程中必需的阶段。对用户源程序依次进行了词法分析、语法分析和语义分析后，原则上就可以产生目标代码了，只是目标代码的质量和效率可能不够高。

词法分析时编译或解释用户源程序过程中唯一与源程序打交道的阶段，其主要功能是按顺序分析出源程序的记号。

参考答案

（28）B （29）C （30）C

试题（31）

Fibnacci 数列的定义为：$F_0 = 0, F_1 = 1, F_n = F_{n-1} + F_{n-2}\ (n \geqslant 2, n \in N^*)$，要计算该数列的任意项 F_n，既可以采用递归方式编程也可以采用循环语句编程，由于　(31)　，所以需要较多的运行时间。

（31）A. 递归代码经编译后形成较长目标代码

　　　 B. 递归代码执行时多次复制同一段目标代码

　　　 C. 递归代码执行时需要进行一系列的函数调用及返回且存在重复计算

　　　 D. 递归代码执行过程中重复存取相同的数据

试题（31）分析

本题考查程序语言基础知识。

分析递归代码执行过程可知，由于调用函数时系统需要在栈区开辟支持函数运行时需要的空间（大多数局部变量的存储单元即分配在此空间中），同时还需造成控制流的转移、返回位置的记录和恢复等工作，同时在该例子中存在着重复计算，例如计算 F_4 时要通过递归调用分别计算 F_3 和 F_2，而在计算 F_3 时，则要通过递归调用分别计算 F_2 和 F_1，其中 F_2 的计算会重复，因此递归代码执行时需要进行一系列的函数调用及返回且存在重复计算都是比较耗时的。

参考答案

（31）C

试题（32）、（33）

已知函数 f1()、f2()的定义如下图所示。设调用函数 f1 时传递给形参 x 的值是 1，若函数调用 f2(a)采用引用调用（call by reference）的方式传递信息，则函数 f1 的返回值为　(32)　；若函数调用 f2(a)以值调用（call by value）的方式传递信息，则函数 f1 的返回值为　(33)　。

```
           f1(int x)                           f2(int x)

    int a = 5;                     if (x>1) { x = x*x; return -10; }
    x = f2(a);                     else { x = x + 1; return 10;}
    return a+x;
```

（32）A. −5　　　　　B. 6　　　　　　C. 15　　　　　D. 35

（33）A. –5　　　　　　B. 6　　　　　　C. 12　　　　　　D. 15

试题（32）、（33）分析

本题考查程序语言基础知识。

函数 f1 被调用而运行时，其局部变量值的变化情况如下：在调用 f2(a)之前，x 的值为 1，a 的值为 5。在以引用调用方式调用 f2(a)时，形参 x 是实参 a 的引用，在函数 f2 中的 x 就是函数 f1 中 a 的别名（或者说此时 x 与 a 所对应的存储单元是同一个，只是角度不同而已），因此执行函数 f2 时，条件表达式 x>1 即等同于 a>1，a 的值是 5 所以该条件表达式成立，从而执行了"x = x*x"，就将 x 所对应存储单元的内容改为了 25，然后结束 f2 的执行并将所返回的–10 赋值给 f1 中的 x，因此在 f1 结束时返回的值为a+x=25–10=15。

在值调用方式下调用 f2(a)时，是将实参 a 的值 5 传递给 f2 的形参 x，a 和 x 所对应的存储单元是不同的，此后执行 f2 时，由于 x 的值是 5，所以条件表达式 x>1 即等同于 5>1，是成立的，从而执行了"x = x*x"，此时是将 f2 中的 x 修改为 25，与 f1 中的 a 和x 都无关，在结束 f2 的执行并将返回值–10 赋值给 f1 中的 x 后，f1 结束时进行的计算为a+x=5–10=–5。

参考答案

（32）C　　（33）A

试题（34）

当程序运行陷于死循环时，说明程序中存在　(34)　。

（34）A. 语法错误　　　　　　　　　B. 静态的语义错误
　　　　C. 词法错误　　　　　　　　　D. 动态的语义错误

试题（34）分析

本题考查计算机系统基础知识。

无论是对于编译方式还是解释方式来实现高级语言，对于有错误的程序，如果是词法或语法错误，则不能进入运行阶段，运行时陷于死循环属于动态的语义错误。

参考答案

（34）D

试题（35）

设数组 a[1..n,1..m]（n>1，m>1）中的元素以列为主序存放，每个元素占用 1 个存储单元，则数组元素 a[i,j]（1≤i≤n，1≤j≤m）相对于数组空间首地址的偏移量为　(35)　。

（35）A. (i–1)*m+j–1　　　　　　B. (i–1)*n+j–1
　　　　C. (j–1)*m+i–1　　　　　　D. (j–1)*n+i–1

试题（35）分析

本题考查程序语言基础知识。

存储数组元素时，需要将元素按照某种顺序排列。对于二维及多维数组，则有按行存储和按列存储两种方式，其不同在于同一个元素相对于数组空间起始位置的偏移量不同。本问题中 n 行 m 列的二维数组 a[1..n,1..m]是按列存储，则对于元素 a[i,j]来说，它之前有完整的 j−1 列、每列 n 个元素，在第 j 列上排在 a[i,j]之前的元素个数是 i−1 个，因此排列在 a[i,j]之前的元素个数为(j−1)*n+i−1，由于每个元素占一个单元，该表达式的值就是偏移量。

参考答案

（35）D

试题（36）、（37）

一个计算机算法是对特定问题求解步骤的一种描述。　(36)　并不是一个算法必须具备的特性；若一个算法能够识别非法的输入数据并进行适当处理或反馈，则说明该算法的　(37)　较好。

（36）A. 可移植性　　　B. 可行性　　　　C. 确定性　　　D. 有穷性

（37）A. 可行性　　　　B. 正确性　　　　C. 健壮性　　　D. 确定性

试题（36）、（37）分析

本题考查算法基础知识。

算法是问题求解过程的精确描述，它为解决某一特定类型的问题规定了一个运算过程，并且具有下列特性。

① 有穷性。一个算法必须在执行有穷步骤之后结束，且每一步都可在有穷时间内完成。

② 确定性。算法的每一步必须是确切定义的，不能有歧义。

③ 可行性。算法应该是可行的，这意味着算法中所有要进行的运算都能够由相应的计算装置所理解和实现，并可通过有穷次运算完成。

④ 输入。一个算法有零个或多个输入，它们是算法所需的初始量或被加工的对象的表示。这些输入取自特定的对象集合。

⑤ 输出。一个算法有一个或多个输出，它们是与输入有特定关系的量。

算法的健壮性也称为鲁棒性，即对非法输入的抵抗能力。对于非法的输入数据，算法应能加以识别和处理，而不会产生误动作或执行过程失控。

参考答案

（36）A　　（37）C

试题（38）

用链表作为栈的存储结构时，若要入栈操作成功，则　(38)　。

（38）A. 必须先判断是否栈满

　　　B. 必须先判断是否栈空

　　　C. 必须先判断栈顶元素的类型

　　　D. 必须成功申请到入栈元素所需结点

试题（38）分析

本题考查数据结构基础知识。

栈的修改要求是仅在表尾进行插入和删除操作，元素间的关系仍是线性的。对于删除操作（即出栈），无论在何种存储方式下实现该运算，栈不为空才能操作成功。对于插入操作（即入栈），要求为新加入的元素准备好存储空间，在链式存储方式下，不存在栈满的情形，只需判断是否为新元素成功申请到需要的结点。

参考答案

（38）D

试题（39）、（40）

下图的邻接矩阵表示为 __(39)__ （行列均以 A、B、C、D、E 为序）；若某无向图具有 10 个顶点，则其完全图应包含 __(40)__ 条边。

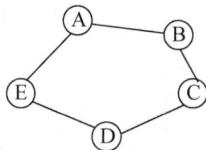

（39）

A.
$$\begin{bmatrix} 0 & 1 & 0 & 0 & 1 \\ 0 & 0 & 1 & 0 & 0 \\ 0 & 0 & 0 & 1 & 0 \\ 0 & 0 & 0 & 0 & 1 \\ 0 & 0 & 0 & 0 & 0 \end{bmatrix}$$

B.
$$\begin{bmatrix} 0 & 0 & 0 & 0 & 0 \\ 1 & 0 & 0 & 0 & 0 \\ 0 & 1 & 0 & 0 & 0 \\ 0 & 0 & 1 & 0 & 0 \\ 1 & 0 & 0 & 1 & 0 \end{bmatrix}$$

C.
$$\begin{bmatrix} 0 & 1 & 0 & 0 & 1 \\ 1 & 0 & 1 & 0 & 0 \\ 0 & 1 & 0 & 1 & 0 \\ 0 & 0 & 1 & 0 & 1 \\ 1 & 0 & 0 & 1 & 0 \end{bmatrix}$$

D.
$$\begin{bmatrix} 1 & 1 & 0 & 0 & 1 \\ 1 & 1 & 1 & 0 & 0 \\ 0 & 1 & 1 & 1 & 0 \\ 0 & 0 & 1 & 1 & 1 \\ 1 & 0 & 0 & 1 & 1 \end{bmatrix}$$

（40）A. 10　　　　B. 20　　　　C. 45　　　　D. 90

试题（39）、（40）分析

本题考查数据结构基础知识。

图的邻接矩阵是一个方阵，所有行标和列标都与图中的顶点一一对应，这样对于矩阵中的一个元素[i,j]，其值为 1 表示 i、j 对应的顶点间有边（或弧），其值为 0 则表示 i、j 对应的顶点间不存在边（或弧）。显然，（39）的选项符合以上说明。

完全图是指图中任意一对顶点间都存在边（或弧），在无向图中，边(i,j)与(j,i)是指同一条边，在有向图中，<i,j>与<j,i>是两条不同的弧。

若完全无向图具有 10 个顶点，则边的数目为 10*9/2=45。

参考答案

（39）C　　（40）C

试题（41）

在一棵非空的二叉排序树（二叉查找树）中，进行 __(41)__ 遍历运算并输出所访问结点的关键码后，可得到一个有序序列。

（41）A. 先序　　　　　　B. 中序　　　　　　C. 后序　　　　　　D. 层序

试题（41）分析

本题考查数据结构基础知识。

根据二叉排序树的定义，对于树中的每个结点，其左子树中的关键字均小于根结点的关键字，其右子树中的关键字均大于根结点的关键字，而中序遍历的次序是左子树、根结点、右子树，因此，对一个非空的二叉排序树进行中序遍历，所输出的关键码序列是递增有序序列。

参考答案

（41）B

试题（42）

若关键码序列（23, 35, 14, 49, 8, 12, 30, 7）采用散列法进行存储和查找。设散列函数为 H(Key)=Key%11，采用线性探查法（顺序地探查可用存储单元）解决冲突，尚未构造完成的散列表如下所示，则元素 12 应存入哈希地址单元　（42）　。

哈希地址	0	1	2	3	4	5	6	7	8	9	10	11	12
关键字		23	35	14		49			8				

（42）A. 0　　　　　　B. 4　　　　　　C. 11　　　　　　D. 12

试题（42）分析

本题考查数据结构基础知识。

根据构造哈希表的方式，先由哈希函数计算 12 在哈希表中的存储位置为 1（12%11），此时因 1 号单元被 23 占用而发生冲突，线性探查法解决冲突的方式是顺序地探查 2 号单元，仍然冲突，再探查 3 号单元，继续冲突，再探查 4 号单元，不再冲突，从而在经过 4 次探查后把 12 存入空闲的 4 号单元。

参考答案

（42）B

试题（43）

在第一趟排序之后，一定能把数据序列中最大或最小元素放在其最终位置上的排序方法是　（43）　。

（43）A. 冒泡排序　　　　B. 插入排序　　　　C. 快速排序　　　　D. 归并排序

试题（43）分析

本题考查算法基础知识。

冒泡排序是通过不断比较和交换逻辑上相邻的元素而进行的排序过程，当从头到尾将元素进行一趟冒泡排序后，可以将最大元素（或最小）元素交换至最终位置。

插入排序是不断将元素插入到有序序列中来实现排序的过程，在完成最后一个元素的插入处理之前，不能保证之前得到的有序序列包含了最大元素（或最小元素）。

快速排序是在设置枢轴元素后，通过与其余元素的比较和交换（或移动），确保一趟快速排序后实现枢轴元素的最终定位，但是不能保证枢轴是最大元素（或最小元素），实际上若枢轴元素为序列的最大（或最小）元素，反而是快速排序的最坏情况。

归并排序是将两个（或多个）有序子序列合并为一个有序序列的方式来实现排序的过程，只有完成最后一趟归并时才能将最大或最小元素放在其最终位置上。

参考答案

（43）A

试题（44）

在面向对象方法中， __（44）__ 是一种信息隐蔽技术，其目的是使对象的使用者和生产者分离，使对象的定义和实现分开。

（44）A. 对象　　　　　　B. 属性　　　　　　C. 封装　　　　　　D. 行为

试题（44）分析

本题考查面向对象的基本概念。

在面向对象系统中，对象是基本的运行时实体，它既包括数据（属性），也包括作用于数据的操作（行为）。一个对象把属性和行为封装为一个整体。封装是一种信息隐蔽技术，其主要目的是对象的使用者和生产者分离，是对象的定义和实现分开。

参考答案

（44）C

试题（45）、（46）

从下列名词中区分类和对象。其中， __（45）__ 全部是类， __（46）__ 全部是对象。

（45）A. 课程、2013 "Web 工程" 课程、学生

　　　B. 课程、学生、教室

　　　C. 2013 "Web 工程" 课程、学生

　　　D. 2013 "Web 工程" 课程、B601 教室

（46）A. 课程、B601 教室、学生

　　　B. 课程、学生、教室

　　　C. 2013 课程 "Web 工程"、学生

　　　D. 2013 课程 "Web 工程"、B601 教室

试题（45）、（46）分析

本题考查面向对象的基础知识。

在面向对象的系统中，一个类定义了一组大体上相似的对象，所包含的方法和数据描述了一组对象的共同行为和属性。每个现实世界中的实体都是对象，即对象是基本的运行时实体，每个对象都有自己的属性和操作。类是对象之上的抽象，对象是类的具体化，是类的实例。如课程、学生、教室等是类，而 2013 "Web 工程" 课程说明具体某年度的一门课，是课程的一个实例，B601 教室是具体的一间教室，是教室的一个实例。

参考答案

（45）B   （46）D

试题（47）

统一建模语言（UML）图中，__(47)__用于建模系统的动态行为，它描述活动的顺序，展现从一个活动到另一个活动的控制流。

（47）A. 序列图   B. 交互图   C. 活动图   D. 通信图

试题（47）分析

本题考查统一建模语言（UML）的基础知识。

UML 2.0 中提供了多种图形。序列图是场景的图形化表示，描述了以时间顺序组织的对象之间的交互活动，对用例中的场景可以采用序列图进行描述。活动图专注于系统的动态视图，它对于系统的功能建模特别重要，并强调对象间的控制流程。交互图组合了序列图和活动图的特征，显示了每个用例的活动中对象如何交互。通信图强调收发消息的对象之间的结构组织。

参考答案

（47）C

试题（48）

在采用面向对象开发方法开发交通系统时，若将"汽车"与"交通工具"分别设计为类，则最适合描述"汽车"与"交通工具"之间的关系为__(48)__。

（48）A. 继承   B. 封装   C. 多态   D. 重载

试题（48）分析

本题考查面向对象的基础知识。

继承是父类和子类之间共享数据和方法的机制。这是类之间的一种关系，在定义和实现一个类的时候，可以在一个已经存在的类的基础上来进行，把这个已经存在的类所定义的内容作为自己的内容，并加入若干新的内容，即子类比父类更加具体化。封装是一种信息隐蔽技术，其主要目的是将对象的使用者和生产者分离，是对象的定义和实现分开。多态（polymorphism）是不同的对象收到同一消息可以进行不同的响应，产生完全不同的结果，用户可以发送一个通用的消息，而实现细节则由接收对象自行决定，使得同一个消息就可以调用不同的方法，即一个对象具有多种形态。重载是一个名称多个含义，即同一个方法名称，带有不同的参数个数或类型。交通工具是泛指各类交通工具，而汽车是一种交通工具，且具有自己的特性。因此，继承关系最适合表达这些类的设计，在继承交通工具的基础上，设计汽车类，添加自己特有的行为，设计出子类。

参考答案

（48）A

试题（49）

设一组语句需要在程序中多处出现，按照模块独立性原则，把这些语句放在一个模块中，则该模块的内聚是　__(49)__　。

（49）A. 逻辑内聚　　　　B. 瞬时内聚　　　　C. 偶然内聚　　　　D. 通信内聚

试题（49）分析

本题考查软件工程中软件设计的基础知识。

模块化是指将软件划分成独立命名且可以独立访问的模块，不同的模块通常具有不同的功能或职责。每个模块可以独立地开发、测试，最后组装成完整的软件。模块独立性是指软件系统中每个模块只涉及软件要求的具体的一个子功能，而和其他模块之间的接口尽量简单，是模块化设计的一个重要原则，主要用模块间的耦合和模块内的内聚来衡量。

模块的内聚性一般有以下几种：

偶然内聚，指一个模块内的几个处理元素之间没有任何联系。

逻辑内聚，指模块内执行几个逻辑上相似的功能，通过参数确定该模块完成哪一个功能。

时间内聚，把需要同时执行的动作组合在一起形成的模块。

通信内聚，指模块内所有处理元素都在同一个数据结构上操作，或者指各处理使用相同的输入数据或者产生相同的输出数据。

顺序内聚，指一个模块中各个处理元素都密切相关于同一功能且必须顺序执行，前一个功能元素的输出就是下一个功能元素的输入。

功能内聚，是最强的内聚，指模块内所有元素共同完成一个功能，缺一不可。

本题中的多条语句之间只是为了避免重复才提取出来构成一个模块，故该模块的内聚类型应属于偶然内聚。

参考答案

（49）C

试题（50）

以下关于软件维护的叙述中，错误的是　__(50)__　。

（50）A. 软件维护解决软件产品交付用户之后运行中发生的各种问题

　　　　B. 软件维护期通常比开发期长得多，投入也大得多

　　　　C. 软件的可维护性是软件开发阶段各个时期的关键目标

　　　　D. 软件工程存在定量度量软件可维护性的很好的普遍适用的方法

试题（50）分析

本题考查软件工程中软件维护的基础知识。

在软件开发完成交付用户使用后，就进入软件运行/维护阶段。在维护阶段，对软件进行的任何工作，都视为软件维护。软件维护阶段通常比软件开发阶段，包括需求分析、软件设计、软件构造和软件测试，时间更长，需要的投入也更多。由于软件的需求会随时发生变化，软件的错误也不可能在测试阶段全部能发现和修改，环境和技术在发生变

化，开发团队也会有变化，因此在开发过程的每个阶段都应该以可维护性作为重要的目标。目前，可维护性还没有很好的定量度量指标。

参考答案

（50）D

试题（51）

以下关于软件测试的叙述中，不正确的是 （51） 。

（51）A. 软件测试的目的是为了发现错误

　　　B. 成功的测试是能发现至今尚未发现的错误的测试

　　　C. 测试不能用来证明软件没有错误

　　　D. 当软件不存在错误时，测试终止

试题（51）分析

本题考查软件测试的基础知识。

软件测试是为了发现错误而执行程序的过程。因此软件测试的目的是发现软件的错误。成功的测试是能发现至今尚未发现的错误的测试。软件测试不能证明软件中不存在错误，只能说明软件中存在错误。穷举测试是不实际的，因此不能说明软件不存在错误，才终止测试。

参考答案

（51）D

试题（52）

为了检查对软件进行修改后是否引入新的错误，需要对软件进行的测试类型为 （52） 测试。

（52）A. 功能　　　　　B. 回归　　　　　C. 可靠性　　　　　D. 恢复

试题（52）分析

本题考查软件测试的基础知识。

软件测试的目的是识别错误，而不是改正错误。但是，开发团队希望错误发现后尽快地找出其原因，进而改正错误。而且，有些错误的持续存在会阻止进一步的测试。在这种情况下，在测试过程中改正错误可能会在修复已有错误的同时引入新的错误。回归测试用于识别在改正当前错误的同时可能引入的新错误。

参考答案

（52）B

试题（53）

专业程序员的职业素养要求中不包括 （53） 。

（53）A. 要严格按照程序设计规格说明书编写程序，不应该有任何质疑

　　　B. 不要为了赶工期而压缩测试，要反复测试确信代码能正常运行

　　　C. 既要善于独处，又要善于合作，要不断学习，不要落后于时代

D. 要勇担责任，出了错误自己来收拾，确保以后不再犯同样的错

试题（53）分析

本题考查软件工程实践的基础知识（专业程序员的职业素养）。

程序员的主要任务是按照程序设计规格说明书编写程序。但对于专业程序员来说，不能简单机械地按照它编写程序，而是需要深刻理解它。对于其中不合理之处或低效之处，应该有所质疑，并与软件设计师讨论。有时，需要理解其中的关键点，有时需要更正一些错误，有时需要更换算法或修改流程，有时需要优化流程。软件设计师一般都会欢迎专业程序员的质疑，加深对算法的理解和认识，纠正可能有的错误，提高软件的质量。

测试是软件开发过程中必不可少的重要步骤。因为一般的软件都或多或少包含了一些错误，必须反复通过严格的测试才能保障软件的质量。许多程序员为了赶工期而压缩测试环节，导致交付的软件隐藏不少问题。这不是专业程序员应有的职业素质。

专业程序员既要善于独处，冷静思考处理复杂逻辑的正确性；又要善于合作，认真讨论与其他部分的接口，听取别人的评审和改进意见。过分欣赏自己的小技巧，固执己见常常导致软件出错。由于软件技术发展更新快，程序员需要不断学习，不要落后于时代。

专业程序员有时也会犯错误，但要勇担责任，不能总想把问题推到别人身上。出了错误要由自己来收拾，确保以后不再犯同样的错。即使是自己的下属犯错误，也要自己来承担检查不仔细、教育不够的责任。

参考答案

（53）A

试题（54）

评价软件详细设计时不考虑　__（54）__　。

（54）A. 可理解性，使最终用户能理解详细设计，并提出改进意见

B. 可扩展性，容易添加新的功能

C. 灵活性，使代码修改能平稳地进行

D. 可插入性，容易将一个模块抽出去，将另一个有同样接口的模块加进来

试题（54）分析

本题考查软件工程实践的基础知识（软件详细设计）。

软件的概要设计需要征求用户的意见，但软件的详细设计主要是给软件实施人员用的，并不是给最终用户看的。最终用户不理解、看不懂详细设计是正常的。正如商品房的详细设计工程图纸是给施工人员用的，不是给住户看的。

软件的详细设计应考虑可扩展性、灵活性、可插入性等，这些特性都是对软件开发的要求，为今后软件的维护使用奠定良好的基础。

参考答案

（54）A

试题（55）

　　用户小王对某软件的操作界面提出了以下四条改进意见，其中，___(55)___ 是不需要考虑的。

　　（55）A. 输入信用卡号时应该允许在其中插入空格

　　　　　B. 显示较长的说明信息时不要很快就消失

　　　　　C. 输入注册信息时有些项应该允许留空

　　　　　D. 切换选项卡时，应自动保存已修改的设置

试题（55）分析

　　本题考查软件工程实践的基础知识（用户界面设计）。

　　从用户的角度看，软件的操作界面体现了软件的功能和使用特性。操作界面的设计需要征求最终用户的意见。用户小王提的四条意见中，意见 A 是正确的。因为信用卡号比较长，输入时最好分段，其间插入空格，容易检查，不容易出错。意见 B 也是正确的。有些软件的提示信息或警告信息较长，如果只显示了很短时间，用户还没有看完，就消失了，用户就不明白、不满意。意见 C 也是正确的，输入注册信息时有些项是必须填写的，但有些项并不重要或者有些人无法填写，这些项应该允许留空。一般软件中，用"*"标记是必填项写的注册信息项。没有该标记的项是可填可不填的。意见 D 不完全正确。软件某方面的设置可能有多张选项卡，每张选项卡上可有多个选项。通常每张选项卡上都有"确认/取消"按钮，是否保存用户的选择应由用户自己决定。因为用户的选择往往需要反复思考，再三决策，不宜完全采用自动保存的做法。

参考答案

　　（55）D

试题（56）

　　以下关于软件文档的叙述中，不正确的是 ___(56)___ 。

　　（56）A. 撰写规范的文档有助于传授经验，降低风险

　　　　　B. 开发过程文档化的目标是易于据此重建项目

　　　　　C. 由代码生成文档的全自动工具软件现已成熟

　　　　　D. 过时的文档比没有文档更糟，会误导使用者

试题（56）分析

　　本题考查软件工程实践的基础知识（文档撰写）。

　　撰写规范的文档，记录开发过程和所用的技术，有助于记载并传授经验，便于自己整理总结提高，也有助于指导他人。撰写规范的文档后，即使开发过程中有人调走了，别人也能接得上，同时，也有利于检查审核，找出问题的原因，有助于降低开发风险。

　　开发过程文档化的目标是易于据此重建项目。需要撰写哪些文档，写到什么程度，这些都将由这个目标决定。

　　由代码生成文档是非常复杂的，因为文档非结构化，其中还包含了人文因素。一般

只能半自动生成文档的框架，再由专业人员具体仔细补充。半自动生成文档框架有利于文档的全面完整，不容易遗漏某些方面。因此，对复杂系统来说，不会存在全自动生成文档的工具软件。

过时的文档比没有文档更糟，许多功能已经删除了或者已经调整了，有些操作方法发生了变化，处理问题的方法也可能变了，所以过时文档会误导使用者和开发者，造成维护的困难和问题。

参考答案

（56）C

试题（57）

某营销公司员工绩效考核系统，对不同岗位的员工绩效考核指标不同，例如：一级销售员月销售额不得低于 200 万元，二级销售员月销售额不得低于 100 万元，三级销售员月销售额不得低于 50 万元。对于这种情况在系统实现时可以通过　（57）　进行约束。

（57）A. 实体完整性　　　　　　　　　B. 参照完整性

　　　　C. 主键完整性　　　　　　　　　D. 用户定义完整性

试题（57）分析

本题考查对数据库完整性约束方面的基础知识。

数据库完整性（Database Integrity）是指数据库中数据的正确性和相容性。数据库完整性由各种各样的完整性约束来保证，因此可以说数据库完整性设计就是数据库完整性约束的设计。数据库完整性约束包括实体完整性、参照完整性和用户定义完整性。

实体完整性（Entity Integrity）指表中行的完整性。主要用于保证操作的数据（记录）非空、唯一且不重复。即实体完整性要求每个关系（表）有且仅有一个主键，每一个主键值必须唯一，而且不允许为"空"（NULL）或重复。

参照完整性（Referential Integrity）属于表间规则。在关系数据库中，关系之间的联系是通过公共属性实现的。这个公共属性经常是一个表的主键，同时是另一个表的外键。参照完整性体现在两个方面：实现了表与表之间的联系，外键的取值必须是另一个表的主键的有效值，或是"空"值。参照完整性规则要求：若属性组 F 是关系模式 R1 的主键，同时 F 也是关系模式 R2 的外键，则在 R2 的关系中，F 的取值只允许两种可能：空值或等于 R1 关系中某个主键值。

用户定义完整性（User-defined Integrity）也称域完整性规则，是对数据表中字段属性的约束，包括字段的值域、字段的类型和字段的有效规则（如小数位数）等约束，是由确定关系结构时所定义的字段的属性决定的。例如，百分制成绩的取值范围在 0～100 之间；性别取值为"男"或"女"等。

参考答案

（57）D

试题（58）～（62）

假设某公司营销系统有营销点关系 S（营销点，负责人姓名，联系方式）、商品关系 P（商品名，条形码，型号，产地，数量，价格），其中，营销点唯一标识 S 中的每一个元组。每个营销点可以销售多种商品，每一种商品可以由不同的营销点销售。关系 S 和 P 的主键分别为 __(58)__ ，S 和 P 之间的联系类型属于 __(59)__ 。

（58）A. 营销点、商品名　　　　　　　　　B. 营销点、条形码

　　　　C. 负责人姓名、商品名　　　　　　D. 负责人姓名、条形码

（59）A. 1∶1　　　　B. 1∶n　　　　C. n∶1　　　　D. n∶m

为查询产于"上海"且商品名为"冰箱"或"电视"的型号及价格，并要求价格按降序排列。实现的 SQL 语句如下：

```
SELECT 商品名, 型号, 价格
FROM   P
WHERE  (  (60)  ) AND  (61)
  (62)   ;
```

（60）A. 商品名='冰箱' OR 商品名='电视'

　　　　B. 商品名=冰箱 OR 商品名= 电视

　　　　C. 商品名='冰箱' AND 商品名= '电视'

　　　　D. 商品名=冰箱 AND 商品名= 电视

（61）A. 条形码=上海　　　　　　　　　　B. 条形码='上海'

　　　　C. 产地=上海　　　　　　　　　　D. 产地='上海'

（62）A. GROUP BY 价格 DESC　　　　　B. ORDER BY 价格 DESC

　　　　C. GROUP BY 价格 'DESC'　　　　D. ORDER BY 价格 'DESC'

试题（58）～（62）分析

本题考查数据库基本概念和 SQL 语言应用。

根据题意，营销点唯一标识 S 中的每一个元组，所以营销点可以作为 S 的主键。商品关系 P（商品名，条形码，型号，产地，数量，价格）中的条形码属性可以作为该关系的主键，因为，条形码是由宽度不同、反射率不同的条和空，按照一定的编码规则（码制）编制成的，用以表达一组数字或字母符号信息的图形标识符。利用条形码可以标出商品的生产国、制造厂家、商品名称、生产日期、图书分类号、邮件起止地点、类别、日期等信息，所以，条形码在商品流通、图书管理、邮电管理、银行系统等许多领域都得到了广泛的应用。显然，试题（58）的正确答案是"营销点、条形码"。

根据题意"每个营销点可以销售多种商品，每一种商品可以由不同的营销点销售"，故 S 和 P 之间的联系类型属于 n∶m。

查询产地为"上海"的产于"上海"且商品名为"冰箱"或"电视"的型号及价格信息，并要求按价格的降序排列的 SQL 语句为：

```
SELECT 商品名, 型号, 价格
    FROM P
    WHERE （商品名='冰箱' OR 商品名= '电视'）AND 产地='上海'
    ORDER BY 价格 DESC;
```

参考答案

　　（58）B　（59）D　（60）A　（61）D　（62）B

试题（63）

　　设 a，b，c，d 是不同的四个数，已知 a<b，c<d，则将这四个数从小到大排序所构成的递增有序序列共有　__(63)__　种可能。

　　（63）A．3　　　　　　　B．5　　　　　　　C．6　　　　　　　D．8

试题（63）分析

　　本题考查数学（排列）的应用能力。

　　从小到大，先排 ab，再排 c 时有三种可能：

　　（1）cab。再排 d 时，有三种可能：cdab，cadb，cabd。

　　（2）acb。再排 d 时，有两种可能：acdb，acbd。

　　（3）abc。再排 d 时，只有一种可能：abcd。

　　因此，共有 6 种可能。

　　程序员编程时经常需要考虑各种可能的情况。本题这样的逻辑思维和思考过程是程序员应当具备的基本素质。

参考答案

　　（63）C

试题（64）

　　某地空调市场被 A、B 两个品牌占有，每个月的市场占有率分别用 A_n 和 B_n 表示，n=0,1,2,…。据调查，初始时 $A_0=B_0=0.5$，以后，$(A_n, B_n)=(A_{n-1}, B_{n-1})M$，n=1,2,…，其中 M 为转移概率矩阵：

$$\begin{pmatrix} 1 & 0 \\ 0.5 & 0.5 \end{pmatrix}$$

　　据此，可以推算出，经过一段时间后，这两个品牌的市场占有率将分别趋于　__(64)__。

　　（64）A．0，1　　　　B．0.25，0.75　　　C．0.75，0.25　　　D．1，0

试题（64）分析

　　本题考查数学（矩阵运算）的应用能力。

　　根据 $(A_n, B_n)=(A_{n-1}, B_{n-1})M$，以及矩阵 M 的具体数值，可得

　　　　　　$A_n=A_{n-1}+0.5 B_{n-1}$，　$B_n=0.5 B_{n-1}$

　　因此，$B_1=0.5 B_0=0.5^2$，$B_2=0.5 B_1=0.5^3$，…，$B_n=0.5^{n+1} \rightarrow 0$。

$A_1 = A_0 + 0.5 B_0 = 0.5 + 0.5^2$，$A_2 = A_1 + 0.5 B_1 = 0.5 + 0.5^2 + 0.5^3$，$\cdots$，$A_n \rightarrow 1$。

从而，$(A_n, B_n) \rightarrow (1, 0)$。

参考答案

（64）D

试题（65）

根据过去的一些数据以及经验模型，人们往往可以总结出某种规律。按照这种规律，又可以对不久的未来做大致的预测。例如，已知 $f(0)=1$，$f(1)=1$，$f(2)=2$，如果 $f(x)$ 大致为二次多项式，则 $f(3)$ 大致为　（65）　。

（65）A. 2　　　　　　B. 3　　　　　　C. 3.5　　　　　　D. 4

试题（65）分析

本题考查数学（线性方程）的应用能力。

二次多项式的一般形式为 $ax^2 + bx + c$。

设 $f(x) = ax^2 + bx + c$，则 $f(0)=c=1$，$f(1)=a+b+c=1$，$f(2)=4a+2b+c=2$。

因此，$a+b=0$，$4a+2b=1$。从而 $a=0.5$，$b=-0.5$，$f(3)=9a+3b+c=4$。

参考答案

（65）D

试题（66）

在 TCP/IP 网络中，RARP 协议的作用是什么？　（66）

（66）A. 根据 MAC 地址查找对应的 IP 地址

　　　 B. 根据 IP 地址查找对应的 MAC 地址

　　　 C. 报告 IP 数据报传输中的差错

　　　 D. 控制以太帧的正确传送

试题（66）分析

在 TCP/IP 网络中，RARP 协议的作用是根据 MAC 地址查找对应的 IP 地址，ARP 协议的作用是根据 IP 地址查找对应的 MAC 地址。

参考答案

（66）A

试题（67）

下面的网络地址中，不能作为目标地址的是　（67）　。

（67）A. 0.0.0.0　　　　　　　　　　　B. 127.0.0.1

　　　 C. 10.255.255.255　　　　　　　D. 192.168.0.0

试题（67）分析

地址 0.0.0.0 表示本地地址，只能作为源地址使用，不能用作目标地址。地址 127.0.0.1 表示本地环路地址，通常作为目标地址，用于测试本地 TCP/IP 回路。另外两种地址 10.255.255.255 和 192.168.0.0 也可以作为目标地址使用。

参考答案

（67）A

试题（68）

在 TCP/IP 网络体系中，ICMP 协议的作用是什么？　　(68)

（68）A. ICMP 用于从 MAC 地址查找对应的 IP 地址

　　　　B. ICMP 把全局 IP 地址转换为私网中的专用 IP 地址

　　　　C. 当 IP 分组传输过程中出现差错时通过 ICMP 发送控制信息

　　　　D. 当网络地址采用集中管理方案时 ICMP 用于动态分配 IP 地址

试题（68）分析

ICMP（Internet Control Message Protocol）与 IP 协议同属于网络层，用于传送有关通信问题的消息，例如数据报不能到达目标站，路由器没有足够的缓存空间，或者路由器向发送主机提供最短通路信息等。

参考答案

（68）C

试题（69）

在网页中点击的超链接指向　　(69)　类型文件时，服务器不执行该文件，直接传递给浏览器。

（69）A. ASP　　　　　　B. HTML　　　　　C. CGI　　　　　D. JSP

试题（69）分析

本题考查网页的基础知识。

在 IIS 中，其发布目录中的 asp、cgi、jsp 等类型的文件，当客户端请求执行时，IIS 服务器会先执行该文件，然后将执行结果传送给客户端。而当客户端请求执行 html 类型文件时，服务器不执行该文件，直接传递给浏览器。

参考答案

（69）B

试题（70）

在电子邮件系统中，客户端代理　　(70)　。

（70）A. 发送邮件和接收邮件通常都使用 SMTP 协议

　　　　B. 发送邮件通常使用 SMTP 协议，而接收邮件通常使用 POP3 协议

　　　　C. 发送邮件通常使用 POP3 协议，而接收邮件通常使用 SMTP 协议

　　　　D. 发送邮件和接收邮件通常都使用 POP3 协议

试题（70）分析

本题考查电子邮件及其应用。

客户端代理是提供给用户的界面，在电子邮件系统中，发送邮件通常使用 SMTP 协议，而接收邮件通常使用 POP3 协议。

参考答案

（70）B

试题（**71**）

With respect to program variables, ___（71）___ means assigning a beginning value to a variable.

（71）A. setup   B. startup   C. initialization   D. pre-compile

参考译文

对程序变量来说，初始化意味着给变量赋初值。

参考答案

（71）C

试题（**72**）

A ___（72）___ translates a computer program written in a human-readable computer language into a form that a computer can execute.

（72）A. compiler   B. linker   C. assembler   D. application

参考译文

编译程序将易被人读的计算机语言编写的计算机程序翻译成计算机可执行的形式。

参考答案

（72）A

试题（**73**）

The identification and removal of bugs in a program is called "___（73）___".

（73）A. checking   B. debugging   C. revision   D. verification

参考译文

在程序中找出并排除错误称为排错。

参考答案

（73）B

试题（**74**）

The process whereby software is installed into an operational environment is called "___（74）___".

（74）A. deployment   B. development   C. setup   D. lay up

参考译文

将软件安装在运行环境中的过程称为部署。

参考答案

（74）A

试题（**75**）

A ___（75）___ application is made up of distinct components running in separate runtime environments, usually on different platforms connected through a network.

（75）A．database　　　　B．analog　　　　C．high-level　　　D．distributed

参考译文

分布式应用由运行在不同环境（通常运行在同一网络中的不同平台上）的各个部件组成。

参考答案

（75）D

第8章 2013下半年程序员下午试题分析与解答

试题一（共 15 分）

阅读以下说明和流程图，填补流程图中的空缺（1）～（5），将解答填入答题纸的对应栏内。

【说明】

两个包含有限个元素的非空集合 A、B 的相似度定义为|A∩B|/|A∪B|，即它们的交集大小（元素个数）与并集大小之比。

以下的流程图计算两个非空整数集合（以数组表示）的交集和并集，并计算其相似度。已知整数组 A[1:m]和 B[1:n]分别存储了集合 A 和 B 的元素（每个集合中包含的元素各不相同），其交集存放于数组 C[1:s]，并集存放于数组 D[1:t]，集合 A 和 B 的相似度存放于 SIM。

例如，假设 A={1，2，3，4}，B={1，4，5，6}，则 C={1，4}，D={1，2，3，4，5，6}，A 与 B 的相似度 SIM=1/3。

【流程图】

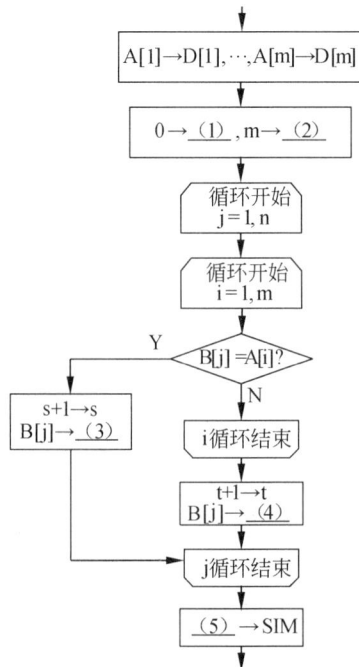

试题一分析

本题考查程序处理流程图的设计能力。

首先我们来理解两个有限集合的相似度的含义。两个包含有限个元素的非空集合 A、B 的相似度定义为它们的交集大小（元素个数）与并集大小之比。如果两集合完全相等，则相似度必然为 1（100%）；如果两集合完全不同（没有公共元素），则相似度必然为 0；如果集合 A 中有一半元素就是集合 B 的全部元素，而另一半元素不属于集合 B，则这两个集合的相似度为 0.5（50%）。因此，这个定义符合人们的常理性认识。

在大数据应用中，经常要将很多有限集进行分类。例如，每天都有大量的新闻稿。为了方便用户检索，需要将新闻稿分类。用什么标准来分类呢？每一篇新闻稿可以用其中所有的关键词来表征。这些关键词的集合称为这篇新闻稿的特征向量。两篇新闻稿是否属于同一类，依赖于它们的关键词集合是否具有较高的相似度（公共关键词个数除以总关键词个数）。搜索引擎可以将相似度超过一定水平的新闻稿作为同一类。从而，可以将每天的新闻稿进行分类，就可以按用户的需要将某些类的新闻稿推送给相关的用户。

本题中的集合用整数组表示，因此，需要规定同一数组中的元素各不相同（集合中的元素是各不相同的）。题中，整数组 A[1:m] 和 B[1:n] 分别存储了集合 A 和 B 的元素。流程图的目标是将 A、B 中相同的元素存放入数组 C[1:s]（共 s 个元素），并将 A、B 中的所有元素（相同元素只取一次）存放入数组 D[1:t]（共 t 个元素），最后再计算集合 A 和 B 相似度 s/t。

流程图中的第一步显然是将数组 A 中的全部元素放入数组 D 中。随后，只需要对数组 B 中的每个元素进行判断，凡与数组 A 中某个元素相同时，就将其存入数组 C；否则就续存入数组 D（注意，数组 D 中已有 m 个元素）。这需要对 j（遍历数组 B）与 i（遍历数组 A）进行两重循环。判断框 B[j]=A[i] 成立时，B[j] 应存入数组 C；否则应继续 i 循环，直到循环结束仍没有相等情况出现时，就应将 B[j] 存入数组 D。存入数组 C 之前，需要将其下标 s 增 1；存入数组 D 之前，需要将其下标 t 增 1。因此，初始时，应当给 j 赋 0，使数组 C 的存数从 C[1] 开始。从而，（1）处应填 s，（3）处应填 C[s]。而数组 D 是在已有 m 个元素后续存，所以，初始时，数组 D 的下标 t 应当是 m，续存是从 D[m+1] 开始的。因此，（2）处应填 t，（4）处应填 D[t]。

两重循环结束后，就要计算相似度 s/t，将其赋予 SIM，因此（5）处应填 s/t。

参考答案

（1）s

（2）t

（3）C[s]

（4）D[t]

（5）s/t

试题二（共 15 分）

阅读以下说明和 C 函数，填充函数中的空缺，将解答填入答题纸的对应栏内。

【说明】

下面的函数 sort(int n, int a[])对保存在数组 a 中的整数序列进行非递减排序。由于该序列中的元素在一定范围内重复取值，因此排序方法是先计算出每个元素出现的次数并记录在数组 b 中，再从小到大顺序地排列各元素即可得到一个非递减有序序列。例如，对于序列 6, 5, 6, 9, 6, 4, 8, 6, 5，其元素在整数区间[4,9]内取值，因此使数组元素 b[0]~b[5]的下标 0~5 分别对应数值 4~9，顺序地扫描序列的每一个元素并累计其出现的次数，即将 4 的个数记入 b[0]，5 的个数记入 b[1]，依此类推，9 的个数记入 b[5]。最后依次判断数组 b 的每个元素值，并将相应个数的数值顺序地写入结果序列即可。

对于上例，所得数组 b 的各个元素值如下：

b[0]	b[1]	b[2]	b[3]	B[4]	b[5]
1	2	4	0	1	1

那么在输出序列中写入 1 个 4、2 个 5、4 个 6、1 个 8、1 个 9，即得 4,5,5,6,6,6,6,8,9，从而完成排序处理。

【C 函数】

```c
void sort(int n, int a[])
{  int *b;
   int i, k, number;
int minimum = a[0], maximum = a[0];
/*minimum 和 maximum 分别表示数组 a 的最小、最大元素值*/

   for(i=1; i<n; i++) {
      if (   (1)   ) minimum = a[i];
      else
        if (   (2)   ) maximum = a[i];
   }

   number = maximum - minimum + 1;
   if (number<=1) return;
b = (int *)calloc(number, sizeof(int));
   if (!b)  return;

   for(i=0; i<n; i++) {  /*计算数组 a 的每个元素值出现的次数并记入数组 b*/
      k = a[i] - minimum;    ++b[k];
   }
```

```
/*按次序在数组 a 中写入排好的序列*/
    i = __(3)__;
    for( k=0; k<number; k++ )
        for( ; __(4)__ ; --b[k] )
            a[i++] = minimum + __(5)__;
}
```

试题二分析

本题考查 C 程序的基本语法和运算逻辑。

首先应认真分析题目中的说明，然后确定代码结构和各变量的作用。

空（1）和（2）所在 for 语句的功能是求出数组 a 中的最小元素 minimum 和最大元素 maximum。在设置了 minimum 和 maximum 的初始值后，空（1）处的判断条件是只要目前的元素 a[i]小于 minimum，就需要更新 minimum，反之，空（2）处的判断条件是只要目前的元素 a[i]大于 maximum，就需要更新 maximum，因此空（1）处应填入 a[i]<minimum 或其等价方式，空（2）处应填入 a[i] >maximum 或其等价方式。minimum 和 maximum 的作用是要确定计数数组 b 的大小。

根据题目中的描述，序列中的每个元素 a[i]都对应到计数数组 b[]的一个元素 b[k]，对应方式为：k = a[i] – minimum，其中 minimum 是数组 a 中的最小元素，显然在计数时，一个数值出现一次，就在对应的 b[k]中累加一次。

空（3）～（5）所在的语句组是产生排序后的序列，重新写入数组 a。首先需明确变量 i 和 k 的作用，根据它们在该语句组中的出现位置，i 用于表示数组 a 的元素下标，k 用于表示数组 b 中元素的下标，因此，空（3）处应填入 0，使得从数组 a 中下标为 0 的数组元素开始。通过循环控制 "for(k=0; k<number; k++)" 已经明确数组 b 的下标变化方式，而需要写入数组 a 的元素个数表示在 b[k]中，所以 "for(; __(4)__ ; --b[k])" 中空（4）处应填入 "b[k]>0" 或其等价形式。由于 b[k]中记录的是元素 k+ minimum 的出现次数，所以空（5）处应填入 "k"，从而将元素值恢复后再写回去。

参考答案

（1）a[i]<minimum 或 a[i]<=minimum 或其等价形式

（2）a[i]>maximum 或 a[i]>= maximum 或其等价形式

（3）0

（4）b[k]或 b[k]>0 或 b[k]!=0 或其等价形式

（5）k

试题三（共 15 分）

阅读以下说明和 C 代码，填充代码中的空缺，将解答填入答题纸的对应栏内。

【说明 1】

下面的函数 countChar(char *text)统计字符串 text 中不同的英文字母数和每个英文字母出现的次数（英文字母不区分大小写）。

【C 代码 1】

```
int countChar( char *text )
{
   int i, sum = 0;          /*sum 保存不同的英文字母数*/
   char *ptr;
int c[26] = {0};     /*数组 c 保存每个英文字母出现的次数*/
/*c[0]记录字母 A 或 a 的次数，c[1]记录字母 B 或 b 的次数，依此类推*/

   ptr =   (1)   ;       /*ptr 初始时指向字符串的首字符*/
while (*ptr) {
    if ( isupper(*ptr) )
        c[*ptr - 'A']++;
    else
       if ( islower(*ptr) )
           c[*ptr - 'a']++;
     (2)   ;          /*指向下一个字符*/
}

for( i=0; i<26; i++ )
    if (   (3)   ) sum++;

   return sum;
}
```

【说明 2】

将下面 C 代码 2 中的空缺补全后运行，使其产生以下输出。

f2: f2: f2: 2
f3: f3: 1

【C 代码 2】

```
#include <stdio.h>
int f1(int (*f)(int));
int f2(int);
int f3(int);

int main()
{
```

```
      printf("%d\n",f1(  (4)  ));
      printf("%d\n",f1(  (5)  ));
      return 0;
}

int f1( int (*f)(int) )
{
   int n = 0;
   /*通过函数指针实现函数调用，以返回值作为循环条件*/
 while (  (6)  ) n++;
 return n;
}

int f2(int n)
{
   printf("f2: ");
   return n*n-4;

}

int f3(int n)
{
   printf("f3: ");
   return n-1;

}
```

试题三分析

本题考查数据指针、运算逻辑和函数指针的应用。

首先应认真分析题目中的说明，然后确定代码结构和各变量的作用。

在函数 countChar(char *text)中来统计字符串 text 中不同的英文字母数和每个英文字母出现的次数。用来表示计数值的数组元素 c_i 需要与英文字母对应起来，方式为 c[0] 记录字母 A 或 a 的次数，c[1]记录字母 B 或 b 的次数，依此类推，因此 i=英文字母-'A'（英文字母为大写）或 i=英文字母-'a'（英文字母为小写）。

数据指针是指向数据的指针变量。数据指针 ptr 用来表示 text 中的每一个字符，初始时 ptr 指向第一个字符，因此空（1）处应填入 "text" 或其等价方式，（2）处的作用是随循环控制逐个指出 text 中的后续字符，因此空（2）处应填入 "ptr++" 或其等价方式。

显然，若 c[i]的值不为 0 则表示字符'A'+i 或'a'+i 出现了，反之，则表示字符'A'+i 或'a'+i 未出现，因此在计算字符种类时只要判断 c[i]是否为 0 即可，因此空（3）处应填入 "c[i]" 或其等价形式。

函数指针是指向函数的指针变量。根据代码 2 的声明 "int f1(int (*f)(int));" 可知调用函数 f1 时，实参应该是函数名或函数指针，且函数名或函数指针指向的函数应有一个整型参数，返回值为整型，而 f2 和 f3 都是符合这种定义类型的函数。

C 代码 2 中，在 main 函数中两次调用了函数 f1，分析运行结果可知，是先以 f2 为实参调用 f1，然后以 f3 为实参调用 f1，因此空（4）和（5）分别填入 "f2" 或 "f3" 或它们的等价形式，在空（6）处应填入 "f(n)" 或其等价形式来实现最后对 f2 和 f3 的调用。

参考答案

（1）text 或&text[0]或其等价形式

（2）ptr++或++ptr 或 ptr=ptr+1 或 ptr+=1

（3）c[i]或*(c+i)

（4）f2

（5）f3

（6）f(n)或(*f)(n)

试题四（共 15 分）

阅读以下说明和 C 程序，填充程序中的空缺，将解答填入答题纸的对应栏内。

【说明】

正整数 n 若是其平方数的尾部，则称 n 为同构数。例如，6 是其平方数 36 的尾部，76 是其平方数 5776 的尾部，6 与 76 都是同构数。下面的程序求解不超过 10000 的所有同构数。

已知一位的同构数有三个：1，5，6，因此二位同构数的个位数字只可能是 1，5，6 这三个数字。依此类推，更高位数同构数的个位数字也只可能是 1，5，6 这三个数字。

下面程序的处理思路是：对不超过 10000 的每一个整数 a，判断其个位数字，若为 1、5 或 6，则将 a 转换为字符串 as，然后对 a 进行平方运算，并截取其尾部与 as 长度相等的若干字符形成字符串后与 as 比较，根据它们相等与否来断定 a 是否为同构数。

【C 程序】

```c
#include<stdio.h>
#include<stdlib.h>
#include<string.h>
int myitoa(int, char *);            /*将整数转换为字符串*/
/*right 取得指定字符串尾部长度为 length 的子串，返回所得子串的首字符指针*/
char *right(char *, int length);

int main()
{
```

```
    int a,t;    int len;
    char as[10], rs[20];

    printf("[1,10000]内的同构数：\n");
    for(a=1;a<=10000;a++)    {
        t =   (1)  ;                      /*取整数 a 的个位数字*/
        if (t!=1 && t!=5 && t!=6) continue;
        len = myitoa(a,as);               /*数 a 转换为字符串，存入 as*/
        myitoa(a*a,rs);                   /*数 a 的平方转换为字符串，存入 rs*/
/*比较字符串 as 与 rs 末尾长度为 len 的子串是否相等*/
        if( strcmp(as,  (2)  )==0 )       /*若相同则是同构数并输出*/
            printf("%s 的平方为 %s\n", as, rs);
    }
    return 0;
}

int myitoa(int num, char *s)             /*将整数 num 转换为字符串存入 s*/
{
    int i,n = 0;
    char ch;

/*从个位数开始，取 num 的每一位数字转换为字符后放入 s[]*/
    while (num) {
        s[n++] =   (3)   + '0';
        num = num/10;
    }
    s[n]='\0';

    for(i=0; i<n/2; i++) {                /*将 s 中的字符串逆置*/
      (4)  ; s[i] = s[n-i-1]; s[n-i-1] = ch;
    }
    return n;                             /*返回输入参数 num 的位数*/
}

char *right(char *ms, int length)
/*取字符串 ms 尾部长度为 length 的子串，返回所得子串的首字符指针*/
{
    int i;

    for( ; *ms; ms++);                    /*使 ms 到达原字符串的尾部*/
    for( i=0; i<length;  (5)  );          /*使 ms 指向所得子串的首部字符*/
```

```
        return ms;
    }
```

试题四分析

本题考查 C 语言语法、数据指针和运算逻辑的应用。

首先应认真分析题目中的说明，然后确定代码结构和各变量的作用。

根据题目中的叙述，同构数的个位数为 1、5 或 6，因此，对于不超过 10000 的每个整数，应先获取其个位数字，因此空（1）处应填入"a % 10"或其等价形式，从而可以先过滤掉不可能是同构数的数。

根据代码中的注释，通过以下运算后，得到由 a 中数值转换所得的字符串 as，以及 a 的平方所得数值转换得到的字符串 rs，此后通过字符串比较运算来判断是否为同构数。

```
len = myitoa(a,as);              /*数 a 转换为字符串，存入 as*/
myitoa(a*a,rs);                  /*数 a 的平方转换为字符串，存入 rs*/
```

函数 myitoa(int num, char *s)的功能是将整数 num 转换为字符串 s，这就需要将整数 num 的每个数字分离出来，通常通过整除取余运算实现，即以下代码所实现的。

```
    while (num) {/*从个位数开始，取 num 的每一位数字转换为字符后放入 s[]*/
        s[n++] =  (3)  + '0';
        num = num/10;
    }
    s[n]='\0';
```

其中，空（3）处应填入"num%10"或其等价形式。

函数 right(char *ms, int length) 取字符串 ms 尾部长度为 length 的子串，返回所得子串的首字符指针。该函数的处理思路是先找到 ms 中字符串的结尾，然后倒着数出 length 个字符，从而得到所需字符串的首字符指针。空（5）处应填入"i++,ms--"或其等价形式。

另一个更简便的方式是在得到 ms 的结尾指针后，再减去 length 即可，即最后返回 ms-length 即可。

参考答案

（1）a % 10 或其等价形式

（2）right(rs,len)

（3）num%10 或其等价形式

（4）ch = s[i]或 ch = *(s+i)

（5）i++,ms-- 或 ms--,i++或其等价形式

试题五（共 15 分）

阅读以下说明和 C++代码，填充代码中的空缺，将解答填入答题纸的对应栏内。

【说明】

某应急交通控制系统（TraficControlSystem）在红灯时控制各类车辆（Vehicle）的通行，其类图如图 5-1 所示，在紧急状态下应急车辆红灯时也可通行，其余车辆按正常规则通行。

下面的 C++代码实现以上设计，请完善其中的空缺。

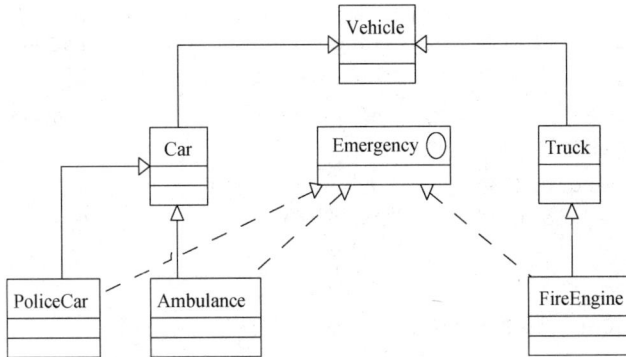

图 5-1   类图

【C++代码】

```cpp
#include <typeinfo>
#include <iostream>
using namespace std;
class Vehicle {  /*抽象基类，车辆*/
public:
virtual void run() = 0;
} ;
class Emergency {   /*抽象基类，可在红灯时通行的接口，函数均为纯虚函数*/
public:
    (1)   = 0,       //isEmergent()函数接口
    (2)   = 0;       //runRedLight()函数接口
};
class Car: public Vehicle {
public:
    ~Car(){ }
    void run(){   /*代码略*/    }
};
```

```
class Truck: public Vehicle {
public:
    ~Truck(){  }
    void run () {    /*代码略*/    }
};
class PoliceCar:  (3)   {
private:
    bool isEmergency;
public:
    PoliceCar() : Car(), Emergency() {        this->isEmergency = false;
}
PoliceCar(bool b) : Car(), Emergency() {        this->isEmergency = b; }
    ~PoliceCar() {     }
    bool isEmergent() {        return   (4)  ;     }
    void runRedLight() {      /*代码略*/      }
};
/*类 Ambulance、FireEngine 实现代码略*/
class TrafficControlSystem { /*交通控制类*/
private:
    Vehicle* v[24];    int numVehicles; /*在构造函数中设置初始值为 0*/
public:
    void control() {   //控制在紧急情况下应急车辆红灯通行，其他情况按常规通行
        for (int i = 0; i < numVehicles; i++) {
            Emergency * ev = dynamic_cast<Emergency*>(v[i]);
            if (ev != 0)   (5)  ->runRedLight();
            else           (6)  ->run();
        }
    }
    void add(Vehicle* vehicle) {   v[numVehicles++] = vehicle;    }
                        /*添加车辆*/
    void shutDown() { for (int i = 0; i < numVehicles; i++) {   delete
    v[i];   }  }
};
int main() {
    TrafficControlSystem* tcs = new TrafficControlSystem;
    tcs->add(new Car());        tcs->add(new PoliceCar());
  tcs->add(new Ambulance());tcs->add(new Ambulance(true));
tcs->add(new FireEngine(true)); tcs->add(new FireEngine());
tcs->add(new Truck());
tcs->control();        tcs->shutDown();
```

```
    delete tcs;
}
```

试题五分析

本题考查 C++语言程序设计的能力，涉及类、对象、函数的定义和相关操作。要求考生根据给出的案例和执行过程说明，认真阅读理清程序思路，然后完成题目。

根据题目描述，以交通控制系统（TraficControlSystem）为背景，本题目中涉及的各类车辆和是否应急状态下在红灯时的通行情况。根据说明进行设计，题目给出了类图（图5-1 类图所示）。

图中父类 Vehicle 代表交通工具，设计为抽象类，包含一个方法：run()，表示行驶某一个具体的交通工具对象，行驶的方法由具体子类型完成，所以 Vehicle 的 run()为一个纯虚函数：

```
virtual void run() = 0;
```

Car 和 Truck 都继承自 Vehicle 的两个子类型，所以它们都继承了 Vehicle 的 run()方法，各自行驶方式有所不同，所以都覆盖了 Vehicle 的 run()方法，并加以实现：

```
void run(){/*代码略*/}
```

Car 的两个子类型 PoliceCar 和 Ambulance 都继承自 Car，从而 PoliceCar 和 Ambulance 也都继承了 Car 中的 run()方法。Truck 的子类 FireEngine 也继承了 Truck 中的 run()方法。

图中接口 Emergency 在 C++中采用抽象基类的方法实现，其中约定红灯时通行的相关接口函数为：isEmergent()和 runRedLight()，均为纯虚函数，原型中=0 表示纯虚函数，实现由子类完成：

```
virtual bool isEmergent() = 0;
virtual void runRedLight() = 0;
```

isEmergent()函数接口约定应急车辆返回自身紧急情况状态，用 bool 类型的 isEmergency 表示：this->isEmergency，其值在紧急情况下为 bool 值 true，非紧急情况下为 bool 值 false。runRedLight()函数接口约定应急车辆在红灯时如何通行（isEmergency 为 true，则通行，isEmergency 为 false，和普通车辆一样通行）。Emergency 的子类有 PoliceCar、Ambulance 和 FireEngine，所以在这三个类中都要实现 Emergency 中定义的纯虚函数接口。

交通控制类 TraficControlSystem 对运行的交通工具进行控制，所有交通工具用 Vehicle 数组 v 表示；numVehicles 表示交通工具数量；control 函数进行控制在紧急情况下应急车辆红灯通行，其他情况按常规通行；add()表示有车辆加入系统，shutDown()在系统关闭时清除每个对象数组元素：delete v[i];。Vehicle 的子类具体类型有 Car、Truck、

PoliceCar、Ambulance 和 FireEngine，所以 v[]数组中对象有这些类型的对象，加入 v[]时会自动向上转型成为 Vehicle 类型，而实现了 Emergency 接口的应急车辆有runRedLight()函数，其他 Car 和 Truck 只有 run()函数。因此，用 for 循环对每个 v[i]，判定是否是 Emergency 类型，即是否继承了 Emergency，调用时动态绑定每个数组元素的实际类型，需要通过动态类型转换：

```
Emergency * ev = dynamic_cast<Emergency*>(v[i]);
```

如果转换成功,说明是 Emergency 的子类,实现了 runRedLight(),可以调用 runRedLight(),否则调用 run():

```
if (ev != 0)     ev_->runRedLight();
    else         v[i]->run();
```

主控逻辑代码在 main 函数中实现。初始化 TraficControlSystem，用 tcs 表示，调用tcs 的 add()函数添加具体的交通工具,这里会自动向上转型成为 Vehicle 类型,调用 control()对各车辆进行控制，调用 shutDown()系统关闭，使用完数组对象之后，需要用 delete 操作进行释放对象，即 delete tcs;。

因此，空（1）和空（2）需要定义纯虚函数 isEmergent()和 runRedLight()，原型中=0 题目代码中已经给出，所以空（1）和空（2）分别为"virtual bool isEmergent()"和"virtual void runRedLight()"；空（3）需要继承 Car 和 Emergency，即"public Car, public Emergency"；空（4）要返回应急车辆对象的状态，即 "this->isEmergency"；空（5）处动态类型转换成功的对象 ev；空（6）处为普通车辆对象 v[i]。

参考答案

（1）virtual bool isEmergent()

（2）virtual void runRedLight()

（3）public Car, public Emergency

（4）this->isEmergency

（5）ev

（6）v[i]

试题六（共 15 分）

阅读以下说明和 Java 代码，填充程序中的空缺，将解答填入答题纸的对应栏内。

【说明】

某应急交通控制系统（TraficControlSystem）在红灯时控制各类车辆（Vehicle）的通行，其类图如图 6-1 所示，在紧急状态下应急车辆在红灯时可通行，其余车辆按正常规则通行。

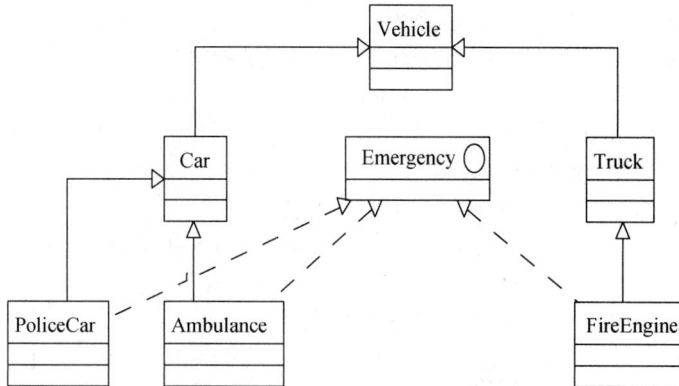

图 6-1　类图

下面的 Java 代码实现以上设计，请完善其中的空缺。

【Java 代码】

```java
abstract class Vehicle {
    public Vehicle() {  }
    abstract void run();
};
interface Emergency {
     (1) ;
     (2) ;
};
class Car extends Vehicle {
    public Car() {  }
    void run(){  /*代码略*/   }
};
class Truck extends Vehicle {
    public Truck() {  }
    void run (){  /*代码略*/   }
};


class PoliceCar   (3)   {
    boolean isEmergency = false;
    public PoliceCar() {  }
    public PoliceCar(boolean b) {   this.isEmergency = b;      }
    public boolean isEmergent() {    return   (4) ;     }
    public void runRedLight(){      /*代码略*/      }
};
```

```
/* 类 Ambulance、FireEngine 实现代码略 */
public class TraficControlSystem { /*交通控制类*/
    private Vehicle[] v = new Vehicle[24];
    int numVehicles;
    public void control() {
        for (int i = 0; i < numVehicles; i++) {
            if (v[i] instanceof Emergency && ((Emergency)v[i]).
            isEmergent()) {
              ( (5) ).runRedLight( );
            } else
            (6) .run();
        }
    }
    void add(Vehicle vehicle) {   v[numVehicles++] = vehicle;} /*添加车辆*/
    void shutDown() { /*代码略*/}

    public static void main(String[] args) {
        TraficControlSystem tcs = new TraficControlSystem();
        tcs.add(new Car());
        tcs.add(new PoliceCar());
        tcs.add(new Ambulance());
        tcs.add(new Ambulance(true));
        tcs.add(new FireEngine(true));
        tcs.add(new Truck());
        tcs.add(new FireEngine());
        tcs.control();
        tcs.shutDown();
    }
}
```

试题六分析

本题考查 Java 语言程序设计的能力，涉及类、对象、方法的定义和相关操作。要求考生根据给出的案例和执行过程说明，认真阅读理清程序思路，然后完成题目。

根据题目说明，以交通控制系统（TraficControlSystem）为背景，本题目中涉及的各类车辆和是否应急状态下在红灯时的通行情况。根据说明进行设计，题目给出了类图（图6-1 类图所示）。

图中父类 Vehicle，代表交通工具，设计为抽象类。在 Java 用 abstract 关键字表示，表示行驶某一个具体的交通工具。Vehicle 包含一个抽象方法：run()，方法后没有实现，直接用;来表示抽象方法，表示行驶的方法由具体子类型完成，所以 Vehicle 的 run()为一个抽象方法：

```
abstract void run();
```

Car 和 Truck 都继承自 Vehicle 的两个子类型，所以它们都继承了 Vehicle 的 run()方法，各自行驶方式有所不同，所以都覆盖了 Vehicle 的 run()方法，并加以实现：

```
void run(){/*代码略*/}
```

Car 的两个子类型 PoliceCar 和 Ambulance 都继承自 Car，从而 PoliceCar 和 Ambulance 也都继承了 Car 中的 run()方法。Truck 的子类 FireEngine 也继承了 Truck 的 run()方法。

图 6-1 中 Emergency 在 Java 中采用接口实现，其中约定红灯时通行的相关接口为：isEmergent()和 runRedLight()。

isEmergent()接口约定应急车辆返回自身紧急情况状态，用 bool 类型的 isEmergency 表示：this.isEmergency，其值在紧急情况下为 true，非紧急情况下为 false。runRedLight() 接口约定应急车辆在红灯时如何通行（isEmergency 为 true，则通行，isEmergency 为 false，和普通车辆一样通行）。实现 Emergency 的类有 PoliceCar、Ambulance 和 FireEngine，所以在这三个类中都要实现 Emergency 中定义的接口。在 Java 中，实现接口用 implements 关键字，后面加上所要实现的接口，即：

```
ClassName implements InterfaceName
```

交通控制类 TraficControlSystem 对运行的交通工具进行控制，所有交通工具用 Vehicle 数组 v 表示；numVehicles 表示交通工具数量；control 函数进行控制在紧急情况下应急车辆红灯通行，其他情况按常规通行；add()表示有车辆加入系统，shutDown()表示系统关闭。Vehicle 的子类具体类型有 Car、Truck、PoliceCar、Ambulance 和 FireEngine，所以 v[]数组中对象有这些类型的对象，加入 v[]时会自动向上转型成为 Vehicle 类型，Emergency 接口的应急车辆有 runRedLight()方法，其他 Car 和 Truck 只有 run()方法。因此，用 for 循环中对每个 v[i]，判定是否是 Emergency 类型的实例，即是否实现了 Emergency。Java 中判断一个对象是否是某个类型的实例用 instanceof 关键字。即：v[i] instanceof Emergency，如果是，说明是应急车辆，接着判定应急车辆的状态，在判定之前先要将应急车辆进行向下转型，Java 中向下转型直接在对象前加上用括号括起来的转换的目标类型即可，即：((Emergency)v[i]).isEmergent()，如果判定为真，执行 runRedLight()，判定不成功，则调用 run()，调用时动态绑定每个数组元素的实际类型，需要通过动态类型转换并调用 runRedLight()：

```
if (v[i] instanceof Emergency && ((Emergency)v[i]).isEmergent()) {
((Emergency)v[i]).runRedLight( );
```

```
    } else
    v[i]->run();
```

主控逻辑代码在 main 方法中实现。初始化 TraficControlSystem，用 tcs 表示，调用 tcs 的 add() 函数添加具体的交通工具，这里会自动向上转型成为 Vehicle 类型，调用 control() 对各车辆进行控制，调用 shutDown() 系统关闭。

因此，空（1）和空（2）需要定义接口 isEmergent() 和 runRedLight()，题目代码中已经给出用分号结尾，所以空（1）和空（2）分别为 " bool isEmergent() " 和 " void runRedLight() "；空（3）需要继承父类 Car 和实现接口 Emergency，Java 中继承采用 extends 关键字，即应填入 " extends Car implements Emergency "；空（4）要返回应急车辆对象的状态，即填入 " this.isEmergency "；空（5）处为动态类型转换后的对象 (Emergency)v[i]；空（6）处为普通车辆对象 v[i]。

参考答案

（1）boolean isEmergent()

（2）void runRedLight()

（3）extends Car implements Emergency

（4）this.isEmergency

（5）(Emergency)v[i]

（6）v[i]

第9章 2014上半年程序员上午试题分析与解答

试题（1）、（2）

在 Word 的编辑状态下，当鼠标指针移到图片上变成__(1)__形状时，可以拖动鼠标对图形在水平和垂直两个方向上进行缩放；若选择了表格中的一行，并执行了表格菜单中的"删除列"命令，则__(2)__。

（1）A. ↕   B. ↔   C. ⌖   D. ↘或↗

（2）A. 整个表格被删除   B. 表格中的一列被删除

     C. 表格中的一行被删除   D. 表格中的行与列均未被删除

试题（1）、（2）分析

在 Word 编辑状态下，当鼠标指针移到图片上变成"↕"表示图形在垂直方向上进行缩放；当鼠标指针移到图片上变成"↔"表示图形在水平方向上进行缩放；当鼠标指针移到图片上变成"↘或↗"表示图形在水平和垂直两个方向上进行缩放。

若用户选择了表格中的一行，并执行了表格菜单中的"删除列"命令，即要删除所选行对应的列，这意味着整个表格被删除。

参考答案

（1）D　　（2）A

试题（3）、（4）

某 Excel 成绩表如下所示，若在 G13 单元格中输入__(3)__，则 G13 单元格为平均成绩不及格的学生数。假设学生平均成绩分为优秀（平均成绩≥85）、及格（60≤平均成绩<85）和不及格（平均成绩<60）三个等级，那么在 H3 单元格中输入__(4)__，并垂直向下拖动填充柄至 H12，则可以完成其他同学成绩等级的计算。

	A	B	C	D	E	F	G	H
1	成绩表							
2	学号	姓名	专业	数学	英语	C语言	平均成绩	等级
3	1001	王小龙	计算机科学	89	76	90	85	
4	1002	孙晓红	计算机科学	75	88	80	81	
5	1003	赵眙珊	计算机科学	60	72	78	70	
6	1004	李丽敏	计算机科学	91	86	91	89	
7	3002	傅学君	软件工程	56	55	62	58	
8	3003	曹海军	软件工程	78	60	72	70	
9	3004	赵晓勇	软件工程	88	96	89	91	
10	4001	杨一凡	电子商务	90	68	92	83	
11	4003	景昊星	电子商务	88	78	86	84	
12	4005	李建军	电子商务	76	65	90	77	
13								

（3）A．COUNT(G3:G12,"<60") 　　　　　B．=COUNT(G3:G12,"<60")

　　　C．COUNTIF(G3:G12,"<60") 　　　　D．=COUNTIF(G3:G12,"<60")

（4）A．IF(G3>=85,"优秀",IF(G3>=60,"及格","不及格"))

　　　B．=IF(G3>=85,"优秀",IF(G3>=60,"及格","不及格"))

　　　C．IF(平均成绩>=85,"优秀",IF(平均成绩>=60,"及格","不及格"))

　　　D．=IF(平均成绩>=85,"优秀",IF(平均成绩>=60,"及格","不及格"))

试题（3）、（4）分析

本题考查 Excel 基本概念方面的知识。

Excel 规定公式以等号（=）开头，选项 A 和选项 C 没有 "=" 故不正确。选项 B 是错误的，因为函数 COUNT 的格式为：COUNT（参数 1，参数 2，……），其功能是求各参数中数值型参数和包含数值的单元格个数，所以公式 "=COUNT(g3:g12,"<60")" 中 G3:G12 单元格保存了 10 个数值，而参数 "<60" 为非数值型参数，故 COUNT 计算结果等于 10，显然不正确。选项 D 是正确的，因为函数 COUNTIF 的格式为：COUNTIF（取值范围，条件式），其功能是计算某区域内满足条件的单元格个数，选项 D 是计算 G3:G12 单元格区域中小于 60 分的单元格的个数，结果等于 1。

IF 函数的格式为 IF（条件式，值 1，值 2），若满足条件，则结果返回值 1，否则，返回值 2。IF 函数可以嵌套使用，最多可嵌套 7 层。本题在 H3 单元格输入选项 B "=IF(G3>=85,"优秀",IF(G3>=60,"及格","不及格"))" 的含义为：如果 G3 单元格的值>=85，则在 H3 单元格填写 "优秀"，否则如果 G3>=60，则在 H3 单元格填写 "及格"，否则填写 "不及格"。

参考答案

（3）D　　（4）B

试题（5）

　　　（5）　　　是正确的电子邮件地址格式。

（5）A．用户名@域名　　B．用户名\域名　　C．用户名#域名　　D．用户名.域名

试题（5）分析：

本题考查收发电子邮件地址格式方面的基础知识。

电子邮件地址格式是用户名和域名之间用符号 "@" 分隔。

参考答案

（5）A

试题（6）

计算机中常用原码、反码、补码和移码表示数据，其中表示 0 时仅用一个编码的是　　（6）　　。

（6）A．原码和反码　　B．原码和补码　　C．反码和移码　　D．补码和移码

试题（6）分析

本题考查计算机系统基础知识。

设机器字长为 8，对于数值 0，其原码表示为 $[+0]_原=00000000$，$[-0]_原=10000000$；其反码表示为 $[+0]_反=00000000$，$[-0]_反=11111111$；其补码表示为 $[+0]_补=00000000$，$[-0]_补=00000000$；若偏移量为 2^7，则 0 的移码表示为 $[+0]_移=10000000$，$[-0]_移=10000000$。因此，在补码和移码表示中，0 仅用一个编码。

参考答案

（6）D

试题（7）

CPU 执行指令时，先根据 __(7)__ 的内容从内存读取指令，然后译码并执行。

（7）A．地址寄存器　　B．程序计数器　　C．指令寄存器　　D．通用寄存器

试题（7）分析

本题考查计算机系统基础知识。

程序计数器（PC）用于存放指令的地址。当程序顺序执行时，每取出一条指令，PC 内容自动增加一个值，指向下一条要取的指令。当程序出现转移时，则将转移地址送入 PC，然后由 PC 指出新的指令地址。

通用寄存器组是 CPU 中的一组工作寄存器，运算时用于暂存操作数或地址。在程序中使用通用寄存器可以减少访问内存的次数，提高运算速度。

累加器是一个数据寄存器，在运算过程中暂时存放操作数和中间运算结果，不能用于长时间地保存一个数据。

参考答案

（7）B

试题（8）

以下关于 CPU 与 I/O 设备交换数据时所用控制方式的叙述中，错误的是 __(8)__ 。

（8）A．程序查询方式下交换数据不占用 CPU 时间

　　　B．中断方式下 CPU 与外设可并行工作

　　　C．中断方式下 CPU 不需要主动查询和等待外设

　　　D．DMA 方式下不需要 CPU 执行程序传送数据

试题（8）分析

本题考查计算机系统基础知识。

CPU 与 I/O 设备交换数据时常见的控制方式有程序查询方式、中断方式、DMA 方式和通道方式等。在程序查询方式下，CPU 执行指令查询外设的状态，在外设准备好的情况下才输入或输出数据。在中断方式下，是外设准备好接收或发送数据时发出中断请求，CPU 无需主动查询外设的状态。在 DMA 方式下，数据传送过程是直接在内存和外设间进行的，不需要 CPU 执行程序来进行数据传送。

参考答案

（8）A

试题（9）

构成计算机系统内存的主要存储器件是　（9）　。

（9）A. SRAM　　　　B. DRAM　　　　C. PROM　　　　D. EPROM

试题（9）分析

本题考查计算机系统基础知识。

随机存储器（RAM）分为静态随机存储器（SRAM）和动态随机存储器（DRAM）两类。其中，SRAM 速度快，不需要刷新操作，缺点是集成度低价格高，在主板上不能作为用量较大的主存。DRAM 是最为常见的内存储器，采用电容存储，其数据只能保持很短的时间，每隔一段时间需要刷新充电 1 次，否则内部的数据会丢失。

对于可编程的只读存储器（Programmable Read Only Memory，PROM），其内容可以由用户一次性地写入，写入后不能再修改。可擦除可编程只读存储器（Erasable Programmable Read Only Memory，EPROM）的内容既可以读出，也可以由用户写入，写入后还可以修改。常见的改写方法是先用紫外线照射 15～20 分钟以擦去所有信息，然后再用特殊的电子设备写入信息。

参考答案

（9）B

试题（10）、（11）

计算机的　（10）　直接反映了机器的速度，其值越高表明机器速度越快；运算速度是指 CPU 每秒能执行的指令条数，常用　（11）　来描述。

（10）A. 内存容量　　B. 存取速度　　C. 时钟频率　　D. 总线宽度

（11）A. MB　　　　B. MIPS　　　　C. Hz　　　　D. BPS

试题（10）、（11）分析

本题考查应试者计算机性能评价方面的基础知识。

计算机的时钟频率直接反映了机器的速度，通常主频越高其速度越快。但是，相同频率、不同体系结构的机器，其速度可能会相差很多倍，因此还需要用其他方法来测定机器性能。

通常所说的计算机运算速度（平均运算速度）是指每秒钟所能执行的指令条数，一般用"百万条指令 / 秒"（MIPS，Million Instruction Per Second）来描述。

参考答案

（10）C　　（11）B

试题（12）

将他人的软件光盘占为己有的行为是侵犯　（12）　行为。

（12）A. 有形财产所有权　　　　　　　　B. 知识产权

C．软件著作权　　　　　　　D．无形财产所有权

试题（12）分析

本题考查知识产权基本知识。

侵害知识产权的行为主要表现形式为剽窃、篡改、仿冒等，这些行为施加影响的对象是作者、创造者的思想内容（思想表现形式）与其物化载体无关。擅自将他人的软件复制出售的行为涉及的是软件开发者的思想表现形式，该行为是侵犯软件著作权行为。

侵害有形财产所有权的行为主要表现为侵占、毁损等，这些行为往往直接作用于"物体"本身，如将他人的财物毁坏，强占他人的财物等。将他人的软件光盘占为己有涉及的是物体本身，即软件的物化载体，该行为是侵犯有形财产所有权的行为。

参考答案

（12）A

试题（13）

在我国，商标专用权保护的对象是__(13)__。

（13）A．商标　　　　B．商品　　　　C．已使用商标　　D．注册商标

试题（13）分析

本题考查知识产权基本知识。

商标是生产经营者在其商品或服务上所使用的，由文字、图形、字母、数字、三维标志和颜色，以及上述要素的组合构成，用以识别不同生产者或经营者所生产、制造、加工、拣选、经销的商品或者提供的服务的可视性标志。已使用商标是用于商品、商品包装、容器以及商品交易书上，或者用于广告宣传、展览及其他商业活动中的商标。注册商标是经商标局核准注册的商标，商标所有人只有依法将自己的商标注册后，商标注册人享有商标专用权，受法律保护。未注册商标是指未经商标局核准注册而自行使用的商标，其商标所有人不享有法律赋予的专用权，不能得到法律的保护。一般情况下，使用在某种商品或服务上的商标是否申请注册完全由商标使用人自行决定，实行自愿注册。但对与人民生活关系密切的少数商品实行强制注册，如对人用药品，必须申请商标注册，未经核准注册的，不得在市场销售。

（13）D

试题（14）、（15）

微型计算机系统中，打印机属于__(14)__，内存属于__(15)__。

（14）A．表现媒体　　B．传输媒体　　C．表示媒体　　　D．存储媒体
（15）A．表现媒体　　B．传输媒体　　C．表示媒体　　　D．存储媒体

试题（14）、（15）分析

本题考查考生多媒体基础知识。

表现媒体是指进行信息输入和输出的媒体，如键盘、鼠标、话筒，以及显示器、打印机、喇叭等。传输媒体是指传输表示媒体的物理介质，如电缆、光缆、电磁波等。

　　　表示媒体指传输感觉媒体的中介媒体，即用于数据交换的编码，如图像编码、文本编码和声音编码等；存储媒体是指用于存储表示媒体的物理介质，如硬盘、软盘、磁盘、光盘、ROM 及 RAM 等。

参考答案

　　（14）A　　（15）D

试题（16）

　　　___(16)___ 是采用一系列计算机指令来描述一幅图的内容。

　　（16）A．点阵图　　　　B．矢量图　　　　C．位图　　　　D．灰度图

试题（16）分析

　　本题考查多媒体基础知识。

　　矢量图是用一系列计算机指令来描述一幅图的内容，即通过指令描述构成一幅图的所有直线、曲线、圆、圆弧、矩形等图元的位置、维数和形状，也可以用更为复杂的形式表示图像中的曲面、光照、材质等效果。矢量图法实质上是用数学的方式（算法和特征）来描述一幅图形图像，在处理图形图像时根据图元对应的数学表达式进行编辑和处理。在屏幕上显示一幅图形图像时，首先要解释这些指令，然后将描述图形图像的指令转换成屏幕上显示的形状和颜色。位图（点阵图）、灰度图是采用像素来描述一幅图形图像。

参考答案

　　（16）B

试题（17）

　　文件型计算机病毒主要感染的文件类型是 ___(17)___ 。

　　（17）A．EXE 和 COM　　　　　　　B．EXE 和 DOC

　　　　　C．XLS 和 DOC　　　　　　　D．COM 和 XLS

试题（17）分析

　　本题考查计算机病毒的基础知识。

　　文件型计算机病毒感染可执行文件（包括 EXE 和 COM 文件）。一旦直接或间接地执行了这些受计算机病毒感染的程序，计算机病毒就会按照编制者的意图对系统进行破坏，这些计算机病毒还可细分为：驻留型计算机病毒、主动型计算机病毒、覆盖型计算机病毒、伴随型计算机病毒。

参考答案

　　（17）A

试题（18）

　　以下关于木马程序的叙述中，正确的是 ___(18)___ 。

　　（18）A．木马程序主要通过移动磁盘传播

　　　　　B．木马程序的客户端运行在攻击者的机器上

　　C．木马程序的目的是使计算机或网络无法提供正常的服务

　　D．Sniffer 是典型的木马程序

试题（18）分析

　　本题考查木马程序的基础知识。

　　木马程序一般分为服务器端（Server）和客户端（Client），服务器端是攻击者传到目标机器上的部分，用来在目标机上监听等待客户端连接过来。客户端是用来控制目标机器的部分，放在攻击者的机器上。木马（Trojans）程序常被伪装成工具程序或游戏，一旦用户打开了带有特洛伊木马程序的邮件附件或从网上直接下载，或执行了这些程序之后，当你连接到互联网上时，这个程序就会通知黑客用户的 IP 地址及被预先设定的端口。黑客在收到这些资料后，再利用这个潜伏其中的程序，就可以肆意修改用户的计算机设定、复制任何文件、窥视用户整个硬盘内的资料等，从而达到控制用户的计算机的目的。

　　现在有许多这样的程序，国外的此类软件有 Back Office、Netbus 等，国内的此类软件有 Netspy、YAI、SubSeven、冰河、"广外女生"等。Sniffer 是一种基于被动侦听原理的网络分析软件。使用这种软件，可以监视网络的状态、数据流动情况以及网络上传输的信息，其不属于木马程序。

参考答案

　　（18）B

试题（19）、（20）

　　将多项式 $2^7 + 2^5 + 2^2 + 2^0$ 表示为十六进制数，值为　__(19)__；表示为十进制数，值为　__(20)__。

　　（19）A．55　　　　　　B．95　　　　　　C．A5　　　　　　D．EF

　　（20）A．165　　　　　B．164　　　　　C．160　　　　　D．129

试题（19）、（20）分析

　　本题考查数据表示基础知识。

　　$2^7 + 2^5 + 2^2 + 2^0$＝10000000+100000+100+1=10100101，表示为十六进制为 A5，在十进制情况下为 165，即 128+32+4+1。

参考答案

　　（19）C　　（20）A

试题（21）

　　以逻辑变量 X 和 Y 为输入，当且仅当 X 和 Y 同时为 0 时，输出才为 0，其他情况下输出为 1，则逻辑表达式为　__(21)__。

　　（21）A．$X \bullet Y$　　　　B．$X + Y$　　　　C．$X \oplus Y$　　　　D．$\overline{X} + \overline{Y}$

试题（21）分析

　　本题考查逻辑运算基础知识。

X	Y	$X \cdot Y$	$X + Y$	$X \oplus Y$	$\overline{X} + \overline{Y}$
0	0	0	0	0	1
0	1	0	1	1	1
1	0	0	1	1	1
1	1	1	1	0	0

显然，符合题目描述的运算是 $X + Y$。

参考答案

（21）B

试题（22）

在计算机系统中，构成虚拟存储器 ___（22）___ 。

（22）A．只需要硬件　　　　　　　　　　B．只需要软件

　　　　C．不需要硬件和软件　　　　　　D．既需要硬件也需要软件

试题（22）分析

本题考查计算机系统基础知识。

如果一个作业的部分内容装入主存便可开始启动运行，其余部分暂时留在磁盘上，需要时再装入主存。这样就可以有效地利用主存空间。从用户角度看，该系统所具有的主存容量将比实际主存容量大得多，这样的存储器称为虚拟存储器。虚拟存储器是为了扩大主存容量而采用的一种设计方法，其容量是由计算机的地址结构决定的，实现虚拟存储器既需要硬件，也需要软件。

参考答案

（22）D

试题（23）（24）

Windows 操作系统中的文件名最长可达 ___（23）___ 个字符；文件名中可以使用大写或小写字母，系统 ___（24）___ 。

（23）A．8　　　　　　　B．16　　　　　　　C．128　　　　　　　D．255

（24）A．会保留创建文件时所使用的大小写字母，访问时文件名区分大小写

　　　　B．会保留创建文件时所使用的大小写字母，但访问时文件名不区分大小写

　　　　C．不保留创建文件时所使用的大小写字母，访问时文件名也不区分大小写

　　　　D．不保留创建文件时所使用的大小写字母，但访问时文件名要区分大小写

试题（23）（24）分析

本题考查应试者 Windows 操作系统方面的基础知识。

在 Windows 系统中的文件名最长可达 255 个字符；文件名中可以使用大写或小写字母，系统会保留创建文件时所使用的大小写字母，但文件名不区分大小写。例如，用户创建的文件名为 "license.doc"，当用户修改此文件并另存为 "LICENSE.doc" 时，系统仍然将文件保存为 "license.doc"。

参考答案

（23）D　　（24）B

试题（25）

操作系统文件管理中，目录文件是由__(25)__组成的。

（25）A．文件控制块　　　B．机器指令　　　C．汇编程序　　　D．进程控制块

试题（25）分析

本题考查操作系统文件管理方面的基础知识。

操作系统文件管理中为了实现"按名存取"，系统必须为每个文件设置用于描述和控制文件的数据结构，它至少要包括文件名和存放文件的物理地址，这个数据结构称为文件控制块（FCB），文件控制块的有序集合称为文件目录。换句话说，文件目录是由文件控制块组成的，专门用于文件的检索。

参考答案

（25）A

试题（26）

若进程 P1 正在运行，操作系统强行撤下 P1 进程所占用的 CPU，让具有更高优先级的进程 P2 运行，这种调度方式称为__(26)__。

（26）A．中断方式　　　B．抢占方式　　　C．非抢占方式　　　D．查询方式

试题（26）分析

本题考查操作系统进程管理方面的基础知识。

在操作系统进程管理中，进程调度方式是指某进程正在运行，当有更高优先级的进程到来时如何分配 CPU。调度方式分为可剥夺和不可剥夺两种。可剥夺式是指当有更高优先级的进程到来时，强行将正在运行进程的 CPU 分配给高优先级的进程；不可剥夺式是指当有更高优先级的进程到来时，必须等待正在运行进程自动释放占用的 CPU，然后将 CPU 分配给高优先级的进程。

参考答案

（26）B

试题（27）

在请求分页系统中，当访问的页面不在主存时会产生一个缺页中断，缺页中断与一般中断的主要区别是__(27)__。

（27）A．每当发生缺页中断并进行处理后，将返回到被中断指令的下一条指令开始执行；而一般中断是返回到被中断指令开始重新执行

　　　B．缺页中断在一条指令执行期间只会产生一次，而一般中断会产生多次

　　　C．缺页中断在指令执行期间产生并进行处理，而一般中断是在一条指令执行完，下一条指令开始执行前进行处理的

　　　D．缺页中断在一条指令执行完，下一条指令开始执行前进行处理，而一般中

断是在一条指令执行期间进行处理的

试题（27）分析

本题考查操作系统存储管理方面的基础知识。

在请求分页系统中，当访问的页面不在主存时会产生一个缺页中断，缺页中断与一般中断的主要区别是缺页中断是在指令执行期间产生并进行处理的，而一般中断是在一条指令执行完，下一条指令开始执行前进行处理的。缺页中断在一条指令执行期间可能会产生多次，每当发生缺页中断并进行处理后，将返回到被中断指令开始重新执行。

参考答案

（27）C

试题（28）、（29）

在下列程序设计语言中，被称为函数式程序语言的是 (28) ，而 (29) 可称为通用的脚本语言。

（28）A. COBOL B. XML C. LISP D. PROLOG

（29）A. Visual Basic B. Python C. Java D. C#

试题（28）、（29）分析

本题考查程序语言基础知识。·

COBOL 是面向事务处理的语言，XML 即可扩展标记语言，PROLOG 是逻辑式语言，LISP 是函数式语言。Python 可称为通用的脚本语言。

参考答案

（28）C （29）B

试题（30）

通用的高级程序语言一般都会提供描述数据、运算、控制和数据传输的语言成分，其中，控制成分中有顺序、 (30) 、循环结构。

（30）A. 选择 B. 递归 C. 递推 D. 函数

试题（30）分析

本题考查程序语言基础知识。

程序语言的控制成分提供运算的控制逻辑，已经证明程序的控制结构可分为顺序、选择（或分支）和循环结构三种。

参考答案

（30）A

试题（31）

以编译方式翻译 C/C++源程序的过程中，语句结构的合法性分析是 (31) 的任务。

（31）A. 词法分析 B. 语义分析 C. 语法分析 D. 目标代码生成

试题（31）分析

本题考查程序语言翻译基础知识。

一般情况下，编译程序的工作过程可以分为词法分析、语法分析、语义分析、中间代码生成、代码优化和目标代码生成等 6 个阶段，还需要有错误处理和符号表管理。其中，语法分析的任务是在词法分析的基础上，根据语言的语法规则将单词符号序列分解成各类语法单位，如"表达式""语句"和"程序"等。

如果源程序中没有语法错误，语法分析后就能正确地构造出其语法树；否则就指出语法错误，并给出相应的诊断信息。词法分析和语法分析本质上都是对源程序的结构进行分析。

参考答案

（31）C

试题（32）

在程序运行过程中由编程人员根据需要申请和释放空间的存储区域是　（32）　。

（32）A．代码区　　　　B．静态数据区　　　　C．栈区　　　　D．堆区

试题（32）分析

本题考查程序语言基础知识。

内存空间在逻辑上可以划分为代码区和数据区两大部分，其中，数据区又可分为静态数据区、栈区和堆区。代码区存放指令，运行过程中不能修改。一般情况下，全局变量的存储单元位于静态数据区，局部变量的存储单元存放在栈区，根据需要动态申请和释放的动态变量的存储空间在堆区。

参考答案

（32）D

试题（33）

C 语言源程序中以#开头的命令在　（33）　进行处理。

（33）A．对源程序编译之前　　　　　　B．对源程序编译过程中

　　　　C．目标程序链接时　　　　　　D．目标程序运行时

试题（33）分析

本题考查 C 语言知识。

在 C 程序中，以#开头的命令称为预处理命令，对源程序编译之前就处理该类命令。

参考答案

（33）A

试题（34）、（35）

正规式(ab|c)(0|1|2)表示的正规集合中有　（34）　个元素，　（35）　是该正规集中的元素。

（34）A．3　　　　B．5　　　　　C．6　　　　　D．9

（35）A．abc012　　B．a0　　　　C．c02　　　　D．c0

试题（34）、（35）分析

本题考查程序语言基础知识。

正规式(ab|c)表示的正规集为{ab, c}，正规式(0|1|2) 表示的正规集为{0, 1, 2}，将{ab, c}与{0, 1, 2}进行连接运算后的正规集为{ab0, ab1, ab2, c0, c1, c2}，因此该正规集有 6 个元素，c0 属于该集合。

参考答案

（34）C   （35）D

试题（36）

线性表采用单链表存储时的特点是___（36）___。

（36）A．插入、删除不需要移动元素   B．可随机访问表中的任一元素

　　　 C．必须事先估计存储空间需求量   D．结点占用地址连续的存储空间

试题（36）分析

本题考查数据结构知识。

线性表采用单链表存储时，每个元素用一个结点表示，结点中的指针域指出后继元素所在结点，存取元素时只能从头指针出发顺序地查找元素，可根据需要动态申请和释放结点，也不要求结点的存储地址连续。在单链表上插入和删除元素只需要修改逻辑上相关的元素所在结点的指针域，而不需要移动元素。

参考答案

（36）A

试题（37）

以下关于栈和队列的叙述中，错误的是___（37）___。

（37）A．栈和队列都是线性的数据结构

　　　 B．栈和队列都不允许在非端口位置插入和删除元素

　　　 C．一个序列经过一个初始为空的栈后，元素的排列次序一定不变

　　　 D．一个序列经过一个初始为空的队列后，元素的排列次序不变

试题（37）分析

本题考查数据结构基础知识。

栈和队列是运算受限的线性表，栈的特点是后入先出，即只能在表尾插入和删除元素。队列的特点是先进先出，也就是只能在表尾插入元素，而在表头删除元素。因此，一个序列经过一个初始为空的队列后，元素的排列次序不变。在使用栈时，只要栈不空，就可以进行出栈操作，因此，一个序列经过一个初始为空的栈后，元素的排列次序可能发生变化。

参考答案

（37）C

试题（38）

设有字符串 S 和 P，串的模式匹配是指确定___(38)___。

(38) A．P 在 S 中首次出现的位置　　　　B．S 和 P 是否能连接起来

　　　C．S 和 P 能否互换　　　　　　　　D．S 和 P 是否相同

试题（38）分析

本题考查数据结构基础知识。

串的模式匹配是指模式串在主串中的定位运算，即模式串在主串中首次出现的位置。

参考答案

（38）A

试题（39）

特殊矩阵是非零元素有规律分布的矩阵，以下关于特殊矩阵的叙述中，正确的是___(39)___。

(39) A．特殊矩阵适合采用双向链表进行压缩存储

　　　B．特殊矩阵适合采用单向循环链表进行压缩存储

　　　C．特殊矩阵的所有非零元素可以压缩存储在一维数组中

　　　D．特殊矩阵的所有零元素可以压缩存储在一维数组中

试题（39）分析

本题考查数据结构基础知识。

对于矩阵，压缩存储的含义是为多个值相同的元素只分配一个存储单元，对零元素不分配存储单元。如果矩阵的零元素有规律地分布，则可将其非零元素压缩存储在一维数组中，并建立起每个非零元素在矩阵中的位置与其在一维数组中的位置之间的对应关系。

参考答案

（39）C

试题（40）

完全二叉树的特点是叶子结点分布在最后两层，且除最后一层之外，其他层的结点数都达到最大值，那么 25 个结点的完全二叉树的高度（即层数）为___(40)___。

(40) A．3　　　　　　B．4　　　　　　C．5　　　　　　D．6

试题（40）分析

本题考查数据结构基础知识。

若深度为 k 的二叉树有 2^k-1 个结点，则称其为满二叉树。满二叉树中每层上的结点数达到最大值。可以对满二叉树中的结点进行连续编号，约定编号从根结点起，自上而下、自左至右依次进行。深度为 k、有 n 个结点的二叉树，当且仅当其每一个结点都与深度为 k 的满二叉树中编号为 $1 \sim n$ 的结点一一对应时，称之为完全二叉树。高度为 3

满二叉树如下图（a）所示，具有 6 个结点的完全二叉树如下图（b）所示，下图（c）则不是完全二叉树。

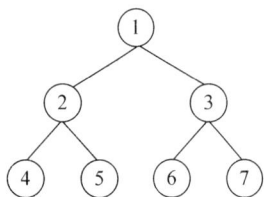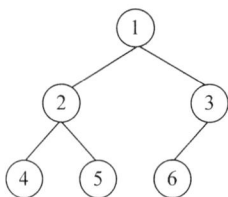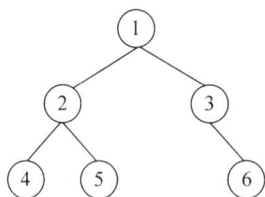

（a）满二叉树　　　　　　　（b）完全二叉树　　　　　　　（c）非完全二叉树

从上图中可知，在完全二叉树中，除最后一层结点数不满以外，其余层的结点数都达到最大值。若完全二叉树有 25 个结点，则其前 4 层结点数为 15（1+2+4+8），第 5 层上就有 10 个结点（即 25-10），尚未超过该层最多 16 个结点的上限，因此该二叉树的高度为 5。

参考答案

（40）C

试题（41）

某二叉排序树如下所示，新的元素 45 应作为　__（41）__ 插入该二叉树中。

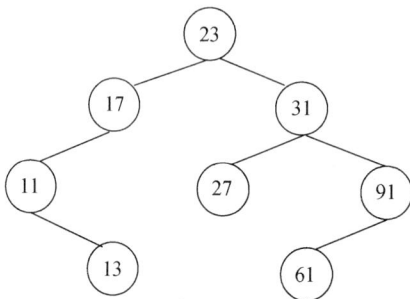

（41）A．11 的左子树　　　　　　　　B．17 的右子树

　　　　C．61 的左子树　　　　　　　　D．27 的右子树

试题（41）分析

本题考查数据结构基础知识。

根据二叉排序树的定义，当新来的元素大于根结点的关键码时，应将其插入根结点的右子树中，当新来的元素小于根结点的关键码时，应将其插入根结点的左子树中，在子树上同样如此。由于 45 大于 23，因此将其插入结点 31 的右子树中，又由于 45 大于 31、小于 91、小于 61，因此最后将其作为 61 的左子树加入该二叉树中。

参考答案

（41）C

试题（42）

数组是程序语言提供的基本数据结构，对数组通常进行的两种基本操作是数组元素的 （42） 。

(42) A．插入和删除　　　　　　　B．读取和修改

　　　C．插入和检索　　　　　　　D．修改和删除

试题（42）分析

本题考查数据结构基础知识。

由于数组一旦被定义，就不再有元素的增减变化，因此对数组通常进行的两种基本操作为读取和修改，也就是给定一组下标，读取或修改其对应的数据元素值。

参考答案

（42）B

试题（43）

已知某带权图 G 的邻接表如下所示，其中表结点的结构为：

邻接顶点编号	边上的权值	指向下一个邻接顶点的指针

以下关于该图的叙述中，正确的是 （43） 。

(43) A．图 G 是强连通图　　　　B．图 G 具有 14 条弧

　　　C．顶点 B 的出度为 3　　　　D．顶点 B 的入度为 3

试题（43）分析

本题考查数据结构基础知识。

从题图中可知，顶点 A、B、C、D、E 的编号为 1～5，因此顶点 A 的邻接表中的两个结点表示：存在顶点 A 至顶点 B 的弧且权值为 5，存在顶点 A 至顶点 D 的弧且权值为 8，再考查顶点 B 只有一个邻接顶点 E，因此该图为有向图，有 7 条弧，如下图所示。

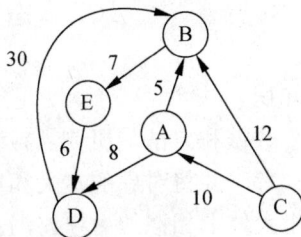

　　若在有向图中，每对顶点之间都存在路径，则是强连通图。上图不是强连通图，例如，顶点 C 至 B 有路径，反之则没有路径。在有向图中，顶点的入度是以该顶点为终点的有向边的数目，而顶点的出度指以该顶点为起点的有向边的数目。对于顶点 B，其出度为 1，而入度为 3。

参考答案

　　（43）D

试题（44）、（45）

　　在面向对象方法中，__（44）__定义了超类和子类的概念，子类在原有父类接口的前提下，用适合于自己要求的实现去置换父类中的相应实现称为__（45）__。

　　（44）A．继承　　　　B．覆盖　　　　C．封装　　　　D．多态
　　（45）A．继承　　　　B．覆盖　　　　C．封装　　　　D．多态

试题（44）、（45）分析

　　本题考查面向对象的基本知识。

　　继承是父类和子类之间共享数据和方法的机制。这是类之间的一种关系，在定义和实现一个类的时候，可以在一个已经存在的类的基础上来进行，把这个已经存在的类所定义的内容作为自己的内容，并加入若干新的内容，即子类比父类更加具体化。封装是一种信息隐蔽技术，其主要目的是对象的使用者和生产者分离，是对象的定义和实现分开。多态（polymorphism）是不同的对象收到同一消息可以进行不同的响应，产生完全不同的结果，用户可以发送一个通用的消息，而实现细节则由接收对象自行决定，使得同一个消息就可以调用不同的方法，即一个对象具有多种形态。覆盖是一个名称多个含义，即同一个方法名称，带有不同的参数个数或类型。交通工具是泛指各类交通工具，而汽车是一种交通工具，且具有自己的特性。因此，继承关系最适合表达这些类的设计，在继承交通工具的基础上，设计汽车类，添加自己特有的行为，设计出子类。

参考答案

　　（44）A　　（45）B

试题（46）、（47）

　　在一系统中，不同类对象之间的通信的一种构造称为__（46）__，一个对象具有多种形态称为__（47）__。

　　（46）A．属性　　　　B．封装　　　　C．类　　　　D．消息
　　（47）A．继承　　　　B．封装　　　　C．多态　　　　D．覆盖

试题（46）、（47）分析

　　本题考查面向对象的基本知识。

　　继承是父类和子类之间共享数据和方法的机制。封装是一种信息隐蔽技术，其主要目的是分离对象的使用者和生产者，并将对象的定义和实现分开。类是现实世界具有相同特性的对象抽象，定义了一组大体上相似的对象。消息是对象之间进行通信的一种构

造。多态（polymorphism）是不同的对象收到同一消息可以进行不同的响应，产生完全不同的结果，用户可以发送一个通用的消息，而实现细节则由接收对象自行决定，使得同一个消息就可以调用不同的方法，即一个对象具有多种形态。覆盖是一个名称多个含义，即同一个方法名称，带有不同的参数个数或类型。

参考答案

　　（46）D　　（47）C

试题（48）

　　统一建模语言（UML）图中，　（48）　描述了以时间顺序组织的对象之间的交互动态视图。

　　（48）A．序列图　　　　B．通信图　　　　C．活动图　　　　D．交互概览图

试题（48）分析

　　本题考查 UML 建模的基本知识。

　　UML 中序列图、通信图、活动图和交互概览图都用于建模系统动态方面。序列图描述以时间顺序组织的对象之间的交互动态视图，通信图强调收发消息的对象的结构组织。交互概览图描述交互（特别是关注控制流），但是抽象掉了消息和生命线。序列图、通信图和交互概览图都是交互图。活动图是一种特殊的状态图，它展现了在系统内从一个活动到另一个活动的流程。

参考答案

　　（48）A

试题（49）、（50）

　　某教务系统的部分需求包括：教务人员输入课程信息；学生选择课程，经教务人员审核后安排到特定的教室和时间上课；教师根据安排的课程上课，在考试后录入课程信息；学生可以查询本人的成绩；教务人员可以查询、修改和删除课程信息。若用顶层数据流图来建模，则上述需求应包含　（49）　个加工。用模块化方法对系统进行模块划分后，若将对课程信息的增加、修改、删除和查询放到一个模块中，则该模块的内聚类型为　（50）　。

　　（49）A．1　　　　　B．3　　　　　C．5　　　　　D．6

　　（50）A．逻辑内聚　　B．信息内聚　　C．过程内聚　　D．功能内聚

试题（49）、（50）分析

　　本题考查结构化分析和设计方法的基础知识。

　　数据流图从数据传递和加工的角度，以图形的方式刻画数据流从输入到输出的移动变换过程，其基础是功能分解。在结构化分析过程中，一般采用分层的数据流图来对功能建模，从顶层数据流图开始，逐层分解。一个待开发的软件系统的顶层数据流图只有一个加工。

　　模块独立性是创建良好设计的一个重要原则，一般采用模块间的耦合和模块的内聚

两个准则来进行度量。内聚是模块功能强度的度量，一个模块内部各个元素之间的联系越紧密，则它的内聚性就越高，模块独立性就越强。一般来说模块内聚性由低到高有巧合内聚、逻辑内聚、时间内聚、过程内聚、通信内聚、信息内聚和功能内聚七种类型。若一个模块把几种相关的功能组合在一起，每次被调用时，由传送给模块的判定参数来确定该模块应执行哪一种功能，则该模块的内聚类型为逻辑内聚。若一个模块内的处理是相关的，而且必须以特定次序执行，则称这个模块为过程内聚模块。信息内聚模块完成多个功能，各个功能都在同一数据结构上操作，每一项功能有一个唯一的入口点。若一个模块中各个部分都是完成某一个具体功能必不可少的组成部分，则该模块为功能内聚模块。

参考答案

（49）A　（50）B

试题（51）

黑盒测试不能发现　(51)　问题。

（51）A．不正确或遗漏的功能　　　　B．初始化或终止性错误

　　　C．内部数据结构无效　　　　　D．性能不满足要求

试题（51）分析

本题考查软件测试的基础知识。

黑盒测试也称为功能测试，在完全不考虑软件的内部结构和特性的情况下，测试软件的外部特性。黑盒测试主要是为了发现以下几类错误：

① 是否有错误的功能或遗漏的功能？

② 界面是否有误？输入是否正确？输出是否正确？

③ 是否有数据结构或外部数据库访问错误？

④ 性能是否能够接受？

⑤ 是否有初始化或终止性错误？

参考答案

（51）C

试题（52）

在软件正式运行后，一般来说，　(52)　阶段引入的错误需要的维护代价最高。

（52）A．需求分析　　B．概要设计　　　C．详细设计　　　D．编码

试题（52）分析

本题考查软件工程的基础知识。

一般来说，软件开发中的错误越早发现，修改的成本越小。在维护阶段，发现越早期的错误，修改和维护的成本就越大。因此，从维护成本上说，需求阶段的错误维护代价最高，然后依次是概要设计阶段、详细设计阶段和编码阶段。这从另一方面提示开发人员提高每一阶段的开发质量，并重视阶段制品的评审工作。

参考答案

（52）A

试题（53）

专业程序员小王记录的工作经验中，不正确的是__(53)__。

（53）A．疲劳、烦心、缺思路时不要编程，可以先做事务性工作

　　　　B．"先写测试方案再编程"的测试驱动开发是切实可行的

　　　　C．专业程序员可能自负、固执和内向，所以更需要强调协作

　　　　D．专业程序员面对经理催促交付时，要服从大局不计困难

试题（53）分析

本题考查软件工程（程序员素质）基础知识。

编程是一项强脑力劳动，从构思设计到写代码需要专心细致地做工作。人在疲劳、烦心时，思路也不会清晰，编程容易出错。而且，程序出错后的检查纠错很麻烦，隐蔽的错误更会严重影响应用效果，甚至会造成很大损失。所以，此时还不如放下编程，先做些事务性工作，等人的状态休整好了，再做编程，效果会更好。

最近几年的实践表明，"先写测试方案再编程"的测试驱动开发是切实可行的，也有利于提高软件的质量。

由于专业程序员需要注重实现细节，常常对自己经过反复思考获得的算法实现逻辑非常自信，常常表现出自负、固执和内向，特别是多人共同编程时，常会产生争执。因此，强调协作精神是非常重要的。

软件开发过程中，由于各种技术因素十分复杂，拖延工期很常见。用户要求按期交付，经理则常来催促。专业程序员应向经理如实说明拖延工期的原因，解释软件测试等因素的复杂性和不确定性，这些因素不是增加人力和加班所能解决的，如实说明赶工期的危害性。专业程序员应根据经验估计，经过最大努力最快能在什么时间交付，由经理再仔细考虑决策。一味听从经理安排，可能事与愿违，有时不得不减少测试，降低软件质量，造成更大的应用问题。据统计，大部分用户催促交付，不过是强调合同的重要性，即使真的按期交付，也会放在那里一段时间，等待投入使用。

参考答案

（53）D

试题（54）

企业管理、电子政务、电子商务等具有__(54)__的特点，宜采用云计算模式。

（54）A．强计算、强流程、多交互　　　　B．强计算、弱流程、少交互

　　　　C．弱计算、弱流程、少交互　　　　D．弱计算、强流程、多交互

试题（54）分析

本题考查软件工程（应用软件特点）基础知识。

企业管理、电子政务、电子商务等应用中，科学计算量不大，重点是按流程进行规

范处理，在处理过程中特别强调人机交互，因此，弱计算、强流程、多交互是这些应用的特点。

参考答案

（54）D

试题（55）

以下关于软件开发的叙述中，不正确的是　（55）　。

（55）A. 软件要设计得尽量通用，要尽量考虑到长远的需求和应用领域的扩展

　　　　B. 软件开发者对所开发软件性能的了解程度取决于对该软件的测试程度

　　　　C. 软件越复杂则维护越困难，尽量保持简洁是软件设计的一条重要原则

　　　　D. 正常情况下，软件维护期远超实现期，所以，降低维护成本比降低实现成本更重要

试题（55）分析

本题考查软件工程（软件开发）基础知识。

软件设计要根据用户需求进行。有些开发者故意扩大需求，希望软件能更通用些，应用领域更广些，软件生命期更长远些，但其结果是，软件的复杂性增加了，测试也难以充分进行，软件质量反而下降，交付期也不得不延长，用户反而不满意。还不如按照用户近期的切实需求进行开发，待应用一段时间后，再考虑升级版本，拓展应用。

软件开发者对所开发软件的功能肯定是非常熟悉的，但对其实际运行的性能（例如响应时间，并发用户数量的影响等）可能不太了解。大部分性能可以通过测试来了解。测试得越充分，对性能的了解程度也就越高，发现的问题也就需要想办法来解决。

很明显，软件越复杂则维护越困难，因此，尽量保持简洁是软件设计的一条重要原则。

正常情况下，软件应用期（需要维护的时期）远超实现期，所以，降低维护成本比降低实现成本更重要。

参考答案

（55）A

试题（56）

以下关于人机交互界面设计的叙述中，不正确的是　（56）　。

（56）A. 即使计算机和软件处理事务的速度很快，软件的响应速度仍可能不好

　　　　B. 如果常用的某个操作不符合用户习惯，则可能会导致用户放弃该软件

　　　　C. 在 Windows 系统中，为实现忙光标显示，需要采用多线程编程

　　　　D. 软件对用户连续拖动对象与点击程序图标的响应时间应有相同要求

试题（56）分析

本题考查软件工程（用户界面设计）基础知识。

影响软件响应速度的因素有多项，计算机和软件处理事务的速度显然是重要的一

项，但处理优先级的安排也是有影响的。如果响应用户要求的优先级不高，计算机快速处理自己的要求后，没有立即将结果返回给自己，又转去处理其他用户的要求，那么响应速度也是慢的。

用户对常用操作的习惯很重要，此时他们不大会去查看操作说明书。如果常用的某个操作不符合用户习惯，用户就会埋怨。如果按习惯操作得不到效果，甚至产生其他非预料的后果，那用户就会骂软件，甚至卸载该软件了。

在 Windows 系统中，为实现忙光标显示（此时同时再做处理），需要在处理结束后取消忙光标，因此，需要采用进程内的并行机制，需要采用多线程编程方法。

系统对用户点击鼠标的响应时间预计在秒级（例如 1 秒是正常的）。用户对系统显示的反应也需要 1 秒时间。但用户拖动鼠标来移动对象时，实际上系统需要连续很多次做响应动作，每次的响应时间应该在 0.1 秒左右，否则用户不能感到对象在跟着鼠标而移动。0.1 秒也称为感知"瞬间"。

参考答案

（56）D

试题（57）、（58）

通过 　(57)　 关系运算，可以从表 1 和表 2 获得表 3；表 3 的主键为 　(58)　 。

表 1	
课程号	课程名
C1	计算机文化
C2	数据结构
C3	数据库系统
C4	软件工程
C5	UML 应用
C6	计算机网络

表 2	
学生号	课程号
10011	C1
10013	C1
10024	C2
20035	C2
20036	C1
20036	C5

表 3		
学生号	课程号	课程名
10011	C1	计算机文化
10013	C1	计算机文化
10024	C2	数据结构
20035	C2	数据结构
20036	C1	计算机文化
20036	C5	UML 应用

（57）A．投影　　　　B．选择　　　C．自然连接　　　　D．笛卡儿积

（58）A．课程号　　　B．课程名　　C．课程号、课程名　D．课程号、学生号

试题（57）、（58）分析

本题考查数据库关系运算方面的基础知识。

自然连接是一种特殊的等值连接，它要求两个关系中进行比较的分量必须是相同的属性组，并且在结果集中将重复属性列去掉。一般连接是从关系的水平方向运算，而自然连接不仅要从关系的水平方向，还要从关系的垂直方向运算。因为自然连接要去掉重复属性，如果没有重复属性，那么自然连接就转化为笛卡儿积。题中表 1 和表 2 具有相同的属性课程号，进行等值连接后，去掉重复属性列得到表 3。

若关系中的某一属性或属性组的值能唯一的标识一个元组，则称该属性或属性组为主键。从表 3 可见"课程号、学生号"才能唯一决定表中的每一行，因此"课程号、学

生号"是表 3 的主键。

参考答案

（57）C　　（58）D

试题（59）

给定部门 DEP、职工 EMP、项目 PROJ 实体集，若一名职工仅属于一个部门，一个部门有多名职工；一个职工可以参加多个项目，一个项目可以由多个职工参加。那么，DEP 与 EMP、EMP 与 PROJ 之间的联系类型分别为　　(59)　　。

（59）A．1:1 和 m:n　　　　　　　　　　B．1:n 和 n: 1

　　　　C．1:n 和 m:n　　　　　　　　　　D．n: 1 和 m:n

试题（59）分析

本题考查数据库 E-R 模型方面的基本概念。

根据题意，若一名职工仅属于一个部门，一个部门有多名职工，意味着部门 DEP 和职工 EMP 实体集之间是一对多的联系，记为 1:n。一个职工可以参加多个项目，一个项目可以由多个职工参加，那么意味着 EMP 与 PROJ 之间的联系类型为多对多的联系记为 m:n。

参考答案

（59）C

试题（60）～（62）

设有一个员工关系 EMP（员工号,姓名,部门名,职位,薪资），若需查询不同部门中担任"项目主管"的员工的平均薪资，则相应的 SELECT 语句为：

```
SELECT 部门名,AVG(薪资)  AS 平均薪资
   FROM EMP
   GROUP BY  (60)
   HAVING  (61)
```

将员工号为"10058"、姓名为"黄晓华"、部门名为"开发部"的元组插入 EMP 关系中的 SQL 语句为：Insert　　(62)

（60）A．员工号　　　B．姓名　　　　C．部门名　　　　D．薪资

（61）A．职位= '项目主管'　　　　　　B．'职位=项目主管'

　　　　C．'职位'=项目主管　　　　　　D．职位=项目主管

（62）A．into EMP Values(10058, 黄晓华, 开发部, ,)

　　　　B．into EMP Values(10058, '黄晓华', '开发部', ,)

　　　　C．set to EMP Values(10058, 黄晓华, 开发部, ,)

　　　　D．set to EMP Values(10058, '黄晓华', '开发部', ,)

试题（60）～（62）分析

本题考查对 SQL 语言的掌握程度。

根据题意，查询不同部门中担任"项目主管"的职工的平均薪资，需要先按"部门名"进行分组，然后再按条件职位='项目主管'进行选取，因此正确的 SELECT 语句如下：

```
SELECT 部门名,AVG(薪资)  AS 平均薪资
   FROM EMP
   GROUP BY 部门名
   HAVING 职位= '项目主管'
```

试题（62）正确的答案是选项 B，因为插入语句的基本格式如下：

```
INSERT INTO 基本表名（字段名[,字段名]…）
        VALUES(常量[,常量]…)；查询语句
```

从上可见，选项 C 和 D 显然是不正确的。选项 A 也是不正确的，因为按照 SELECT 语句的语法，字符串插入时，需要用单引号括起，可在选项 A 中"黄晓华"和"研发部"明显是字符串，但是却没有用单引号括起。

参考答案

（60）C　　（61）A　　　（62）B

试题（63）

设 n 位二进制数（从 00…0 到 11…1）中不含连续三位数字相同的数共有 F(n) 个，显然 F(1)=2，F(2)=4。以下选项中有一个公式是正确的，通过实例验证选出的是　(63)　。

（63）A. $F(n)=2n$　$(n{\geqslant}1)$　　　　　　　　B. $F(n)=n^2-n+2$　$(n{\geqslant}1)$

　　　　C. $F(n)=F(n-1)+4n-6$　$(n{\geqslant}2)$　　D. $F(n)=F(n-1)+F(n-2)$　$(n{\geqslant}3)$

试题（63）分析

本题考查数学应用（排列组合）基本能力。

当 n=3 时，除 3 位全 0 或全 1 外，其他情况都是不含连续 3 位数字相同，因此 F(n)=8–2=6。当 n=4 时，除 0001、1000、0000、1110、0111、1111 外，其他情况都不含连续 3 位数字相同，因此 F(n)=16–6=10。

供选答案 A、B、C、D 中，对于 n=1～4，F(n) 的值如下：

F(n)	A	B	C	D
n=1	2	2		
n=2	4	4	4	
n=3	6	8	10	6
n=4	8	14	12	10

因此，可以选出公式 D 是正确的。

当 n=5 时，除 000**、1000*、01000、11000；111**、0111*、00111、10111 外，其他情况都是不含连续 3 位数字相同，因此，F(n)=32–16=16。

进一步计算表明，n≥3 时，n 位二进制数中不含连续三位数字相同的数中，末两位数字不同的数有 F(n-1)个，末两位数字相同的数有 F(n-2)个。

参考答案

（63）D

试题（64）

某商场 2013 年一季度和二季度的销售额比 2012 年同期分别增加了 4%和 6%，而且增幅相等，据此可以算出，2013 年上半年的销售额比 2012 年同期增加＿＿（64）＿＿。

（64）A．4.8%　　　　　B．5%　　　　　C．5.2%　　　　　D．超过 5.5%

试题（64）分析

本题考查数学应用（数据处理）基本能力。

设 2012 年一季度和二季度的销售额分别是 a 和 b，则 2013 年一季度和二季度的销售额增加量分别是 0.04a 和 0.06b。根据已知条件，0.04a=0.06b，即 a=1.5b，因此，2013 年上半年的销售额比 2012 年同期增加的比例为(0.04a+0.06b)/(a+b)=0.048=4.8%。

参考答案

（64）A

试题（65）

估计一个项目所需时间常有乐观估计时间、最可能时间和悲观估计时间。根据这三个时间的加权平均（权为常数）可以推算出这个项目的期望时间。下表中，项目 3 的期望时间大致是＿＿（65）＿＿天。

	乐观估计（天）	最可能时间（天）	悲观估计（天）	期望时间（天）
项目 1	1	3	11	4.0
项目 2	1	1.5	14	3.5
项目 3	3	6.25	11	

（65）A．6.2　　　　B．6.5　　　　C．6.6　　　　D．6.7

试题（65）分析

本题考查数学应用（线性方程组求解）基本能力。

设计算期望时间的三个权分别为 a、b、c，其中 a+b+c=1，即

期望时间=a*乐观估计+b*最可能估计+c*悲观估计

由题中的项目 1 和 2 可知：a+3b+11c=4，a+1.5b+14c=3.5，由于 a+b+c=1，所以 a=1/6，b=4/6，c=1/6。从而，项目 3 的期望时间为 3/6+6.25*4/6+11/6=6.5。

参考答案

（65）B

试题（66）

某客户机在访问页面时出现乱码的原因可能是＿＿（66）＿＿。

　　（66）A．浏览器没安装相关插件　　　　B．IP 地址设置错误
　　　　　　C．DNS 服务器设置错误　　　　　D．默认网关设置错误

试题（66）分析

　　本题考查 Internet 应用中网页访问的相关问题。

　　若出现 IP 地址设置错误或默认网关设置错误，会导致不能访问 Internet，访问不到页面，不会出现页面中出现乱码的情况。若 DNS 服务器设置错误，要么采用域名访问，结果是访问不到页面；要么采用 IP 地址访问，都不会有页面中出现乱码的情况。

参考答案

　　（66）A

试题（67）

　　在 Windows 的 cmd 命令行窗口中，输入　（67）　命令将会得到如下图所示的结果。

```
活动连接

协议   本地地址               外部地址              状态
TCP    127.0.0.1:12080        wodezwj001:49798      ESTABLISHED
TCP    127.0.0.1:12080        wodezwj001:49800      TIME_WAIT
TCP    127.0.0.1:12080        wodezwj001:49802      ESTABLISHED
TCP    127.0.0.1:49794        wodezwj001:12080      TIME_WAIT
TCP    127.0.0.1:49796        wodezwj001:12080      TIME_WAIT
TCP    127.0.0.1:49798        wodezwj001:12080      ESTABLISHED
TCP    127.0.0.1:49802        wodezwj001:12080      ESTABLISHED
```

　　（67）A．net view　　　B．nbtstat -r　　　C．netstat　　　　　D．nslookup

试题（67）分析

　　本题考查 Windows 的网络命令。

　　net view 命令用于显示计算机共享资源列表，带选项使用本命令显示前域或工作组计算机列表。

　　nbtstat 显示基于 TCP/IP 的 NetBIOS（NetBT）协议统计资料、本地计算机和远程计算机的 NetBIOS 名称表和 NetBIOS 名称缓存。nbtstat -r 显示 NetBIOS 名称解析统计资料。

　　netstat 是控制台命令，是一个监控 TCP/IP 网络的非常有用的工具，它可以显示路由表、实际的网络连接以及每一个网络接口设备的状态信息。netstat 用于显示与 IP、TCP、UDP 和 ICMP 协议相关的统计数据，一般用于检验本机各端口的网络连接情况。

　　nslookup 是一个监测网络中 DNS 服务器是否能正确实现域名解析的命令行工具。

　　根据图示信息，答案为 C。

参考答案

　　（67）C

试题（68）

　　在 HTML 文件中，　（68）　标记在页面中显示 work 为斜体字。

　　（68）A．<pre>work</pre>　　　　　　　B．<u>work</u>

C．<i>work</i>   D．<b>work</b>

试题（68）分析

本题考查 HTML 的基础知识。

在 HTML 中，<u></u>标记定义在页面中显示文字为带下划线样式，<i></i>标记定义在页面中显示文字为斜体字样式，<b></b>标记定义在页面中显示文字为加粗样式。<pre></pre>标记的作用是可定义预格式化的文本。被包围在 pre 标记中的文本通常会保留空格和换行符，而文本也会呈现为等宽字体。

参考答案

（68）C

试题（69）、（70）

在 TCP/IP 协议栈中，ARP 协议的作用是 ___（69）___，RARP 协议的作用是 ___（70）___。

（69）A．从 MAC 地址查找对应的 IP 地址

B．由 IP 地址查找对应的 MAC 地址

C．把全局 IP 地址转换为私网中的专用 IP 地址

D．用于动态分配 IP 地址

（70）A．从 MAC 地址查找对应的 IP 地址

B．由 IP 地址查找对应的 MAC 地址

C．把全局 IP 地址转换为私网中的专用 IP 地址

D．用于动态分配 IP 地址

试题（69）、（70）分析

在 TCP/IP 协议栈中，ARP 协议的作用是由 IP 地址查找对应的 MAC 地址，RARP 协议的作用正好相反，是由 MAC 地址查找对应的 IP 地址。

参考答案

（69）B   （70）A

试题（71）

The basic unit of software that the operating system deals with in scheduling the work done by the processor is ___（71）___.

（71）A．a program or subroutine   B．a modular or a function

C．a process or a thread   D．a device or a chip

参考译文

处理机做调度工作时，操作系统调度的软件基本单位是进程或线程。

参考答案

（71）C

试题（72）

___（72）___ is the name given to a "secret" access route into the system.

（72）A．Password　　　B．Firewall　　　C．Cryptography　　　D．Back door

参考译文

存取系统的秘密途径称为后门。

参考答案

（72）D

试题（73）

The lower-level classes (known as subclasses or derived classes) ___（73）___ state and behavior from the higher-level class (known as a super class or base class).

（73）A．request　　　B．inherit　　　C．invoke　　　D．accept

参考译文

低层的类（也称子类或派生类）从高层类（也称为超类或基类）中继承了状态和行为。

参考答案

（73）B

试题（74）

___（74）___ is exactly analogous to a marketplace on the Internet.

（74）A．E-Commerce　　　B．E-Cash　　　C．E-Mail　　　D．E-Consumer

参考译文

电子商务非常类似于因特网上的市场。

参考答案

（74）A

试题（75）

___（75）___ are datasets that grow so large that they become awkward to work with on-hand database management tools.

（75）A．Data structures　　　B．Relations　　　C．Big data　　　D．Metadata

参考译文

大数据是增长得非常大的数据集，以至用现有的数据库管理工具也难以奏效。

参考答案

（75）C

第 10 章　2014 上半年程序员下午试题分析与解答

试题一（共 15 分）

　　阅读以下说明和流程图，填补流程图中的空缺（1）～（5），将解答填入答题纸的对应栏内。

【说明】

　　指定网页中，某个关键词出现的次数除以该网页长度称为该关键词在此网页中的词频。对新闻类网页，存在一组公共的关键词。因此，每个新闻网页都存在一组词频，称为该新闻网页的特征向量。

　　设两个新闻网页的特征向量分别为：甲$(a_1,a_2,...,a_k)$、乙$(b_1,b_2,...,b_k)$，则计算这两个网页的相似度时需要先计算它们的内积 $S=a_1b_1+a_2b_2+...+a_kb_k$。一般情况下，新闻网页特征向量的维数是巨大的，但每个特征向量中非零元素却并不多。为了节省存储空间和计算时间，我们依次用特征向量中非零元素的序号及相应的词频值来简化特征向量。为此，我们用（NA(i),A(i)|i=1,2,...,m）和（NB(j),B(j)|j=1,2,...,n）来简化两个网页的特征向量。其中：NA(i) 从前到后描述了特征向量甲中非零元素 A(i) 的序号（NA(1)<NA(2) <...），NB(j) 从前到后描述了特征向量乙中非零元素 B(j) 的序号(NB(1) <NB(2) <...）。

　　下面的流程图描述了计算这两个特征向量内积 S 的过程。

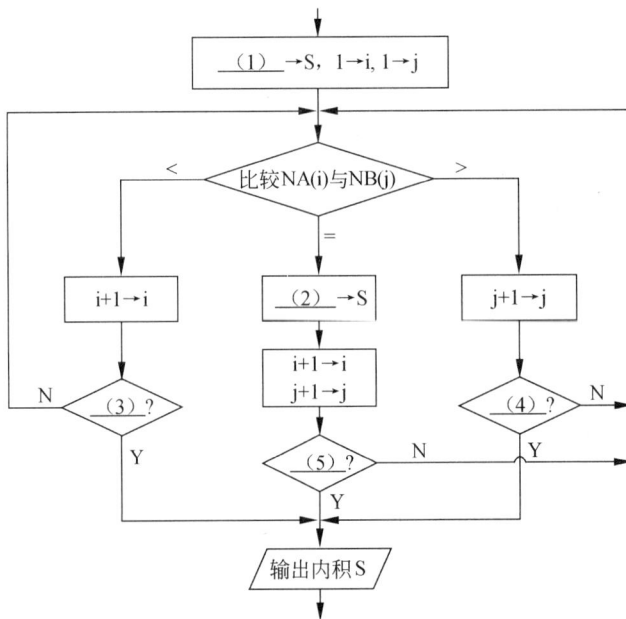

试题一分析

本题是简化了的一个大数据算法应用之例。世界上每天都有大量的新闻网页，门户网站需要将其自动进行分类，并传送给搜索的用户。为了分类，需要建立网页相似度的衡量方法。流行的算法是，先按统一的关键词组计算各个关键词的词频，形成网页的特征向量，这样，两个网页特征向量的夹角余弦（内积/两个向量模的乘积），就可以衡量两个网页的相似度。因此，计算两个网页特征向量的内积就是分类计算中的关键。

对于存在大量零元素的稀疏向量来说，用题中所说的简化表示方法是很有效的。这样，求两个向量的内积只需要在分别从左到右扫描两个简化向量时，计算对应序号相同 (NA(i)=NB(j)) 时的 A(i)*B(j) 之和（其他情况两个向量对应元素之乘积都是 0）。因此，流程图中（2）处应填 S+ A(i)*B(j)，而累计的初始值 S 应该为 0，即（1）处应填 0。

流程图中，NA(i)<NB(j) 时，下一步应再比较 NA(i+1)<NB(j)，除非 i+1 已经越界。因此，应先执行 i+1→i，再判断是否 i>m 或 i=m+1（如果成立，则扫描结束）。因此（3）处应填 i>m 或 i=m+1。

流程图中，NA(i)>NB(j) 时，下一步应再比较 NA(i)<NB(j+1)，除非 j+1 已经越界。因此，应先执行 j+1→j，再判断是否 j>n 或 j=n+1（如果成立，则扫描结束）。因此（4）处应填 j>n 或 j=n+1。

（5）处应填扫描结束的条件，i>m　or　j>n 或 i=m+1 or j=n+1，即两个简化向量之一扫描结束时，整个扫描就结束了。

参考答案

（1）0

（2）S+A(i)B(j) 或其等价形式

（3）i>m 或 i=m+1 或其等价形式

（4）j>n 或 j=n+1 或其等价形式

（5）i>m　or　j>n 或 i=m+1 or j=n+1 或其等价形式

试题二（共 15 分）

阅读以下说明和 C 函数，填补代码中的空缺（1）～（5），将解答填入答题纸的对应栏内。

【说明 1】

函数 isPrime(int n) 的功能是判断 n 是否为素数。若是，则返回 1，否则返回 0。素数是只能被 1 和自己整除的正整数。例如，最小的 5 个素数是 2，3，5，7，11。

【C 函数】

```c
int isPrime(int n)
{
    int k, t;
    if (n==2) return 1;
```

```
if (n<2||   (1)   ) return 0;   /*小于 2 的数或大于 2 的偶数不是素数*/
t = (int)sqrt(n)+1;
for (k = 3; k < t; k+=2 )
  if (   (2)   )  return 0;
return 1;
}
```

【说明 2】

函数 int minOne(int arr[], int k)的功能是用递归方法求指定数组中前 k 个元素中的最
小者，并作为函数值返回。

【C 函数】

```
int minOne(int arr[], int k)
{
    int  t;
    assert(k>0);
    if(k==1)
      return   (3)  ;
    t = minOne(arr+1,   (4)   );
    if (arr[0]<t)
      return arr[0];
    return   (5)  ;
}
```

试题二分析

本题考查 C 程序的基本语法和运算逻辑。

首先应认真分析题目中的说明，然后确定代码结构和各变量的作用。

函数 isPrime(int n)的功能是判断 n 是否为素数。根据素数的定义，小于 2 的数和大
于 2 的偶数都不是素数，n 是偶数可表示为"n%2 等于 0"，因此空（1）处应填入"n%
2==0"，或者"!(n%2)"。

在 n 是大于 2 的奇数的情况下，下面的代码从 3 开始查找 n 的因子，直到 n 的平方
根为止。

```
for (k = 3; k < t; k+=2 )
  if (   (2)   ) return 0;
```

若 k 的值是 n 的因子，则说明 n 不是素数。因此，空（2）处应填入"n%k==0"，或
者"!(n%k)"。

函数 int minOne(int arr[], int k)的功能是用递归方法求指定数组中前 k 个元素中的最
小者，显然，k 为 1 时，这一个元素就是最小者。因此，空（3）处应填入"arr[0]"或

其等价形式。

空（4）所在的语句是通过递归方式找出 arr[1]～arr[k-1]中的最小者，第一个实参指出从 arr[1]开始，第二个参数为元素个数，为 k-1 个，因此此空（4）应填入"k-1"。

接下来的处理就很明确了，当 t 表示 arr[1]～arr[k-1]中的最小者，其与 arr[0]比较后就可以得到 arr[0]～arr[k-1]中的最小者，因此空（5）处应填入"t"。

参考答案

（1）n%2==0 或!(n%2)或其等价形式

（2）n%k==0 或!(n%k)或其等价形式

（3）arr[0]或*arr 或其等价形式

（4）k-1 或其等价形式

（5）t

试题三（共 15 分）

阅读以下说明和 C 程序，填补代码中的空缺（1）～（5），将解答填入答题纸的对应栏内。

【说明】

函数 areAnagrams(char *fstword, char *sndword)的功能是判断 fstword 和 sndword 中的单词（不区分大小写）是否互为变位词，若是则返回 1，否则返回 0。所谓变位词是指两个单词是由相同字母的不同排列得到的。例如，"triangle"与"integral"互为变位词，而"dumbest"与"stumble"不是。

函数 areAnagrams 的处理思路是检测两个单词是否包含相同的字母且每个字母出现的次数也相同。过程是先计算第一个单词（即 fstword 中的单词）中各字母的出现次数并记录在数组 counter 中，然后扫描第二个单词（即 sndword 中的单词）的各字母，若在第二个单词中遇到与第一个单词相同的字母，就将相应的计数变量值减 1，若在第二个单词中发现第一个单词中不存在的字母，则可断定这两个单词不构成变位词。最后扫描用于计数的数组 counter 各元素，若两个单词互为变位词，则 counter 的所有元素值都为 0。

函数 areAnagrams 中用到的部分标准库函数如下表所述。

函 数 原 型	说　　明
int islower(int ch);	若 ch 表示一个小写英文字母，则返回一个非 0 整数，否则返回 0
int isupper(int ch);	若 ch 表示一个大写英文字母，则返回一个非 0 整数，否则返回 0
int isalnum(int ch);	若 ch 表示一个英文字母或数字字符，则返回一个非 0 整数，否则返回 0
int isalpha (int ch);	若 ch 表示一个英文字母，则返回一个非 0 整数，否则返回 0
int isdigit (int ch);	若 ch 表示一个数字字符，则返回一个非 0 整数，否则返回 0
int strcmp(const char *str1, const char *str2);	若 str1 与 str2 表示的字符串相同，则返回 0，否则返回一个正整数/负整数分别表示 str1 表示的字符串较大/较小
char *strcat(char *str1, const char *str2);	将 str2 表示的字符串连接在 str1 表示的字符串之后，返回 str1

【C 函数】

```
int areAnagrams(char *fstword, char *sndword )
{
    int index;
    int counter[26] = {0};    /* counter[i]为英文字母表第 i 个字母出现的次数,
                                 'A'或'a'为第 0 个, 'B'或'b'为第 1 个, 依此类推*/

    if (  (1)  )               /*两个单词相同时不互为变位词*/
        return 0;

    while (*fstword) {          /*计算第一个单词中各字母出现的次数*/
        if (isalpha(*fstword)) {
            if (isupper (*fstword))
                counter [*fstword -'A']++;
            else
                counter [*fstword -'a']++;
            (2) ;               /*下一个字符*/
        }
    }

    while (*sndword) {
        if (isalpha(*sndword)) {
            index = isupper (*sndword)? *sndword -'A': *sndword -'a';
            if (counter [index] )
                    counter [index]--;
            else
                    (3) ;
        }
        (4) ;                    /*下一个字符*/
    }

    for(index = 0; index<26; index++)
        if (  (5)  )
            return 0;
    return 1;
}
```

试题三分析

　　本题考查 C 程序的基本语法和运算逻辑。

　　首先应认真分析题目中的说明，然后确定代码结构和各变量的作用。

空（1）所在语句是比较两个字符串，若它们完全相同，则可断定不是变位词。显然，根据说明中的描述，可以用标准库函数 strcmp 来完成该处理，当两个字符串相同时，strcmp 的返回值为 0。因此，空（1）处应填入 "strcmp(fstword, sndword)==0" 或 "!strcmp(fstword, sndword)" 或其等价形式。

上面代码中的第一个 while 语句用于扫描第一个单词中各字母出现的次数，并直接存入对应的数组元素 counter[]中，显然，空（2）处应填入 "fstword++" 或其等价形式，从而可以遍历单词中的每个字母。

在接下来的 while 语句中，通过 sndword 逐个扫描第二个单词中的字母，当*sndword 表示的字母在第一个单词中没有出现时（与该字母对应的数组元素 counter[]的值为 0），这两个单词显然不互为变位词，在这种情况下函数可返回，因此空（3）处应填入 "return 0"。空（4）处的处理与空（2）类似，应填入 "sndword++" 或其等价形式。

根据题目中的说明，若两个词互为变位词，则它们包含的字母及每个字母出现的次数相同，这样数组 counter 的每个元素都应为 0，如若不然，则可断定不是变位词。因此，空（5）处应填入 "counter [index]" 或 "counter [index]!=0" 或其等价形式。

参考答案

（1）strcmp(fstword, sndword)==0 或其等价形式

（2）fstword++或其等价形式

（3）return 0

（4）sndword++或其等价形式

（5）counter [index]或 counter [index]!=0 或其等价形式

试题四（共 15 分）

阅读以下说明和 C 函数，填补代码中的空缺（1）～（5），将解答填入答题纸的对应栏内。

【说明】

函数 ReverseList(LinkList headptr)的功能是将含有头结点的单链表就地逆置。处理思路是将链表中的指针逆转，即将原链表看成由两部分组成：已经完成逆置的部分和未完成逆置的部分，令 s 指向未逆置部分的第一个结点，并将该结点插入已完成部分的表头（头结点之后），直到全部结点的指针域都修改完成为止。

例如，某单链表如图 4-1 所示，逆置过程中指针 s 的变化情况如图 4-2 所示。

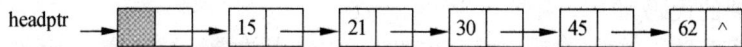

图 4-1

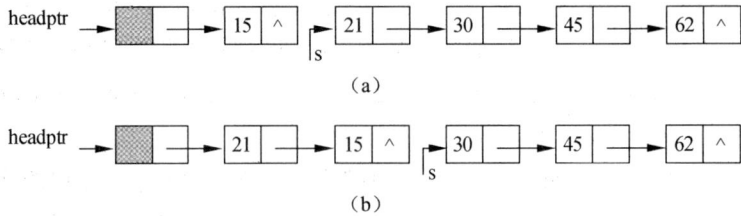

（a）

（b）

图 4-2

链表结点类型定义如下：

```
typedef struct Node{
    int data;
    struct Node *next;
}Node, *LinkList;
```

【C 函数】

```
void ReverseList (LinkList headptr)
{   //含头结点的单链表就地逆置，headptr 为头指针
    LinkList p,s;

    if (  (1)  )  return;             //空链表（仅有头结点）时无需处理
    p =  (2) ;                         //令 p 指向第一个元素结点
    if (!p->next)  return;             //链表中仅有一个元素结点时无需处理
    s = p->next;                       //s 指向第二个元素结点
     (3)  = NULL;                      //设置第一个元素结点的指针域为空

    while (s) {
        p = s;                         //令 p 指向未处理链表的第一个结点
        s =  (4) ;
        p -> next = headptr -> next;   //将 p 所指结点插入已完成部分的表头
        headptr -> next =  (5) ;
    }

}
```

试题四分析

本题考查 C 语言的指针应用和运算逻辑。

本问题的图和代码中的注释可提供完成操作的主要信息，在充分理解链表概念的基础上填充空缺的代码。

对于含有头结点的单链表，链表为空时，头结点的指针域为空，表示之后没有其他结点了。因此，空（1）处应填入 "!headptr->next"。

根据注释，空（2）处所在语句令 p 指向链表的第一个元素结点，因此空（2）处应填入"headptr->next"。

空（3）处的语句执行后，可由图 4-1 所示的链表得到图 4-2（a）的链表，空（3）处应填入"p->next"或者"headptr->next ->next"。

代码中的 while 循环完成链表中除第一个元素结点之外的其他结点的指针域的修改。根据题目中的说明，s 指向未逆置部分的第一个结点。在 while 循环中，变量 p 的作用是辅助完成将 s 所指结点插入头结点之后的处理，处理步骤为：

```
p = s;
p -> next = headptr -> next;        //将 p 所指结点插入已完成部分的表头
headptr -> next = p;
```

因此，空（4）处应填入"s->next"或"p->next"，从而避免链表断链。空（5）处应填入"p"。

参考答案

（1）!headptr->next 或!headptr||!headptr->next 或其等价形式

（2）headptr->next

（3）headptr->next ->next 或 p->next 或其等价形式

（4）s->next 或 p->next 或其等价形式

（5）p

试题五（共 15 分）

阅读下列说明、C++代码和运行结果，填补代码中的空缺（1）～（5），将解答填入答题纸的对应栏内。

【说明】

对部分乐器进行建模，其类图如图 5-1 所示，包括：乐器（Instrument）、管乐器（Wind）、打击乐器（Percussion）、弦乐器（Stringed）、木管乐器（Woodwind）、铜管乐器（Brass）。

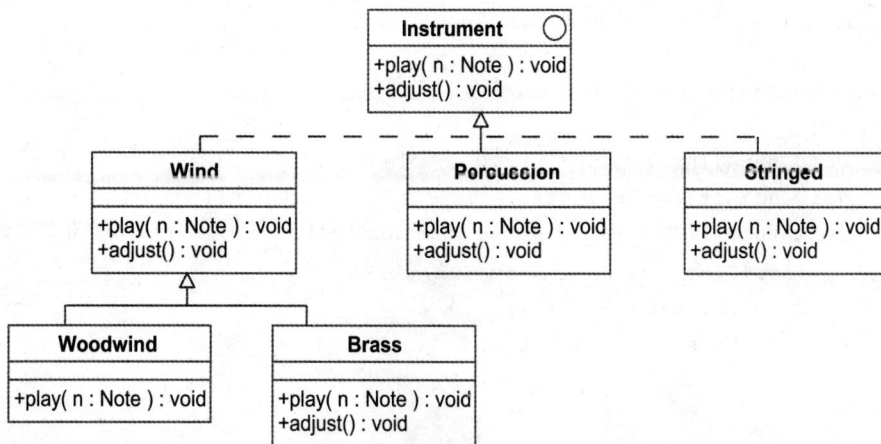

图 5-1　类图

下面是实现上述设计的 C++代码，其中音乐类（Music）使用各类乐器（Instrument）进行演奏和调音等操作。

【C++代码】

```
#include<iostream>
using namespace std;
enum Note { /*枚举各种音调*/
    MIDDLE_C, C_SHARP, B_FLAT
} ;
class Instrument {/*抽象基类，乐器*/
public:
    __(1)__ ;                        //play 函数接口
    virtual void adjust() = 0;       //adjust 函数接口
};
class Wind __(2)__ {
public:
    void play(Note n) { cout<<"Wind.play() "<< n << endl;    }
    void adjust() {  cout<<"Wind.adjust()"<<endl;    }
};
/*类 Percussion 和 Stringed 实现代码略 */
class Brass __(3)__ {
public:
    void play(Note n) { cout<<"Brass.play() " << n << endl; }
    void adjust() { cout<<"Brass.adjust()"<<endl; }
};
class Woodwind : public Wind {
public:
    void play(Note n) {  cout<<"Woodwind.play() " << n <<endl;    }
};
class Music {
public:
    void tune(Instrument* i) {  i->play(MIDDLE_C);  }
    void adjust(Instrument* i) {          i->adjust();      }
    void tuneAll( __(4)__ e[] , int numIns) {          /*为每个乐器定调*/
        for( int i = 0; i < numIns; i++) {
            this->tune(e[i]);
            this->adjust(e[i]);
        }
    }
};
/*使用模板定义一个函数 size，该函数将返回数组 array 的元素个数，实现代码略*/
```

```
int main() {
    Music* music = ___(5)___ Music();
    Instrument* orchestra[] = { new Wind(),new Woodwind() };
    music ->tuneAll(orchestra, size(orchestra)); /*size 返回数组 orchestra
    的元素个数*/
    for (int i = 0; i < size(orchestra); i++)
        delete orchestra[i];
    delete music;
}
```

本程序运行后的输出结果为：

```
Wind.play() 0
Wind.adjust()
Woodwind.play() 0
Wind.adjust()
```

试题五分析

本题考查 C++程序设计的基本能力，涉及类、对象、函数的定义和相关操作。要求考生根据给出的案例和代码说明，认真阅读理清程序思路，然后完成题目。

先考查题目说明。本题目中涉及的部分乐器，音乐类利用各类乐器进行演奏和调音等操作。根据说明进行设计，题目给出了类图（图 5-1 类图所示）。

图中父接口 Instrument，代表乐器，C++中设计为抽象基类，包含表示进行演奏的接口函数 play()和表示调音的接口函数 adjust()，其中函数 play()的参数 Note 实现为枚举类型（enum），以枚举各种音调。这两个函数由具体子类型完成实现，所以 Instrument 的 play()和 adjust()为纯虚函数，原型中=0 表示纯虚函数，实现由子类完成：

```
virtual void play(Note n)=0;
virtual void run() = 0;
```

Wind、Percussion 和 Stringed 都是继承自 Instrument 的三个子类型，所以他们都继承了 Instrument 的 play()和 adjust()函数，各自演奏和调音方式有所不同，所以都覆盖了 Instrument 的 play()函数和 adjust()函数，并加以实现：

```
void play(Note n) { /*代码略*/}
void adjust() { /*代码略*/}
```

Wind 的两个子类型 Woodwind 和 Brass 都继承自 Wind，继承用：Public 关键字，从而 Woodwind 和 Brass 也都继承了 Instrument 的 play()函数和 adjust()函数。图 5-1 中 Woodwind 类对应的 Woodwind 的实现中只有 play()，没有 adjust()，因此其父类 Wind 的 adjust()会自动被调用。

　　Music 类对各类乐器进行演奏和调音操作。函数 tune()为一个乐器的定调,其参数为乐器对象指针 Intrument*;函数 adjust()为一个乐器进行调音,其参数也为 Intrument*;函数 tuneAll()为每个乐器定调,其参数是所有乐器数组。Music 中的 tune()和 adjust()的参数均为 Instrument*类型的对象指针 i,调用函数 play()和 adjust(),其真正执行的函数根据所传实际对象指针所指对象而定,即动态绑定。

　　所有乐器用 Instrument*对象指针数组 orchestra 表示;使用模板定义一个函数 size,该函数的参数为数组 array,函数返回数组 array 的元素个数,表示乐器的数量。

　　主控逻辑代码在 main 函数中实现。在 main()函数中,先初始化 Music 类的对象指针 music,即:

```
Music* music = new Music();
```

　　并初始化各类乐器对象指针数组 orchestra,各类乐器用抽象父类 Instrument 类型,因为向上转型是安全的,可以自动向上转型成为 Instrument 类型,用父类表示其各个子类型,即:

```
Instrument* orchestra[] = { new Wind(),new Woodwind() };
```

　　然后调用 music 的 tuneAll()函数,实现为 orchestra 中的每个乐器定调。其参数为 orchestra 数组以及使用 size 计算的数组中的对象指针个数。Orchestra 指针数组的类型为 Instrument*,所以 tuneAll 的第一个参数也应该为 Instrument*,而非其子类型。在 tuneAll() 函数体内部,为每个数组元素调用当前对象的 tune()和 adjust()。

　　数组 orchestra 中第一个元素为 Wind 类对象,第二个元素为 Woodwind 类对象。tuneAll()中循环的第一次执行时 tune()函数中语句 i->play(MIDDLE_C);调用 Wind 中的 play()函数,因此输出 Wind.play() 0;adjust()函数中语句 i->adjust();为调用 Wind 类的 adjust()函数,输出为 Wind.adjust()。tuneAll()中循环的第二次执行时 tune()函数中语句 i->play(MIDDLE_C);调用 Woodwind 中的 play()函数,因此输出 Woodwind.play() 0;adjust() 函数中语句 i->adjust();为调用 Woodwind 类的 adjust()函数,输出为 Woodwind.adjust()。

　　在 main()函数中使用完数组对象之后,需要用 delete 操作进行释放对象,对每个 orchestra 中的元素进行删除,即 delete orchestra[i];,对 Music 对象进行删除,即 delete music;。

　　因此,空(1)需要定义纯虚函数 play(Note n),原型中=0 表示纯虚函数,分号在题目代码中已经给出,所以空(1)为 virtual void play(Note n)=0;空(2)需要继承 Instrument,即:public Instrument;空(3)需要继承 Wind,即:public Wind;空(4)需要定调的乐器指针,即 Instrument*;空(5)处为创建 Music 类的对象的关键字 new。

参考答案

　　(1) virtual void play(Note n) = 0

（2）: public Instrument

（3）: public Wind

（4）Instrument*

（5）new

试题六（共 15 分）

阅读以下说明和 Java 程序，填补代码中的空缺（1）～（5），将解答填入答题纸的对应栏内。

【说明】

对部分乐器进行建模，其类图如图 6-1 所示，包括：乐器（Instrument）、管乐器（Wind）、打击乐器（Percussion）、弦乐器（Stringed）、木管乐器（Woodwind）、铜管乐器（Brass）。

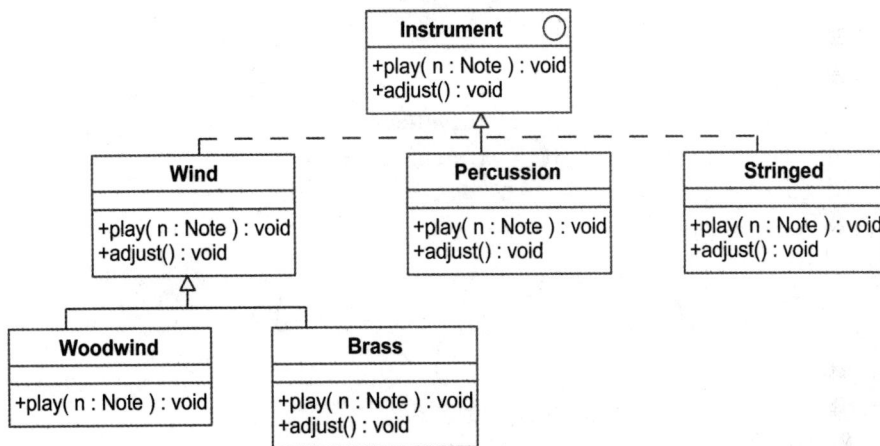

图 6-1　类图

下面是实现上述设计的 Java 代码，其中音乐类（Music）使用各类乐器（Instrument）进行演奏和调音等操作。

【Java 代码】

```
enum Note {  /* 枚举各种音调 */
    MIDDLE_C, C_SHARP, B_FLAT;          //其他略
}
interface Instrument {  /*接口，乐器*/
    ___(1)___ ;          //play 方法接口
    void adjust();      //adjust 方法接口
}
class Wind ___(2)___ {
    public void play(Note n) { System.out.println("Wind.play() " + n);  }
```

```
  public void adjust() { System.out.println("Wind.adjust()"); }
}
/*类 Percussion 和 Stringed 实现代码略*/


class Brass ___(3)___ {
  public void play(Note n) { System.out.println( "Brass.play() " + n); }
  public void adjust() { System.out.println("Brass.adjust()"); }

}
class Woodwind extends Wind {
  public void play(Note n) { System.out.println( "Woodwind.play() " + n); }
}

public class Music {
  void tune(Instrument i) { i.play(Note.MIDDLE_C); }
  void adjust(Instrument i) { i.adjust(); }
  void tuneAll( ___(4)___ e ) {
    for(Instrument i : e) {
      adjust(i);
       tune(i);
     }
  }
  public static void main(String[] args) {
    Music music = ___(5)___ Music();
    Instrument[] orchestra = { new Wind(),  new Woodwind()  };
    music.tuneAll(orchestra);
  }
}
```

本程序运行后的输出结果为：

```
Wind.adjust()
Wind.play() MIDDLE_C
Wind.adjust()
Woodwind.play() MIDDLE_C
```

试题六分析

本题考查 Java 语言程序设计的能力，涉及类、对象、方法的定义和相关操作。要求考生根据给出的案例和代码说明，认真阅读理清程序思路，然后完成题目。

先考查题目说明。本题目中涉及的部分乐器，音乐类利用各类乐器进行演奏和调音等操作。根据说明进行设计，题目给出了类图（图 6-1 类图所示）。

图中父接口 Instrument 代表乐器，Java 中设计为接口。Java 中定义接口也即定义了抽象数据类型，用 interface 关键字。Instrument 包含表示进行演奏的接口方法 play()和表示调音的接口方法 adjust()，接口方法默认为 public，且没有方法实现。其中 play()的参数 Note 实现为枚举类型（enum），以枚举各种音调。这两个方法由具体实现类完成实现，所以 Instrument 的 play()和 adjust()为方法声明，没有实现体，实现由子类完成：

```
void play(Note n);
void run();
```

Wind、Percussion 和 Stringed 是实现接口 Instrument 的三个类，用关键字 implements。Java 中实现接口的类必须全部实现接口中的方法，才能成为具体类，否则未被实现的方法需要加上 abstract 关键字，并且相应类必须为抽象类。Wind、Percussion 和 Stringed 均为具体类，都要实现 Instrument 的 play()方法和 adjust()方法，只是各自演奏和调音方式有所不同，所以都包含了 Instrument 的 play()方法接口和 adjust()方法接口，并加以实现：

```
public void play(Note n) { /*代码略*/ }
public void adjust() { /*代码略*/ }
```

Wind 的两个子类型 Woodwind 和 Brass 都继承自 Wind，Java 中继承用 extends 关键字，从而 Woodwind 和 Brass 也都实现了 Instrument 的 play()方法和 adjust()方法。图 6-1 中 Woodwind 类对应的 Woodwind 的实现中只有 play()方法，没有 adjust()方法的实现，因此其父类 Wind 的 adjust()方法自动复制并被调用。

Music 类对各类乐器进行演奏和调音操作。方法 tune()为一个乐器的定调，其参数为乐器 Intrument 接口类型；方法 adjust()为一个乐器进行调音，其参数也为 Intrument 接口类型；函数 tuneAll()为每个乐器定调，其参数是所有乐器数组。Java 中数组一旦创建，就可以通过成员 length 获取数组中成员个数。Java 5.0 开始，对集合还支持 foreach，对集合中每个元素循环进行处理：

```
for(Instrument i : e) {
  adjust(i);
  tune(i);
}
```

Music 中的 tune()和 adjust()的参数均为 Instrument 接口类型引用 i，调用 play()和 adjust()方法，其真正执行的方法根据所传实际对象而定，即动态绑定。

主控逻辑代码在 Music 类中程序主入口 main()方法中实现。在 main()方法中，先初始化 Music 类的对象，引用名称 music，即：

```
Music music = new Music();
```

并初始化各类乐器对象数组 orchestra，各类乐器用父接口 Instrument 类型，因为向上转型是安全的，可以自动向上转型成为 Instrument 类型，用父接口类型表示其各个子类型，即：

```
Instrument[] orchestra = { new Wind(), new Woodwind() };
```

或

```
Instrument orchestra[] = { new Wind(), new Woodwind() };
```

然后调用 music 的 tuneAll()方法：music.tuneAll(orchestra)，实现为 orchestra 中的每个乐器定调，其参数为 orchestra 数组。数组 orchestra 中元素的类型为 Instrument，所以 tuneAll() 的参数也应该为 Instrument 类型数组，而非其子类型。在 tuneAll()方法体内部，为每个数组元素调用当前对象的 tune()和 adjust()。

数组 orchestra 中第一个元素为 Wind 类型对象，第二个元素为 Woodwind 类型对象。tuneAll()中 for 循环的第一次执行时 tune()方法中语句 i.play(Note.MIDDLE_C); 调用 Wind 中的 play()方法，因此输出 Wind.play() MIDDLE_C；adjust()方法中语句 i.adjust(); 为调用 Wind 类的 adjust()方法，输出为 Wind.adjust()。tuneAll()中循环的第二次执行 tune()方法中语句 i.play(Note.MIDDLE_C);时，调用 Woodwind 中的 play()方法，因此输出 Woodwind.play() MIDDLE_C; adjust()方法中语句 i.adjust();为调用 Woodwind 类的 adjust()方法，Woodwind 没有实现 adjust()方法，即 Wind 的 adjust()方法，因此输出为 Wood.adjust()。

因此，空（1）需要定义接口 play(Note n)，题目代码中已经给出用分号结尾，所以空（1）为 void play(Note n)；空（2）需要实现接口 Instrument，即 implements Instrument；空（3）需要继承 Wind，即 extends Wind；空（4）需要定调的乐器数组，即 Instrument[]；空（5）处为创建 Music 类的对象的关键字 new。

参考答案

（1）void play(Note n)

（2）implements Instrument

（3）extends Wind

（4）Instrument[]

（5）new

第 11 章　2014 下半年程序员上午试题分析与解答

试题（1）、（2）

在 Word 编辑状态下，若要显示或隐藏编辑标记，则单击＿＿(1)＿＿按钮；若将光标移至表格外右侧的行尾处，按下 Enter 键，则＿＿(2)＿＿。

（1）A. 　　　　B. 　　　　C. 　　　　D.

（2）A. 光标移动到上一行，表格行数不变

　　 B. 光标移动到下一行，表格行数不变

　　 C. 在光标的上方插入一行，表格行数改变

　　 D. 在光标的下方插入一行，表格行数改变

试题（1）、（2）分析

本题考查计算机基本操作。

试题（1）的正确答案为 C。在 Word 编辑状态下，若要显示或隐藏段落标记，则单击 " " 按钮；" " 按钮可以便捷地将单级项目符号列表或编号列表中的文本按字母顺序排列；" " 按钮可以创建编号列表；" " 按钮可以清除所选内容的所有格式，只保留纯文本。

试题（2）的正确答案为 D。将光标移至表格外右侧的行尾处并按下 Enter 键时，会在光标的下方插入一行，表格行数改变。

参考答案

（1）C　　（2）D

试题（3）、（4）

在 Excel 中，若在 A1 单元格中输入 =SUM(MAX(15,8),MIN(8,3))，按 Enter 键后，则 A1 单元格显示的内容为＿＿(3)＿＿；若在 A2 单元格中输入 "=3=6"（输入不包含引号），则 A2 单元格显示的内容为＿＿(4)＿＿。

（3）A. 23　　　　B. 16　　　　C. 18　　　　D. 11

（4）A. =3=6　　　B. =36　　　C. TRUE　　　D. FALSE

试题（3）、（4）分析

本题考查 Excel 基础知识方面的知识。

SUM 函数是求和，MAX 函数是求最大值，MIN 函数是求最小值，所以 SUM(MAX(15,8),MIN(8,3)) 的含义是求 15 和 8 中的最大值 15 与 8 和 3 中的最小值之和，结果为 18(15+3)。

试题（4）的正确答案为 D。因为，公式 "=3=6" 中 3 等于 6 不成立，因此 A2 单元格显示的的内容为 FALSE。

参考答案

（3）C　　（4）D

试题（5）

用户的电子邮箱是在___(5)___的一块专用的存储区。

（5）A．用户计算机内存中　　　　　　B．用户计算机硬盘上

　　　C．邮件服务器内存中　　　　　　D．邮件服务器硬盘上

试题（5）分析

试题（5）的正确答案为 D。电子邮箱是经用户申请后由邮件服务机构为用户建立的。建立电子邮箱就是在其邮件服务器的硬盘上为用户开辟一块专用的存储空间，存放该用户的电子邮件。

参考答案

（5）D

试题（6）

直接转移指令执行时，是将指令中的地址送入___(6)___。

（6）A．累加器　　　B．数据计数器　　　C．地址寄存器　　　D．程序计数器

试题（6）分析

本题考查计算机系统硬件基础知识。

CPU 中常用指令寄存器来暂存从存储器中取出的指令，以便对其进行译码并加以执行，而程序计数器（PC）则用于暂存要读取的指令的地址。直接转移指令的一般格式是给出要转移到的指令地址，因此该指令执行时，首先将下一步要执行的指令的地址送入程序计数器，然后才从存储器中取出指令去执行。

参考答案

（6）D

试题（7）

下列部件中属于 CPU 中算术逻辑单元的部件是___(7)___。

（7）A．程序计数器　　B．加法器　　　　C．指令寄存器　　　D．指令译码器

试题（7）分析

本题考查计算机系统硬件基础知识。

题目中给出的选项中，程序计数器、指令寄存器和指令译码器都是 CPU 中控制单元的基本部件，加法器是算术逻辑单元中的基本部件。

参考答案

（7）B

试题（8）

在 CPU 和主存之间设置"Cache"的作用是为了解决___(8)___的问题。

（8）A．主存容量不足　　　　　　　　　B．主存与辅助存储器速度不匹配

C．主存与 CPU 速度不匹配　　　D．外设访问效率

试题（8）分析

本题考查计算机系统硬件基础知识。

基于成本和性能方面的考虑，Cache（即高速缓存）是为了解决相对较慢的主存与快速的 CPU 之间工作速度不匹配问题而引入的存储器。Cache 中存储的是主存内容的副本。

参考答案

（8）C

试题（9）

以下关于磁盘的描述不正确的是　__(9)__　。

（9）A．同一个磁盘上每个磁道的位密度都是相同的

B．同一个磁盘上的所有磁道都是同心圆

C．提高磁盘的转速一般不会减少平均寻道时间

D．磁盘的格式化容量一般要比非格式化容量小

试题（9）分析

本题考查计算机系统硬件基础知识。

磁盘存储器由盘片、驱动器、控制器和接口组成。盘片用来存储信息。驱动器用于驱动磁头沿盘面作径向运动以寻找目标磁道位置，驱动盘片以额定速率稳定旋转，并且控制数据的写入和读出。

硬盘中可记录信息的磁介质表面叫做记录面。每一个记录面上都分布着若干同心的闭合圆环，称为磁道。数据就记录在磁道上。使用时要对磁道进行编号，按照半径递减的次序从外到里编号，最外一圈为 0 道，往内道号依次增加。

为了便于记录信息，磁盘上的每个磁道又分成若干段，每一段称为一个扇区。

位密度是指在磁道圆周上单位长度内存储的二进制位的个数。虽然每个磁道的周长不同，但是其存储容量却是相同的，因此，同一个磁盘上每个磁道的位密度都是不同的。最内圈的位密度称为最大位密度。

磁盘的容量有非格式化容量和格式化容量之分。一般情况下，磁盘容量是指格式化容量。

非格式化容量=位密度×内圈磁道周长×每个记录面上的磁道数×记录面数

格式化容量=每个扇区的字节数×每道的扇区数×每个记录面的磁道数×记录面数

寻道时间是指磁头移动到目标磁道（或柱面）所需要的时间，由驱动器的性能决定，是个常数，由厂家给出。等待时间是指等待读写的扇区旋转到磁头下方所用的时间，一般选用磁道旋转一周所用时间的一半作为平均等待时间。提高磁盘转速缩短的是平均等待时间。

参考答案

（9）A

试题（10）、（11）

在计算机系统工作环境的下列诸因素中，对磁盘工作影响最小的因素是　（10）　；为了提高磁盘存取效率，通常需要利用磁盘碎片整理程序　（11）　。

（10）A．温度　　　　B．湿度　　　　C．噪声　　　　D．磁场

（11）A．定期对磁盘进行碎片整理　　　　B．每小时对磁盘进行碎片整理

　　　C．定期对内存进行碎片整理　　　　D．定期对 ROM 进行碎片整理

试题（10）、（11）分析

本题考查计算机系统性能方面的基础知识。

试题（10）的正确答案为 C。使用硬盘时应注意防高温、防潮、防电磁干扰。硬盘工作时会产生一定热量，使用中存在散热问题。温度以 20℃～25℃为宜，温度过高或过低都会使晶体振荡器的时钟主频发生改变。温度还会造成硬盘电路元件失灵，磁介质也会因热胀效应而造成记录错误；温度过低，空气中的水分会被凝结在集成电路元件上，造成短路。湿度过高时，电子元件表面可能会吸附一层水膜，氧化、腐蚀电子线路，以致接触不良，甚至短路，还会使磁介质的磁力发生变化，造成数据的读写错误。湿度过低，容易积累大量的因机器转动而产生的静电荷，这些静电会烧坏 CMOS 电路，吸附灰尘而损坏磁头、划伤磁盘片。机房内的湿度以 45%～65%为宜。注意使空气保持干燥或经常给系统加电，靠自身发热将机内水汽蒸发掉。另外，尽量不要使硬盘靠近强磁场，如音箱、喇叭、电机、电台、手机等，以免硬盘所记录的数据因磁化而损坏。

试题（11）的正确答案为 A。文件在磁盘上一般是以块（或扇区）的形式存储的。有的文件可能存储在一个连续的区域内，有的文件则被分割成若干个"片"存储在磁盘中不连续的多个区域。这种情况对文件的完整性没有影响，但由于文件过于分散，将增加读盘时间，从而降低了计算机系统的效率。磁盘碎片整理程序可以在整个磁盘系统范围内对文件重新安排，将各个文件碎片在保证文件完整性的前提下转换到连续的存储区内，提高对文件的读取速度。

参考答案

（10）C　　（11）A

试题（12）

计算机软件只要开发完成就能取得　（12）　受到法律保护。

（12）A．软件著作权　　B．专利权　　C．商标权　　D．商业秘密权

试题（12）分析

我国著作权法采取自动保护的原则，即著作权因作品的创作完成而自动产生，一般不必履行任何形式的登记或注册手续，也不论其是否已经发表。所以软件开发完成以后，不需要经过申请、审批等法律程序或履行任何形式的登记、注册手续，就可以得到法律

保护。但是，受著作权法保护的软件必须是由开发者独立完成，并已固定在某种有形物体上的，如磁盘、光盘、集成电路芯片等介质上或计算机外部设备中，也可以是其他的有形物，如纸张等。

软件商业秘密权也是自动取得的，也不必申请或登记。但要求在主观上应有保守商业秘密的意愿，在客观上已经采取相应的措施进行保密。如果主观上没有保守商业秘密的意愿，或者客观上没有采取相应的保密措施，就认为不具有保密性，也就不具备构成商业秘密的三个条件，那么就认为不具有商业秘密权，不能得到法律保护。

专利权、商标权需要经过申请、审查、批准等法定程序后才能取得，即须经国家行政管理部门依法确认、授予后，才能取得相应权利。

参考答案

（12）A

试题（13）

注册商标所有人是指　__（13）__。

（13）A．商标使用人　　　　　　　B．商标设计人

　　　C．商标权人　　　　　　　　D．商标制作人

试题（13）分析

商标权人是指依法享有商标专用权的人。在我国，商标专用权是指注册商标专用权。注册商标是指经国家主管机关核准注册而使用的商标，注册人享有专用权。未注册商标是指未经核准注册而自行使用的商标，其商标使用人不享有法律赋予的专用权。商标所有人只有依法将自己的商标注册后，商标注册人才能取得商标权，其商标才能得到法律的保护。

商标权不包括商标设计人的权利，商标设计人的发表权、署名权等人身权在商标的使用中没有反映，它不受商标法保护，商标设计人可以通过其他法律来保护属于自己的权利。例如，可以将商标设计图案作为美术作品通过著作权法来保护；与产品外观关系密切的商标图案还可以申请外观设计专利通过专利法保护。

参考答案

（13）C

试题（14）、（15）

微型计算机系统中，显示器属于　__（14）__，硬盘属于　__（15）__。

（14）A．表现媒体　　B．传输媒体　　C．表示媒体　　D．存储媒体

（15）A．表现媒体　　B．传输媒体　　C．表示媒体　　D．存储媒体

试题（14）、（15）分析

本题考查考生多媒体基础知识。

表现媒体是指进行信息输入和输出的媒体，如键盘、鼠标、话筒，以及显示器、打印机、喇叭等。传输媒体是指传输表示媒体的物理介质，如电缆、光缆、电磁波等。表

示媒体指传输感觉媒体的中介媒体，即用于数据交换的编码，如图像编码、文本编码和声音编码等；存储媒体是指用于存储表示媒体的物理介质，如硬盘、U 盘、光盘、ROM 及 RAM 等。

参考答案

（14）A　（15）D

试题（16）

以下设备中，不能使用__(16)__将印刷图片资料录入计算机。

（16）A．扫描仪　　B．投影仪　　C．数字摄像机　　D．数码相机

试题（16）分析

本题考查多媒体基础知识，主要涉及多媒体信息采集与转换设备。

数字转换设备可以把从现实世界中采集到的文本、图形、图像、声音、动画和视频等多媒体信息转换成计算机能够记录和处理的数据。使用扫描仪对印刷品、图片、照片或照相底片等扫描输入到计算机中。使用数字相机或数字摄像机对印刷品、图片、照片进行拍摄均可获得数字图像数据，且可直接输入到计算机中。投影仪是一种将计算机输出的图像信号投影到幕布上的设备。

参考答案

（16）B

试题（17）

欲知某主机是否可远程登录，可利用__(17)__进行检测。

（17）A．端口扫描　　B．病毒查杀　　C．包过滤　　　D．身份认证

试题（17）分析

本题考查网络攻击方式基础知识。

所谓端口扫描，就是利用 Socket 编程与目标主机的某些端口建立 TCP 连接、进行传输协议的验证等，从而侦知目标主机的被扫描端口是否处于激活状态、主机提供了哪些服务、提供的服务中是否含有某些缺陷等等。常用的扫描方式有 TCP connect()扫描、TCP SYN 扫描、TCP FIN 扫描、IP 段扫描和 FTP 返回攻击等。

通过端口扫描能发现目标主机的某些内在弱点、查找目标主机的漏洞。通过端口扫描可实现发现一个主机或网络的能力，发现主机上运行的服务，发现主机漏洞。

病毒查杀是通过对特征代码、校验和、行为监测和软件模拟等方法找出计算机中被病毒感染的文件。

包过滤是通过在相应设备上设置一定的过滤规则，对通过该设备的数据包特征进行对比，根据过滤规则，对与规则相匹配的数据包采取实施放行或者丢弃的操作。通过包过滤，可防止非法数据包进入或者流出被保护网络。

身份认证也称为"身份验证"或"身份鉴别"，是指在计算机及计算机网络系统中确认操作者身份的过程，从而确定该用户是否具有对某种资源的访问和使用权限，进而使计算机和网络系统的访问策略能够可靠、有效地执行，防止攻击者假冒合法用户获得

资源的访问权限，保证系统和数据的安全，以及授权访问者的合法利益。身份认证可以采取生物识别、密码、认证证书等方式进行。

通过以上的分析可知，要能够获知某主机是否能够远程登录，只能采取端口扫描的方法，因此本题答案为 A。

参考答案

（17）A

试题（18）

下列关于计算机病毒的描述中，错误的是__（18）__。

（18）A．计算机病毒是一段恶意程序代码

　　　 B．计算机病毒都是通过 U 盘拷贝文件传染的

　　　 C．使用带读写锁定功能的移动存储设备，可防止被病毒传染

　　　 D．当计算机感染病毒后，可能不会立即传染其他计算机

试题（18）分析

本题考查计算机病毒的基础知识。

计算机病毒是一段认为编写的，具有一定破坏功能的恶意程序，具有隐蔽性、感染性、潜伏性、可激发性等特性，它是通过网络或者移动存储设备传播，传播的方式是通过网络在被感染主机或者磁盘上进行写操作，将恶意程序写入被感染对象实现的。病毒的可激发性是指当病毒运行的条件满足时，才会发作或者感染其他的计算机。

参考答案

（18）B

试题（19）

机器字长为 8 位，定点整数 X 的补码用十六进制表示为 B6H，则其反码用十六进制表示为__（19）__。

（19）A．CAH　　　　B．B6H　　　　C．4AH　　　　D．B5H

试题（19）分析

本题考查计算机系统硬件基础知识。

B6H 的二进制形式为 10110110，若其为数 X 的补码，则说明 X 为负数，其真值为数据位各位取反末位加 1 得到，其反码则是将其由 7 位真值的数据位各位取反得到，因此得到 X 的反码为 10110101，即十六进制的 B5H。

参考答案

（19）D

试题（20）

如果浮点数的尾数用补码表示，则__（20）__是规格化的数。

（20）A．1.01000　　　B．1.11110　　　C．0.01001　　　D．1.11001

试题（20）分析

本题考查计算机系统硬件基础知识。

一个含小数点的二进制数 N 可以表示为更一般的形式：

$$N = 2^E \times F$$

其中 E 称为阶码，F 为尾数，这种表示数的方法称为浮点表示法。

在浮点表示法中，阶码通常为带符号的纯整数，尾数为带符号的纯小数。浮点数的表示格式如下：

阶符	阶码	数符	尾数

很明显，一个数的浮点表示不是唯一的。当小数点的位置改变时，阶码也相应改变，因此可以用多种浮点形式表示同一个数。

为了提高数据的表示精度，当尾数的值不为 0 时，规定尾数域的最高有效位应为 1，这称为浮点数的规格化表示。否则修改阶码同时左移或右移小数点的位置，使其变为规格化数的形式。规格化就是将尾数的绝对值限定在区间[0.5, 1)。

尾数用补码表示时，[+0.5, 1) 之间的数表示形式为 0.1******，而(-1.0, -0.5)之间的数则表示为 1.0******。由于$[-0.5]_{补}$=1.1000000，$[-1.0]_{补}$=1.0000000，因此将(-1.0, -0.5]扩展为[-1.0, -0.5)，从而便于通过判断符号位和小数点后的最高位是否相异来判断尾数是否为规格化形式。

参考答案

（20）A

试题（21）

在定点二进制运算中，减法运算一般通过　（21）　来实现。

（21）A．补码运算的二进制减法器　　　　　B．原码运算的二进制减法器

　　　　C．原码运算的二进制加法器　　　　　D．补码运算的二进制加法器

试题（21）分析

本题考查计算机系统硬件基础知识。

由于在补码表示的情况下，可以将数值位和符号为统一处理，并能将减法转换为加法，因此在定点二进制运算中，减法运算一般通过补码运算的二进制加法器来实现。

参考答案

（21）D

试题（22）

若下列编码中包含奇偶校验位，且无错误，则采用偶校验的编码是　（22）　。

（22）A．10101101　　　B．10111001　　　C．11100001　　　D．10001001

试题（22）分析

本题考查计算机系统硬件基础知识。

奇偶校验是一种简单有效的校验方法。这种方法通过在编码中增加一个校验位来使编码中 1 的个数为奇数（奇校验）或者偶数（偶校验），从而使码距变为 2。题目中给出的 4 个选项中，只有 11100001 中 1 的个数为偶数，因此采用偶校验的编码是 11100001。

参考答案

（22）C

试题（23）

在 Windows 系统中，将指针移向特定图标时，会看到该图标的名称或某个设置的状态。例如，指向＿＿（23）＿＿图标将显示计算机的当前音量级别。

（23）A. 　　　B. 　　　C. 　　　D.

试题（23）分析

本题考查操作系统基本操作方面的基础知识。

试题（23）正确答案为 B。在 Windows 系统中，将指针移向特定图标时，会看到该图标的名称或某个设置的状态。例如，指向音量图标将显示计算机的当前音量级别。指向网络图标将显示有关是否连接到网络、连接速度以及信号强度的信息。

参考答案

（23）B

试题（24）

在 Windows 环境中，若要将某个文件彻底删除（即不放入回收站），则应先选中该文件，并同时按下＿＿（24）＿＿快捷键，然后在弹出的对话框中单击""按钮。

（24）A. Ctrl+Del　　　　　　　　　B. Shift+Del

　　　 C. Alt+Del　　　　　　　　　 D. Alt+Ctrl+Del

试题（24）分析

本题考查操作系统基本操作方面的基础知识。

试题（24）正确答案为 B。在 Windows 资源管理器中，若要将某个文件彻底删除，则应先选中该文件（例如试题二.doc 文件），并同时按下 Shift+Del 组合键，然后系统显示如下对话框：

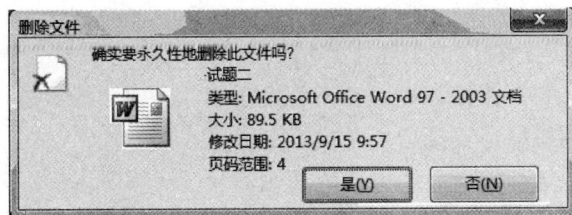

单击""按钮将永久删除试题二.doc 文件。

参考答案

（24）B

试题（25）、（26）

某分页存储管理系统中的地址结构如下图所示。若系统以字节编址，则该系统页的大小为___（25）___MB；共有___（26）___个页面。

（25）A．1　　　　　　　B．256　　　　　　C．512　　　　　　D．1024

（26）A．512　　　　　　B．1024　　　　　C．2048　　　　　D．4096

试题（25）、（26）分析

本题考查操作系统分页存储管理系统的基本知识。

试题（25）的正确答案为 A。根据题意可知页内地址的长度为二进制 20 位，$2^{20}=2^{10}\times 2^{10}=1024\times 1024=1024KB=1MB$，所以该系统页的大小为 1 MB。

试题（26）的正确答案为 D。由于页号的地址的长度为二进制 10 位，$2^{12}=4096$，所以该系统共有 4096 个页面。

参考答案

（25）A　　（26）D

试题（27）

假设系统有 n 个进程共享资源 R，且资源 R 的可用数为 2，那么该资源相应的信号量 S 的初值应设为___（27）___。

（27）A．0　　　　　　B．1　　　　　　C．2　　　　　　D．n

试题（27）分析

本题考查操作系统进程管理中信号量与同步互斥方面的基本知识。

试题（27）的正确答案为 C。本题中已知有 n 个进程共享 R 资源，且 R 资源的可用数为 2，所以，信号量的初值应设为 2。

参考答案

（27）C

试题（28）

以下关于解释器运行程序的叙述中，错误的是___（28）___。

（28）A．可以先将高级语言程序转换为字节码，再由解释器运行字节码

　　　B．可以由解释器直接分析并执行高级语言程序代码

　　　C．与直接运行编译后的机器码相比，通过解释器运行程序的速度更慢

　　　D．在解释器运行程序的方式下，程序的运行效率比运行机器代码更高

试题（28）分析

本题考查程序语言基础知识。

解释程序也称为解释器，它可以直接解释执行源程序，或者将源程序翻译成某种中

间表示形式后再加以执行；而编译程序（编译器）则首先将源程序翻译成目标语言程序，然后在计算机上运行目标程序。

解释程序在词法、语法和语义分析方面与编译程序的工作原理基本相同。一般情况下，在解释方式下运行程序时，解释程序可能需要反复扫描源程序。例如，每一次引用变量都要进行类型检查，甚至需要重新进行存储分配，从而降低了程序的运行速度。在空间上，以解释方式运行程序需要更多的内存，因为系统不但需要为用户程序分配运行空间，而且要为解释程序及其支撑系统分配空间。

参考答案

（28）D

试题（29）

在编译器和解释器的工作过程中，___（29）___是指对高级语言源程序进行分析以识别出记号的过程。

（29）A．词法分析　　　B．语法分析　　　C．语义分析　　　D．代码优化

试题（29）分析

本题考查程序语言基础知识。

解释器（解释程序）与编译器（编译程序）在词法、语法和语义分析方面的工作方式基本相同。源程序可以简单地被看成是一个多行的字符串。词法分析阶段是编译过程的第一阶段，这个阶段的任务是对源程序从前到后（从左到右）逐个字符地扫描，从中识别出一个个"单词"符号（或称为记号）。

参考答案

（29）A

试题（30）

以下叙述中，正确的是___（30）___。

（30）A．编译正确的程序不包含语义错误

　　　　B．编译正确的程序不包含语法错误

　　　　C．除数为 0 的情况可以在语义分析阶段检查出来

　　　　D．除数为 0 的情况可以在语法分析阶段检查出来

试题（30）分析

本题考查程序语言基础知识。

用户编写的源程序不可避免地会有一些错误，这些错误大致可分为静态错误和动态错误。动态错误也称动态语义错误，它们发生在程序运行时，例如变量取零时作除数、引用数组元素下标越界等错误。静态错误是指编译时所发现的程序错误，可分为语法错误和静态语义错误，如单词拼写错误、标点符号错误、表达式中缺少操作数、括号不匹配等有关语言结构上的错误称为语法错误；而语义分析时发现的运算符与运算对象类型不合法等错误属于静态语义错误。

参考答案

（30）B

试题（31）

算术表达式 a*(b-c)+d 的后缀式是__(31)__（–、+、*表示算术的减、加、乘运算，运算符的优先级和结合性遵循惯例）。

（31）A．a b c d – * +　　　　　　　　B．a b c – * d +

　　　　C．a b c – d * +　　　　　　　　D．a b – c d * +

试题（31）分析

本题考查程序语言基础知识。

后缀式（逆波兰式）是波兰逻辑学家卢卡西维奇发明的一种表示表达式的方法。这种表示方式把运算符写在运算对象的后面，例如，把 a+b 写成 ab+，所以也称为后缀式。算术表达式"a*(b-c)+d"的后缀式是"abc-*d+"。

参考答案

（31）B

试题（32）

在 C 程序中有些变量随着其所在函数被执行而为其分配存储空间，当函数执行结束后由系统回收。这些变量的存储空间应在__(32)__分配。

（32）A．代码区　　　B．静态数据区　　　C．栈区　　　D．堆区

试题（32）分析

本题考查程序语言基础知识。

程序运行时内存布局分为代码区、栈区、堆区和静态数据区。全局变量和静态变量的存储空间在静态数据区分配。函数中定义的局部自动变的存储空间是在栈区动态分配的，随着函数被执行而为其分配存储空间，当函数执行结束后由系统回收。

参考答案

（32）C

试题（33）、（34）

已知函数 f()、g()的定义如下所示，执行表达式"x = f(5)"的运算时，若函数调用 g(a)是引用调用（call by reference）方式，则执行"x = f(5)"后 x 的值为__(33)__；若函数调用 g(a)是值调用（call by value）方式，则执行"x = f(5)"后 x 的值为__(34)__。

```
f(int x)                g(int y)

int a = x-1;            y = y*y-1;
g(a);                   return;
return a*x;
```

（33）A．20　　　　　　B．25　　　　　　C．60　　　　　D．75

（34）A．20　　　　　　B．25　　　　　　C．60　　　　　D．75

试题（33）、（34）分析

本题考查程序语言基础知识。

若实现函数调用时，将实参的值传递给对应的形参，则称为是传值调用。这种方式下形式参数不能向实参传递信息。引用调用的本质是将实参的地址传给形参，函数中对形参的访问和修改实际上就是针对相应实际参数变量所作的访问和改变。

根据题目说明，调用函数 f 时，实参的值为 5，也就是在函数 f 中，x 的初始值为 5，接下来先通过"a = x-1"将 a 的值设置为 4，再调用函数 g(a)。函数 g() 执行时，形参 y 的初始值为 4，经过"y = y*y-1"运算后，y 的值就修改为 15。

在引用调用方式下，g 函数中 y 是 f 函数中 a 的引用（可视为形参 y 与实参 a 是同一对象），也就是说函数 f 中 a 的值被改为 15，因此，返回函数 f 中再执行"a*x"运算后得到 75（x=5，a=15），因此空（33）应填入的值为 75。

在值调用方式下，g 函数中 y 只获得 f 函数中 a 的值（形参 y 与实参 a 是两个不同的对象），也就是说在函数 g 中修改 y 的值与函数 f 中 a 的值已经没有关系了，因此，返回函数 f 再执行"a*x"运算后得到 20（x=5，a=4），因此空（34）应填入的值为 20。

参考答案

（33）D （34）A

试题（35）

设数组 a[0..n-1,0..m-1]（n>1，m>1）中的元素以行为主序存放，每个元素占用 1 个存储单元，则数组元素 a[i,j]（0<i<n，0<j<m）的存储位置相对于数组空间首地址的偏移量为 __(35)__ 。

（35）A. j*m+i B. i*m+j C. j*n+i D. i*n+j

试题（35）分析

本题考查程序语言基础知识。

对于元素 a[i,j]，按行存储方式下，其前面共有 i 行（行下标为 0 至行下标为 i-1）、每行 m 个元素，合计 i*m 个元素。数组 a 中行下标为 i 的元素有 a[i,0]、a[i,1]、…、a[i,j-1]、a[i,j]、…、a[i,m-1]，显然在该序列中，a[i,j] 之前有 j 个元素，因此，数组元素 a[i,j]（0<i<n，0<j<m）之前共有 i*m+j 个元素，由于每个占用 1 个存储单元，故该元素的存储位置相对于数组空间首地址的偏移量为 i*m+j。

参考答案

（35）B

试题（36）

含有 n 个元素的线性表采用顺序存储方式时，对其运算速度最快的操作是 __(36)__ 。

（36）A. 访问第 i 个元素（1≤i≤n）

B. 删除第 i 个元素（1≤i≤n）

C. 在第 i 个元素（1≤i≤n）之后插入一个新元素

D. 查找与特定值相匹配的元素

试题（36）分析

本题考查数据结构基础知识。

线性表（$a_1, a_2, \cdots, a_n$）采用顺序存储方式如下图所示，其逻辑上相邻的元素物理位置也是相邻的，因此，按照序号访问元素的速度是很快的。

访问第 i 个元素（$1 \leqslant i \leqslant n$）的元素，仅需计算出 a_i 的存储位置再进行内存的随机访问操作即可，以 $LOC(a_1)$ 表示线性表中第一个元素的存储位置，L 表示每个元素所占存储单元的个数，则计算 $LOC(a_i)$ 的方式如下：

$$LOC(a_i) = LOC(a_1) + (i-1) \times L$$

再分析其他运算，不在表尾插入或删除时就需要移动其他元素，这是比较耗时的。查找与特定值相匹配的元素时，需要经过一个与表中多个元素进行比较的过程，相对于随机访问第 i 个元素，消耗更多时间。

参考答案

（36）A

试题（37）

对于一个初始为空的栈，其入栈序列为 abc 时，其出栈序列可以有 ___（37）___ 种。

（37）A. 3   B. 4   C. 5   D. 6

试题（37）分析

本题考查数据结构基础知识。

入栈序列为 a b c 时，出栈序列可以为 a b c、a c b、b a c、b c a、c b a，以 I 表示入栈、O 对应出栈，原则是：每个元素仅入栈、出栈各 1 次；一次出栈操作的条件是栈不为空且只能让栈顶元素出栈。

出栈序列为 a b c 时，对应的操作序列为 IOIOIO。

出栈序列为 a c b 时，对应的操作序列为 IOIIOO。

出栈序列为 b a c 时，对应的操作序列为 IIOOIO。

出栈序列为 b c a 时，对应的操作序列为 IIOIOO。

出栈序列为 c b a 时，对应的操作序列为 IIIOOO。

在栈的合法操作序列中，其任何前缀部分中，出栈操作的次数都不多于入栈操作。

参考答案

（37）C

试题（38）

设有字符串 S='software'，其长度为 3 的子串数目为　（38）　。

（38）A．8　　　　　　B．7　　　　　　C．6　　　　　　D．5

试题（38）分析

本题考查数据结构基础知识。

对于字符串 S='software'，其长度为 3 的子串有"sof""oft""ftw""twa""war""are"，共 6 个。

参考答案

（38）C

试题（39）

在数据结构中，　（39）　是与存储结构无关的术语。

（39）A．单链表　　　B．二叉树　　　　C．哈希表　　　　D．循环队列

试题（39）分析

本题考查数据结构基础知识。

单链表是与存储结构有关的术语，常用于线性表的链式存储，通过在结点中设置指针域指出当前元素的直接后继（或直接前驱）元素所在结点，从而表示出元素间的顺序关系（即逻辑关系）。

哈希表既是一种存储结构也是一种查找结构，它以记录的关键字为自变量计算一个函数（称为哈希函数）得到该记录的存储地址，从而实现快速存储和查找。

循环队列是指采用顺序存储结构实现的队列。在顺序队列中，为了降低运算的复杂度，元素入队时，只修改队尾指针；元素出队时，只修改队头指针。由于顺序队列的存储空间是提前设定的，因此队尾指针会有一个上限值，当队尾指针达到其上限时，就不能只通过修改队尾指针来实现新元素的入队操作了。此时，可将顺序队列假想成一个环状结构，称之为循环队列，并仍然保持队列操作的简便性。

参考答案

（39）B

试题（40）

已知某二叉树的先序遍历序列为 ABCD，后序遍历序列为 CDBA，则该二叉树为　（40）　。

（40）A.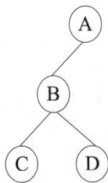　　B.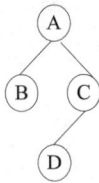　　C.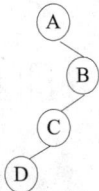　　D.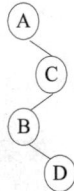

试题（40）分析

本题考查数据结构基础知识。

对非空的二叉树进行先序遍历的过程是：先访问根结点，然后先序遍历左子树，最后先序遍历右子树。题中四个二叉树的先序遍历序列分别为 ABCD、ABCD、ABCD、ACBD。

对非空的二叉树进行后序遍历的过程是：先后序遍历左子树，接着后序遍历右子树，最后再访问根结点。题中四个二叉树的后序遍历序列分别为 CDBA、BDCA、DCBA、DBCA。

参考答案

（40）A

试题（41）

在有 13 个元素构成的有序表 data[1..13]中，用折半查找（即二分查找，计算时向下取整）方式查找值等于 data[8]的元素时，先后与　（41）　等元素进行了比较。

（41）A．data[7]、data[6]、data[8]

　　　　B．data[7]、data[8]

　　　　C．data[7]、data[10]、data[8]

　　　　D．data[7]、data[10]、data[9]、data[8]

试题（41）分析

本题考查数据结构基础知识。

在二分查找（即折半查找）过程中，令处于中间位置记录的关键字和给定值比较，若相等，则查找成功；若不等，则缩小范围，直至新的查找区间中间位置记录的关键字等于给定值或者查找区间没有元素时（表明查找不成功）为止。

在有 13 个元素构成的有序表 data[1..13]中进行二分查找的过程如下图所示（计算中间元素位置时向下取整，结点中的数字为元素的下标或序号），从中可以看出，查找元素 data[8]时，需与 data[7]、data[10]、data[8]等元素比较。

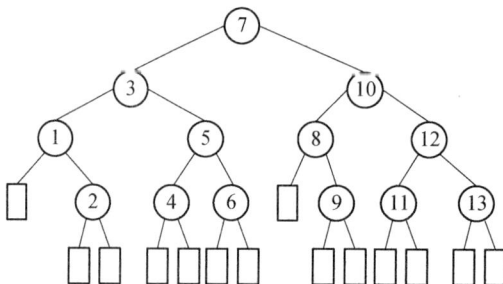

参考答案

（41）C

试题（42）、（43）

对于下图，从顶点 1 进行深度优先遍历时，不可能得到的遍历序列是__(42)__；若将该图用邻接矩阵存储，则矩阵中的非 0 元素数目为__(43)__。

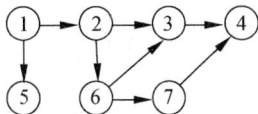

（42）A. 1234567　　B. 1523467　　C. 1234675　　D. 1267435

（43）A. 7　　B. 8　　C. 14　　D. 16

试题（42）、（43）分析

本题考查数据结构基础知识。

对题中所示的图从顶点 1 出发进行深度优先遍历，访问 1 之后接下来既可以访问顶点 2，也可以访问顶点 5。

若先访问顶点 2，则接下来可以访问顶点 3 或 6，此时得到的已访问顶点顺序是 123 或 126。若选择先访问顶点 3，则接下来就访问顶点 4，便得到已访问的顶点顺序 1234，由于从顶点 4 出发不存在继续前进的路径，所以需要先回溯至顶点 3 再回溯至顶点 2。由于顶点 2 存在尚没有得到访问的邻接顶点 6，所以接下来访问的顶点是 6，然后是顶点 7，从而得到已访问顶点的遍历序列 123467。最后还需回溯至顶点 1，再去访问顶点 5，这样就完成了所有顶点的访问，从而得到深度优先遍历序列 1234675。若访问完顶点 2 后接下来选择访问顶点 6，则可得到遍历序列 1263475 或 1267435。

若访问完顶点 1 之后接下来选择访问顶点 5，则可得到深度优先遍历序列 1523467 或 1526347 或 1526734。

因此，不能得到的深度优先遍历序列是 1234567。

对于有向图，其邻接矩阵中非零元素的个数即表示图中有向弧的数目，题中的图有 8 条弧，因此矩阵中的非 0 元素数目为 8，如下图所示。

	1	2	3	4	5	6	7
1	0	1	0	0	1	0	0
2	0	0	1	0	0	1	0
3	0	0	0	1	0	0	0
4	0	0	0	0	0	0	0
5	0	0	0	0	0	0	0
6	0	0	1	0	0	0	1
7	0	0	0	1	0	0	0

参考答案

（42）A　　（43）B

试题（44）

有些类之间存在一般和特殊关系，即一些类是某个类的特殊情况，某个类是一些类的一般情况。因此，类 __(44)__ 是其他各类的一般情况。

(44) A. 汽车　　　　B. 飞机　　　　C. 轮船　　　　D. 交通工具

试题（44）分析

本题考查面向对象的基本知识。

在进行类的设计时，有些类之间存在一般和特殊关系，即一些类是某个类的特殊情况，某个类是一些类的一般情况，这就是继承关系。在定义和实现一个类的时候，可以在一个已经存在的类（一般情况）的基础上来进行，把这个已经存在的类所定义的内容作为自己的内容，并加入若干新的内容，即子类比父类更加具体化。交通工具是泛指各类交通工具，而汽车、飞机和轮船分别都是具体的交通工具类，且具有自己的特性。因此，交通工具是汽车、飞机和轮船类的一般情况。

参考答案

(44) D

试题（45）、（46）

不同的对象收到同一消息可以进行不同的响应，并且会产生完全不同的结果，这种现象称为多态，其实现由 __(45)__ 支持。多态分为多种， __(46)__ 多态是指同一个名字在不同上下文中可代表不同的含义。

(45) A. 继承　　　　B. 封装　　　　C. 过载　　　　D. 覆盖
(46) A. 参数　　　　B. 包含　　　　C. 过载　　　　D. 强制

试题（45）、（46）分析

本题考查面向对象的基本知识。

面向对象系统中，在收到消息时，对象要予以相应。多态（polymorphism）是不同的对象收到同一消息可以进行不同的响应，产生完全不同的结果，用户可以发送一个通用的消息，而实现细节则由接收对象自行决定，使得对象对同一个消息可以调用不同的方法，即一个对象具有多种形态。多态的实现受到继承的支持，利用类的层次关系，把具有通用功能的消息存放在高层次，而不同的实现这一功能的行为放在较低层次，在这些低层次上的生成的对象能够给通用消息以不同的响应。

Cardelli 和 Wegner 将多态分为 4 类：参数多态、包含多态、过载多态和强制多态。其中参数多态的应用比较广，包含多态在许多语言中都存在，最常见的例子就是子类型化。过载多态是同一个名字在不同的上线文中所代表的含义。

参考答案

(45) A　　(46) C

试题（47）、（48）

统一建模语言（UML）图中， __(47)__ 用于对时间如何改变对象的状态以及引起对象从一个状态向另一个状态转换的事件进行建模。 __(48)__ 是此种图的一种特殊情况，对于系统的功能建模特别重要，并强调对象间的控制流程。

（47）A．序列图　　　B．状态图　　　C．活动图　　　D．通信图

（48）A．序列图　　　B．状态图　　　C．活动图　　　D．通信图

试题（47）、（48）分析

本题考查统一建模语言（UML）的基本知识。

UML 2.0 中提供了多种图形。序列图是场景的图形化表示，描述了以时间顺序组织的对象之间的交互活动，对用例中的场景可以采用序列图进行描述。状态图展现了一个状态机，用于对对象的状态变化进行建模。活动图专注于系统的动态视图，它对于系统的功能建模特别重要，并强调对象间的控制流程，是状态图的一种特殊情况。通信图强调收发消息的对象之间的结构组织。

参考答案

（47）B　　（48）C

试题（49）

某考务处理系统的部分需求包括：检查考生递交的报名表；检查阅卷站送来的成绩清单；根据考试中心指定的合格标准审定合格者。若用顶层数据流图来描述，则__(49)__不是数据流。

（49）A．考生　　　　　B．报名表　　　　C．成绩清单　　　D．合格标准

试题（49）分析

本题考查数据流的基础知识。

数据流图从数据传递和加工的角度，以图形的方式刻画数据流从输入到输出的移动变换过程，其基础是功能分解。数据流的基本要素包括：

① 数据源或数据汇点表示要处理数据的输入来源或处理结果要送往何处；

② 数据流表示数据沿着箭头方向的流动；

③ 加工是对数据对象的处理货变换；

④ 数据存储在数据流图中起保存数据的作用。

在上述例子中，考试是数据源，报名表、成绩清单和合格标准是数据流。

参考答案

（49）A

试题（50）

以下关于结构化方法的叙述中，不正确的是__(50)__。

（50）A．指导思想是自顶向下、逐层分解

　　　　B．基本原则是功能的分解与抽象

　　　　C．适合解决数据处理领域的问题

　　　　D．特别适合解决规模大的、特别复杂的项目

试题（50）分析

本题考查结构化开发方法的基础知识。

结构化开发方法由结构化分析、结构化设计和结构化程序设计构成，是一种面向数据流的开发方法。结构化方法总的指导思想是自顶向下、逐层分解，基本原则是功能的分解与抽象。它是软件工程中最早出现的开发方法，特别适合于数据处理领域的问题，但是不适合解决大规模的、特别复杂的项目，而且难以适应需求的变化。

参考答案

（50）D

试题（51）

以下关于单元测试的叙述中，不正确的是 ___（51）___ 。

（51）A．侧重于检查模块中的内部处理逻辑和数据结构

      B．一般用白盒测试技术

      C．强调检查模块的接口

      D．需要检查全局和局部数据结构

试题（51）分析

本题考查软件测试的基础知识。

单元测试也称为模块测试，在模块编写完且无编译错误就可以进行。单元测试侧重于模块中的内部处理逻辑和数据结构。一般采用白盒法测试。主要检查模块的以下特征：模块接口、局部数据结构、重要的执行路径和边界条件。

参考答案

（51）D

试题（52）

软件系统的维护包括多个方面，增加一些在系统分析和设计阶段中没有规定的功能与性能特征，从而扩充系统功能和改善系统性能，是 ___（52）___ 维护。

（52）A．正确性   B．适应性   C．完善性   D．预防性

试题（52）分析

本题考查软件维护的基础知识。软件维护一般包括四种类型：

① 正确性维护，是指改正在系统开发阶段已发生而系统测试阶段尚未发现的错误。

② 适应性维护，是指使应用软件适应新型技术变化和管理需求变化而进行的修改。

③ 完善性维护，是指为扩充功能和改善性能而进行的修改，主要是指对已有的软件系统增加一些在系统分析和设计阶段中没有规定的功能与性能特征。

④ 预防性维护，是指为了改进应用软件的可靠性和可维护性，为了适应未来的软硬件环境的变化，主动增加预防性的信功能，以使应用系统适应各类变化而不被淘汰。

参考答案

（52）C

试题（53）

一般情况下，企业对程序员的素质要求中不包括 ___（53）___ 。

（53）A．根据有关的合同和规范，对所编写的程序和文档进行保护

　　　　B．根据企业发展需求绘制软件系统的逻辑模型

　　　　C．认真细致工作，并想方设法提高软件质量

　　　　D．具有良好的团队合作精神

试题（53）分析

本题考查软件工程基础知识。

专业的程序员除了按照程序设计文档和规范要求进行编程和测试外，还需要具备程序员职业岗位所需要的职业素养，包括：在编程和测试时需要认真细致工作，并想方设法提高软件质量；由于现在的软件都比较大，需要多人合作完成，因此具有良好的团队合作精神非常重要。固执地坚持己见，不利于模块间的衔接，难以使软件协调运行；还需要根据有关的合同和规范，对所编写的程序和文档进行保护，不得对外泄露源代码，不得随意设置漏洞，不得疏忽大意被他人盗取技术或植入问题代码等。根据企业发展需求绘制软件系统的逻辑模型是系统分析师或高级程序员的责任。

参考答案

（53）B

试题（54）

许多大型企业的数据中心，为了解决存储扩张和管理难度增大的问题，采用了存储虚拟化技术，其主要作用不包括___（54）___。

（54）A．将内存和一部分磁盘容量作为虚存，以利于同时调度运行多个应用程序

　　　　B．屏蔽多种异构存储设备的物理特性

　　　　C．实现不同类型存储资源的集中管理和统一分配

　　　　D．满足多业务系统对存储性能和容量的不同要求，提高存储服务的灵活性

试题（54）分析

本题考查软件工程基础知识。

将内存和一部分磁盘容量作为虚存，以利于在较小的物理内存中同时调度运行多个较大的应用程序。这是操作系统中的虚拟存储技术。对大型企业的数据中心来说，由于存储设备不断扩张，不同时期购买的多种异构存储设备其物理特性不同，简单放在一起是难以管理的，也难以分配给各个应用程序使用。多个业务系统对存储性能和容量有不同要求，需要提高存储服务的灵活性。由此产生了存储虚拟化技术。这样，上层软件就屏蔽了多种异构存储设备的物理特性，实现了不同类型存储资源的集中管理和统一分配，提高了存储服务的灵活性。

参考答案

（54）A

试题（55）

用户交互界面设计的易用性原则不包括___（55）___。

（55）A. 用户交互界面尽量由业务人员设计

　　　　B. 所用名词和术语尽量采用业务用语

　　　　C. 功能菜单尽量与业务划分基本一致

　　　　D. 操作流程尽量与业务流程基本一致

试题（55）分析

本题考查软件工程基础知识。

用户交互界面设计非常重要，因为软件是给用户使用的，一定要使非计算机专业的业务人员感到使用软件非常方便，基本上不需要特别的训练就能使用。这就要求界面上的名词和术语尽量采用业务用语。界面上的功能菜单尽量与业务划分基本一致。操作流程尽量与业务流程基本一致。为此，在设计软件界面时，需要用户参与，需要征求用户意见。但这并不是说，界面需要由用户来设计。用户并不关心具体的设计实现技术。

参考答案

（55）A

试题（56）

以下关于软件测试的叙述中，不正确的是　　(56)　　。

（56）A. 测试能提高软件的质量，但软件的质量不能完全依赖测试

　　　　B. 一般，难以做到彻底的测试，也不允许无休止地测试

　　　　C. 经测试并改正错误后，发现错误较多的模块比发现错误较少的模块更可靠

　　　　D. 软件测试的困难在于如何有效地进行测试，如何放心地停止测试

试题（56）分析

本题考查软件工程基础知识。

软件测试能发现问题，为纠正错误奠定基础。但软件质量首先在于需求分析和设计，其次在于编程质量，有些人在这些方面很马虎，希望完全依赖测试发现问题，这是错误的。这时纠正错误代价大。错误过多时，纠正十分困难。软件的复杂性导致难以彻底测试。软件工程有期限，不允许无休止地测试。测试几天后，发现错误较多的模块，在纠正错误后，遗留的错误也较多。这是统计规律。软件测试的困难在于如何有效地进行测试，如何放心地停止测试，这是软件测试重点需要研究解决的问题。

参考答案

（56）C

试题（57）、（58）

在数据库系统中，数据的　　(57)　　是指保护数据库，以防止不合法的使用所造成的数据泄漏、更改或破坏；数据的　　(58)　　是指数据库正确性和相容性，是防止合法用户使用数据库时向数据库加入不符合语义的数据。

（57）A. 安全性　　　B. 可靠性　　　C. 完整性　　　D. 并发控制

（58）A. 安全性　　　B. 可靠性　　　C. 完整性　　　D. 并发控制

试题（57）、（58）分析

本题考查数据库系统概念方面的基本概念。

数据控制功能包括对数据库中数据的安全性、完整性、并发和恢复的控制。其中：

① 安全性（security）是指保护数据库受恶意访问，即防止不合法的使用所造成的数据泄漏、更改或破坏。这样，用户只能按规定对数据进行处理，例如，划分了不同的权限，有的用户只能有读数据的权限，有的用户有修改数据的权限，用户只能在规定的权限范围内操纵数据库。

② 完整性（integrality）是指数据库正确性和相容性，是防止合法用户使用数据库时向数据库加入不符合语义的数据。保证数据库中数据是正确的，避免非法的更新。

③ 并发控制（concurrency control）是指在多用户共享的系统中，许多用户可能同时对同一数据进行操作。DBMS 的并发控制子系统负责协调并发事务的执行，保证数据库的完整性不受破坏，避免用户得到不正确的数据。

④ 故障恢复（recovery from failure）。数据库中的 4 类故障是事务内部故障、系统故障、介质故障及计算机病毒。故障恢复主要是指恢复数据库本身，即在故障引起数据库当前状态不一致后，将数据库恢复到某个正确状态或一致状态。恢复的原理非常简单，就是要建立冗余（redundancy）数据。换句话说，确定数据库是否可恢复的方法就是其包含的每一条信息是否都可以利用冗余地存储在别处的信息重构。冗余是物理级的，通常认为逻辑级是没有冗余的。

参考答案

（57）A　　（58）C

试题（59）

采用二维表格结构表达实体及实体间联系的数据结构模型称为　(59)　。

（59）A．层次模型　　　　　　　　　B．网状模型

　　　 C．关系模型　　　　　　　　　D．面向对象模型

试题（59）分析

本题考查数据库数据模型方面的基本知识。

不同的数据模型具有不同的数据结构形式。目前最常用的数据结构模型有层次模型（Hierarchical Model）、网状模型（Network Model）、关系模型（Relational Model）和面向对象数据模型（Object Oriented Model）。其中层次模型和网状模型统称为非关系模型。非关系模型的数据库系统在 20 世纪 70 年代非常流行，在数据库系统产品中占据了主导地位。到了 20 世纪 80 年代，逐渐被关系模型的数据库系统取代，但某些国家，由于历史的原因，目前层次和网状数据库系统仍在使用。

关系模型是目前最常用的数据模型之一。关系数据库系统采用关系模型作为数据的组织方式，在关系模型中用二维表格结构表达实体集，以及实体集之间的联系，其最大特色是描述的一致性。关系模型是由若干个关系模式组成的集合。一个关系模式相当于

一个记录型，对应于程序设计语言中类型定义的概念。关系是一个实例，也是一张表，对应于程序设计语言中的变量的概念。给定变量的值随时间可能发生变化；类似地，当关系被更新时，关系实例的内容也随时间发生了变化。

参考答案

（59）C

试题（60）～（62）

某高校数据库中，学生 S、教师 T 和课程 C 的关系模式分别为：S (学号，姓名，性别，家庭住址，电话)；T (教师号，姓名，性别，部门，工资)；C (课程号，课程名)。假设一个学生可以选择多门课程，一门课程可以由多个学生选择；一个教师可以讲授多门课程，一门课程可以由多个教师讲授。那么，学生"选课"和教师"讲授"课程的联系类型分别为___（60）___；"选课"联系___（61）___。

（60）A. 1:1, 1:n　　B. 1:n, 1:n　　　　C. n:1, n:m　　　D. n:m, n:m

（61）A. 需要构建一个独立的关系模式，且主关键字为：学生号

　　　 B. 需要构建一个独立的关系模式，且主关键字为：学生号，课程号

　　　 C. 需要构建一个独立的关系模式，且主关键字为：学生号，教师号

　　　 D. 类型为 1:n，所以不需要构建一个独立的关系模式

查询"软件教研室"教师的平均工资、最高与最低工资之间差值的 SQL 语句如下：

```
SELECT AVG(工资) AS 平均工资, _____（62）_____
FROM  T
WHERE 部门='软件教研室';
```

（62）A. MAX(工资)–MIN(工资) AS 差值　　B. 差值 AS MAX(工资)–MIN(工资)

　　　 C. MAX(工资)–MIN(工资) IN 差值　　D. 差值 IN MAX(工资)–MIN(工资)

试题（60）～（62）分析

本题考查关系数据库及 SQL 方面的基础知识。

试题（60）的正确选项为 D。根据题意"一个学生可以选择多门课程，一门课程可以由多个学生选择"，故学生"选课"的联系类型为 n: m；又因为根据题意"一个教师可以讲授多门课程，一门课程可以由多个教师讲授"，故教师"讲授"课程的联系类型为 n: m。

试题（61）的正确选项为 B。学生"选课"的联系类型为 n: m，故需要构建一个独立的关系模式，且主关键字为：学生号，课程号。

试题（62）的正确选项为 A。SQL 提供可为关系和属性重新命名的机制，这是通过使用具有"Old-name as new-name"形式的 As 子句来实现的。As 子句即可出现在 select 子句，也可出现在 from 子句中。

参考答案

（60）D　　（61）B　　（62）A

试题（63）

测试四个程序模块共发现了 42 个错，则 ___(63)___ 。

(63) A．至少有 1 个模块至少有 11 个错　　　B．至少有 1 个模块至少有 12 个错

C．至少有 2 个模块都至少有 11 个错　　D．至多有 2 个模块都至多有 14 个错

试题（63）分析

本题考查数学应用能力。

若测试四个程序模块后共发现了 42 个错，则每个模块的错误数有很多种可能。选项 B 是不对的，因为各个模块的错误数有可能是 11、11、10、10，各模块的错误数都不超过 11。选项 C 也是不对的，因为各个模块的错误数有可能是 12、10、10、10，只有 1 个模块的错误数≥11。选项 D 也是不对的，因为各个模块的错误数有可能是 14，14，14，0，有三个模块的错误数≥14。若选项 A 不对，则 4 个模块都至多有 10 个错，这样，至多共有 40 个错。

参考答案

(63) A

试题（64）

下图是某工程 A～E 五个作业的进度计划。按照该计划，到 5 月 31 日检查时，已完成作业数、已经开始但尚未完成的作业数以及尚未开始的作业数应分别为 ___(64)___ 。

(64) A．1,2,2　　　　B．1,3,1　　　　C．2,2,1　　　　D．3,2,0

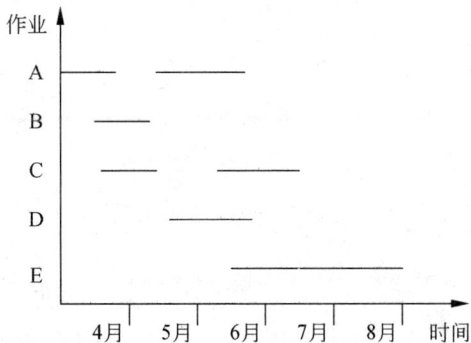

试题（64）分析

本题考查数学应用能力。

首先，在图上横坐标区间 5 月与 6 月的分界线"5 月 31 日"处向上画一条竖线。可以看出，按此计划，在 5 月 31 日，作业 A 已经开始，但尚未结束；作业 B 已经完成；作业 C 已经开始，但尚未结束；作业 D 也已经开始而尚未结束；作业 E 则尚未开始。汇总看，应有 1 个作业（B）已经完成；有 3 个作业（A、C、D）已经开始而尚未结束；有 1 个作业（E）已经完成。这种图就是描述进度计划的甘特图。

参考答案

（64）B

试题（65）

假设有 5 个网站 A、B、C、D、E，这些网站之间具有的链接关系如下表：

从＼到	A	B	C	D	E
A		√	√	√	
B	√			√	
C					√
D		√	√		
E				√	

其中符号"√"表示存在从一个网站到另一个网站的链接。假设网站的权威度定义为有多少个网站链接到该网站，则上述 5 个网站中权威度最高的是　（65）　。

（65）A．A　　　　　B．B　　　　　C．C　　　　　D．D

试题（65）分析

本题考查数学应用能力。

从题中的表可以看出，只有一个网站（B）指向（链接到）网站 A，有 2 个网站（A 和 D）指向网站 B，有 2 个网站（A 和 D）指向网站 C，有 3 个网站（A、B 和 E）指向网站 D，只有 1 个网站（C）指向网站 E。从而，在这五个网站中，网站 D 的权威度最高。

参考答案

（65）D

试题（66）、（67）

ICMP 协议属于因特网中的　（66）　协议，ICMP 协议数据单元封装在　（67）　中传送。

（66）A．数据链路层　　B．网络层　　　C．传输层　　　D．会话层

（67）A．以太帧　　　　B．TCP 段　　　C．UDP 数据报　D．IP 数据报

试题（66）、（67）分析

ICMP（Internet control Message Protocol）与 IP 协议同属于网络层，用于传送有关通信问题的消息，例如数据报不能到达目标站，路由器没有足够的缓存空间，或者路由器向发送主机提供最短通路信息等。ICMP 报文封装在 IP 数据报中传送，因而不保证可靠的提交。

参考答案

（66）B　　（67）D

试题（68）

HTML 中，以下<input>标记的 type 属性值　（68）　在浏览器中的显示不是按钮形式。

（68）A．submit　　　　B．button　　　　C．password　　　　D．reset

试题（68）分析

本题考查 HTML 语言的基本知识。

HTML 语言中<input>标记含有多种属性，其中 type 属性用于规定 input 元素的类型，包含 button、checkbox、hidden、image、password、reset、submit、text 等几种，其中：

button 用于定义可点击的按钮；

checkbox 用于定义文档中的复选框；

hidden 用于定义隐藏的输入字段；

image 用于定义图像形式的提交按钮；

password 用于定义密码字段，该字段中的字符将被掩码；

reset 用于定义重置按钮，重置按钮可以清除表单中的所有数据；

submit 用于定义提交按钮，该按钮可以将表单数据发送至服务器；

text 用于定义单行的输入字段，用户可在其中输入文本，默认宽度为 20 个字符。

参考答案

（68）C

试题（69）

在浏览器地址栏中输入　（69）　可访问 FTP 站点 ftp.abc.com。

（69）A．ftp.abc.com　　　　　　　　　B．ftp://ftp.abc.com

　　　C．http://ftp.abc.com　　　　　　D．http://www.ftp.abc.com

试题（69）分析

本试题考查浏览器的使用。

在浏览器地址栏中输入 ftp://ftp.abc.com 可访问 FTP 站点 ftp.abc.com，若输入 ftp.abc.com，默认协议是 http。

参考答案

（69）B

试题（70）

匿名 FTP 访问通常使用　（70）　作为用户名。

（70）A．guest　　　　B．user　　　　C．administrator　　D．anonymous

试题（70）分析

本题考查匿名 FTP 访问。

匿名 FTP 访问通常使用的用户名是 anonymous。

参考答案

（70）D

试题（**71**）

　　___(71)___ is a list of items that are accessible at only one end of the list.

　　（71）A．A tree　　　　B．An array　　　C．A stack　　　D．A queue

参考译文

栈是只能在表的一端存取元素的表。

参考答案

（71）C

试题（**72**）

　　Stated more formally, an object is simply ___(72)___ of a class.

　　（72）A．a part　　　B．a component　　C．an instance　　D．an example

参考译文

严格地说，对象只是类的一个实例。

参考答案

（72）C

试题（**73**）

　　Many computer languages provide a mechanism to call ___(73)___ provided by libraries such as in .dlls.

　　（73）A．instructions　　　　　　B．functions

　　　　　　C．subprograms　　　　　　D．subroutines

参考译文

许多计算机语言提供了一种机制来调用库（如 dll 文件）中的函数。

参考答案

（73）B

试题（**74**）

　　___(74)___ is a very important task in the software development process, because an incorrect program can have significant consequences for the users.

　　（74）A．Debugging　　　　　　B．Research

　　　　　　C．Installation　　　　　　D．Deployment

参考译文

诊断排错是软件开发过程中非常重要的任务，因为不正确的程序会对用户造成严重后果。

参考答案

（74）A

试题（75）

When paying online, you should pay attention to ____（75）____ your personal and financial information.

（75）A．reading　　　B．writing　　　C．executing　　　D．protecting

参考译文

在线支付时应注意保护个人信息和账户信息。

参考答案

（75）D

第 12 章   2014 下半年程序员下午试题分析与解答

试题一 （共 15 分）

阅读以下说明和流程图，填补流程图中的空缺（1）～（5），将解答填入答题纸的对应栏内。

【说明】

本流程图旨在统计一本电子书中各个关键词出现的次数。假设已经对该书从头到尾依次分离出各个关键词 $\{A(i)|i=1,\cdots,n\}$（$n>1$）}，其中包含了很多重复项，经下面的流程处理后，从中挑选出所有不同的关键词共 m 个 $\{K(j)|j=1,\cdots,m\}$，而每个关键词 $K(j)$ 出现的次数为 $NK(j)$，$j=1,\cdots,m$。

【流程图】

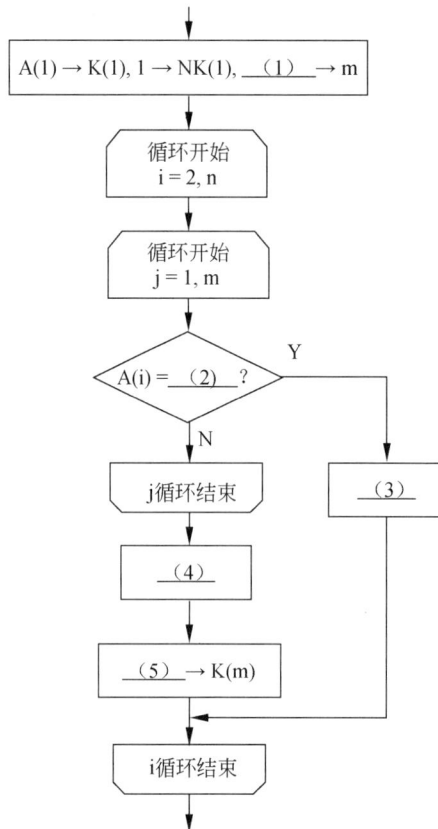

试题一分析

流程图中的第 1 框显然是初始化。A（1）→K（1）意味着将本书的第 1 个关键词作为选出的第 1 个关键词。1→NK（1）意味着此时该关键词的个数置为 1。m 是动态选出的关键词数目，此时应该为 1，因此（1）处应填 1。

本题的算法是对每个关键词与已选出的关键词进行逐个比较。凡是遇到相同的，相应的计数就增加 1；如果始终没有遇到相同关键词的，则作为新选出的关键词。

流程图第 2 框开始对 i=2,n 循环，就是对书中其他关键词逐个进行处理。流程图第 3 框开始 j=1,m 循环，就是按已选出的关键词依次进行处理。

接着就是将关键词 A(i) 与选出的关键词 K(j) 进行比较。因此（2）处应填 K(j)。

如果 A(i)=K(j)，则需要对计数器 NK(j) 增 1，即执行 NK(j)+1→NK(j)。因此（3）处应填 NK(j)+1→NK(j)。执行后，需要跳出 j 循环，继续进行 i 循环，即根据书中的下一个关键词进行处理。

如果 A(i) 不等于 NK(j)，则需要继续与下个 NK(j) 进行比较，即继续执行 j 循环。如果直到 j 循环结束仍没有找到匹配的关键词，则要将该 A(i) 作为新的已选出的关键词。因此，应执行 A(i)→K(m+1) 以及 m+1→m。更优的做法是先将计数器 m 增 1，再执行 A(i) →K(m)。因此（4）处应填 m+1→m，（5）处应填 A(i)。

参考答案

（1）1

（2）K(j)

（3）NK(j)+1→NK(j) 或 NK(j)++或其等价形式

（4）m+1→m 或 m++或其等价形式

（5）A(i)

试题二（共 15 分）

阅读以下说明和 C 函数，填补代码中的空缺（1）～（5），将解答填入答题纸的对应栏内。

【说明】

函数 removeDuplicates(char *str) 的功能是移除给定字符串中的重复字符，使每种字符仅保留一个，其方法是：对原字符串逐个字符进行扫描，遇到重复出现的字符时，设置标志，并将其后的非重复字符前移。例如，若 str 指向的字符串为"aaabbbbscbsss"，则函数运行后该字符串为"absc"。

【C 代码】

```c
void removeDuplicates(char *str)
{
    int i,len = strlen(str);        /*求字符串长度*/

    if(   (1)   ) return;  /*空串或长度为 1 的字符串无需处理*/
```

```
        for( i=0;i<len;i++ ) {
                int flag = 0;      /*字符是否重复标志*/
int m;
                for( m =   (2)   ; m<len; m++ ) {
                        if ( str[i] == str[m] ) {
                             (3)   ;   break;
                        }
                }
                if (flag ) {
                        int n, idx = m;
/*将字符串第 idx 字符之后、与 str[i]不同的字符向前移*/
                        for( n = idx+1; n<len; n++ )
                            if( str[n]!= str[i] ) {
                                    str[idx] = str[n];       (4)   ;
                            }
                        str[   (5)   ] = '\0';              /*设置字符串结束标志*/
                }
        }
}
```

试题二分析

本题考查 C 语言基本应用。

题目要求在阅读理解代码说明的前提下完善代码。字符串的运算处理是 C 程序中常见的基本应用。

根据注释，空（1）处应填入的内容很明确，为"len<=1"或其等价表示。

要消除字符串中的重复字符，需要扫描字符串，这通过下面的代码来实现：

```
for( i=0;i<len;i++ ) {
        int flag = 0;      /*字符是否重复标志*/
int m;
        for( m =   (2)   ; m<len; m++ ) {
                if ( str[i] == str[m] ) {
                     (3)   ;   break;
                }
        }
}
…
```

上面代码中，循环变量 i 用于顺序地记下字符串中每个不同字符首次出现的位置，那么后面的处理就是从 i 的下一个位置开始，考查后面的字符中有没有与它相同的（str[i] == str[m]），因此空（2）应填入"i+1" 或其等价表示。显然，当发现了重复字符时，应设置标志，空（3）处应填入"flag=1"或者给 flag 赋值为任何一个不是 0 的值。

根据说明，发现与 str[i]相同的第一个字符 str[m]后，需要将其后所有与 str[i]不同的字符前移，以覆盖重复字符 str[m]，对应的代码如下：

```
if (flag ) {
        int n, idx = m;
/*将字符串第 idx 字符之后、与 str[i]不同的字符向前移*/
        for( n = idx+1; n<len; n++ )
            if( str[n]!= str[i] ) {
                str[idx] = str[n];    (4)  ;
            }
        str[   (5)   ] = '\0';              /*设置字符串结束标志*/
    }
```

初始时，idx 等于 m，使 str[n]覆盖 str[idx]后，需要将 idx 自增，以便将后面与 str[i]不同的字符继续前移，因此空（4）处应填入"idx++"或等价形式。由于后面字符前移了，所以字符串结束标志也需重新设置，空（5）处应填入"idx"。

参考答案

（1）len<2 或 len<=1 或其等价形式

（2）i+1 或其等价形式

（3）flag = 1 或给 flag 赋值为任何一个不是 0 的值

（4）idx++或 idx = idx+1 或其等价形式

（5）idx 或其等价形式

试题三（共 15 分）

阅读以下说明和 C 函数，填补函数代码中的空缺（1）～（5），将解答填入答题纸的对应栏内。

【说明】

队列是一种常用的数据结构，其特点是先入先出，即元素的插入在表头、删除在表尾进行。下面采用顺序存储方式实现队列，即利用一组地址连续的存储单元存放队列元素，同时通过模运算将存储空间看作一个环状结构（称为循环队列）。

设循环队列的存储空间容量为 MAXQSIZE，并在其类型定义中设置 base、rear 和 length 三个域变量，其中，base 为队列空间的首地址，rear 为队尾元素的指针，length 表示队列的长度。

```
#define MAXQSIZE 100
typedef struct {
        QElemType *base;        /*循环队列的存储空间首地址*/
        int       rear;         /*队尾元素索引*/
```

```
int         length;         /*队列的长度*/

}SqQueue;
```

例如，容量为 8 的循环队列如图 3-1 所示，初始时创建的空队列如图 3-1（a）所示，经过一系列的入队、出队操作后，队列的状态如图 3-1（b）所示（队列长度为 3）。

图 3-1

下面的 C 函数 1、C 函数 2 和 C 函数 3 用于实现队列的创建、插入和删除操作，请完善这些代码。

【C 函数 1】创建一个空的循环队列。

```
int InitQueue(SqQueue *Q)
/*创建容量为 MAXQSIZE 的空队列，若成功则返回 1；否则返回 0*/
{   Q->base = (QElemType *)malloc( MAXQSIZE*  (1)   );
    if (!Q->base) return 0;
Q->length = 0;
Q->rear = 0;
    return 1;
}/*InitQueue*/
```

【C 函数 2】元素插入循环队列。

```
int EnQueue(SqQueue *Q, QElemType e)  /*元素 e 入队，若成功则返回 1；否则返回 0*/
{   if ( Q->length>=MAXQSIZE) return 0;
    Q->rear =   (2)   ;
    Q->base[Q->rear] = e;
      (3)   ;
    return 1;
}/*EnQueue*/
```

【C 函数 3】元素出循环队列。

```
int DeQueue(SqQueue *Q, QElemType *e)
/*若队列不空，则删除队头元素，由参数 e 带回其值并返回 1；否则返回 0*/
{   if (   (4)   ) return 0;
    *e = Q->base[(Q->rear - Q->length+1+MAXQSIZE)%MAXQSIZE];
```

```
    (5)    ;
    return 1;
}/*DeQueue*/
```

试题三分析

本题考查数据结构实现和 C 语言基本应用。

队列是一种基本的数据结构，其基本操作有初始化、判断是否为空、入队列和出队列等。

循环队列是一种采用顺序存储结构实现的队列，其特点是将队列存储空间的首尾单元在逻辑上连接起来，从而得到一个环形结构的队列空间。

在循环队列的类型定义 SqQueue 中，指针成员 base 存放队列空间的首地址，存储空间应在队列的初始化操作中实现，对应的语句如下：

```
Q->base = (QElemType *)malloc( MAXQSIZE*    (1)    );
```

由于 InitQueue(SqQueue *Q)的形参为指向结构体的指针，因此队列的参数可表示为"Q->base、Q->rear、Q->length" 或 "(*Q).base、(*Q).rear、(*Q).length"，由于队列元素类型为 QElemType、队列容量为 MAXQSIZE，因此空（1）处应填入"sizeof(QElemType)"。

入队列操作由 EnQueue(SqQueue *Q, QElemType e)实现。由于循环队列空间的容量为 MAXQSIZE（也就是队满条件为"Q->length>=MAXQSIZE"），因此元素入队列时，需先判断是否队满，在队列中有空闲单元的情况下才能进行入队列操作。其次需确定新元素在队列空间中的位置，从图 3-1（b）中可以看出，Q->rear 指出了当前队尾元素，新元素应放入下一个位置，结合队列环形空间的要求，空（2）处应填入"(Q->rear + 1)% MAXQSIZE"或其等价形式。通过"Q->base[Q->rear] = e"将元素加入队列后，队列长度增加了，因此空（3）处应填入"Q->length++"或其等价形式。

出队列操作由 DeQueue(SqQueue *Q, QElemType *e)实现。元素出队列时，需要判断队列是否为空，显然，队列长度为 0 就直接表示了队空，因此空（4）处应填入"Q->length==0"或其等价形式，空（5）处应填入"Q->length--"或其等价形式。

参考答案

（1）sizeof(QElemType)

（2）(Q->rear + 1)% MAXQSIZE　或其等价形式

（3）Q->length++或 Q->length = Q->length + 1　或其等价形式

（4）Q->length<=0 或 Q->length==0 或其等价形式

（5）Q->length--或 Q->length = Q->length - 1 或其等价形式

试题四（共 15 分）

阅读以下说明和 C 函数，填补代码中的空缺（1）～（6），将解答填入答题纸的对应栏内。

【说明】

　　二叉树的宽度定义为含有结点数最多的那一层上的结点数。函数 GetWidth()用于求二叉树的宽度。其思路是根据树的高度设置一个数组 counter[]，counter[i]存放第 i 层上的结点数，并按照层次顺序来遍历二叉树中的结点，在此过程中可获得每个结点的层次值，最后从 counter[]中取出最大的元素就是树的宽度。

　　按照层次顺序遍历二叉树的实现方法是借助一个队列，按访问结点的先后顺序来记录结点，离根结点越近的结点越先进入队列，具体处理过程为：先令根结点及其层次号（为 1）进入初始为空的队列，然后在队列非空的情况下，取出队头所指示的结点及其层次号，然后将该结点的左子树根结点及层次号入队列（若左子树存在），其次将该结点的右子树根结点及层次号入队列（若右子树存在），然后再取队头，重复该过程直至完成遍历。

　　设二叉树采用二叉链表存储，结点类型定义如下：

```
typedef struct BTNode{
        TElemType data;
        struct BTNode *left,*right;
}BTNode,*BiTree;
```

队列元素的类型定义如下：

```
typedef struct {
        BTNode *ptr;
        int LevelNumber;
}QElemType;
```

GetWidth()函数中用到的函数原型如下所述，队列的类型名为 QUEUE：

函 数 原 型	说　　明
InitQueue(QUEUE *Q)	初始化一个空队列，成功时返回值为 1，否则返回值 0
isEmpty(QUEUE Q)	判断队列是否为空，是空则为 1，否则为 0
EnQueue(QUEUE *Q, QElemType a)	将元素 a 加入队列，成功返回值为 1，否则返回值 0
DeQueue(QUEUE *Q, QElemType *)	删除队头元素，并通过参数带回其值，成功则返回值 1，否则返回值 0
GetHeight(BiTree root)	返回值为二叉树的高度（即层次数，空二叉树的高度为 0）

【C 函数】

```
    int GetWidth(BiTree root)
    {
            QUEUE   Q;
    QElemType a, b;
```

```
    int width,height = GetHeight(root);
        int i, *counter = (int *)calloc(height+1,sizeof(int));

            if (   (1)   )      return -1;          /*申请空间失败*/
            if ( !root )          return 0;         /*空树的宽度为0*/

            if (   (2)   )      return -1;          /*初始化队列失败时返回*/

            a.ptr = root;        a.LevelNumber = 1;

        if (!EnQueue(&Q,a)) return -1;              /*元素入队列操作失败时返回*/

        while (!isEmpty(Q)) {
                if (   (3)   ) return -1;           /*出队列操作失败时返回*/
                counter[b.LevelNumber]++;/*对层号为 b.LevelNumber 的结点计数*/
                if ( b.ptr->left ) { /*若左子树存在，则左子树根结点及其层次号入队*/
                    a.ptr = b.ptr->left;
                    a.LevelNumber =   (4)   ;
                    if ( !EnQueue(&Q, a) ) return -1;
                }
                if ( b.ptr->right) { /*若右子树存在，则右子树根结点及其层次号入队*/
                    a.ptr = b.ptr->right;
                    a.LevelNumber =   (5)   ;
                    if ( !EnQueue(&Q, a) ) return -1;
                }
        }

    width = counter[1];
    for(i=1; i< height +1; i++)      /*求 counter[]中的最大值*/
            if (   (6)   ) width = counter[i];

    free(counter);
    return width;
}
```

试题四分析

本题考查数据结构实现和 C 语言基本应用。

考生需要认真阅读题目中的说明，以确定代码部分的处理逻辑，从而完成代码。

根据注释，空（1）处应填入"!counter"或其等价形式。

由于初始化队列的函数原型为"InitQueue(QUEUE *Q)"且返回值为 0 表示操作失

败，因此调用该函数时实参应取地址，即空（2）处应填入"!InitQueue(&Q)"或其等价
形式。

　　空（3）处需进行出队列操作，同时通过参数得到队头元素，根据说明，该空应填
入"!DeQueue(&Q,&b)"或其等价形式。

　　出队操作后，得到的队头元素用 b 表示，根据队列元素的类型定义，其对应结点在
二叉树中的层次号表示为 b.LevelNumber，显然，其孩子结点的层次号应加 1，因此空（4）
和（5）处应填入"b.LevelNumber+1"。

　　从代码中可知变量 width 的作用是表示最大的层次编号，并通过顺序地扫描数组
counter 中的每一个元素来确定 width 的值，显然，空（6）处应填入"counter[i] > width"
或其等价形式。

参考答案

　　（1）!counter 或 0 == counter 或 NULL == counter 或其等价形式

　　（2）!InitQueue(&Q)或 0 == InitQueue(&Q)或其等价形式

　　（3）!DeQueue(&Q,&b)或 0 == DeQueue(&Q,&b)或其等价形式

　　（4）b.LevelNumber+1 或其等价形式

　　（5）b.LevelNumber+1 或其等价形式

　　（6）counter[i] > width 或其等价形式

试题五（共 15 分）

　　阅读下列说明、C++代码和运行结果，填补代码中的空缺（1）～（6），将解答填入
答题纸的对应栏内。

【说明】

　　很多依托扑克牌进行的游戏都要先洗牌。下面的 C++程序运行时先生成一副扑克牌，
洗牌后再按顺序打印每张牌的点数和花色。

【C++代码】

```cpp
#include<iostream>
#include<stdlib.h>
#include<ctime>
#include<algorithm>
#include<string>

using namespace std;

const string Rank[13] = {"A","2","3","4","5","6","7","8","9","10","J",
"Q","K"};//扑克牌点数
const string Suits[4] = {"SPADES","HEARTS","DIAMONDS","CLUBS"};//扑克牌花色
```

```cpp
class Card{
private:
    int rank;
    int suit;
public:
    Card(){}
    ~Card(){}
    Card(int rank, int suit) { ___(1)___ rank = rank; ___(2)___ suit=suit;}

    int getRank(){
        return rank;
    }

    int getSuit() {
        return suit;
    }

    void printCard() {
        cout << '(' << Rank[rank] << ", " << Suits[suit] << ")";
    }
};

class DeckOfCards{
private:
    Card deck[52];
public:
    DeckOfCards() {                                      //初始化牌桌并进行洗牌
        for (int i = 0; i < 52; i ++) {                  //用 Card 对象填充牌桌
            ___(3)___ = Card(i % 13, i % 4 );
        }
        srand((unsigned)time(0));                        //设置随机数种子
        std::random_shuffle(&deck[0], &deck[51]),//洗牌
    }

    ~DeckOfCards() {
    }

    void printCards() {
        for ( int i = 0; i < 52; i++ ){
            ___(4)___ printCard();
            if ( (i+1) % 4 == 0) cout << endl;
```

```
            else cout << "\t";
        }
    }
};

int main (){
    DeckOfCards * d =    (5)   ;      //生成一个牌桌
      (6)   ;                        //打印一副扑克牌中每张牌的点数和花色
delete d;
return 0;
}
```

试题五分析

本题考查 C++语言程序设计能力，涉及类、对象、函数的定义和相关操作。要求考生根据给出的案例和代码说明，认真阅读，理清程序思路，然后完成题目。

本题目中涉及到扑克牌、牌桌等类以及洗牌和按点数排序等操作。根据说明进行设计。

定义了两个数组，Rank 表示扑克牌点数，Suits 表示扑克牌花色，定义时进行初始化，而且值不再变化，故用 const 修饰。

Card 类有两个属性，rank 和 suit，在使用构造函数 Card(int rank, int suit)新建一个 Card 的对象时，所传入的参数指定 rank 和 suit 这两个属性值。因为参数名称和属性名称相同，所以用 this->前缀区分出当前对象。在类 Card 中包含方法 getRank()和 getSuit()，分别返回当前对象的 rank 和 suit 属性值。printCard()函数打印扑克牌点数和花色。

DeckOfCards 类包含 Card 类型元素的数组 deck[52]，表示牌桌上一副牌（52 张）。构造函数中对牌桌进行初始化并进行洗牌。先用 Card 对象填充牌桌，即创建 52 个 Card 对象并加入 deck 数组。然后洗牌，即将数组中的 Card 对象根据花色和点数随机排列。printCards()函数将所有 Card 对象打印出来。

主控逻辑代码在 main 函数中实现。在 main()函数中，先初始化 DeckOfCards 类的对象指针 d，即生成一个牌桌：

```
DeckOfCards * d = new DeckOfCards();
```

并发牌，即调用 d 的 printCards()函数，实现打印一副扑克牌中每张牌的点数和花色。

在 printCards()函数体内部，为每个数组元素调用当前对象的 printCard()一张牌。

main()函数中使用完数组对象之后，需要用 delete 操作进行释放对象，对 d 对象进行删除，即 delete d。

因此，空（1）和（2）需要表示当前对象的 this->；空（3）需要牌桌上纸牌对象，即数组元素 deck[i]；空（4）也需要纸牌对象调用 printCard()，即数组元素 deck[i].；空

（5）处为创建 DeckOfCards 类的对象指针 d 的 new DeckOfCards()；空（6）需要用对象指针 d 调用打印所有纸牌的 printCards()函数，即 d->printCards()。

参考答案

（1）this->

（2）this->

（3）deck[i]或*(deck+i)或其等价形式

（4）deck[i].或*(deck+i).或其等价形式

（5）new DeckOfCards()

（6）d->printCards()或其等价形式

试题六（共 15 分）

阅读以下说明和 Java 程序，填补代码中的空缺（1）～（6），将解答填入答题纸的对应栏内。

【说明】

很多依托扑克牌进行的游戏都要先洗牌。下面的 Java 代码运行时先生成一副扑克牌，洗牌后再按顺序打印每张牌的点数和花色。

【Java 代码】

```java
import java.util.List;
import java.util.Arrays;
import java.util.Collections;

class Card { //扑克牌类
  public static enum Face { Ace, Deuce, Three, Four, Five, Six,
      Seven, Eight, Nine, Ten, Jack, Queen, King };          //枚举牌点
  public static enum Suit { Clubs, Diamonds, Hearts, Spades };//枚举花色

  private final Face face;
  private final Suit suit;

  public Card( Face face, Suit suit ) {
      (1)   face = face;
      (2)   suit = suit;
  }

  public Face getFace() {  return face;    }

  public Suit getSuit() {  return suit;    }
```

```java
    public String getCard() {          //返回 String 来表示一张牌
        return String.format( "%s, %s", face, suit );
    }
}


//牌桌类
class DeckOfCards {
    private List< Card > list;              //声明 List 以存储牌
    public DeckOfCards()   {               //初始化牌桌并进行洗牌
        Card[] deck = new Card[ 52 ];
        int count = 0;                     //牌数

        //用 Card 对象填充牌桌
        for ( Card.Suit suit : Card.Suit.values() ) {
            for ( Card.Face face : Card.Face.values() ) {
                __(3)__ = new Card( face, suit );
            }
        }
        list = Arrays.asList( deck );
        Collections.shuffle( list );        //洗牌
    }

    public void printCards()
    {
        //按 4 列显示 52 张牌
        for ( int i = 0; i < list.size(); i++ )
            System.out.printf( "%-19s%s", list.__(4)__,
                ( ( i + 1 ) % 4 == 0 ) ? "\n" : "" );
    }
}
public class Dealer {
    public static void main( String[] args ) {
        DeckOfCards player = __(5)__;
        __(6)__ printCards();
    }
}
```

试题六分析

本题考查 Java 语言程序设计的能力，涉及类、对象、方法的定义和相关操作。要求考生根据给出的案例和代码说明，认真阅读，理清程序思路，然后完成题目。

先考查题目说明。本题目中涉及到扑克牌、牌桌、玩家等类以及洗牌和按点数排序等操作。根据说明进行设计。

Card 类内定义了两个 static 枚举类型，Face 枚举扑克牌点数，Suit 枚举扑克牌花色。Card 类有两个枚举类型的属性，face 和 suit，而且值不再变化，故用 final 修饰。

在使用构造方法 public Card(Face face, Suit suit)新建一个 Card 的对象时，所传入的参数指定 face 和 suit 这两个属性值。因为参数名称和属性名称相同，所以用 this.前缀区分出当前对象。在类 Card 中包含方法 getFace()和 getSuit()，分别返回当前对象的 face 和 suit 属性值。getCard()方法返回 String 来表示一张牌，包括扑克牌点数和花色。

牌桌类 DeckOfCards 包含持有 Card 类型元素的 List 类型对象的声明 List，用以存储牌。List 是 Java 中的一种集合接口，是 Collection 的子接口。构造方法中用 Card 对象填充牌桌并进行洗牌。先用 Card 对象填充牌桌，即创建 52 个 Card 对象加入 deck 数组，表示牌桌上一副牌（52 张）。然后洗牌，即将数组中的 Card 对象根据花色和点数随机排列，使用集合工具类 Collections 中的 shuffle 方法，对以 List 类型表示的 deck 数组进行随机排列。Collections 是 Java 集合框架中两个主要工具类之一，用以进行集合有关的操作。

printCards()方法将所有 Card 对象打印出来，按 4 列显示 52 张牌。每张牌的打印用 list.get(i)获得 list 表示的 deck 中的第 i 个 Card 对象，然后进一步调用此对象的 getCard() 方法，得到 String 表示的当前一张牌。

玩家类中包括启动发牌洗牌等操作，主入口方法 main 中实现创建牌桌对象，并调用按 4 列显示 52 张牌。在 main()中，先初始化 DeckOfCards 类的对象 player，即生成一个牌桌：

```
DeckOfCards player = new DeckOfCards();
```

并发牌，即调用 player 的 printCards()方法，实现按 4 列显示 52 张牌打印一副扑克牌中每张牌的点数和花色。在 printCards()方法体内部，用 list 调用每个数组元素，并为每个数组元素调用 getCard()返回当前对象所表示一张牌的花色和点数。用格式化方法进行打印，即：

```
System.out.printf( "%-19s%s", list. get( i ).getCard(), ( ( i + 1 ) % 4
== 0 ) ? "\n" : "" );
```

因此，空（1）和（2）需要表示当前对象的 this.；空（3）需要牌桌上纸牌对象，并将数组元素下标加 1，即数组元素 deck[count++]；空（4）也需要用 list 对象获得纸牌对象的字符串表示，即 list.后的 get(i).getCard()；空（5）处为创建 DeckOfCards 类的对象指针 player 的 new DeckOfCards()；空（6）需要用对象 player 调用打印所有纸牌的 printCards()函数，即 player.。

参考答案

（1）this.

（2）this.

（3）deck[count++]或其等价形式

（4）get(i).getCard()

（5）new DeckOfCards()

（6）player.

第 13 章   2015 上半年程序员上午试题分析与解答

试题（1）、（2）

以下关于打开扩展名为 docx 的文件的说法中，不正确的是　　(1)　　。

（1）A．通过安装 Office 兼容包就可以用 Word 2003 打开 docx 文件

B．用 Word 2007 可以直接打开 docx 文件

C．用 WPS2012 可以直接打开 docx 文件

D．将扩展名 docx 改为 doc 后可以用 Word 2003 打开 docx 文件

试题（1）分析

扩展名为 docx 的文件是 Word 2007 及后续版本采用的文件格式，扩展名为 doc 的文件是 Word 2003 采用的文件格式，这两种文件的格式是不同的，如果将扩展名 docx 改为 doc 后是不能用 Word 2003 打开的。但如果安装 Office 兼容包就可以用 Word 2003 打开 docx 文件。另外，WPS2012 兼容 docx 文件格式，故可以直接打开 docx 文件。

参考答案

（1）D

试题（2）

Windows 系统的一些对话框中有多个选项卡，下图所示的"鼠标属性"对话框中　　(2)　　为当前选项卡。

（2）A．鼠标键　　　　B．指针　　　　C．滑轮　　　　D．硬件

试题（2）分析

在 Windows 系统的一些对话框中，选项分为两个或多个选项卡，但一次只能查看一个选项卡或一组选项。当前选定的选项卡将显示在其他选项卡的前面。显然"滑轮"为当前选项卡。

参考答案

（2）C

试题（3）、（4）

某公司有几个地区销售业绩如下表所示，若在 B7 单元格中输入　　(3)　　，则该单元格的值为销售业绩为负数的地区数。若在 B8 单元格中输入　　(4)　　，则该单元格的值为

不包含南部的各地区的平均销售业绩。

	A	B
1	地区	销售业绩（万）
2	东部	3578
3	西部	2378
4	北部	-568
5	南部	0
6	中西部	936

（3）A．COUNTIF(B2:B6,"<=0")　　　　B．COUNTA(B2:B6,"<=0")

　　　C．=COUNTIF(B2:B6,"<=0")　　　D．=COUNTA(B2:B6,"<=0")

（4）A．AVERAGEIF(A2:A6,"<>南部",B2:B6)

　　　B．=AVERAGEIF(A2:A6,"<>南部",B2:B6)

　　　C．AVERAGEIF(A2:A6,"IN(东部,西部,北部,中西部)",B2:B6)

　　　D．=AVERAGEIF(A2:A6,"IN(东部,西部,北部,中西部)",B2:B6)

试题（3）、（4）分析

本题考查 Excel 基本操作及应用。

试题（3）的正确选项为 C。Excel 规定公式以等号（=）开头，选项 A 和选项 B 没有"="，因此不正确。选项 D 是错误的，因为函数 COUNTA 函数计算中区域不为空的单元格的个数。选项 C 是计算 B2:B6 单元格区域中小于等于 0 的单元格的个数，结果等于 2。

试题（4）的正确选项为 B。函数 AVERAGEIF 的功能是计算某个区域内满足给定条件的所有单元格的平均值（算术平均值），本题要求查询"不包含南部的各地区的平均销售业绩"意味着应在 A2:A6 区域中查询"<>南部"的各地区的平均销售业绩。

参考答案

（3）C　　　（4）B

试题（5）

以下关于电子邮件的叙述中，不正确的是　(5)　。

（5）A．用户可以向自己的 Email 邮箱发送邮件

　　　B．网络拥塞可能会导致接收者不能及时收取邮件

　　　C．打开来历不明的电子邮件附件可能会感染计算机病毒

　　　D．Email 邮箱的容量是在用户使用的计算机上分配给该邮箱的硬盘容量

试题（5）分析

本题考查收发电子邮件及电子邮箱的基本概念。

收发电子邮件涉及到计算机病毒、网络阻塞、试发电子邮件、电子邮箱等基本概念。

电子邮件附件可以是文本文件、图像、程序和软件等，有可能携带或被感染计算机病毒，如果打开携带或被感染计算机病毒的电子邮件附件（来历不明的电子邮件附件有

可能携带计算机病毒），就可能会给所使用的计算机系统传染上计算机病毒。

当发送者发送电子邮件成功后，由于接收者端与接收端邮件服务器间网络拥塞，接收者可能需要很长时间后才能收到邮件。

当人们通过申请（注册）获得邮箱或收邮件者收不到邮件时（原因很多，如邮箱、邮件服务器、线路等），往往需要对邮箱进行测试，判别邮箱是否有问题。用户对邮箱进行测试，最简单的方法是向自己的 Email 邮箱发送一封邮件，判别邮箱是否正常。

电子邮箱通常由 Internet 服务提供商或局域网（企业网、校园网等）网管中心提供，电子邮件一般存放在邮件服务器、邮件数据库中。因此，电子邮箱的容量由 Internet 服务提供商或局域网（企业网、校园网）网管中心提供，而不是由用户在当前使用的计算机上，给电子邮箱分配硬盘容量。

参考答案

（5）D

试题（6）

CPU 中不包括　__(6)__　。

（6）A．直接存储器（DMA）控制器　　　　B．算逻运算单元

　　　C．程序计数器　　　　　　　　　　　D．指令译码器

试题（6）分析

本题考查计算机系统基础知识。

CPU 是计算机工作的核心部件，用于控制并协调各个部件，其基本功能如下所述。

① 指令控制。CPU 通过执行指令来控制程序的执行顺序，其程序计数器的作用是当程序顺序执行时，每取出一条指令，PC 内容自动增加一个值，指向下一条要取的指令。当程序出现转移时，则将转移地址送入 PC，然后由 PC 指出新的指令地址。

② 操作控制。一条指令功能的实现需要若干操作信号来完成，CPU 通过指令译码器产生每条指令的操作信号并将操作信号送往不同的部件，控制相应的部件按指令的功能要求进行操作。

③ 时序控制。CPU 通过时序电路产生的时钟信号进行定时，以控制各种操作按照指定的时序进行。

④ 数据处理。在 CPU 的控制下由算逻运算单元完成对数据的加工处理是其最根本的任务。

直接存储器（DMA）控制器是一种能够通过一组专用总线将内部和外部存储器与每个具有 DMA 能力的外设连接起来的控制器，它是在处理器的编程控制下来执行传输的。

参考答案

（6）A

试题（7）

　__(7)__　不属于按照寻址方式命名的存储器。

（7）A．读写存储器　　B．随机存储器　　C．顺序存储器　　D．直接存储器

试题（7）分析

本题考查计算机系统基础知识。

存储器按寻址方式可分为随机存储器、顺序存储器和直接存储器。读写存储器是指存储器的内容既可读出也可写入，通常指 RAM，而 ROM 是只读存储器的缩写。

参考答案

（7）A

试题（8）

CPU 中用于暂时存放操作数和中间运算结果的是　（8）　。

（8）A．指令寄存器　　B．数据寄存器　　C．累加器　　　D．程序计数器

试题（8）分析

本题考查计算机系统基础知识。

寄存器是 CPU 中的一个重要组成部分，它是 CPU 内部的临时存储单元。寄存器既可以用来存放数据和地址，也可以存放控制信息或 CPU 工作时的状态。

累加器在运算过程中暂时存放操作数和中间运算结果，它不能用于长时间保存数据。标志寄存器也称为状态字寄存器，用于记录运算中产生的标志信息。指令寄存器用于存放正在执行的指令，指令从内存取出后送入指令寄存器。数据寄存器用来暂时存放由内存储器读出的一条指令或一个数据字；反之，当向内存写入一个数据字时，也暂时将它们存放在数据缓冲寄存器中。

程序计数器的作用是存储待执行指令的地址，实现程序执行时指令执行的顺序控制。

参考答案

（8）C

试题（9）

　（9）　是描述浮点数运算速度指标的术语。

（9）A．MIPS　　　　B．MFLOPS　　　C．CPI　　　　　D．IPC

试题（9）分析

本题考查计算机系统基础知识。

MIPS 是单字长定点指令平均执行速度 Million Instructions Per Second 的缩写，每秒处理百万级的机器语言指令数。这是衡量 CPU 速度的一个指标。

MFLOPS（Million Floating-point Operations per Second，每秒百万个浮点操作）是衡量计算机系统的技术指标，不能反映整体情况，只能反映浮点运算情况。

CPI 是指每条指令的时钟周期数（Clockcycle Per Instruction）。

IPC 是 Inter-Process Communication 的缩写，表示进程间通信。

参考答案

（9）B

试题（10）、（11）

显示器的　(10)　是指显示屏上能够显示出的像素数目，　(11)　指的是显示器全白画面亮度与全黑画面亮度的比值。

（10）A．亮度　　　　　B．显示分辨率　　C．刷新频率　　D．对比度

（11）A．亮度　　　　　B．显示分辨率　　C．刷新频率　　D．对比度

试题（10）、（11）分析

本题考查计算机性能评价方面的基础知识。

试题（10）的正确选项为 B。显示器的分辨率指的是屏幕上显示的文本和图像的清晰度。分辨率越高（如 1600×1200 像素），项目越清楚，同时屏幕上的项目越小，因此屏幕可以容纳越多的项目。分辨率越低（例如 800×600 像素），在屏幕上显示的项目越少，但尺寸越大。可以使用的分辨率取决于显示器支持的分辨率。

试题（11）的正确选项为 D。对比度指的是显示器的白色亮度与黑色亮度的比值。比如一台显示器在显示全白画面（255）时实测亮度值为 $200cd/m^2$，全黑画面实测亮度为 $0.5cd/m^2$，那么它的对比度就是 400∶1。显示器的亮度就是屏幕发出来的光强度，在全白画面下的亮度是液晶显示器的最大亮度，目前一般为 300 流明（luminance）。

参考答案

（10）B　　（11）D

试题（12）

王某按照其所属公司要求而编写的软件文档著作权　(12)　享有。

（12）A．由公司

　　　B．由公司和王某共同

　　　C．由王某

　　　D．除署名权以外，著作权的其他权利由王某

试题（12）分析

本题考查知识产权基本知识。

依据著作权法第十一条、第十六条规定，职工为完成所在单位的工作任务而创作的作品属于职务作品。职务作品的著作权归属分为两种情况。

情况 1：虽是为完成工作任务而为，但非经法人或其他组织主持，不代表其意志创作，也不由其承担责任的职务作品，如教师编写的教材，著作权应由作者享有，但法人或者其他组织具有在其业务范围内优先使用的权利，期限为 2 年。

情况 2：由法人或者其他组织主持，代表法人或者其他组织意志创作，并由法人或者其他组织承担责任的职务作品，如工程设计、产品设计图纸及其说明、计算机软件、地图等职务作品，以及法律规定或合同约定著作权由法人或非法人单位单独享有的职务

作品，作者享有署名权，其他权利由法人或者其他组织享有。

参考答案

（12）A

试题（13）

美国甲公司生产的平板计算机在其本国享有"A"注册商标专用权，但未在中国申请注册。中国的乙公司生产的平板计算机也使用"A"商标，并享有中国注册商标专用权，但未在美国申请注册。美国的甲公司与中国的乙公司生产的平板计算机都在中国市场上销售。此情形下，依据中国商标法，__（13）__商标权。

（13）A．甲公司侵犯了乙公司的　　　　　B．甲公司未侵犯乙公司的

　　　　C．乙公司侵犯了甲公司的　　　　　D．甲公司与乙公司均未侵犯

试题（13）分析

本题考查知识产权的基本知识。

商标权（商标专用权、注册商标专用权）是商标注册人依法对其注册商标所享有的专有使用权。注册商标是指经国家主管机关核准注册而使用的商标。商标权人的权利主要包括使用权、禁止权、许可权和转让权等。使用权是指商标权人（注册商标所有人）在核定使用的商品上使用核准注册的商标的权利。商标权人对注册商标享有充分支配和完全使用的权利，可以在其注册商标所核定的商品或服务上独自使用该商标，也可以根据自己的意愿，将注册商标权转让给他人或许可他人使用其注册商标。禁止权是指商标权利人禁止他人未经其许可擅自使用、印刷注册商标及其他侵权行为的权利。许可权是注册商标所有人许可他人使用其注册商标的权利。转让权是指注册商标所有人将其注册商标转移给他人的权利。

本题美国甲公司生产的平板计算机在其本国享有"A"注册商标专用权，但未在中国申请注册。中国的乙公司生产的平板计算机也使用"A"商标，并享有中国注册商标专用权，但未在美国申请注册。美国的甲公司与中国的乙公司生产的平板计算机都在中国市场上销售。此情形下，依据中国商标法，甲公司未经乙公司的许可擅自使用，故甲公司侵犯了乙公司的商标权。

参考答案

（13）A

试题（14）

微型计算机系统中，显示器属于表现媒体，鼠标属于__（14）__。

（14）A．感觉媒体　　　B．传输媒体　　　C．表现媒体　　　D．存储媒体

试题（14）分析

本题考查多媒体基本知识。

表现媒体是指进行信息输入和输出的媒体，如键盘、鼠标、话筒，以及显示器、打印机、喇叭等；表示媒体指传输感觉媒体的中介媒体，即用于数据交换的编码，如图像

编码、文本编码和声音编码等；传输媒体指传输表示媒体的物理介质，如电缆、光缆、电磁波等；存储媒体指用于存储表示媒体的物理介质，如硬盘、光盘等。

参考答案

（14）C

试题（15）

音频信号经计算机系统处理后送到扬声器的信号是　（15）　信号。

（15）A．数字　　　　　B．模拟　　　　　C．采样　　　　　D．量化

试题（15）分析

本题考查多媒体的基本知识。

声音是通过空气传播的一种连续的波，称为声波。声波在时间和幅度上都是连续的模拟信号。音频信号主要是人耳能听得到的模拟声音（音频）信号，音频信号经计算机系统处理后送到扬声器的信号是模拟信号。

参考答案

（15）B

试题（16）

以下文件格式中，　（16）　是声音文件格式。

（16）A．MP3　　　　　B．BMP　　　　　C．JPG　　　　　D．GIF

试题（16）分析

本题考查多媒体的基本知识。

声音、图像、动画等在计算机中存储和处理时，其数据必须以文件的形式进行组织，所选用的文件格式必须得到操作系统和应用软件的支持。本题中，MP3 属于声音文件格式，BMP、JPG 和 GIF 属于图形图像文件格式。

参考答案

（16）A

试题（17）

下列四个病毒中，属于木马的是　（17）　。

（17）A．Trojan.Lmir.PSW.60　　　　　B．VBS.Happytime

　　　C．JS.Fortnight.c.s　　　　　　　D．Script.Redlof

试题（17）分析

本题考查计算机病毒的基本知识。

一般地，根据计算机病毒的发作方式和原理，在病毒名称前面加上相应的代码以表示该病毒的制作原理和发作方式。

例如，以 Trojan.开始的病毒一般为木马病毒，以 VBS.、JS.、Script.开头的病毒一般为脚本病毒，以 Worm.开头的一般为蠕虫病毒等。

参考答案

（17）A

试题（18）

不属于系统安全性保护技术措施的是　（18）　。

（18）A．数据加密　　　　B．负荷分布　　　C．存取控制　　　D．用户鉴别

试题（18）分析

本题考查计算机系统基础知识。

系统安全性保护技术措施主要包括数据加密、存取控制和用户鉴别。负荷分布技术通常是指将信息系统的信息处理、数据处理以及其他信息系统管理功能分布在多个设备单元上。

参考答案

（18）B

试题（19）

十六进制数 92H 的八进制表示为　（19）　。

（19）A．444　　　　　B．442　　　　　C．234　　　　　D．222

试题（19）分析

本题考查计算机系统基础知识。

十六进制数 92H 表示为二进制是 10010010，从右往左每 3 位一组得到对应的八进制表示 222。

参考答案

（19）D

试题（20）

机器字长确定后，　（20）　运算过程中不可能发生溢出。

（20）A．定点正整数 X 与定点正整数 Y 相加

　　　B．定点负整数 X 与定点负整数 Y 相加

　　　C．定点负整数 X 与定点负整数 Y 相减

　　　D．定点负整数 X 与定点正整数 Y 相减

试题（20）分析

本题考查计算机系统基础知识。

进行定点数加减运算时，绝对值若变大，则可能溢出，反之，则不会溢出。因此定点负整数 X 与定点负整数 Y 相减不会发生溢出。

参考答案

（20）C

试题（21）

设 X、Y 为逻辑变量，与逻辑表达式 $X\overline{Y}+\overline{X}Y$ 等价的是　（21）　。

（21）A．$X \oplus Y$　　　　B．$\overline{X} \oplus Y$　　　C．$\overline{X}+\overline{Y}$　　　D．$X+Y$

试题（21）分析

本题考查计算机系统基础知识。

构造各逻辑表达式的真值表如下，从表中可知，$X\overline{Y}+\overline{X}Y$ 与 $X\oplus Y$ 是等价的。

X	Y	$X\overline{Y}+\overline{X}Y$	$X\oplus Y$	$\overline{X}\oplus Y$	$\overline{X}+\overline{Y}$	$X+Y$
0	0	0	0	1	1	0
0	1	1	1	0	1	1
1	0	1	1	0	1	1
1	1	0	0	1	0	1

参考答案

（21）A

试题（22）

已知 $x=-\dfrac{79}{128}$，若采用 8 位定点机器码表示，则 $[x]_{补}=$ ___（22）___ 。

（22）A. 1.1001111　　　　B. 0.1001111　　　　C. 1.0110001　　　　D. 0.1110001

试题（22）分析

本题考查计算机系统基础知识。

由于 $\dfrac{79}{128}=\dfrac{64}{128}+\dfrac{8}{128}+\dfrac{4}{128}+\dfrac{2}{128}+\dfrac{1}{128}=\dfrac{1}{2}+\dfrac{0}{4}+\dfrac{0}{8}+\dfrac{1}{16}+\dfrac{1}{32}+\dfrac{1}{64}+\dfrac{1}{128}$

因此，x 的二进制表示为 –0.1001111，即 $[x]_{原}=$1.1001111，将数值位各位取反末位加 1 后得到 $[x]_{补}=$1.0110001。

参考答案

（22）C

试题（23）、（24）

Windows 操作系统通常将系统文件保存在 ___（23）___；为了确保不会丢失，用户的文件应当定期进行备份，以下关于文件备份的说法中，不正确的是 ___（24）___。

（23）A. "Windows"文件或"Program Files"文件中

　　　 B. "Windows"文件夹或"Program Files"文件夹中

　　　 C. "QMDownload"文件或"Office_Visio_Pro_2007"文件中

　　　 D. "QMDownload"文件夹或"Office_Visio_Pro_2007"文件夹中

（24）A. 将文件备份到移动硬盘中

　　　 B. 将需要备份的文件刻录成 DVD 盘

　　　 C. 将文件备份到安装 Windows 操作系统的硬盘分区中

　　　 D. 将文件备份到未安装 Windows 操作系统的硬盘分区中

试题（23）、（24）分析

本题考查 Windows 操作系统基础知识。

试题（23）的正确选项为 B，系统文件是计算机上运行 Windows 所必需的任意文件。系统文件通常位于"Windows"文件夹或"Program Files"文件夹中。默认情况下，系统文件是隐藏的。最好让系统文件保持隐藏状态，以避免将其意外修改或删除。

试题（24）的正确选项为 C。为了确保不会丢失用户的文件，应当定期备份这些文件，但不要将文件备份到安装了 Windows 操作系统的硬盘中。将用于备份的介质（外部硬盘、DVD 或 CD）存储在安全的位置，以防止未经授权的人员访问文件。

参考答案

（23）B　　（24）C

试题（25）、（26）

假设有 5 个进程共享一个互斥段 X，如果最多允许 2 个进程同时进入互斥段 X，则信号量 S 的变化范围是　(25)　；若信号量 S 的当前值为–3，则表示系统中有　(26)　个正在等待该资源的进程。

（25）A．–5～1　　　　B．–1～3　　　　C．–3～2　　　　D．0～5

（26）A．0　　　　　　B．1　　　　　　C．2　　　　　　D．3

试题（25）、（26）分析

本题考查操作系统进程管理同步与互斥方面的基础知识。

试题（25）的正确答案为 C。系统中有 5 个进程共享一个互斥段 X，如果最多允许 2 个进程同时进入 X，那么信号量 S 的初值应设为 2。假设 5 个进程依次进入 X，那么当第一个进程进入 X 时，信号量 S 减 1 等于 1；当第二个进程进入 X 时，信号量 S 减 1 等于 0；当第三个进程进入 X 时，信号量 S 减 1 等于–1；当第四个进程进入 X 时，信号量 S 减 1 等于–2；当第五个进程进入 X 时，信号量 S 减 1 等于–3。可见，信号量的变化范围是–3～2。

试题（26）的正确答案为 D。根据 PV 操作定义，当信号量的值小于 0 时，其绝对值表示等待资源的进程数。本题中信号量 S 的当前值为–3，则表示系统中有 3 个进程请求资源得不到满足。

参考答案

（25）C　　（26）D

试题（27）

在请求分页系统中，当运行进程访问的页面不在主存且主存中没有可用的空闲块时，系统应该先产生缺页中断，然后依次按照　(27)　的顺序进行处理。

（27）A．决定淘汰页→页面调出→页面调入

　　　　B．决定淘汰页→页面调入→页面调出

　　　　C．页面调出→决定淘汰页→页面调入

　　　　D．页面调出→页面调入→决定淘汰页

试题（27）分析

本题考查操作系统存储管理方面的基础知识。

试题（27）的正确选项为 A。页式虚拟存储管理把作业信息作为副本存放在磁盘上，作业执行时，把作业信息的部分页面装入主存储器，作业执行时若所访问的页面已在主存中，则按页式存储管理方式进行地址转换，得到欲访问的主存绝对地址，若页面不存在，则产生一个"缺页中断"。

当主存中无空闲块时，为了装入一个页面而必须按某种算法从已在主存的页中选择一页，将它暂时调出主存，让出主存空间，用来存放所需装入的页面，这个工作成为页面调度。一个好的页面调度算法能防止"抖动"和"颠簸"。所谓"抖动"和"颠簸"，是指有些作业刚被调出主存可能又要调进来。经常使用的调度算法有：先进先出调度算法，最近最少使用调度算法和最近最不常用调度算法等。

因此，不管使用什么调度策略，若进程访问的页面不在主存，系统应该先产生缺页中断，然后依次按照决定淘汰页→页面调出→页面调入的顺序进行处理。

参考答案

（27）A

试题（28）

在对源程序进行编译的过程中， __(28)__ 是正确的顺序。

(28) A. 语义分析、语法分析、词法分析　　　B. 语法分析、词法分析、语义分析

　　　C. 词法分析、语法分析、语义分析　　　D. 词法分析、语义分析、语法分析

试题（28）分析

本题考查程序语言基础知识。

编译程序的功能是把某高级语言书写的源程序翻译成与之等价的目标程序（汇编语言程序或机器语言程序）。编译程序的工作过程可以分为词法分析、语法分析、语义分析、中间代码生成、代码优化、目标代码生成、符号表管理和出错处理，如下图所示。

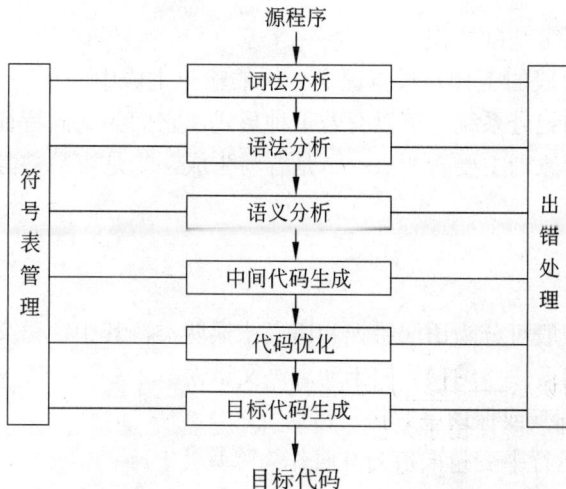

参考答案

（28）C

试题（29）

编译过程中符号表的作用是记录__(29)__中各个符号的必要信息，以辅助语义的正确性检查和代码生成。

（29）A．源程序　　　　B．目标程序　　　　C．汇编程序　　　　D．可执行程序

试题（29）分析

本题考查程序语言基础知识。

符号表的作用是记录源程序中各个符号的必要信息，以辅助语义的正确性检查和代码生成，在编译过程中需要对符号表进行快速有效地查找、插入、修改和删除等操作。符号表的建立可以始于词法分析阶段，也可以放到语法分析和语义分析阶段，但符号表的使用有时会延续到目标代码的运行阶段。

参考答案

（29）A

试题（30）

将高级语言源程序翻译成机器语言程序的过程中常引入中间代码。以下关于中间代码的叙述中，正确的是__(30)__。

（30）A．中间代码不依赖于具体的机器

　　　　B．不同的高级程序语言不能翻译为同一种中间代码

　　　　C．汇编语言是一种中间代码

　　　　D．中间代码的优化必须考虑运行程序的具体机器

试题（30）分析

本题考查程序语言基础知识。

中间代码生成阶段的工作是根据语义分析的输出生成中间代码。"中间代码"是一种简单且含义明确的记号系统，可以有若干种形式，它们的共同特征是与具体的机器无关。中间代码的设计原则主要有两点：一是容易生成，二是容易被翻译成目标代码。

参考答案

（30）A

试题（31）

程序中的错误一般可分为语法错误和语义错误两类，其中，语义错误可分为静态语义错误和动态语义错误。__(31)__属于动态语义错误。

（31）A．关键词（或保留字）拼写错误

　　　　B．程序运行中变量取值为 0 时作为除数

　　　　C．表达式的括号不匹配

　　　　D．运算符的运算对象类型不正确

试题（31）分析

本题考查程序语言基础知识。

用户编写的源程序不可避免地会有一些错误，这些错误大致可分为语法错误和语义错误，有时也用静态错误和动态错误的说法。动态错误也称动态语义错误，它们发生在程序运行时，例如变量取零时作除数、引用数组元素下标越界等错误。静态错误是指编译时所发现的程序错误，可分为语法错误和静态语义错误，如单词拼写错误、标点符号错、表达式中缺少操作数、括号不匹配等有关语言结构上的错误称为语法错误；而语义分析时发现的运算符与运算对象类型不合法等错误属于静态语义错误。

参考答案

（31）B

试题（32）

算术表达式 a+(b–c)*d 的后缀式是　__(32)__　（–、+、*表示算术的减、加、乘运算，运算符的优先级和结合性遵循惯例）。

（32）A．abcd+–*　　　　　　　　B．abc–d*+
　　　　C．abc–+d*　　　　　　　　D．ab–cd*+

试题（32）分析

本题考查程序语言基础知识。

后缀式（逆波兰式）是波兰逻辑学家卢卡西维奇发明的一种表达式的表示方法。这种表示方式把运算符写在运算对象的后面，例如，把 a+b 写成 ab+，所以也称为后缀式。这种表示法的优点是根据运算对象和运算符的出现次序进行计算，不需要使用括号，也便于用栈实现求值。

a+(b–c)*d 的后缀式是 abc–d*+。

参考答案

（32）B

试题（33）

程序语言提供的传值调用机制是将__(33)__。

（33）A．实参的值传递给被调用函数的形参
　　　　B．实参的地址传递给被调用函数的形参
　　　　C．形参的值传递给被调用函数的实参
　　　　D．形参的地址传递给被调用函数的实参

试题（33）分析

本题考查程序语言基础知识。

传值调用是指将实参的值传递给形参，然后执行被调用的函数。实参可以是常量、

变量、表达式和函数调用等。

参考答案

（33）A

试题（34）

在解决计算机与打印机之间速度不匹配的问题时，通常设置一个打印数据缓冲区，计算机将要输出的数据依次写入该缓冲区，而打印机则依次从该缓冲区取出数据。因此，该缓冲区的数据结构应该是__（34）__。

（34）A．树　　　　　　B．图　　　　　　C．栈　　　　　　D．队列

试题（34）分析

本题考查数据结构基础知识。

队列是一种先进先出（FIFO）的线性表，它只允许在表的一端插入元素，而在表的另一端删除元素。题目中所述情形为队列的应用场景。

参考答案

（34）D

试题（35）

已知字符串 s='(X+Y)*Z'，其中，单引号不是字符串的内容，经过以下运算后，t3 的值是__（35）__。

t1=SubString(s,3,1)

t2=Concat('XY',t1)

t3=Replace(s,SubString(s,1,5),t2)

注：SubString(s,k,n)表示从串 s 的第 k 个字符开始取出长度为 n 的子串，Concat(s,t)表示将串 t 连接在 s 之后，Replace(s,t,r)表示用 r 替换串 s 中的子串 t。

（35）A．'XY+Z*'　　　B．'(X+Z)*Y'　　　C．'XYZ+*'　　　D．'XY+*Z'

试题（35）分析

本题考查数据结构基础知识。

t1=SubString(s,3,1)=SubString('(X+Y)*Z',3,1)='+'

t2=Concat('XY',t1)=Concat('XY','+')='XY+'

t3=Replace(s,SubString(s,1,5),t2)=Replace('(X+Y)*Z', '(X+Y)','XY+')='XY+*Z'

参考答案

（35）D

试题（36）

含有 n 个元素的线性表采用顺序存储，等概率删除其中任一个元素，平均需要移动__（36）__个元素。

（36）A．n　　　　　　B．$\log n$　　　　　C．$(n-1)/2$　　　　D．$(n+2)/2$

试题（36）分析

本题考查数据结构基础知识。

在表长为 n 的线性表中删除一个元素时，共有 n 个可删除的元素。删除 a_1 时需要移动 $n-1$ 个元素，删除 a_n 时不需要移动元素，因此，等概率下删除一个元素时平均的移动元素个数 E_{delete} 为

$$E_{delete} = \sum_{i=1}^{n} q_i \times (n-i) = \frac{1}{n} \sum_{i=1}^{n} (n-i) = \frac{n-1}{2}$$

其中，q_i 表示删除第 i 个元素（a_i）的概率。

参考答案

（36）C

试题（37）

对于顺序栈和链栈，　　(37)　　不是两者共有的运算特征。

（37）A．元素后进先出

　　　　B．入栈时需要判断是否栈满

　　　　C．出栈时需要判断是否栈空

　　　　D．每次只能访问栈顶元素

试题（37）分析

本题考查数据结构基础知识。

栈的顺序存储（也称为顺序栈）是指用一组地址连续的存储单元依次存储自栈顶到栈底的数据元素，同时附设指针 top 指示栈顶元素的位置。在顺序存储方式下，需要预先定义或申请栈的存储空间，也就是说栈空间的容量是有限的。因此在顺序栈中，当一个元素入栈时，需要判断是否栈满（即栈空间中是否有空闲单元），若栈满，则元素入栈会发生上溢现象。

用链表作为存储结构的栈称为链栈，链表中的结点根据需要动态申请，不存在栈满的情况。由于栈中元素的插入和删除仅在栈顶一端进行，因此不必另外设置头指针，链表的头指针就是栈顶指针。

无论栈采用哪种存储结构，进行出栈操作时都要判断是否栈空，栈为空时无法完成出栈操作。

参考答案

（37）B

试题（38）

若元素 a、b、c、d、e、f 依次进栈，允许进栈、出栈操作交替进行。但不允许连续三次进行出栈工作，则不可能得到的出栈序列是　　(38)　　。

（38）A．dcebfa　　　　B．cbdaef　　　　C．bcaefd　　　　D．afedcb

试题（38）分析

本题考查数据结构基础知识。

对于选项 A 的出栈序列 dcebfa，其操作序列为：push（a 入）、push（b 入）、push（c 入）、push（d 入）、pop（d 出）、pop（c 出）、push（e 入）、pop（e 出）、pop（b 出）、push（f 入）、pop（f 出）、pop（a 出）。

对于选项 B 的出栈序列 cbdaef，其操作序列为：push（a 入）、push（b 入）、push（c 入）、pop（c 出）、pop（b 出）、push（d 入）、pop（d 出）、pop（a 出）、push（e 入）、pop（e 出）、push（f 入）、pop（f 出）。

对于选项 C 的出栈序列 bcaefd，其操作序列为：push（a 入）、push（b 入）、pop（b 出）、push（c 入）、pop（c 出）、pop（a 出）、push（d 入）、push（e 入）、pop（e 出）、push（f 入）、pop（f 出）、pop（d 出）。

对于选项 D 的出栈序列 afedcb，其操作序列为：push（a 入）、pop（a 出）、push（b 入）、push（c 入）、push（d 入）、push（e 入）、push（f 入）、pop（f 出）、pop（e 出）、pop（d 出）、pop（c 出）、pop（b 出），存在连续 5 次的出栈操作，违背题中所述的运算要求。

参考答案

（38）D

试题（39）

在一个线性表上可以进行二分查找（折半查找）的充分必要条件是　（39）　。

（39）A．线性表采用顺序存储且元素有序排列

　　　　B．线性表采用顺序存储且元素无序排列

　　　　C．线性表采用单链表存储且元素有序排列

　　　　D．线性表采用单链表存储且元素无序排列

试题（39）分析

本题考查数据结构基础知识。

二分查找（折半查找）过程令处于中间位置记录的关键字与给定值比较，若相等，则查找成功；若不等，则缩小范围，直至新的查找区间中间位置记录的关键字等于给定值或者查找区间没有元素时（表明查找不成功）为止。

显然，在折半查找过程中需要对元素进行随机访问，且需要元素有序排列。

参考答案

（39）A

试题（40）

某图 G 的邻接表如下所示。以下关于图 G 的叙述中，正确的是　（40）　。

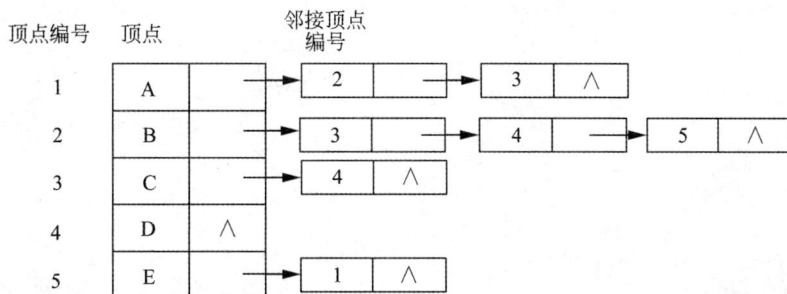

（40）A．G 是强连通图　　　　　　　B．G 是有 7 条弧的有向图

　　　　C．G 是完全图　　　　　　　　D．G 是有 7 条边的无向图

试题（40）分析

本题考查数据结构基础知识。

顶点 A、B、C、D、E 的编号分别为 1、2、3、4、5。如果为无向图，则每条边在邻接表中会表示两次，因此表结点的数目应为偶数。题中的邻接表中有 7 个表结点，显然是有向图。

从顶点 A 的邻接表中可知，编号为 2 和 3 的顶点为 A 的邻接顶点，即存在弧<A，B>和<A，C>。

从顶点 B 的邻接表中可知，编号为 3、4 和 5 的顶点为 B 的邻接顶点，即存在弧<B，C>、<B，D>和<B，E>。

从顶点 C 的邻接表中可知，编号为 4 的顶点为 C 的邻接顶点，即存在弧<C，D>。

从顶点 D 的邻接表中可知，该顶点没有邻接顶点。

从顶点 E 的邻接表中可知，编号为 1 的顶点为 E 的邻接顶点，即存在弧<E，A>。

图 G 如下所示。

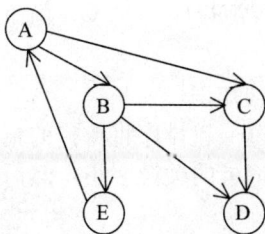

参考答案

（40）B

试题（41）

设有关键码序列（10, 40, 30, 20），根据该序列构建的二叉排序树是　__(41)__　。

（41）A.　　　　　　　B.　　　　　　　C.　　　　　　　D.

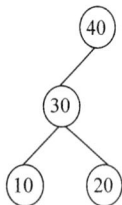　　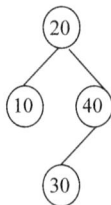　　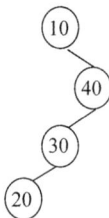　　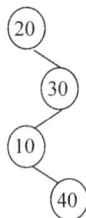

试题（41）分析

本题考查数据结构基础知识。

二叉排序树又称为二叉查找树，它或者是一棵空树，或者是具有如下性质的二叉树：若它的左子树非空，则左子树上所有结点的值均小于根结点的值；若它的右子树非空，则右子树上所有结点的值均大于根结点的值；左、右子树本身就是二叉排序树。

二叉查找树是通过依次输入数据元素并把它们插入到二叉树的适当位置上构造起来的，具体的过程是：每读入一个元素，建立一个新结点，若二叉查找树非空，则将新结点的值与根结点的值相比较，如果小于根结点的值，则插入到左子树中，否则插入到右子树中；若二叉查找树为空，则新结点作为二叉查找树的根结点。

选项 A 所示的二叉树结点 30 与其右孩子的关系不满足二叉排序树的定义。

选项 B 满足二叉排序树的定义，但与输入序列不符。根据输入序列，根结点应为 10。

选项 C 是正确的。

选项 D 不是二叉排序树，以 10 为例，显然 10 小于 20，它应该在 20 的左子树上。

参考答案

（41）C

试题（42）

根据枢轴元素（或基准元素）划分序列而进行排序的是　（42）　。

（42）A. 快速排序　　B. 冒泡排序　　　C. 简单选择排序　　　D. 直接插入排序

试题（42）分析

本题考查数据结构与算法基础知识。

快速排序的基本思想是：通过一趟排序将待排的记录划分为独立的两部分，其中一部分记录的关键字均比另一部分记录的关键字小，然后再分别对这两部分记录继续进行快速排序，以达到整个序列有序。

划分时从待排序列中选一个元素作为枢轴元素，将不大于枢轴元素者和不小于枢轴元素者分开。

参考答案

（42）A

试题（43）

序列　（43）　可能是第一趟冒泡排序后的结果。

（43）A．40 10 20 30 70 50 60　　　　　　　　B．20 30 10 40 70 50 60

　　　　C．30 10 40 20 70 60 50　　　　　　　　D．20 30 10 40 60 50 70

试题（43）分析

本题考查数据结构与算法基础知识。

n 个记录进行冒泡排序的方法是：首先将第一个记录的关键字和第二个记录的关键字进行比较，若为逆序，则交换两个记录的值，然后比较第二个记录和第三个记录的关键字，依此类推，直至第 $n-1$ 个记录和第 n 个记录的关键字比较完为止。上述过程称作一趟冒泡排序，其结果是关键字最大的记录被交换到第 n 个位置。然后进行第二趟冒泡排序，对前 $n-1$ 个记录进行同样的操作，其结果是关键字次大的记录被交换到第 $n-1$ 个位置。当进行完第 $n-1$ 趟时，所有记录有序排列。

显然，第一趟冒泡排序后最大元素会交换至序列末端。

参考答案

（43）D

试题（44）、（45）

继承关系是父类和子类之间共享数据和方法的机制，子类都是父类的特例。当一个类只能有一个父类时，称为　(44)　；当一个类有两个或两个以上的类作为父类时，称为　(45)　。

（44）A．单重继承　　　B．多态　　　　C．混合继承　　　　D．多重继承

（45）A．单重继承　　　B．多态　　　　C．混合继承　　　　D．多重继承

试题（44）、（45）分析

本题考查面向对象的基本知识。

在进行类设计时，有些类之间存在一般和特殊关系，即一些类是某个类的特殊情况，某个类是一些类的一般情况，这就是继承关系。在定义和实现一个类的时候，可以在一个已经存在的类（一般情况）的基础上来进行，把这个已经存在的类所定义的内容作为自己的内容，并加入若干新的内容，即子类比父类更加具体化。一个父类可以有多个子类，这些子类都是父类的特例。子类只能有一个父类，称为单重继承；如果一个类可以有两个或更多个父类，称为多重继承。

多态（Polymorphism）是不同的对象收到同一消息可以产生完全不同的结果现象。

参考答案

（44）A　　（45）D

试题（46）

在面向对象方法中，对象之间通过发送　(46)　进行通信，当其发送给某个对象时，包含要求接收对象去执行某些活动的信息。

（46）A．协作　　　　　B．依赖　　　　C．消息　　　　　D．封装

试题（46）分析

本题考查面向对象的基本知识。

面向对象的 4 个核心概念是对象、类、继承和消息传递。其中，对象是基本的运行时的实体，它既包括数据（属性），也包括作用于数据的操作（行为）。所以，一个对象把属性和行为封装为一个整体。消息是对象之间进行通信的一种构造，包含要求接收对象去执行某些活动的信息。依赖是两个事物间的语义关系，其中一个事物（独立事物）发生变化会影响另一个事物（依赖事物）的语义。协作是一些共同工作的类、接口和其他元素的群体，该群体提供的一些合作行为强于所有这些元素的行为之和。

参考答案

（46）C

试题（47）

UML 中有 4 种事物：结构事物、行为事物、分组事物和注释事物。类、接口、构件属于　__(47)__　事物。

(47) A．结构　　　　　B．行为　　　　　C．分组　　　　　D．注释

试题（47）分析

本题考查统一建模语言（UML）的基本知识。

UML 由三个要素构成：UML 的基本构造块、支配这些构造块如何放置在一起的规则和运用与整个语言的一些公共机制。UML 的词汇表包含三种构造块：事物、关系和图。事物是对模型中最具有代表性的成分的抽象；关系把事物结合在一起；图聚集了相关的事物。

UML 中有 4 种事物：结构事物、行为事物、分组事物和注释事物。结构事物是 UML 模型中的名词，通常是模型的静态部分，描述概念或物理元素。结构事物包括类（Class）、接口（Interface）、协作（Collaboration）、用例（Use Case）、主动类（Active Class）、构件（Component）、制品（Artifact）和结点（Node）。行为事物是 UML 模型的动态部分。它们是模型中的动词，描述了跨越时间和空间的行为。行为事物包括：交互（Interaction）、状态机（State Machine）和活动（Activity）。分组事物是 UML 模型的组织部分，是一些由模型分解成的"盒子"，最主要的分组事物是包（Package）。注释事物是 UML 模型的解释部分。这些注释事物用来描述、说明和标注模型的任何元素。注解（Note）是一种主要的注释事物。

参考答案

（47）A

试题（48）

UML 图中，一张交互图显示一个交互，由一组对象及其之间的关系组成，包含它们之间可能传递的消息，以下不是交互图的是　__(48)__。

(48) A．序列图　　　　B．对象图　　　　C．通信图　　　　D．时序图

试题（48）分析

本题考查统一建模语言（UML）的基本知识。

UML 2.0 中提供了多种图形，描述系统的静态和动态方面。交互图用于对系统的动态方面进行建模。一张交互图表现的是一个交互，由一组对象和它们之间的关系组成，包含它们之间可能传递的消息。交互图表现为序列图、通信图、交互概览图和时序图，每种针对不同的目的，适用于不同的情况。序列图是强调消息时间顺序的交互图；通信图是强调接收和发送消息的对象的结构组织的交互图；交互概览图强调控制流的交互图。时序图（Timing Diagram）关注沿着线性时间轴、生命线内部和生命线之间的条件改变。对象图展现了某一时刻一组对象以及它们之间的关系。对象图描述了在类图中所建立的事物的实例的静态快照，给出系统的静态设计视图或静态进程视图。

参考答案

（48）B

试题（49）、（50）

在结构化设计方法中，概要设计阶段的任务是给出系统的各个模块，确定每个模块的功能、接口（模块间传递的数据）及调用关系，用模块及对模块的调用来构建软件的体系结构，并采用结构图进行描述。结构图的基本成分有___（49）___。结构图的形态特征中，___（50）___是指一层中最大的模块个数。

（49）A．模块、类和消息　　　　　　　　B．模块、数据流和接口

　　　 C．模块、调用和数据　　　　　　　D．模块、数据结构和算法

（50）A．深度　　　　　B．宽度　　　　　C．扇出　　　　　D．扇入

试题（49）、（50）分析

本题考查结构化设计方法的基础知识。

结构化程序设计方法中使用结构图来描述软件系统的体系结构，指出一个软件系统由哪些模块组成，以及模块之间的调用关系。其基本成分有模块、调用和数据。

模块是指具有一定功能并可以用模块名调用的一组程序语句，是组成程序的基本单元，用矩形表示。模块之间的调用关系用从一个模块指向另一个模块的箭头表示，表示前者调用了后者。模块之间还可以用带注释的短箭头表示模块调用过程中来回传递的信息，箭头尾部带空心圆表示传递的是数据，带实心圆表示传递的是控制信息。

结构图有四种特征，其中：深度指结构图控制的层次，即模块的层数；宽度指一层中最大的模块数；扇出指一个模块的直接下属模块数；扇入指一个模块的直接上属模块数。

参考答案

（49）C　　（50）B

试题（51）

___（51）___不属于良好的编码风格。

（51）A．恰当使用缩进、空行以改善清晰度

　　　　B．利用括号使逻辑表达式或算术表达式的运算次序清晰直观

　　　　C．用短的变量名使得程序更紧凑

　　　　D．保证代码和注释的一致性

试题（51）分析

本题考查编码风格的相关知识。

良好的程序设计风格可有效地提高程序的可读性、可维护性等，已存在的一些常用的程序设计风格原则，包括恰当使用缩进、空行以改善清晰度；用语句括号把判断和循环体的语句组织在一起，可以清晰地看到程序结构；保证代码和注释的一致性对程序的理解和维护具有重要意义。若用短的变量命名虽然可以使得程序更紧凑，但是不利于程序的阅读和理解，不易于软件的维护。

参考答案

（51）C

试题（52）

使用独立测试团队的最主要原因是　（52）　。

（52）A．有利于项目人员分工

　　　　B．减少相关人员之间的矛盾

　　　　C．可以更彻底地进行软件测试

　　　　D．只有测试人员最熟悉测试方法和工具

试题（52）分析

本题考查软件测试的基础知识。

在软件测试阶段，独立的测试小组没有进行设计和实现工作，往往可以更彻底地进行软件测试，这也是最主要的目标。

参考答案

（52）C

试题（53）

以下关于软件测试的叙述中，不正确的是　（53）　。

（53）A．对软件产品了解到什么程度，测试才能做到什么程度

　　　　B．优秀的测试人员需要对测试知识和技能、测试经验做持续积累

　　　　C．软件测试与软件开发都有很高的技术含量

　　　　D．软件产品的发布时间应由测试团队来决定

试题（53）分析

本题考查软件工程基础知识。

软件产品的发布需要综合很多因素来决定，包括公司的评估准则，产品质量与市场机会的平衡考虑，产品战略与成本等，需要由多种角色参与研究，由管理层发布。

参考答案

（53）D

试题（54）

程序设计的准则不包括 ___(54)___ 。

（54）A．以用户需求和使用体验为重　　B．实现同样功能的程序越短越好

　　　　C．算法流程设计应以简约为美　　D．变量声明尽量靠近相应的计算

试题（54）分析

本题考查软件工程基础知识。

实现同样功能的程序不是越短越好，更应注重易于理解、易于维护。其他三项原则是正确的。

参考答案

（54）B

试题（55）

软件工程项目质量管理不包括 ___(55)___ 。

（55）A．质量计划　　　B．质量保证　　　C．质量控制　　　D．质量评级

试题（55）分析

本题考查软件工程基础知识。

软件工程项目质量管理包括质量计划（确定合适的质量标准，如何实施其质量方针）、质量保证（包括质量管理方法、采用的工程技术、测试技术和复审技术、对文档及其修改的控制、项目的标准及规格等）和质量控制（监控项目成果是否符合有关的标准，找出方法来解决质量问题）。对软件产品质量和软件过程质量的评价（包括评级）有利于改进质量管理工作。

参考答案

（55）D

试题（56）

以下关于程序员职业素养的叙述中，不正确的是 ___(56)___ 。

（56）A．面对程序中出现的问题，采用的解决方式和反思的深度体现程序员的素养

　　　　B．职业素养强调的不是天赋的神秘和技艺的高超，而是持续积淀的结晶

　　　　C．职业素养高的程序员会对经理为了赶工期而降低程序质量的要求说"不"

　　　　D．职业素养高的程序员对用户提出的任何需求变更和功能调整说"是"

试题（56）分析

本题考查软件工程基础知识。

用户的需求中可能会有一些无理的需求、非专业的需求、目前还实现不了的需求、重复的需求、会造成不良后果的需求等。需要分析系统维护时用户提出的修改意见，不能立即进行修改，还需要分析讨论，经批准后才能执行修改，否则可能会引发意想不到

的问题。

参考答案

（56）D

试题（57）

在关系模型中用＿＿（57）＿＿来表达实体集，其结构是由关系模式定义的。

（57）A．元组　　　　　　B．列　　　　　　C．表　　　　　　D．字段

试题（57）分析

本题考查关系数据库系统中的基本概念。

关系数据库系统采用关系模型作为数据的组织方式，在关系模型中用表格结构表达实体集，以及实体集之间的联系，其最大特色是描述的一致性。可见，关系数据库是表的集合，其结构是由关系模式定义的。

参考答案

（57）C

试题（58）～（60）

某医院有科室关系 D（科室号，科室名，负责人，联系电话），其中："科室号"唯一标识关系 D 中的每一个元组。住院部设有病人关系 R（住院号，姓名，性别，科室号，家庭住址），其中，"住院号"唯一标识关系 R 中的每一个元组，"性别"的取值只能为 M 或 F，要求科室号参照科室关系 D 中的科室号。创建 R 关系的 SQL 语句如下：

```
CREATE TABLE R(
    住院号 CHAR(8)    (58)    ,
    姓名 CHAR(10),
    性别 CHAR(1)    (59)    ,
    科室号 CHAR(4)    (60)    ,
    家庭住址 CHAR(30));
```

（58）A．PRIMARY KEY　　　　　　B．REFERENCES D(科室号)

　　　　C．NOT NULL　　　　　　　　D．FOREIGN KEY

（59）A．IN (M,F)　　　　　　　　　B．CHECK('M', 'F')

　　　　C．LIKE('M', 'F')　　　　　　D．CHECK(性别 IN ('M', 'F'))

（60）A．PRIMARY KEY NOT NULL

　　　　B．PRIMARY KEY UNIQUE

　　　　C．FOREIGN KEY REFERENCES D(科室号)

　　　　D．FOREIGN KEY REFERENCES D(科室名)

试题（58）～（60）分析

本题考查关系数据库基础知识。

试题（58）的正确答案是 A。根据题意，属性"住院号"唯一标识关系 R 中的每一

个元组，因此需要用语句"PRIMARY KEY"进行主键的完整性约束。

试题（59）的正确答案是 D。根据题意，属性"性别"的取值只能为 M 或 F，因此需要用语句"CHECK(性别 IN ('M', 'F')"进行完整性约束。

试题（60）的正确答案是 C。根据题意。属性"科室号"是外键，因此需要用语句"REFERENCES D (科室号)"进行参考完整性约束。

参考答案

（58）A　　（59）D　　（60）C

试题（61）、（62）

假设系统中有事务 T_1 和 T_2，数据 D_1 和 D_2。若 T_1 对 D_1 已加排它锁，对 D_2 已加共享锁；那么 T_2 对 D_1　(61)　，T_2 对 D_2　(62)　。

（61）A．加共享锁成功，加排它锁失败　　B．加共享锁、加排它锁都失败

　　　　C．加共享锁、加排它锁都成功　　D．加排它锁成功，加共享锁失败

（62）A．加共享锁成功，加排它锁失败　　B．加共享锁、加排它锁都失败

　　　　C．加共享锁、加排它锁都成功　　D．加排它锁成功，加共享锁失败

试题（61）、（62）分析

本题考查数据库事务处理基础知识。

事务并发处理时，如果对数据读写不加以控制，会破坏事务的隔离性和一致性。控制的手段就是加锁，在事务执行时限制其他事务对数据的读取。在并发控制中引入两种锁：排它锁（Exclusive Locks，简称 X 锁）和共享锁（Share Locks，简称 S 锁）。

排它锁又称为写锁，用于对数据进行写操作时进行锁定。如果事务 T 对数据 A 加上 X 锁后，就只允许事务 T 读取和修改数据 A，其他事务对数据 A 不能再加任何锁，从而也不能读取和修改数据 A，直到事务 T 释放 A 上的锁。

共享锁又称为读锁，用于对数据进行读操作时进行锁定。如果事务 T 对数据 A 加上了 S 锁后，事务 T 就只能读数据 A 但不可以修改，其他事务可以再对数据 A 加 S 锁来读取，只要数据 A 上有 S 锁，任何事务都只能再对其加 S 锁读取而不能加 X 锁修改。

参考答案

（61）B　　（62）A

试题（63）

从①地开车到⑥地，按下图标明的道路和行驶方向，共有　(63)　种路线。

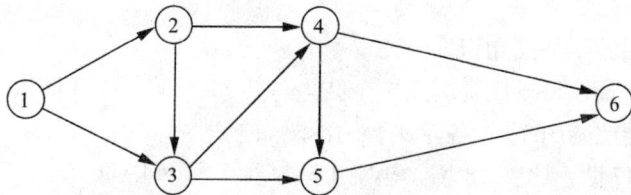

（63）A．6   B．7   C．8   D．9

试题（63）分析

本题考查应用数学基础知识。

可以用下面的层次结构图来描述所有的路线（共有 8 条路线）：

```
1─2─4─6          对应路线：①②④⑥
      └5───6      对应路线：①②④⑤⑥
   └3─4─6          对应路线：①②③④⑥
         └5───6    对应路线：①②③④⑤⑥
      └5───6      对应路线：①②③⑤⑥
   └3─4─6          对应路线：①③④⑥
      └5───6      对应路线：①③④⑤⑥
   └5───6          对应路线：①③⑤⑥
```

参考答案

（63）C

试题（64）

某国近几年 GDP 增长率维持在 2%的水平上。为使明年 GDP 达到 200 亿美元，今年的 GDP 应达到 ___(64)___ 亿美元。

（64）A．200/(1+2%)   B．200*(1–2%)

　　　C．200*(1+2%)   D．200/(1–2%)

试题（64）分析

本题考查应用数学基础知识。

设该国今年的 GDP 为 X 亿美元，在 GDP 增长率为 2%的情况下，明年的 GDP 约为 (1+2%)X 亿美元。已知(1+2%)X=200，因此 X=200/(1+2%)。

参考答案

（64）A

试题（65）

37 支篮球队举行淘汰赛争夺冠军，每场球赛的胜者（无平局）或轮空者进入下一轮赛，共需进行 ___(65)___ 比赛。

（65）A．5 轮 28 场   B．5 轮 30 场   C．6 轮 31 场   D．6 轮 36 场

试题（65）分析

本题考查应用数学基础知识。

淘汰赛没有平局，每场比赛淘汰 1 个队。总共 37 个队，需要淘汰 36 个队才能赛出冠军，因此共需要比赛 36 场。各轮比赛的情况如下：

第 1 轮：共 37 队，比赛 18 场，轮空 1 队，赛后留下 19 队；

第 2 轮：共 19 队，比赛 9 场，轮空 1 队，赛后留下 10 队；

第 3 轮：共 10 队，比赛 5 场，赛后留下 5 队；

第 4 轮：共 5 队，比赛 2 场，轮空 1 队，赛后留下 3 队；

第 5 轮：共 3 队，比赛 1 场，轮空 1 队，赛后留下 2 队；

第 6 轮：共 2 队，比赛 1 场，赛后留下 1 个冠军队。

参考答案

（65）D

试题（66）

某 html 文档中有如下代码，则在浏览器中打开该文档时显示为　__(66)__　。

```
<form>
    List1:
    <input type="text" name="List1" />
    <br />
    List2:
    <input type="text" name="List2" />
</form>
```

（66）A.

| List1: |
| List2: |

B. ○ List1　　○ List2

C. ☐ List1　　☐ List2

D. List1 ▾　List1　List2

试题（66）分析

本题考查 HTML 语言中 input 标签的 type 属性。

在 HTML 属性语言中的 input 标签有多种属性，具体属性如下表所示：

属　性	含　义
button	定义可单击的按钮（大多与 JavaScript 使用来启动脚本）
checkbox	定义复选框
color	定义拾色器
date	定义日期字段（带有 calendar 控件）
datetime	定义日期字段（带有 calendar 和 time 控件）
datetime-local	定义日期字段（带有 calendar 和 time 控件）
month	定义日期字段的月（带有 calendar 控件）
week	定义日期字段的周（带有 calendar 控件）
time	定义日期字段的时、分、秒（带有 time 控件）
email	定义用于 E-mail 地址的文本字段
file	定义输入字段和"浏览..."按钮，供文件上传
hidden	定义隐藏输入字段
image	定义图像作为提交按钮
number	定义带有 spinner 控件的数字字段
password	定义密码字段。字段中的字符会被遮蔽

续表

属　　性	含　　义
radio	定义单选按钮
range	定义带有 slider 控件的数字字段
reset	定义重置按钮。重置按钮会将所有表单字段重置为初始值
search	定义用于搜索的文本字段
submit	定义提交按钮。提交按钮向服务器发送数据
tel	定义用于电话号码的文本字段
text	默认。定义单行输入字段，用户可在其中输入文本。默认是 20 个字符
url	定义用于 URL 的文本字段

题目中指定了 type 属性为"text"，表示定义一个单行的输入字段，使用户可以在其中输入文本。据此，可在备选项中选择相应答案。

参考答案

（66）A

试题（67）

登录远程计算机采用的协议是　（67）　。

（67）A．HTTP　　　　　B．Telnet　　　　　C．FTP　　　　　D．SMTP

试题（67）分析

本题考查应用层协议及主要功能。

HTTP 是超文本传输协议，用以浏览网页；Telnet 是远程登录协议；FTP 为文件传输协议；SMTP 为简单邮件传输协议，用来发送邮件。

参考答案

（67）B

试题（68）

DHCP 协议的功能是　（68）　。

（68）A．WINS 名字解析　　　　　　　B．静态地址分配

　　　C．DNS 域名解析　　　　　　　　D．自动分配 IP 地址

试题（68）分析

本题考查 DHCP 和 FTP 两个应用协议。

DHCP 协议的功能是自动分配 IP 地址；FTP 协议的作用是文件传输，使用的传输层协议为 TCP。

参考答案

（68）D

试题（69）

以下关于 URL 的说法中，错误的是　（69）　。

（69）A．使用 www.abc.com 和 abc.com 打开的是同一页面

　　　　B．在地址栏中输入 www.abc.com 默认使用 http 协议

　　　　C．www.abc.com 中的 "www" 是主机名

　　　　D．www.abc.com 中的 "abc.com" 是域名

试题（69）分析

本题考查 URL 的格式和使用方式。

URL 由三部分组成：资源类型、存放资源的主机域名、资源文件名。

URL 的一般语法格式为（带方括号[]的为可选项）：

protocol :// hostname[:port] / path /filename

其中，protocol 指定使用的传输协议，最常见的是 HTTP 或者 HTTPS 协议，也可以有其他协议，如 file、ftp、gopher、mms、ed2k 等；

Hostname 是指主机名，即存放资源的服务域名或者 IP 地址；

Port 是指各种传输协议所使用的默认端口号，该选项是可选选项，例如 http 的默认端口号为 80，一般可以省略，如果为了安全考虑，可以更改默认的端口号，这时，该选项是必选的；

Path 是指路径，由一个或者多个 "/" 分隔，一般用来表示主机上的一个目录或者文件地址；

filename 是指文件名，该选项用于指定需要打开的文件名称。

一般情况下，一个 URL 可以采用 "主机名.域名" 的形式打开指定页面，也可以单独使用 "域名" 来打开指定页面，但是这样实现的前提是需进行相应的设置和对应。

参考答案

（69）A

试题（70）

假定子网掩码为 255.255.255.224，　　（70）　　属于有效的主机地址。

（70）A．15.234.118.63　　　　　　　　　B．92.11.178.93

　　　　C．201.45.116.159　　　　　　　　D．202.53.12.192

试题（70）分析

由于子网掩码为 255.255.255.224，所以主机地址只占用最右边的 5 位。

选项 A 的二进制：**00001111.11101010. 01110110.00111111** 这是一个广播地址；

选项 B 的二进制：**01011100.00001011. 10110010.01011101** 这是一个有效的主机地址；

选项 C 的二进制：**11001001.00101101. 01110100.10011111** 这是一个广播地址；

选项 D 的二进制：**11001010.00110101. 00001100.11000000** 这是一个子网地址。

参考答案

（70）B

试题（**71**）

The line of computing jobs waiting to be run might be a ＿（71）＿. These job requests are serviced in order of their arrival.

（71）A．array　　　　B．queue　　　　C．record　　　　D．stack

参考译文

等待运行的计算机作业可排成一个队列，对这些作业的请求将先来先服务。

参考答案

（71）B

试题（**72**）

＿（72）＿ is an important concept since it allows reuse of a class definition without requiring major code changes.

（72）A．Inheritance　　　　　　　B．Polymorphism

　　　　C．Encapsulation　　　　　　D．Data hiding

参考译文

继承是一个重要的概念，因为它使得无需对代码做大的改变就能重用类定义。

参考答案

（72）A

试题（**73**）

Software ＿（73）＿ activities involve making enhancements to software products, adapting products to new environments, and correcting problems.

（73）A．analysis　　B．design　　　　C．coding　　　　D．maintenance

参考译文

软件维护活动包括增强软件产品、调整软件产品以适应新的环境和纠正软件中的问题。

参考答案

（73）D

试题（**74**）

＿（74）＿ is a style of computing in which dynamically scalable and offer virtualized resources are provided as a service over the Internet.

（74）A．Cloud computing　　　　　B．Big data

　　　　C．Social media　　　　　　D．Mobile computing

参考译文

云计算是一种通过 Internet 以服务的方式提供动态、可伸缩的、虚拟化的资源的计算模式。

参考答案

（74）A

试题（75）

The objective of information ___（75）___ includes protection of information and property from theft, corruption, or natural disaster, while allowing the information and property to remain accessible and productive to its intended users.

（75）A. concurrency   B. integrity   C. consistency   D. security

参考译文

信息安全的目的是保证授权用户正常获取和使用信息，并保护信息和资产不受偷窃、损坏或遭受自然灾害。

参考答案

（75）D

第 14 章　2015 上半年程序员下午试题分析与解答

试题一（共 15 分）

阅读以下说明和流程图，填补流程图中的空缺，将解答填入答题纸的对应栏内。

【说明】

下面流程图的功能是：在给定的两个字符串中查找最长的公共子串，输出该公共子串的长度 L 及其在各字符串中的起始位置（L=0 时不存在公共字串）。例如，字符串"The light is not bright tonight"与"Tonight the light is not bright"的最长公共子串为"he light is not bright"，长度为 22，起始位置分别为 2 和 10。

设 A[1:M]表示由 M 个字符 A[1]，A[2]，…，A[M]依次组成的字符串；B[1:N]表示由 N 个字符 B[1]，B[2]，…，B[N]依次组成的字符串，M≥N≥1。

本流程图采用的算法是：从最大可能的公共子串长度值开始逐步递减，在 A、B 字符串中查找是否存在长度为 L 的公共子串，即在 A、B 字符串中分别顺序取出长度为 L 的子串后，调用过程判断两个长度为 L 的指定字符串是否完全相同（该过程的流程略）。

【流程图】

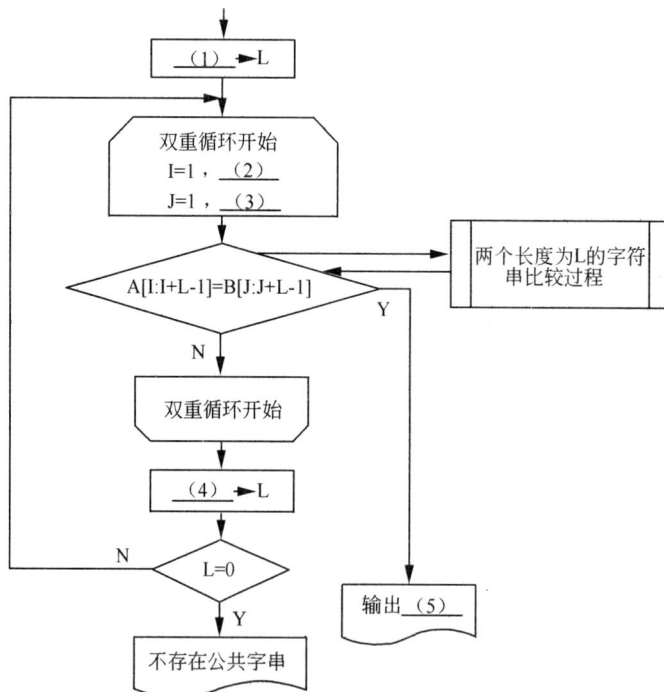

试题一分析

本题考查对算法流程图的理解和绘制能力。这是程序员必须具有的技能。

本题的算法可用来检查某论文是否有大段抄袭了另一论文。"The light is not bright tonight"是著名的英语绕口令，它与"Tonight the light is not bright"大同小异。

由于字符串 A 和 B 的长度分别为 M 和 N，而且 M≥N≥1，所以它们的公共子串长度 L 必然小于或等于 N。题中采用的算法是，从最大可能的公共子串长度值 L 开始逐步递减，在 A、B 字符串中查找是否存在长度为 L 的公共子串。因此，初始时，应将 min（M，N）送 L，或直接将 N 送 L。（1）处应填写 N 或 min(M,N)，或其他等价形式。

对每个可能的 L 值，为查看 A、B 串中是否存在长度为 L 的公共子串，显然需要执行双重循环。A 串中，长度为 L 的子串起始下标可以从 1 开始直到 M–L+1（可以用实例来检查其正确性）；B 串中，长度为 L 的子串起始下标可以从 1 开始直到 N–L+1。因此双重循环的始值和终值就可以这样确定，即（2）处应填 M–L+1，或等价形式；（3）处应填 N–L+1 或等价形式（注意循环的终值应是最右端子串的下标起始值）。

A 串中从下标 I 开始长度为 L 的子串可以描述为 A[I:I+L–1]；B 串中从下标 J 开始长度为 L 的子串可以描述为 A[J:J+L–1]。因此，双重循环体内，需要比较这两个子串（题中采用调用专门的函数过程或子程序来实现）。

如果这两个子串比较的结果相同，那么就已经发现了 A、B 串中最大长度为 L 的公共子串，此时，应该输出公共子串的长度值 L、在 A 串中的起始下标 I、在 B 串中的起始下标 J。因此，（5）处应填 L，I，J（可不计顺序）。

如果这两个子串比较的结果不匹配，那么就需要继续执行循环。如果直到循环结束仍然没有发现匹配子串时，就需要将 L 减少 1（（4）处填 L–1 或其等价形式）。只要 L 非 0，则还可以继续对新的 L 值执行双重循环。如果直到 L=0，仍没有发现子串匹配，则表示 A、B 两串没有公共子串。

参考答案

（1）N 或 min(M,N)

（2）M–L+1

（3）N–L+1

（4）L–1

（5）L，I，J

试题二（共 15 分）

阅读以下说明和 C 函数，填补函数代码中的空缺，将解答填入答题纸的对应栏内。

【说明 1】

函数 f(double eps) 的功能是：利用公式 $\frac{\pi}{4} = 1 - \frac{1}{3} + \frac{1}{5} - \frac{1}{7} + \cdots$ 计算并返回 π 的近似值。

【C 函数 1】

```
double f(double eps)
{
    double  n = 1.0, s = 1.0, term = 1.0 , pi = 0.0 ;
    while ( fabs(term) >= eps ){
        pi = pi + term;
        n = ___(1)___ ;        s = ___(2)___ ;
        term = s / n ;
    }
    return  pi*4;
}
```

【说明 2】

函数 fun(char *str)的功能是：自左至右顺序取出非空字符串 str 中的数字字符，形成一个十进制整数（最多 8 位）。例如，若 str 中的字符串为 "iyt?67kp f3g8d5.j4ia2e3p12"，则函数返回值为 67385423。

【C 函数 2】

```
long fun(char *str)
{
    int i = 0;
    long num = 0;
    char *p = str;

    while ( i<8 && ___(3)___ ) {
        if ( *p >= '0' && *p <= '9' ) {
            num = ___(4)___ + *p - '0';
            ++i;
        }
        ___(5)___ ;
    }
    return num;
}
```

试题二分析

本题考查 C 语言程序设计基本技能。考生需认真阅读题目中的说明，从而确定代码的运算逻辑，在阅读代码时，还需注意各变量的作用。

函数 f(double eps）的功能是计算 π 的近似值。观察题中给出的计算公式，可知在循环中 n 每次递增 2，因此空（1）处应填入 "n+2"。由于公式中的各项是正负交替的，因此结合表达式 "term = s / n" 可知变量 s 就是起此作用的。空（2）处应填入 "–s"或"–1*s"。

对于函数 fun(char *str)，从字符序列中取出数字并组合为一个整数时，对于每个数字，只需将之前获取的部分乘以 10 再加上该数字的值即可。

以 67385423 为例。

67385423 = (((((((0+6)*10+7)*10+3)*10+8)*10+5)*10+4)*10+2)*10+3

函数中的变量 i 是用来计算位数的，num 用来计算所获得的整数值。显然，最多读取字符序列中的前 8 个数字，或者到达字符序列的末尾（*p!= '\0'）时，计算也需结束。因此，空（3）处应填入"*p!='\0'"。

根据 num 的作用，空（4）处应填入"num*10"。

根据指针 p 的作用，空（5）处的代码应使得 p 指向下一个字符，因此应填入"p++"。

参考答案

（1）n + 2

（2）–s 或–1*s

（3）*p!='\0'或其等价形式

（4）num*10 或其等价形式

（5）p++或其等价形式

试题三（共 15 分）

阅读以下说明和 C 代码，填补代码中的空缺，将解答填入答题纸的对应栏内。

【说明】

下面的程序代码根据某单位职工的月工资数据文件（名称为 Salary.dat，文本文件），通过调用函数 GetIncomeTax 计算出每位职工每月需缴纳的个人所得税额并以文件（名称为 IncomeTax.dat，文本文件）方式保存。

例如，有 4 个职工工资数据的 Salary.dat 内容如下，其中第一列为工号（整数），第 2 列为月工资（实数）。

```
1030001    6200.00
1030002    5800.00
2010001    8500.00
2010010    8000.00
```

相应地，计算所得 IncomeTax.dat 的内容如下所示，其中第 3 列为个人所得税额：

```
1030001  6200.00  47.20
1030002  5800.00  35.94
2010001  8500.00  233.50
2010010  8000.00  193.00
```

针对工资薪金收入的个人所得税计算公式为：

个人所得税额=应纳税所得额×税率–速算扣除数

其中，应纳税所得额=月工资–三险一金–起征点

税率和速算扣除数分别与不同的应纳税所得额对应，如表 3-1 所示。

表 3-1

级数	全月应纳税所得额 X（元）	税率（%）	速算扣除数（元）
1	0<X≤1500	3	0
2	1500<X≤4500	10	105
3	4500<X≤9000	20	555
4	9000<X≤35000	25	1005
5	35000<X≤55000	30	2755
6	55000<X≤80000	35	5505
7	X>80000	45	13505

设三险一金为月工资的 19%，起征点为 3500 元。

例如，某人月工资为 5800 元，按规定 19%缴纳三险一金，那么：

其应纳税所得额 X=5800－5800×19%－3500=1198 元，对应税率和速算扣除数分别为 3%和 0 元，因此，其个人所得税额为 1198×3%–0=35.94 元。

【C 代码】

```
#include<stdio.h>
#define BASE 3500              //起征点
#define RATE 0.19             //三险一金比例
    (1)    ;                 //声明函数 GetIncomeTax
int main()
{
    int id;
    double salary;
    FILE *fin,*fout;

    fin = fopen("Salary.dat","r");
    if (   (2)   ) return 0;
    fout = fopen("IncomeTax.dat","w");
    if (   (3)   ) return 0;

    while (!feof(fin)) {
        if (fscanf(fin,"%d%lf",   (4)   )!=2) break;
        fprintf(fout,"%d\t%.2lf\t%.2lf\n",id,salary,   (5)   );
    }
    fclose(fin);
    fclose(fout);
    return 0;
}
double GetIncomeTax(double salary)
{
```

```
    double yns_sd;

    yns_sd = ___(6)___ - BASE;              /*计算应纳税所得额*/
    if (yns_sd<=0)      return  0.0;
    else if (yns_sd<=1500)     return yns_sd*0.03;
    else if (yns_sd<=4500)     return yns_sd*0.1 - 105;
    else if (yns_sd<=9000)     return yns_sd*0.2 - 555;
    else if (yns_sd<=35000)    return yns_sd*0.25 - 1005;
    else if (yns_sd<=55000)    return yns_sd*0.3 - 2755;
    else if (yns_sd<=80000)    return yns_sd*0.35 - 5505;
    return yns_sd*0.45 - 13505;
}
```

试题三分析

本题考查 C 语言程序设计基本技能。考生需认真阅读题目中的说明，以便理解问题并确定代码的运算逻辑，在阅读代码时，还需注意各变量的作用。

根据注释，空（1）处应填入 "double GetIncomeTax(double salary)" 或 "double GetIncomeTax(double)"，对函数 GetIncomeTax 进行声明。

空（2）、（3）处所在的代码是判断文件打开操作是否成功，因此（2）填入 "!fin"、（3）填入 "!fout"。

根据说明可知，变量 id 和 salary 分别表示工号和月工资数。

空（4）处所在语句为从文件中读取数据的操作，从 fscanf 的格式控制串可知读取的两个数是整数和双精度浮点数，则输入表列的两个变量分别为接收整数值的变量 id 和接收整数值的变量 salary，因此空（4）应填入 "&id, &salary"。

空（5）处所在代码向 fout 关联的文件写入计算出的所得税额，显然需调用函数 GetIncomeTax 来计算，因此应填入 "GetIncomeTax(salary)"。

空（6）处的代码计算应纳税所得额，根据说明中给出的计算公式及三险一金的计算方法：

应纳税所得额=月工资–三险一金–起征点

空（6）处应填入 "salary *(1–RATE)"。

参考答案

（1）double GetIncomeTax(double salary)或 double GetIncomeTax(double)

（2）!fin 或 fin==NULL 或 fin==0

（3）!fout 或 fout==NULL 或 fout==0

（4）&id, &salary

（5）GetIncomeTax(salary)

（6）salary *(1–RATE)或其等价形式

注：RATE 可替换为 0.19

试题四（共 15 分）

阅读以下说明和 C 函数，填补代码中的空缺，将解答填入答题纸的对应栏内。

【说明】

函数 Combine(LinkList La, LinkList Lb)的功能是：将元素呈递减排列的两个含头结点单链表合并为元素值呈递增（或非递减）方式排列的单链表，并返回合并所得单链表的头指针。例如，元素递减排列的单链表 La 和 Lb 如图 4-1 所示，合并所得的单链表如图 4-2 所示。

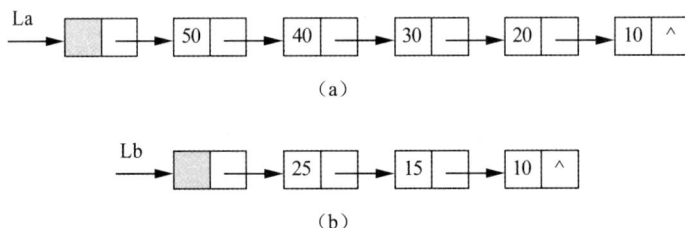

（a）

（b）

图 4-1　合并前的两个链表示意图

图 4-2　合并后所得链表示意图

设链表结点类型定义如下：

```
typedef struct Node{
      int data;
      struct Node *next;
}Node,*LinkList;
```

【C 函数】

```
LinkList Combine(LinkList La, LinkList Lb)
{  //La 和 Lb 为含头结点且元素呈递减排列的单链表的头指针
   //函数返回值是将 La 和 Lb 合并所得单链表的头指针
   //且合并所得链表的元素值呈递增（或非递减）方式排列

      (1)   Lc, tp, pa, pb;;    //Lc 为结果链表的头指针，其他为临时指针

   if (!La) return NULL;
   pa = La->next;               //pa 指向 La 链表的第一个元素结点
```

```
    if (!Lb) return NULL;
    pb = Lb->next;                    //pb 指向 Lb 链表的第一个元素结点

    Lc = La;                          //取 La 链表的头结点为合并所得链表的头结点
    Lc->next = NULL;

    while (   (2)   ){   //pa 和 pb 所指结点均存在（即两个链表都没有到达表尾）
        //令 tp 指向 pa 和 pb 所指结点中的较大者
        if (pa->data > pb->data){
            tp = pa;      pa = pa->next;
        }
        else{
            tp = pb;        pb = pb->next;
        }
         (3)   = Lc->next;           //tp 所指结点插入 Lc 链表的头结点之后
        Lc->next =    (4)   ;
    }

    tp = (pa)? pa : pb;               //设置 tp 为剩余结点所形成链表的头指针

    //将剩余的结点合并入结果链表中，pa 作为临时指针使用
    while (tp) {
        pa = tp->next;
        tp->next = Lc->next;
        Lc->next = tp;
         (5)   ;
    }

    return Lc;
}
```

试题四分析

本题考查数据结构应用及 C 语言实现。

链表运算是 C 程序设计题中常见的考点，需熟练掌握。考生需认真阅读题目中的说明，以便理解问题并确定代码的运算逻辑，在阅读代码时，还需注意各变量的作用。

根据注释，空（1）所在的代码定义指向链表中结点的指针变量，结合链表结点类型的定义，应填入"LinkList"。

由于 pa 指向 La 链表的元素结点、pb 指向 Lb 链表的元素结点，空（2）所在的 while 语句中，是将 pa 指向结点的数据与 pb 所指结点的数据进行比较，因此空（2）处应填入"pa && pb"，以使运算"pa->data > pb->data"中的 pa 和 pb 为非空指针。

从空（3）所在语句的注释可知，需将 tp 所指结点插入 Lc 链表的头结点之后，空（3）处应填入 "tp->next"，空（4）处应填入 "tp"，如下图所示。

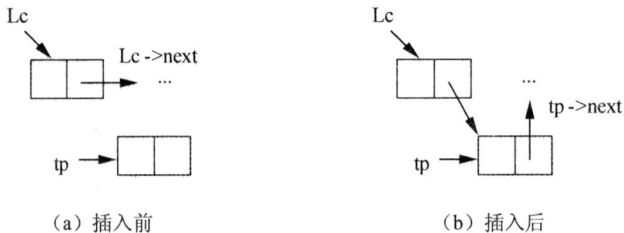

（a）插入前　　　　　　　　　　（b）插入后

空（5）所在的 while 语句处理还有剩余结点的链表，pa 是保存指针的临时变量，循环中的下面 4 条语句执行后的链表状态如下图所示。

```
pa = tp->next;           //①
tp->next = Lc->next;     //②
    Lc->next = tp;       //③
____(5)___;              //④
```

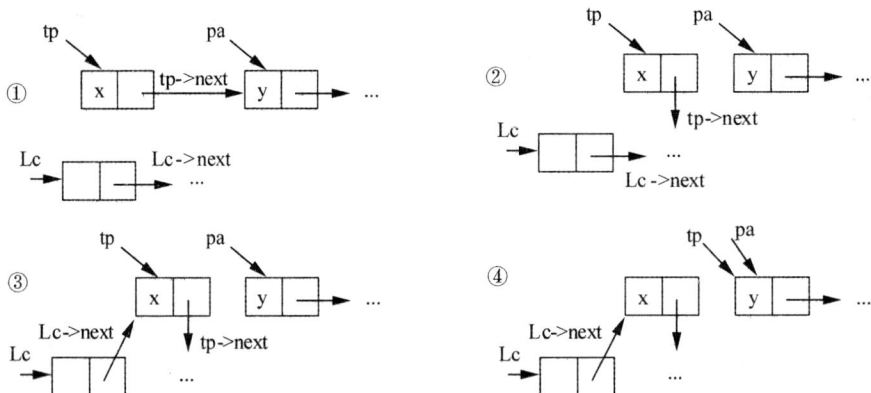

空（5）处应填入 "tp = pa"，以继续上述的重复处理过程。

参考答案

（1）LinkList

（2）pa && pb

（3）tp->next

（4）tp

（5）tp = pa

试题五（共 15 分）

阅读下列说明和 C++代码，填补代码中的空缺，将解答填入答题纸的对应栏内。

【说明】

设计 RGB 方式表示颜色的调色板，进行绘图，其类图如图 5-1 所示。该程序的 C++
代码附后。

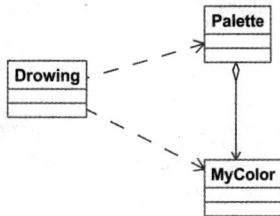

图 5-1　类图

【C++代码】

```cpp
#include<iostream>
#include<stdlib.h>
#include<ctime>
using namespace std;
class MyColor{
private:
    int red;    int green;    int blue;
public:
    MyColor(){red = 0; green = 0; blue = 0; }
    ~MyColor(){}
    MyColor(int red, int green, int blue) {
    this->red = red; this->green = green; this->blue = blue;}
//其他方法略
    void print() {
        cout<<"Red: " << red << "\tGreen: " << green << "\tBlue " << blue
        << endl;
    }
};
class Palette {
private:
    int number; MyColor** palette;
public:
    Palette(){ number = 256; palette = (MyColor**)malloc
    (sizeof(MyColor*)*number); }
    ~Palette(){
        for (int i = 0; i < number; i++) { delete palette[i]; }
        ____(1)____ ;
```

```
        }
    Palette(MyColor** pale, int number) {
        __(2)__ = number;
        palette = (MyColor**)malloc(sizeof(MyColor*)*number);
        memcpy(palette, pale,sizeof(pale)*number);
    }
//其他方法略
    void print() {
        for (int i = 0; i < number; i++) {
            cout << i << " : " ;
            palette[i]->print();
        }
    }
};
class Drawing{
public:
    __(3)__ int COLORNUMBER = 16;
public:
    ~Drawing() {  }
    void draw() {
        Palette* palette;
        int red, green, blue;
        MyColor* color[COLORNUMBER];
        srand((unsigned)time(0));
        for (int i = 0; i < COLORNUMBER; i++)   {
            red=rand() % 256; green = rand() % 256; blue = rand() % 256;
            color[i] = __(4)__ (red, green, blue);
        }
        palette = new Palette(color, COLORNUMBER);
        palette->print();
        for (int i = 0; i < COLORNUMBER; i++)
            delete color[i];
    }
};
int main (){
    Drawing * d = __(5)__ ;
    d->draw();
    delete d;
}
```

试题五分析

本题考查 C++程序设计的能力，涉及类、对象、方法定义和相关操作。要求考生根据给出的案例和代码说明，认真阅读并理清程序思路，然后完成题目。

先考查题目说明。本题目中涉及到颜色、调色板、绘图等类以及初始化和调色相关等操作。根据说明进行设计。

类图中给出三个类 Drawing、Palette 和 MyColor 及其之间的关系。Drawing 与 Palette、MyColor 之间具有关联关系，Palette 与 MyColor 之间是聚合关系。

MyColor 为以 RGB 方式表示颜色，由属性 red、green 和 blue 表示，每个 MyColor 对象即为一个 RGB 颜色。MyColor 具有两个构造器，缺省构造器将 RGB 颜色均初始化为 0；带参数的构造方法将当前对象的 RGB 值设置为调用构造方法时消息中所传递的参数值。print()用来输出当前对象的 RGB 值供测试使用。

Palette 类用于表示调色板，其调色板颜色数量，用 int 型 number 表示，其 MyColor 对象指针数组，用指向指针的指针 MyColor** palette 表示。Palette 的缺省构造方法中，将 number 设置为 256 色，并将 palette 指向动态申请存储 256 色 MyColor 对象指针的空间。另一个构造方法 Palette(MyColor** pale, int number)中参数有指向 MyColor 对象指针数组的指针 pale 以及颜色数量 number。该构造方法设置当前调色板对象的颜色数量，用 this->number 表示当前对象的 number 属性，动态申请该数量对应的 MyColor 指针类型的 number 个存储空间，并将此存储空间复制给属性 palette。析构方法先用 delete 删除用 new 创建的每个 MyColor 对象，并用 free 释放采用 malloc 函数动态申请的存放 MyColor 对象指针的存储空间。print()方法用来打印 palette 中每个颜色对象的颜色，供测试使用。在 print()函数体内部，为每个数组元素调用当前对象的 print ()打印一个 RGB 颜色。

Drawing 类属性 int COLORNUMBER 定义绘画时所用的颜色数量（本例中设置为 16 表示基于 16 色绘图）。void draw()方法声明调色板 Palette palette、定义 COLORNUMBER 色 MyColor 对象指针数组 color，随机生成 RGB 颜色并根据此颜色创建 COLORNUMBER 个 MyColor 对象，即循环 COLORNUMBER 次，每次循环生成随机的 RGB 颜色后调用 MyColor 的带参数构造器创建 MyColor 对象，即：

```
color[i] = new MyColor(red, green, blue);
```

所有颜色数组创建完成后，基于所创建的 COLORNUMBER 个 MyColor 对象指针数组创建调色板，即：

```
palette = new Palette(color, COLORNUMBER);
```

调用调色板的 print()方法进行打印（模拟绘图）。最后将 MyColor 对象指针元素进行删除。由于 COLORNUMBER 的作用是绘图的颜色数量，在创建 MyColor 对象指针数组时作为元素个数，所以，需要是 static const 静态常量。

主控逻辑代码在 main 函数中实现。在 main()函数中，创建 Drawing 对象指针 d，即生成一个绘图对象：

```
Drawing * d = new Drawing();
```

并进行绘图，即调用 d 的 draw()方法，实现绘图功能。在使用完对象之后，需要对 new 出的对象采用 delete 操作进行释放对象，对 d 对象进行删除，即 delete d;，释放内存。

综上所述，空（1）需要表示释放 malloc 函数申请的动态内存的函数，即 free(palette)；空（2）需要表示当前对象的 number 属性，即 this->number；空（3）需要修饰 COLORNUMBER 为静态常量，即 static const；空（4）需要调用 MyColor 的构造方法创建 MyColor 对象，即 new MyColor；空（5）处为创建 Drawing 类的对象指针 d 的 new Drawing()。

参考答案

  （1）free(palette)

  （2）this->number

  （3）static const

  （4）new MyColor

  （5）new Drawing()

试题六（共 15 分）

阅读以下说明和 Java 代码，填补代码中的空缺，将解答填入答题纸的对应栏内。

【说明】

设计 RGB 方式表示颜色的调色板，进行绘图。其类图如图 6-1 所示。该程序的 Java 代码附后。

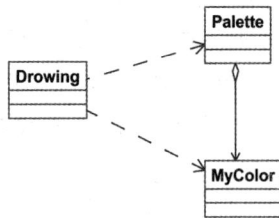

图 6-1 类图

【Java 代码】

```java
//颜色类
class MyColor {
    private int red, green, blue;
```

```
    public MyColor() {
        red = 0; green = 0; blue = 0;
    }
    public MyColor(int red, int green, int blue) {
        this.red = red;
        this.green = green;
        this.blue = blue;
    }
//其他方法略
    public String toString() {
        return "Red: " + red + "\tGreen: " + green + "\tBlue " + blue;
    }
}
//调色板类
class Palette {
    public int number;            //颜色数
    private ___(1)___ palette;    //颜色表

    public Palette() {
        number = 256;
        palette = new MyColor[number];
    }
    public Palette(MyColor[] palette, int number) {
        ___(2)___ = number;
        ___(3)___ = palette;
    }

//其他方法略

    public String toString() {
        String str = "";
        for (int i = 0; i < number; i++) {
            str += i + " : " + palette[i] + "\n";
        }
        return str;
    }

}
//绘图类
class Drawing {
    public ___(4)___ int COLORNUMBER = 16;

    public static void main(String[] args)        {
        Palette palette;
        int red, green, blue;
        MyColor[] color = new MyColor[COLORNUMBER];
        for (int i = 0; i < COLORNUMBER; i++)    {
```

```
            red = (int)(Math.random() * 256);
            green = (int)(Math.random() * 256);
            blue = (int)(Math.random() * 256);
            color[i] = ___(5)___(red, green, blue);
        }
        palette = new Palette(color, COLORNUMBER);
        System.out.println(palette);
    }
}
```

试题六分析

本题考查 Java 语言程序设计的能力，涉及类、对象、方法的定义和相关操作。要求考生根据给出的案例和代码说明，认真阅读并理清程序思路，然后完成题目。

先考查题目说明。本题目中涉及到本题目中涉及到颜色、调色板、绘图等类以及初始化和调色相关等操作。根据说明进行设计。

类图中给出三个类 Drawing、Palette 和 MyColor 及其之间的关系。Drawing 与 Palette、MyColor 之间具有关联关系，Palette 与 MyColor 之间是聚合关系。

MyColor 为以 RGB 方式表示颜色，由属性 red、green 和 blue 表示，每个 MyColor 对象即为一个 RGB 颜色。MyColor 具有两个构造器，默认构造器将 RGB 颜色均初始化为 0；带参数的构造方法将当前对象的 RGB 值设置为调用构造方法时消息中所传递的参数值。toString()用来构造并返回当前对象的 RGB 值的字符串供测试使用。

Palette 类用于表示调色板，有调色板颜色数，用 int 型 number 表示，有 MyColor 对象数组，用 MyColor[] palette 表示。Palette 的缺省构造方法中，将 number 设置为 256 色，并将 palette 初始化成 256 色 MyColor 数组。另一个构造方法 Palette(MyColor[] pale, int number)中参数有 MyColor 对象数组 pale 以及颜色数量 number。该构造方法设置当前调色板对象的颜色数量，用 this.number 表示当前对象的 number 属性，将参数 palette 数组赋值给当前对象的 palette，用 this.palette 表示当前对象的 palette 属性。toString()方法用来构造并返回 palette 中每个颜色对象的颜色的字符串，供测试使用。在 toString()方法体内部，构造字符串时用+进行拼接 palette[i]时，每个数组元素调用当前对象的 toString()构造并返回一个 RGB 颜色的字符串。

Drawing 类属性 int COLORNUMBER 定义绘画时所用的颜色数量（本例中设置为16 表示基于 16 色绘图）。main()方法声明调色板 Palette palette、定义 COLORNUMBER 色 MyColor 对象数组 color，即：

```
MyColor[] color = new MyColor[COLORNUMBER];
```

随机生成 RGB 颜色并根据此颜色创建 COLORNUMBER 个 MyColor 对象，即循环 COLORNUMBER 次，每次循环生成随机的 RGB 颜色后调用 MyColor 的带参数构造器创建 MyColor 对象，即：

```
color[i] = new MyColor(red, green, blue);
```

所有颜色数组创建完成后，基于所创建的 COLORNUMBER 个 MyColor 对象数组创建调色板，即：

```
palette = new Palette(color, COLORNUMBER);
```

采用 System.out.println(palette);进行打印（模拟绘图），其中会自动调用调色板的 toString()方法。由于 COLORNUMBER 的作用是绘图的颜色数量，在创建 MyColor 对象数组时作为元素个数，所以，需要是 static final 静态常量。

综上所述，空（1）需要表示 MyColor 对象数组，即 MyColor[]；空（2）需要表示当前对象的 number 属性，即 this.number；空（3）需要当前对象的 palette 属性，即 this.palette；空（4）需要表示 COLORNUMBER 为静态常量，即 static final；空（5）处为创建 MyColor 类的对象，即 new MyColor。

参考答案

（1）MyColor[]

（2）this.number

（3）this.palette

（4）static final

（5）new MyColor

第 15 章　2015 下半年程序员上午试题分析与解答

试题（1）

下列各种软件中，___(1)___不属于办公软件套件。

（1）A．Kingsoft Office   B．Internet Explorer

      C．Microsoft Office   D．Apache OpenOffice

试题（1）分析

本题的正确选项为 B。办公软件套件通常应包括字处理、表格处理、演示文稿和数据库等软件。选项 A 是金山公司开发办公软件套件。选项 B 是网页浏览软件，该软件不属于办公软件套件。选项 C 是 Microsoft 公司开发的 Office 2007 办公软件套件。选项 D 是 Apache 公司开发的优秀的办公软件套件，能在 Windows、Linux、MacOS X（X11）和 Solaris 等操作系统平台上运行。

参考答案

（1）B

试题（2）

在 Word 2007 的编辑状态下，需要设置表格中某些行列的高度和宽度时，可以先选择这些行列，再选择___(2)___，然后进行相关参数的设置。

（2）A．"设计"功能选项卡中的"行和列"功能组

      B．"设计"功能选项卡中的"单元格大小"功能组

      C．"布局"功能选项卡中的"行和列"功能组

      D．"布局"功能选项卡中的"单元格大小"功能组

试题（2）分析

本题考查 Word 基本操作。

在 Word 2007 的编辑状态下，利用"布局"功能选项卡中的"单元格大小"功能组区可以设置表格单元格的高度和宽度。

参考答案

（2）D

试题（3）

在 Excel 工作表中，若用户在 A1 单元格中输入=IF("优秀"<>"及格",1,2)，按回车键后，则 A1 单元格中的值为___(3)___。

（3）A．TRUE   B．FALSE   C．1   D．2

试题（3）分析

本题考查 Excel 基础知识。

试题（3）正确的答案为选项 C。因为 IF()函数是条件判断函数，格式为 IF(条件表达式，值 1，值 2)，其功能是执行真假判断，并根据逻辑测试的真假值返回不同的结果。若为真，则结果为值 1；否则结果为值 2。显然，公式"=IF("优秀"<>"及格",1,2)"中，字符串"优秀"不等于字符串"及格"，所以输出结果为 1。

参考答案

（3）C

试题（4）

假设 Excel 工作表的部分信息如下所示，如果用户在 A3 单元格中输入=SUM(MAX(A1:D1),MIN(A2:D2))，则 A3 单元格中的值为___（4）___。

	A	B	C	D
1	12	23	28	16
2	17	37	28	11
3				

（4）A. 27　　　　　B. 39　　　　　C. 40　　　　　D. 49

试题（4）分析

本题考查 Excel 基础知识。

SUM 函数是求和，MAX 函数是求最大值，MIN 函数是求最小值，所以=SUM(MAX(A1:D1),MIN(A2:D2))的含义是求单元格区域 A1:D1 中的最大值 28 和单元格区域 A2:D2 中的最小值 11 之和，结果应为 39。

参考答案

（4）B

试题（5）

政府机构、商业组织和教育机构的顶级域名分别用___（5）___表示。

（5）A. gov、edu 和 com　　　　　B. com、gov 和 edu

　　　C. gov、com 和 edu　　　　　D. edu、com 和 gov

试题（5）分析

政府机构的顶级域名通常用 gov 表示，商业组织的顶级域名通常用 com 表示，教育机构的顶级域名通常用 edu 表示。

参考答案

（5）C

试题（6）

计算机刚加电时，___（6）___的内容不是随机的。

（6）A. E^2PROM　　　B. RAM　　　C. 通用寄存器　　　D. 数据寄存器

试题（6）分析

本题考查计算机系统存储器基础知识。

E²PROM 是电可擦可编程只读存储器的简称，其内容需提前设置好，可通过高于普通电压的作用来擦除和重编程（重写）。

E²PROM 一般用于即插即用（Plug & Play）设备，也常用在接口卡中，用来存放硬件设置数据，以及用在防止软件非法拷贝的"硬件锁"上面。

RAM（随机存储器）是与CPU直接交换数据的内部存储器，也是主存（内存）的主要部分。在工作状态下 RAM 可以随时读写，而且速度很快，计算机刚加电时，其内容是随机的。

通用寄存器是CPU中的寄存器，一般用于传送和暂存数据，也可参与算术逻辑运算，并保存运算结果。

数据寄存器是通用寄存器的一种，或者是作为 CPU 与内存之间的接口，用于暂存数据。

参考答案

（6）A

试题（7）

在指令中，操作数地址在某寄存器中的寻址方式称为___(7)___寻址。

（7）A. 直接　　　　B. 变址　　　　　C. 寄存器　　　　　D. 寄存器间接

试题（7）分析

本题考查计算机系统指令寻址方式基础知识。

指令是指挥计算机完成各种操作的基本命令。一般来说，一条指令需包括两个基本组成部分：操作码和地址码。操作码说明指令的功能及操作性质。地址码用来指出指令的操作对象，它指出操作数或操作数的地址及指令执行结果的地址。

寻址方式就是如何对指令中的地址字段进行解释，以获得操作数的方法或获得程序转移地址的方法。

立即寻址是指操作数就包含在指令中。

直接寻址是指操作数存放在内存单元中，指令中直接给出操作数所在存储单元的地址。

寄存器寻址是指操作数存放在某一寄存器中，指令中给出存放操作数的寄存器名。

寄存器间接寻址是指操作数存放在内存单元中，操作数所在存储单元的地址在某个寄存器中。

变址寻址是指操作数地址等于变址寄存器的内容加偏移量。

参考答案

（7）D

试题（8）

采用虚拟存储器的目的是___(8)___。

(8) A．提高主存的存取速度　　　　　B．提高外存的存取速度
　　　C．扩大用户的地址空间　　　　　D．扩大外存的存储空间

试题（8）分析

本题考查计算机系统存储器基础知识。

将一个作业的部分内容装入主存便可开始启动运行，其余部分暂时留在磁盘上，需要时再装入主存。这样就可以有效地利用主存空间。从用户角度看，该系统所具有的主存容量将比实际主存容量大得多，人们把这样的存储器称为虚拟存储器。因此，虚拟存储器是为了扩大用户所使用的主存容量而采用的一种设计方法。

参考答案

(8) C

试题（9）

以下关于 SSD 固态硬盘和普通 HDD 硬盘的叙述中，错误的是__(9)__。

(9) A．SSD 固态硬盘中没有机械马达和风扇，工作时无噪音和震动

　　　B．SSD 固态硬盘中不使用磁头，比普通 HDD 硬盘的访问速度快

　　　C．SSD 固态硬盘不会发生机械故障，普通 HDD 硬盘则可能发生机械故障

　　　D．SSD 固态硬盘目前的容量比普通 HDD 硬盘的容量大得多且价格更低

试题（9）分析

本题考查计算机系统存储器方面的基础知识。

SSD 固态硬盘工作时没有电机加速旋转的过程，启动速度更快。读写时不用磁头，寻址时间与数据存储位置无关，因此磁盘碎片不会影响读取时间。可快速随机读取，读延迟极小。因为没有机械马达和风扇，工作时无噪音（某些高端或大容量产品装有风扇，因此仍会产生噪音）。内部不存在任何机械活动部件，不会发生机械故障，也不怕碰撞、冲击、振动。这样即使在高速移动甚至伴随翻转倾斜的情况下也不会影响到正常使用，而且在笔记本电脑发生意外掉落或与硬物碰撞时能够将数据丢失的可能性降到最小。典型的硬盘驱动器只能在 5 ℃～55 ℃范围内工作。而大多数固态硬盘可在-10 ℃～70 ℃工作，一些工业级的固态硬盘还可在-40 ℃～85 ℃，甚至更大的温度范围下工作。低容量的固态硬盘比同容量硬盘体积小、重量轻。

参考答案

(9) D

试题（10）、（11）

计算机系统的工作效率通常用__(10)__来度量；计算机系统的可靠性通常用__(11)__来评价。

(10) A．平均无故障时间（MTBF）和吞吐量

　　　B．平均修复时间（MTTR）和故障率

　　　C．平均响应时间、吞吐量和作业周转时间

　　　　D．平均无故障时间（MTBF）和平均修复时间（MTTR）

（11）A．平均响应时间　　　　　　　　　B．平均无故障时间（MTBF）

　　　　C．平均修复时间（MTTR）　　　　D．数据处理速率

试题（10）、（11）分析

　　试题（10）的正确答案为 C。平均响应时间是指系统为完成某个功能所需要的平均处理时间；吞吐量指单位时间内系统所完成的工作量；作业周转时间是指从作业提交到作业完成所花费的时间，这三项指标通常用来度量系统的工作效率。

　　试题（11）的正确答案为 B。平均无故障时间（MTBF），指系统多次相继失效之间的平均时间，该指标和故障率用来衡量系统可靠性。平均修复时间（MTTR）指多次故障发生到系统修复后的平均间隔时间，该指标和修复率主要用来衡量系统的可维护性。数据处理速率通常用来衡量计算机本身的处理性能。

参考答案

　　（10）C　　（11）B

试题（12）

　　我国软件著作权中的翻译权是指将原软件由　__(12)__　的权利。

（12）A．源程序语言转换成目标程序语言

　　　　B．一种程序设计语言转换成另一种程序设计语言

　　　　C．一种汇编语言转换成一种自然语言

　　　　D．一种自然语言文字转换成另一种自然语言文字

试题（12）分析

　　本题考查知识产权基本知识。

　　我国著作权法第十条规定："翻译权，即将作品从一种语言文字转换成另一种语言文字的权利"；《计算机软件保护条例》第八条规定："翻译权，即将原软件从一种自然语言文字转换成另一种自然语言文字的权利"。自然语言文字包括操作界面上、程序中涉及的自然语言文字。软件翻译权不涉及软件编程语言的转换，不会改变软件的功能、结构和界面。将源程序语言转换成目标程序语言，或者将程序从一种编程语言转换成另一种编程语言，不属于《计算机软件保护条例》中规定的翻译。

参考答案

　　（12）D

试题（13）

　　__(13)__　可以保护软件的技术信息、经营信息。

（13）A．软件著作权　　　B．专利权　　　C．商业秘密权　　　D．商标权

试题（13）分析

　　本题考查知识产权基本知识。

　　软件著作权从软件作品性的角度保护其表现形式，源代码（程序）、目标代码（程

序）、软件文档是计算机软件的基本表达方式（表现形式），受著作权保护；专利权从软件功能性的角度保护软件的思想内涵，即软件的技术构思、程序的逻辑和算法等的思想内涵，涉及计算机程序的发明，可利用专利权保护；商标权可从商品（软件产品）、商誉的角度为软件提供保护，利用商标权可以禁止他人使用相同或者近似的商标，生产（制作）或销售假冒软件产品，商标权保护的力度大于其他知识产权，对软件侵权行为更容易受到行政查处。商业秘密权可保护软件的经营信息和技术信息，我国《反不正当竞争法》中对商业秘密的定义为"不为公众所知悉、能为权利人带来经济利益、具有实用性并经权利人采取保密措施的技术信息和经营信息"。软件技术信息是指软件中适用的技术情报、数据或知识等，包括程序、设计方法、技术方案、功能规划、开发情况、测试结果及使用方法的文字资料和图表，如程序设计说明书、流程图、用户手册等。软件经营信息指经营管理方法以及与经营管理方法密切相关的信息和情报，包括管理方法、经营方法、产销策略、客户情报（客户名单、客户需求），以及对软件市场的分析、预测报告和未来的发展规划、招投标中的标底及标书内容等。

参考答案

（13）C

试题（14）

声音信号的数字化过程包括采样、___(14)___ 和编码。

（14）A. 合成　　　　B. 转换　　　　C. 量化　　　　D. 压缩

试题（14）分析

自然声音信号是一种模拟信号，计算机要对它进行处理，必须将它转换为数字声音信号，即用二进制数字的编码形式来表示声音。最基本的声音信号数字化方法是采样—量化法。它分为采样、量化和编码 3 个步骤。

采样是把时间连续的模拟信号转换成时间离散、幅度连续的信号。

量化处理是把在幅度上连续取值（模拟量）的每一个样本转换为离散值（数字量）表示。量化后的样本是用二进制数来表示的，二进制位数的多少反映了度量声音波形幅度的精度，称为量化精度。

经过采样和量化处理后的声音信号已经是数字形式了，但为了便于计算机的存储、处理和传输，还必须按照一定的要求进行数据压缩和编码。

参考答案

（14）C

试题（15）

通常所说的"媒体"有两重含义，一是指 ___(15)___ 等存储信息的实体；二是指图像、声音等表达与传递信息的载体。

（15）A. 文字、图形、磁带、半导体存储器

　　　　B. 磁盘、光盘、磁带、半导体存储器

　　　C．声卡、U 盘、磁带、半导体存储器

　　　D．视频卡、磁带、光盘、半导体存储器

试题（15）分析

本题考查多媒体基础知识。

我们通常所说的"媒体（Media）"包括其中的两点含义。一是指信息的物理载体，即存储信息的实体，如手册、磁盘、光盘、磁带；二是指承载信息的载体即信息的表现形式（或者说传播形式），如文字、声音、图像、动画、视频等，即 CCITT 定义的存储媒体和表示媒体。表示媒体又可以分为 3 种类型：视觉类媒体（如位图图像、矢量图形、图表、符号、视频、动画等）、听觉类媒体（如音响、语音、音乐等）、触觉类媒体（如点、位置跟踪；力反馈与运动反馈等），视觉和听觉类媒体是信息传播的内容，触觉类媒体是实现人机交互的手段。

参考答案

（15）B

试题（16）

声音信号的一个基本参数是频率，它是指声波每秒钟变化的次数，用 Hz 表示。人耳能听得到的声音信号的频率范围是　(16)　。

（16）A．0Hz～20Hz　　　　　　　　　B．0Hz～200Hz

　　　C．20Hz～20kHz　　　　　　　　D．20Hz～200kHz

试题（16）分析

声音是通过空气传播的一种连续的波，称为声波。声波在时间和幅度上都是连续的模拟信号，通常称为模拟声音（音频）信号。人们对声音的感觉主要有音量、音调和音色。音量又称音强或响度，取决于声音波形的幅度，也就是说，振幅的大小表明声音的响亮程度或强弱程度。音调与声音的频率有关，频率高则声音高昂，频率低则声音低沉。而音色是由混入基音的泛音所决定的，每个基音都有其固有的频率和不同音强的泛音，从而使得声音具有其特殊的音色效果。人耳能听得到的音频信号的频率范围是 20Hz～20kHz，包括：话音（300～3400Hz）、音乐（20Hz～20kHz）、其他声音（如风声、雨声、鸟叫声、汽车鸣笛声等，其带宽范围也是 20Hz～20kHz），频率小于 20Hz 声波信号称为亚音信号，高于 20kHz 的信号称为超音频信号（超声波）。

参考答案

（16）C

试题（17）

防火墙通常分为内网、外网和 DMZ 三个区域，按照受保护程度，从低到高正确的排列次序为　(17)　。

（17）A．内网、外网和 DMZ　　　　　B．外网、DMZ 和内网

　　　C．DMZ、内网和外网　　　　　D．内网、DMZ 和外网

试题（17）分析

本题考查网络安全中防火墙相关知识。

防火墙通常分为内网、外网和 DMZ 三个区域，按照默认受保护程度，从低到高正确的排列次序为外网、DMZ 和内网。

参考答案

（17）B

试题（18）

安全传输电子邮件通常采用＿＿（18）＿＿系统。

（18）A．S-HTTP　　　　B．PGP　　　　C．SET　　　　D．SSL

试题（18）分析

本题考查网络安全中安全电子邮件传输相关知识。

S-HTTP 用以传输网页，SET 是安全电子交易，SSL 是安全套接层协议，PGP 是安全电子邮件协议。

参考答案

（18）B

试题（19）

表示定点数时，若要求数值 0 在机器中唯一地表示为全 0，应采用＿＿（19）＿＿。

（19）A．原码　　　　B．补码　　　　C．反码　　　　D．移码

试题（19）分析

本题考查计算机系统数据表示基础知识。

以字长为 8 为例，$[+0]_{原}=00000000$，$[-0]_{原}=10000000$。$[+0]_{反}=00000000$，$[-0]_{反}=11111111$。$[+0]_{补}=00000000$，$[-0]_{补}=00000000$。$[+0]_{移}=10000000$，$[-0]_{移}=10000000$。

参考答案

（19）B

试题（20）

设 X、Y 为逻辑变量，与逻辑表达式 $\overline{X} \oplus Y$ 等价的是＿＿（20）＿＿。

（20）A．$X \oplus \overline{Y}$　　　B．$\overline{X \cdot Y}$　　　C．$\overline{X} + \overline{Y}$　　　D．$X + Y$

试题（20）分析

本题考查计算机系统逻辑运算基础知识。

X	Y	$\overline{X} \oplus Y$	$X \oplus \overline{Y}$	$\overline{X \cdot Y}$	$\overline{X} + \overline{Y}$	$X + Y$
0	0	1	1	1	1	0
0	1	0	0	0	1	1
1	0	0	0	0	1	1
1	1	1	1	0	0	1

从以上真值表可知，$\overline{X} \oplus Y$ 与 $X \oplus \overline{Y}$ 等价。

参考答案

（20）A

试题（21）、（22）

已知 x = -31/64，若采用 8 位定点机器码表示，则[x]原=___（21）___，[x]补=___（22）___。

（21）A．01001100　　B．10111110　　C．11000010　　D．01000010

（22）A．01001100　　B．10111110　　C．11000010　　D．01000010

试题（21）、（22）分析

本题考查计算机系统数据表示基础知识。

$$x = -\frac{31}{64} = -(\frac{1}{4} + \frac{1}{8} + \frac{1}{16} + \frac{1}{32} + \frac{1}{64}) = -0.0111110$$

[x]原=10111110，[x]补=11000010

参考答案

（21）B　　（22）C

试题（23）

在 Windows 系统中，当用户选择"config.xml"文件并执行"剪切"命令后，被"剪切"的"config.xml"文件放在___（23）___中。

（23）A．回收站　　　　B．剪贴板　　C．硬盘　　　　　D．USB 盘

试题（23）分析

本题考查 Windows 操作系统的基本知识及应用。

剪贴板是应用程序之间传递信息的媒介，用来临时存放被传递的信息。从某个应用程序复制或剪切的信息被置于剪贴板上，剪贴板上的信息可以被粘贴到其他的文档或应用程序中，因此可利用剪贴板在文件之间共享信息。

参考答案

（23）B

试题（24）、（25）

在 Windows 系统中，设 E 盘的根目录下存在 document1 文件夹，用户在该文件夹下已创建了 document2 文件夹，而当前文件夹为 document1。若用户将 test.docx 文件存放在 document2 文件夹中，则该文件的绝对路径为___（24）___；在程序中能正确访问该文件且效率较高的方式为___（25）___。

（24）A．\document1\　　　　　　　　B．E:\document1\ document2

　　　　C．document2\　　　　　　　　 D．E:\document2\ document1

（25）A．\document1\ test.docx　　　　 B．document1\ document2\test.docx

　　　　C．document2\test.docx　　　　　D．E:\document1\ document2\test.docx

试题（24）、（25）分析

按查找文件的起点不同可以将路径分为绝对路径和相对路径。从根目录开始的路径称为绝对路径；从用户当前工作目录开始的路径称为相对路径，相对路径是随着当前工作目录的变化而改变的。

在 Windows 操作系统中，绝对路径是从根目录开始到文件所经过的文件夹名构成的，并以"\"开始，表示根目录；文件夹名之间用符号"\"分隔。按题意，"test.docx"的绝对路径表示为：E:\document1\ document2。相对路径是从当前文件夹开始到文件所经过的文件夹名。编程时采用相对路径名 document2\test.docx，不仅能正确地访问该文件而且效率也更高。

参考答案

（24）B　　（25）C

试题（26）

已知有 5 个进程共享一个互斥段，如果最多允许 2 个进程同时进入互斥段，则相应的信号量的变化范围是　　(26)　。

(26) A．−5～1　　　　　　B．−4～1　　.　　C．−3～2　　　　　　D．−2～3

试题（26）分析

本题考查操作系统进程管理同步与互斥方面的基础知识。

试题（26）的正确答案为 C。因为系统中有 5 个进程共享一个互斥段，如果最多允许 2 个进程同时进入互斥段，则信号量 S 的初值应设为 2，当第一个进程进入互斥段时，信号量 S 减 1 等于 1；当第二个进程进入互斥段时，信号量 S 减 1 等于 0……当第 5 个进程进入互斥段时，信号量 S 减 1 等于−3。可见，信号量的变化范围是−3～2。

参考答案

（26）C

试题（27）

进程的三态模型如下图所示，其中的 a、b 和 c 处应分别填写　　(27)　。

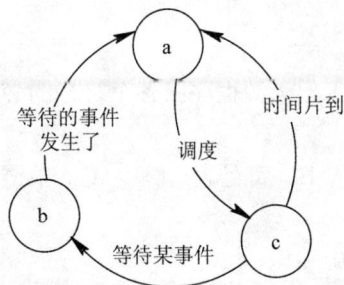

(27) A．就绪、阻塞和运行　　　　　　B．就绪、运行和阻塞

　　　 C．阻塞、就绪和运行　　　　　　D．运行、就绪和阻塞

试题（27）分析

本题考查操作系统进程管理方面的基础知识。

进程具有三种基本状态：运行、就绪和阻塞。处于这三种状态的进程在一定条件下，其状态可以转换。当 CPU 空闲时，系统将选择处于就绪态的一个进程进入运行态；而当 CPU 的一个时间片用完时，当前处于运行态的进程就进入了就绪态；进程从运行到阻塞状态通常是由于进程释放 CPU，等待系统分配资源或等待某些事件的发生。例如，执行了 P 操作系统暂时不能满足其对某资源的请求，或等待用户的输入信息等；当进程等待的事件发生时，进程从阻塞到就绪状态，如 I/O 完成。

参考答案

（27）A

试题（28）

在计算机系统中，除了机器语言，__(28)__ 也称为面向机器的语言。

（28）A．汇编语言   B．通用程序设计语言

      C．关系数据库查询语言   D．函数式程序设计语言

试题（28）分析

本题考查程序语言基础知识。

汇编语言是与机器语言对应的程序设计语言，因此也是面向机器的语言。

从适用范围而言，某些程序语言在较为广泛的应用领域被使用来编写软件，因此成为通用程序设计语言，常用的如 C/C++、Java 等。

关系数据库查询语言特指 SQL，用于存取数据以及查询、更新和管理关系数据库系统中的数据。

函数式编程是一种编程范式，它将计算机中的运算视为函数的计算。函数编程语言最重要的基础是 λ 演算（lambda calculus），其可以接受函数当作输入（参数）和输出（返回值）。

参考答案

（28）A

试题（29）

编译过程中使用 __(29)__ 来记录源程序中各个符号的必要信息，以辅助语义的正确性检查和代码生成。

（29）A．散列表   B．符号表   C．单链表   D．决策表

试题（29）分析

本题考查程序语言处理基础知识。

编译过程中符号表的作用是连接声明与引用的桥梁，记住每个符号的相关信息，如作用域和绑定等，帮助编译的各个阶段正确有效地工作。符号表设计的基本设计目标是合理存放信息和快速准确查找。符号表可以用散列表或单链表来实现。

参考答案

（29）B

试题（30）、（31）

函数 f()、g() 的定义如下所示，已知调用 f 时传递给其形参 x 的值是 10。若在 f 中以传值方式调用 g，则函数 f 的返回值为___（30）___；若以引用方式调用 g，则函数 f 的返回值为___（31）___。

```
f (int x)                    g(int x)
int y = 0;                   x = x+5;
y = g(x);                    return x;
return x+y;
```

（30）A. 10　　　　　　B. 15　　　　　　C. 25　　　　　　D. 30

（31）A. 10　　　　　　B. 15　　　　　　C. 25　　　　　　D. 30

试题（30）、（31）分析

本题考查程序语言基础知识。

若实现函数调用时，将实参的值传递给对应的形参，则称为是传值调用。这种方式下形式参数不能向实参传递信息。引用调用的本质是将实参的地址传给形参，函数中对形参的访问和修改实际上就是针对相应实际参数变量所作的访问和改变。

根据题目说明，当调用函数 f 时，形参 x 首先得到 10，接下来以传值方式调用函数 g，也就是将 f 中 x 的值传给 g 的参数 x。在这种情况下，系统为 f 中的 x 与 g 中的 x 分别分配存储单元。执行 g 中的"x = x+5"运算后，g 中 x 的值变为 15，返回值 15 存入 f 的变量 y（即 y 的值变为 10），而 f 中 x 的值没有变，因此函数 f 的返回值为 25（x=10，y=15）。

在引用方式调用 g 时，g 中对其形参 x 的修改可视为是对调用 g 时实参的修改，因此调用 g 之后，f 中的 y 得到返回值 15，f 中的 x 也被修改为 15，所以 f 的返回值为 30。

参考答案

（30）C　　（31）D

试题（32）

算术表达式 a+b-c*d 的后缀式是___（32）___（-、+、*表示算术的减、加、乘运算，运算符的优先级和结合性遵循惯例）。

（32）A. ab+cd*-　　　B. abc+-d*　　C. abcd+-*　　D. ab+c-d*

试题（32）分析

本题考查程序语言基础知识。

后缀式（逆波兰式）是波兰逻辑学家卢卡西维奇发明的一种表示表达式的方法。这种表示方式把运算符写在运算对象的后面，例如，把 a+b 写成 ab+，所以也称为后缀式。

算术表达式 a+b-c*d 的后缀式为 ab+cd*-。

用二叉树表示 a+b-c*d 如下图所示。

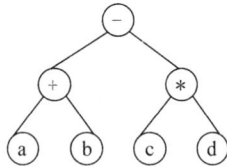

参考答案

（32）A

试题（33）、（34）

设数组 *A*[1..*m*,1..*n*]的每个元素占用 1 个存储单元，对于数组元素 *A*[i,j]（1≤i≤m，1≤j≤n），在按行存储方式下，其相对于数组空间首地址的偏移量为 __（33）__ ；在按列存储方式下，其相对于数组空间首地址的偏移量为 __（34）__ 。

（33）A．$i*(n-1)+j$ B．$(i-1)*n+j-1$ C．$i*(m-1)+j$ D．$(i-1)*m+j-1$

（34）A．$j*(n-1)+i$ B．$(j-1)*n+i-1$ C．$j*(m-1)+i$ D．$(j-1)*m+i-1$

试题（33）、（34）分析

本题考查数据结构基础知识。数组 *A*[1..*m*,1..*n*]的元素排列如下。

$$\begin{bmatrix} a_{1,1} & a_{1,2} & \cdots & a_{1,n} \\ a_{2,1} & a_{2,2} & \cdots & a_{2,n} \\ \vdots & & a_{i,j} & \vdots \\ a_{m,1} & a_{m,2} & \cdots & a_{m,n} \end{bmatrix}$$

解答该问题需先计算排列在 a[i,j]之前的元素个数。

按行方式存储下，元素 a[i,j]之前有 i-1 行，每行 n 个元素，在第 i 行上 a[i,j]之前有 j-1 个元素，因此，a[i,j]之前共有(i-1)*n+j-1 个元素。

在按列存储方式下，元素 a[i,j]之前有 j-1 列，每列 m 个元素，在 a[i,j]所在列（即第 j 列），排在它之前的元素有 i-1 个，因此，a[i,j]之前共有(j-1)*m+i-1 个元素。

数组中指定元素的存储位置相对于数组空间首地址的偏移量等于 k*d，其中 k 为排在该元素前的元素个数，d 为每个元素占用的存储单元数。

参考答案

（33）B   （34）D

试题（35）

以下关于字符串的叙述中，正确的是 __（35）__ 。

（35）A．字符串属于线性的数据结构

　　　 B．长度为 0 字符串称为空白串

　　　 C．串的模式匹配算法用于求出给定串的所有子串

　　　 D．两个字符串比较时，较长的串比较短的串大

试题（35）分析

本题考查数据结构基础知识。

选项 A 是正确的。一个线性表是 n 个元素的有限序列（$n \geq 0$）。由于字符串是由字符构成的序列，因此符合线性表的定义。

选项 B 是错误的。长度为 0 字符串称为空串（即不包含字符的串），而空白串是指由空白符号（空格、制表符等）构成的串，其长度不为 0。

选项 C 是错误的。串的模式匹配算法是指在串中查找指定的模式串是否出现及其位置。

选项 D 是错误的。两个字符串比较时，按照对应字符（编码）的大小关系进行比较。

参考答案

（35）A

试题（36）

按照逻辑关系的不同可将数据结构分为___(36)___。

(36) A．顺序结构和链式结构　　　　　B．顺序结构和散列结构

　　　C．线性结构和非线性结构　　　　D．散列结构和索引结构

试题（36）分析

本题考查数据结构基础知识。

在数据结构中，顺序结构和链式结构是两种基本的存储结构。线性结构和非线性结构是按照逻辑关系来划分的。

参考答案

（36）C

试题（37）

若栈采用链式存储且仅设头指针，则___(37)___时入栈和出栈操作最方便。

(37) A．采用不含头结点的单链表且栈顶元素放在表尾结点

　　　B．采用不含头结点的单链表且栈顶元素放在表头结点

　　　C．采用含头结点的单循环链表且栈顶元素随机存放在链表的任意结点

　　　D．采用含头结点的双向链表且栈顶元素放在表尾结点

试题（37）分析

本题考查数据结构基础知识。

栈的操作要求是后进先出，而且仅在表尾一端加入和删除元素。对单链表进行操作时，必须从头指针出发。根据栈的操作要求，单循环链表和双向链表都是没有必要的，而且选项 C 中将栈顶元素任意存放是错误的。

可以采用单链表作为栈的存储结构，将表头作为栈顶来使用。

含头结点的单链表如下图所示，其中 La 为头指针，La 指向的结点为头结点。

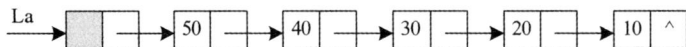

不含头结点且栈顶元素放在表尾结点的单链表如下图所示，其中 La 为头指针，La
指向的结点存储了先进入栈且没有出栈的元素。显然，因为要从 La 出发遍历至表尾才
能进行入栈和出栈操作，在这种情况下出栈和入栈都是最低效的，时间复杂度都是 O(n)。

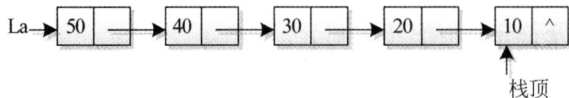

如果采用不含头结点且栈顶元素放在表头的单链表，如下图所示，出栈和入栈操作
都在表头，时间复杂度都为 O（1）。

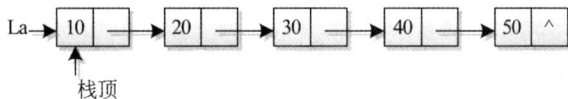

参考答案

（37）B

试题（38）

三个互异的元素 a、b、c 依次经过一个初始为空的栈后，可以得到__（38）__种出栈
序列。

（38）A．6   B．5   C．3   D．1

试题（38）分析

本题考查数据结构基础知识。

a、b、c 三个互异元素构成的全排列有 6 种，为 a b c，a c b，b a c，b c a，c b a，c a
b。如果入栈顺序为 a b c，则除了 c a b，其他序列都可通过合法的入栈和出栈操作排列
得到。

参考答案

（38）B

试题（39）

最优二叉树（或哈夫曼树）是指权值为 w_1，w_2，…，w_n 的 n 个叶结点的二叉树中带
权路径长度最小的二叉树。__（39）__是哈夫曼树（叶结点中的数字为其权值）。

（39）A．   B．   C．   D．

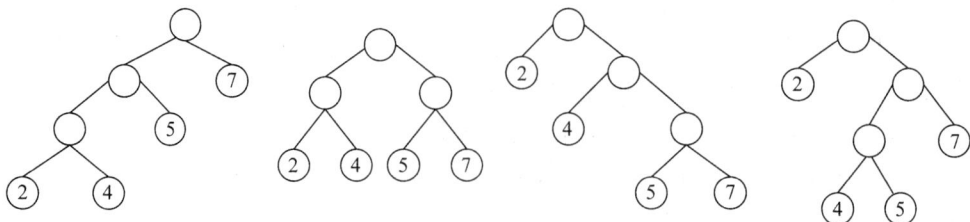

试题（39）分析

本题考查数据结构基础知识。

哈夫曼树又称为最优二叉树，是一类带权路径长度最短的树。

树的带权路径长度（WPL）为树中所有叶子结点的带权路径长度之和，记为

$$WPL = \sum_{k=1}^{n} w_k l_k$$

其中 n 为带权叶子结点数目，w_k 为叶子结点的权值，l_k 为根到叶子结点的路径长度。

选项 A 所示二叉树的 WPL = (2+4)*3+5*2+7*1 =35

选项 B 所示二叉树的 WPL = (2+4+5+7)*2=36

选项 C 所示二叉树的 WPL = (5+7)*3+4*2+2*1 =46

选项 D 所示二叉树的 WPL = (4+5)*3+7*2+2*1 =43

参考答案

（39）A

试题（40）

某有向图 G 及其邻接矩阵如下所示。以下关于图的邻接矩阵存储的叙述中，错误的是___(40)___。

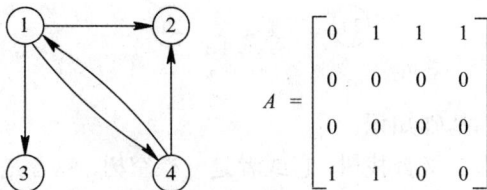

（40）A. 有向图的邻接矩阵可以是对称矩阵

　　　　B. 第 i 行的非零元素个数为顶点 i 的出度

　　　　C. 第 i 行的非零元素个数为顶点 i 的入度

　　　　D. 有向图的邻接矩阵中非零元素个数为图中弧的数目

试题（40）分析

本题考查数据结构基础知识。

图中顶点 v 的度是指关联于该顶点的边的数目，若为有向图，顶点的度表示该顶点的入度和出度之和。

图的邻接矩阵表示法利用一个矩阵来表示图中顶点之间的关系。矩阵元素的值设置如下：

$$A[i][j] = \begin{cases} 1 & \text{若}(v_i,v_j)\text{或} <v_i,v_j> \text{是 } E \text{ 中的边} \\ 0 & \text{若}(v_i,v_j)\text{或} <v_i,v_j> \text{不是 } E \text{ 中的边} \end{cases}$$

对于题中所给的图，各顶点的度如下表所示：

	入 度	出 度	度
顶点 1	1	3	4
顶点 2	2	0	2
顶点 3	1	0	1
顶点 4	1	2	3

显然，邻接矩阵中每一行的非零元素个数对应一个顶点的出度，每一列的非零元素个数对应一个顶点的入度。

参考答案

（40）C

试题（41）

_____（41）_____ 不符合二叉排序树的定义。

（41）A.   B.   C.   D.

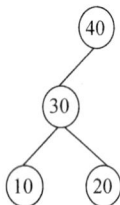   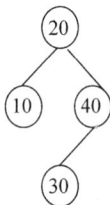   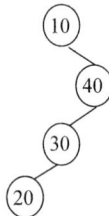   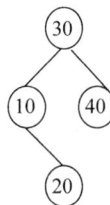

试题（41）分析

本题考查数据结构基础知识。

二叉排序树又称为二叉查找树，它或者是一棵空树，或者是具有如下性质的二叉树：

① 若它的左子树非空，则左子树上所有结点的值均小于根结点的值。

② 若它的右子树非空，则右子树上所有结点的值均大于根结点的值。

③ 左、右子树本身就是两棵二叉排序树。

对于选项 A 所示的二叉树，以 30 为根的子树不符合二叉排序树的定义。

参考答案

（41）A

试题（42）

若待排序记录按关键字基本有序，则宜采用的排序方法是 _____（42）_____ 。

（42）A. 直接插入排序   B. 堆排序

C. 快速排序   D. 简单选择排序

试题（42）分析

本题考查数据结构基础知识。

根据直接插入排序、堆排序、快速排序和简单选择排序各种方法的排序过程可知，在关键码序列基本有序的情况下，直接插入排序法最为适宜。

参考答案

（42）A

试题（43）

在待排序的一组关键码序列 $k_1,k_2,\cdots,k_n$ 中，若 k_i 和 k_j 相同，且在排序前 k_i 领先于 k_j，那么排序后，如果 k_i 和 k_j 的相对次序保持不变，k_i 仍领先于 k_j，则称此类排序为稳定的。若在排序后的序列中有可能出现 k_j 领先于 k_i 的情形，则称此类排序为不稳定的。　（43）是稳定的排序方法。

（43）A．快速排序　　　B．简单选择排序　　　C．堆排序　　　D．冒泡排序

试题（43）分析

本题考查数据结构基础知识。

冒泡排序是稳定的排序方法，因为元素向前或向后交换时，都是在相邻的位置进行，因此可以保证关键码相同的元素不作交换。

快速排序主要通过划分实现排序，在划分序列时，基本思路是将序列后端比基准元素小者移到前端，将序列前端中比基准元素大者移到后端，元素往前移动或往后移动时会跨越中间的若干个元素，这样关键码相同的元素的相对位置就可能改变，所以快速排序是不稳定的排序方法。

简单选择排序、堆排序的过程中，同样存在元素移动时会跨越若干个元素的情况，所以也是不稳定的排序方法。

参考答案

（43）D

试题（44）、（45）

在面向对象方法中，继承用于　（44）　。通过继承关系创建的子类　（45）　。

（44）A．利用已有类创建新类

　　　B．在已有操作的基础上添加新方法

　　　C．为已有属性添加新属性

　　　D．为已有状态添加新状态

（45）A．只有父类具有的属性

　　　B．只有父类具有的操作

　　　C．只能有父类所不具有的新操作

　　　D．可以有父类的属性和方法之外的新属性和新方法

试题（44）、（45）分析

本题考查面向对象的基本知识。

在进行类设计时，有些类之间存在一般和特殊关系，即一些类是某个类的特殊情况，某个类是一些类的一般情况，这就是继承关系。继承是类之间的一种关系，在定义和实现一个类的时候，可以在一个已经存在的类（一般情况）的基础上来进行，把这个已经

存在的类所定义的内容作为自己的内容，并可以加入若干新属性和方法。

参考答案

（44）A　　（45）D

试题（46）

结构型设计模式涉及如何组合类和对象以获得更大的结构，以下　(46)　模式是结构型模式。

（46）A．Adapter　　　　　　　　　　B．Template Method

　　　　C．Mediator　　　　　　　　　　D．Observer

试题（46）分析

本题考查设计模式的基本概念。

在面向对象系统设计中，每一个设计模式都集中于一个特定的面向对象设计问题或设计要点，描述了什么时候使用它，在另一些设计约束条件下是否还能使用，以及使用的效果和如何取舍。

按照设计模式的目的可以分为创建型模式、结构型模式和行为型模式 3 大类。创建型模式与对象的创建有关；结构型模式处理类或对象的组合，涉及如何组合类和对象以获得更大的结构；行为型模式对类或对象怎样交互和怎样分配职责进行描述。创建型模式包括 Factory Method、Abstract Factory、Builder、Prototype 和 Singleton；结构型模式包括 Adapter（类）、Adapter（对象）、Bridge、Composite、Decorator、Façade、Flyweight 和 Proxy；行为型模式包括 Interpreter、Template Method、Chain of Responsibility、Command、Iterator、Mediator、Memento Observer State Strategy 和 Visitor。

参考答案

（46）A

试题（47）、（48）

UML 中，图聚集了相关的事物，　(47)　图描述了一个用例或操作的执行过程中以时间顺序组织的对象之间的交互活动，属于动态视图；最常见的　(48)　图展现了一组对象、接口、协作及其之间的关系，属于静态视图。

（47）A．活动　　　　　B．通信　　　　　C．序列　　　　　D．定时

（48）A．类　　　　　　B．对象　　　　　C．组件　　　　　D．包

试题（47）、（48）分析

本题考查统一建模语言（UML）的基本知识。

UML 2.0 中提供了 13 种图形，一部分图给出了系统的动态视图，一部分图则给出系统的静态视图。

活动图展现了在系统内从一个活动到另一个活动的流程，专注于系统的动态视图，它对于系统的功能建模特别重要，并强调对象间的控制流程，是状态图的一种特殊情况。通信图强调收发消息的对象之间的结构组织，强调参加交互的对象的组织。序列图是场

景的图形化表示，描述了以时间顺序组织的对象之间的交互活动，对用例中的场景可以采用序列图进行描述。定时图或时序图，是 UML 2.0 中新增的、特别适合实时和嵌入式系统建模的交互图，它关注沿着线性时间轴、生命线内部和生命线之间的条件改变，描述对象状态随着时间改变的情况，很像示波器，如下图所示，适合分析周期和非周期性任务。

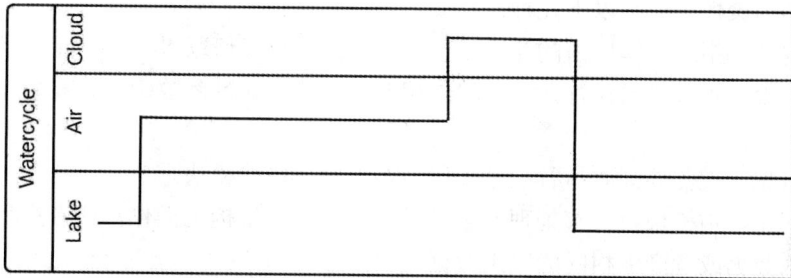

类图展现了一组对象、接口、协作及其之间的关系，属于静态视图；对象图展现了某一时刻一组对象以及它们之间的关系，描述了在类图中所建立的事物的实例的静态快照；组件图/构件图展现了一组构件之间的组织和依赖，专注于系统的静态实现视图，它与类图相关，通常把构件映射为一个或多个类、接口或协作；包图是用于把模型本身组织成层次结构的通用机制，不能执行，展现由模型本身分解而成的组织单元及其间的依赖关系。

参考答案

（47）C　　（48）A

试题（49）

软件工程的基本目标是　__(49)__　。

（49）A．消除软件固有的复杂性　　　　　B．开发高质量的软件

　　　　C．努力发挥开发人员的创造性潜能　D．更好地维护正在使用的软件产品

试题（49）分析

本题考查软件工程的基础知识。

软件工程是一门与软件开发和维护相关的工程学科，其根本的目标是开发出高质量的软件。

参考答案

（49）B

试题（50）

从模块独立性角度看，以下几种模块内聚类型中，　__(50)__　内聚是最好的。

（50）A．巧合　　　　　B．逻辑　　　　　C．信息　　　　　D．功能

试题（50）分析

本题考查软件设计的基础知识。

模块化是指将软件划分成独立命名且可以独立访问的模块，不同的模块通常具有不同的功能或职责。每个模块可以独立地开发、测试，最后组装成完整的软件。模块独立性是指软件系统中每个模块只涉及软件要求的具体的一个子功能，而和其他模块之间的接口尽量简单，是模块化设计的一个重要原则，主要用模块间的耦合和模块内的内聚来衡量。

模块的内聚性一般有以下几种：

巧合内聚，指一个模块内的几个处理元素之间没有任何联系。

逻辑内聚，指模块内执行几个逻辑上相似的功能，通过参数确定该模块完成哪一个功能。

时间内聚，把需要同时执行的动作组合在一起形成的模块。

通信内聚，指模块内所有处理元素都在同一个数据结构上操作，或者指各处理使用相同的输入数据或者产生相同的输出数据。

顺序内聚，指一个模块中各个处理元素都密切相关于同一功能且必须顺序执行，前一个功能元素的输出就是下一个功能元素的输入。

功能内聚，是最强的内聚，指模块内所有元素共同完成一个功能，缺一不可。是最佳的内聚类型。

参考答案

（50）D

试题（51）

白盒测试中，__(51)__覆盖是指设计若干个测试用例，运行被测程序，使得程序中的每个判断的取真分支和取假分支至少执行一次。

（51）A．语句   B．判定   C．条件   D．路径

试题（51）分析

本题考查软件测试的基础知识。

白盒测试和黑盒测试是两种常用的测试技术。其中白盒测试包含不同的测试用例设计方法。

语句覆盖：设计若干测试用例，运行被测程序，使得每一个可执行语句至少执行一次；

判定覆盖：设计若干测试用例，运行被测程序，使得程序中每个判断的取真分支和取假分支至少经历一次；

条件覆盖：设计若干测试用例，运行被测程序，使得程序中每个判断的每个条件的可能取值至少执行一次；

路径覆盖：设计足够的测试用例，覆盖程序中所有可能的路径。

参考答案

（51）B

试题（52）

随着企业的发展，某信息系统需要处理大规模的数据。为了改进信息处理的效率而修改原有系统的一些算法，此类行为属于___(52)___维护。

（52）A. 正确性　　　　　　　B. 适应性　　　　　　C. 完善性　　　　　D. 预防性

试题（52）分析

本题考查软件维护的基础知识。

软件维护一般包括四种类型：

正确性维护，是指改正在系统开发阶段已发生而系统测试阶段尚未发现的错误；

适应性维护，是指使应用软件适应新技术变化和管理需求变化而进行的修改；

完善性维护，是指为扩充功能和改善性能而进行的修改，主要是指对已有的软件系统增加一些在系统分析和设计阶段中没有规定的功能与性能特征；

预防性维护，是指为了改进应用软件的可靠性和可维护性，为了适应未来的软硬件环境的变化，主动增加预防性的功能，以使应用系统适应各类变化而不被淘汰。

根据题干以及四种维护类型的定义，很容易判断该情况属于完善性维护。

参考答案

（52）C

试题（53）

以下关于程序员职业素养的叙述中，不正确的是___(53)___。

（53）A. 程序员应有解决问题的能力、承担任务的勇气和责任心

　　　　B. 程序员的素质比技术能力更为重要，职业操守非常重要

　　　　C. 程序员应充满自信，相信自己所交付的程序不存在问题

　　　　D. 由于软件技术日新月异，不断学习是程序员永恒的课题

试题（53）分析

本题考查软件工程基础知识。

编程是高智力工作，产生错误的因素很多，程序很难没有错误。程序员需要仔细思考，仔细推敲，既要有自信心，也要谦虚谨慎，要欢迎测试人员、用户或其他程序员发现问题，认真考虑纠正错误。

参考答案

（53）C

试题（54）

图形用户界面的设计原则中不包括___(54)___。

（54）A. 绝大多数人会选择的选项应按默认选择处理

　　　　B. 常用的操作项应放在明显突出易发现的位置

　　　　C. 多个操作项的排列顺序应与业务流程相一致

　　　　D. 界面设计时无须也无法考虑用户误操作情况

试题（54）分析

本题考查软件工程基础知识。

用户界面设计时，必须考虑尽量减少用户误操作的可能，还要考虑在用户误操作后的应对处理（例如，给出错误信息，提示正确操作等）。

参考答案

（54）D

试题（55）

以下关于专业程序员知识和技能的叙述中，不正确的是__(55)__。

（55）A．了解编译原理有助于快速根据编译错误和警告信息修改代码

　　　 B．了解开发工具知识有助于直接用工具开发软件而无须任何编程

　　　 C．了解 OS 底层运行机制有助于快速找到运行时错误的问题根源

　　　 D．了解网络协议的原理有助于分析网络在哪里可能出现了问题

试题（55）分析

本题考查软件工程基础知识。

了解软件开发工具知识有助于直接用工具开发软件，使软件开发更快捷，更可靠。但使用软件开发工具开发的过程中，也需要在给定的框架内做些人工编程。在应用部门，当软件开发工具不能完全满足本单位要求时，还需要补充做些编程工作，增加些功能。

参考答案

（55）B

试题（56）

以下关于软件测试的叙述中，不正确的是__(56)__。

（56）A．软件开发工程化使自动化测试完全代替人工测试成为必然趋势

　　　 B．开发时应注重将质量构建进产品，而不是在产品出来后再测试

　　　 C．测试人员应与开发人员密切合作，推动后续开发和测试规范化

　　　 D．软件测试的目的不仅要找出缺陷，还要随时提供质量相关信息

试题（56）分析

本题考查软件工程基础知识。

软件开发环境、开发工具和测试工具越来越多，开发更方便了，更快捷了，更安全可靠了。但是，人工测试还是不可或缺的。自动测试可以代替大部分繁杂的人工测试，但许多复杂的情况，还是需要人工思考，想办法采取灵活的措施进行人工测试，排除疑难的故障，发现隐蔽的问题，纠正潜在的错误。

参考答案

（56）A

试题（57）、（58）

在数据库系统中，数据模型的三要素是数据结构、数据操作和__(57)__。建立数

库系统的主要目标是为了减少数据的冗余，提高数据的独立性，并检查数据的　(58)　。

　(57) A. 数据安全　　　B. 数据兼容　　　C. 数据约束条件　　　D. 数据维护

　(58) A. 操作性　　　　B. 兼容性　　　　C. 可维护性　　　　D. 完整性

试题（57）、（58）分析

本题考查数据库系统基本概念。

试题（57）的正确选项为 C。数据库结构的基础是数据模型，是用来描述数据的一组概念和定义。数据模型的三要素是数据结构、数据操作、数据约束条件。例如，用大家熟悉的文件系统为例。它所包含的概念有文件、记录、字段。其中，数据结构和约束条件为对每个字段定义数据类型和长度；文件系统的数据操作包括打开、关闭、读、写等文件操作。

试题（58）的正确选项为 D。数据库管理技术是在文件系统的基础上发展起来的。数据控制功能包括对数据库中数据的安全性、完整性、并发和恢复的控制。数据库管理技术的主要目标如下：

① 实现不同的应用对数据的共享，减少数据的重复存储，消除潜在的不一致性。

② 实现数据独立性，使应用程序独立于数据的存储结构和存取方法，从而不会因为对数据结构的更改而要修改应用程序。

③ 由系统软件提供数据安全性和完整性上的数据控制和保护功能。

参考答案

　(57) C　　(58) D

试题（59）～（62）

某数据库系统中，假设有部门关系 Dept（部门号，部门名，负责人，电话），其中，"部门号"是该关系的主键；员工关系 Emp（员工号，姓名，部门，家庭住址），属性"家庭住址"包含省、市、街道以及门牌号，该属性是一个　(59)　属性。

创建 Emp 关系的 SQL 语句如下：

```
CREATE TABLE Emp(员工号 CHAR(4) __(60)__ ,
                姓名 CHAR(10),
                部门 CHAR(4),
                家庭住址 CHAR(30),
                __(61)_____ );
```

为在员工关系 Emp 中增加一个"工资"字段，其数据类型为数字型并保留 2 位小数，可采用的 SQL 语句为　(62)　。

　(59) A. 简单　　　　B. 复合　　　　C. 多值　　　　D. 派生

　(60) A. PRIMARY KEY　　　　　　B. NULL

　　　　C. FOREIGN KEY　　　　　　D. NOT NULL

（61）A．PRIMARY KEY NOT NULL

　　　B．PRIMARY KEY UNIQUE

　　　C．FOREIGN KEY REFERENCES Dept(部门名)

　　　D．FOREIGN KEY REFERENCES Dept(部门号)

（62）A．ALTER TABLE Emp ADD 工资 CHAR(6,2);

　　　B．UPDATA TABLE Emp ADD 工资 NUMERIC(6,2);

　　　C．ALTER TABLE Emp ADD 工资 NUMERIC(6,2);

　　　D．ALTER TABLE Emp MODIFY 工资 NUMERIC(6,2);

试题（59）～（62）分析

本题考查关系数据库方面的基础知识。

试题（59）正确的选项为 B。因为复合属性可以细分为更小的部分（即划分为别的属性）。有时用户希望访问整个属性，有时希望访问属性的某个成分，那么在模式设计时可采用复合属性。根据题意"家庭住址"可以进一步分为邮编、省、市、街道以及门牌号，所以该属性是复合属性。

试题（60）正确的选项为 A。因为根据题意"员工号"是员工关系 Emp 的主键，需要用语句 PRIMARY KEY 进行主键约束。

试题（61）正确的选项为 D。根据题意，属性"部门"是员工关系 Emp 的外键，因此需要用语句"FOREIGN KEY REFERENCES Dept(部门号)"进行参考完整性约束。

试题（62）的正确答案是 C。根据题意，在员工关系 Emp 中增加一个"工资"字段，数据类型为数字并保留 2 位小数，修改表的语句格式如下：

```
ALTER TABLE <表名>[ADD<新列名><数据类型>[完整性约束条件]]
          [DROP<完整性约束名>]
          [MODIFY <列名><数据类型>];
```

故正确的 SQL 语句为 ALTER TABLE Emp ADD 工资 NUMERIC(6,2)。

参考答案

（59）B　（60）A　（61）D　（62）C

试题（63）

某开发团队中任意两人之间都有一条沟通途径。该团队原有 6 人，新增 2 人后，沟通途径将增加 ___(63)___ 条。

（63）A．8　　　　B．12　　　　C．13　　　　D．21

试题（63）分析

本题考查基础数学应用的基本技能。

新增的 2 人与原来的 6 人都要有沟通，共有 2*6 条途径。他们 2 人之间也要有沟通，因此，应该新增 13 条沟通途径。

参考答案

（63）C

试题（64）

设 X、Y 两个单元的内容分别是（无符号）二进制数 x、y，"⊕"是按位"异或"运算符，则依次执行操作：X⊕Y→X，X⊕Y→Y，X⊕Y→X 后的效果是　(64)　。

（64）A．X、Y 两个单元的内容都是 x⊕y

　　　　B．X、Y 两个单元的内容都没有变化

　　　　C．X、Y 两个单元的内容各位都变反（1 变 0，0 变 1）

　　　　D．X、Y 两个单元的内容实现了互换，而没有用临时单元

试题（64）分析

本题考查基础数学应用的基本技能。

"异或"运算"⊕"可以理解为不进位的加法（其符号助人记忆）。X、Y 单元对应位上的值有 4 种情况，分析每种情况各步运算的结果得到如下表格：

	X、Y 单元对应位上的值			
初始情况	0, 0	0, 1	1, 0	1, 1
先执行 X⊕Y→X 后	0, 0	1, 1	1, 0	0, 1
再执行 X⊕Y→Y 后	0, 0	1, 0	1, 1	0, 1
再执行 X⊕Y→X 后	0, 0	1, 0	0, 1	1, 1

从上表可知，X、Y 单元对应的每一位上，经过上述 3 次运算后都是交换了值。因此按位进行上述运算后，X、Y 两个单元的内容实现了互换（注意，没有用到第 3 个临时单元）。

参考答案

（64）D

试题（65）

设 N 和 B 都是（无符号）整型变量，下面 C 代码段的功能是计算变量 B 的二进制表示中　(65)　。

```
N=0;
while(B){
    B=B&(B-1);   // "&"是按位"与"运算
    N++;
}
```

（65）A．数字 1 的个数　　　　　　B．数字 1 比数字 0 多的数目

　　　C．数字 0 的个数　　　　　　D．数字 0 比数字 1 多的数目

试题（65）分析

本题考查基础数学应用的基本技能。

如果 B=0（二进制全 0），则计算得到 N=0。

如果 B 非 0（二进制表示中含有数字 1），则 B-1 必然是将最靠右的数字 1 变成 0，并将其右面（若存在）连续若干个 0 变成 1。B&(B-1)的结果就是将原来 B 的最靠右的数字 1 变成 0，其他数字不变。

```
B          ........10...0
B-1        ........01...1
B&(B-1)    ........00...0
```

这样，B=B&(B-1)的结果就是清除了 B 中最靠右的 1 个数字 1。

题中的代码段中，每循环 1 次这样的运算，变量 B 中的数字 1 就减少 1 个，N 就增加 1，直到 B 变为全 0 为止。因此，该代码段的功能就是计算 B 中数字 1 的个数。

参考答案

（65）A

试题（66）

私网 IP 地址区别于公网 IP 地址的特点是＿＿（66）＿＿。

（66）A．必须向 IANA 申请

　　　B．可使用 CIDR 组成地址块

　　　C．不能通过 Internet 访问

　　　D．通过 DHCP 服务器分配的

试题（66）分析

私网 IP 地址与公网 IP 地址的区别是私网地址不能通过 Internet 访问。下面的地址都是私网地址：

10.0.0.0～10.255.255.255　　　　　1 个 A 类地址

172.16.0.0～172.31.255.255　　　　16 个 B 类地址

192.168.0.0～192.168.255.255　　　256 个 C 类地址

参考答案

（66）C

试题（67）

下面列出 4 个 IP 地址中，不能作为主机地址的是＿＿（67）＿＿。

（67）A．127.0.10.1　　　　　　B．192.168.192.168

　　　C．10.0.0.10　　　　　　　D．210.224.10.1

试题（67）分析

常用的IP 地址有三种基本类型，由网络号的第一个字节来区分。A 类地址的第一个
字节为 1～126，数字 0 和 127 不能作为 A 类地址，数字 127 保留给内部回送函数，而
数字 0 则表示该地址是本地宿主机。B 类地址的第一个字节为 128～191。C 类地址的第
一个字节为 192～223。D 类地址（组播）的第一个字节为 224～239。E 类地址（保留）
的第一个字节为 240～254。

参考答案

　（67）A

试题（68）

一个 HTML 页面的主体内容需写在__(68)__标记内。

　（68）A．<body></body>　　　　　　　B．<head></head>
　　　　　C．<font></font ＞　　　　　　D．<frame></frame>

试题（68）分析

本题考查 HTML 的基础知识。

一个 HTML 文件包含有多个标记，其中所有的 HTML 代码需包含在<html></html>
标记对之内，文件的头部需写在<head></head>标记对内，<font></font>标记对的作用是
设定文字字体，<frame></frame>标记对是框架，<font></font>标记对和<frame></frame>
均属于 HTML 页面的主题内容的一部分，均需写在<body></body>标记对内。

参考答案

　（68）A

试题（69）

通过__(69)__可清除上网痕迹。

　（69）A．禁用脚本　　　　　　　　　　B．禁止 SSL
　　　　　C．清除 Cookie　　　　　　　　D．查看 ActiveX 控件

试题（69）分析

本题考查浏览器配置相关知识。

禁用脚本是禁止本地浏览器解释执行客户端脚本；禁止 SSL 是禁止采用加密方式传
送网页；Cookie 中保存有用户账号等临时信息，即上网之后留下的信息；ActiveX 控件
是本地可执行的插件。因此要清除上网痕迹，需清除 Cookie。

参考答案

　（69）C

试题（70）

工作在 UDP 协议之上的协议是__(70)__。

　（70）A．HTTP　　　　　B．Telnet　　　　C．SNMP　　　　D．SMTP

试题（70）分析

本题考查 TCP/IP 协议簇中应用层协议及其采用的传输层协议。

HTTP、Telnet、SMTP 传输层均采用 TCP，SNMP 传输层采用 SNMP。

参考答案

（70）C

试题（71）

Program ___（71）___ graphically present the detailed sequence of steps needed to solve a programming problem.

（71）A. modules　　　B. flowcharts　　　C. structures　　　D. functions

参考译文

程序流程图以图形方式展示了解决程序设计问题所需的一系列步骤。

参考答案

（71）B

试题（72）

___（72）___ languages enable nonprogrammer to use certain easily understood commands to search and generate reports from a database.

（72）A. Machine　　　B. Assembly　　　C. High-level　　　D. Query

参考译文

查询语言使非程序员能用一些易于理解的命令从数据库中检索数据并生成报告。

参考答案

（72）D

试题（73）

Today it is common to access the Internet from a variety of ___（73）___ devices like smartphones and tablets.

（73）A. mobile　　　B. move　　　C. moving　　　D. shift

参考译文

今天，使用各种移动设备（如智能手机、平板电脑）来上网已十分普及。

参考答案

（73）A

试题（74）

For data transmission to be successful, sending and receiving devices must follow a set of communication rules for the exchange of information. These rules are known as ___（74）___.

（74）A. E-mail　　　B. Internet　　　C. network　　　D. protocols

参考译文

为成功地传输数据，发送设备和接收设备必须遵循一套信息交换的通信规则。这些规则称为协议。

参考答案

（74）D

试题（75）

Computer （75） focuses on protecting information, hardware, and software from unauthorized use and damage.

（75）A．network　　　B．virus　　　C．security　　　D．architecture

参考译文

计算机安全性注重保护信息、硬件和软件，防止非授权使用和损坏。

参考答案

（75）C

第 16 章　2015 下半年程序员下午试题分析与解答

试题一（共 15 分）
　　阅读以下说明和流程图，填补流程图中的空缺，将解答填入答题纸的对应栏内。

【说明】
　　下面流程图的功能是：在给定的一个整数序列中查找最长的连续递增子序列。设序列存放在数组 A[1:n](n≥2) 中，要求寻找最长递增子序列 A[K ：K+L-1]（即 A[K]<A[K+1]<⋯<A[K+L-1]）。流程图中，用 Kj 和 Lj 分别表示动态子序列的起始下标和长度，最后输出最长递增子序列的起始下标 K 和长度 L。

　　例如，对于序列 A={1，2，4，4，5，6，8，9，4，5，8}，将输出 K=4，L=5。

【流程图】

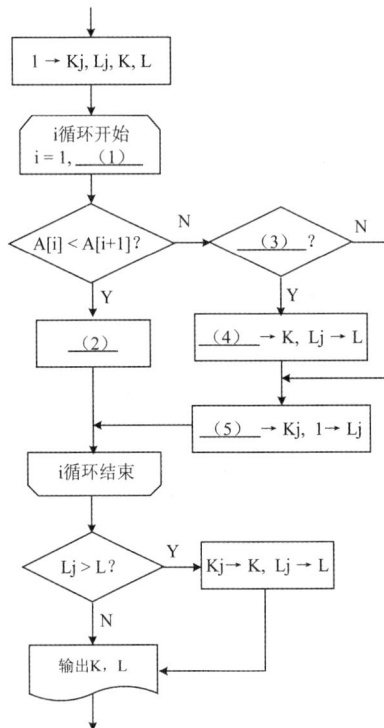

　　注：循环开始框内应给出循环控制变量的初值和终值，默认递增值为 1，格式为：
循环控制变量=初值，终值

试题一分析

本题考查程序员在设计算法，理解并绘制程序流程图方面的能力。

本题的目标是：在给定的一个整数序列中查找最长的连续递增子序列。查找的方法是：对序列中的数，从头开始逐个与后面邻接的数进行比较。若发现后面的数大于前面的数，则就是连续递增的情况；若发现后面的数并不大，则以前查看的数中，要么没有连续递增的情况，要么连续递增的情况已经结束，需要再开始新的查找。

为了记录多次可能出现的连续递增情况，需要动态记录各次出现的递增子序列的起始位置（数组下标 K_j）和长度（L_j）。为了求出最大长度的递增子序列，就需要设置变量 L 和 K，保存迄今为止最大的 L_j 及其相应的 K_j。正如打擂台一样，初始时设置擂主 L=1，以后当 $L_j>L$ 时，就将 L_j 放到 L 中，作为新的擂主。擂台上始终是迄今为止的连续递增序列的最大长度。而 K_j 则随 $L_j \to L$ 而保存到 K 中。

由于流程图中最关键的步骤是比较 A[i] 与 A[i+1]，因此对 i 的循环应从 1 到 n-1，而不是 1 到 n。最后一次比较应是 "A[n-1]<A[n]?"。因此（1）处应填 n-1。

当 A[i]<A[i+1] 成立时，这是递增的情况。此时应将动态连续递增序列的长度增 1，因此（2）处应填写 $L_j+1 \to L_j$。

当 A[i]<A[i+1] 不成立时，表示以前可能存在的连续递增已经结束。此时的动态长度 L_j 应与擂台上的长度 L 进行比较。即（3）处应填 $L_j > L$。

当 $L_j > L$ 时，则 L_j 将做新的擂主（$L_j \to L$），同时执行 $K_j \to K$。所以（4）处应填 K_j。

当 $L_j > L$ 不成立时，L 不变，接着要从新的下标 i+1 处开始再重新查找连续递增子序列。因此（5）处应填 i+1。长度 L_j 也要回到初始状态 1。

循环结束时，可能还存在最后一个动态连续子序列（从下标 K_j 那里开始有长度 L_j 的子序列）没有得到处理。因此还需要再打一次擂台，看是否超过了以前的擂主长度。一旦超过，还应将其作为擂主，作为查找的结果。

参考答案

（1）n-1

（2）$L_j+1 \to L_j$

（3）$L_j > L$

（4）K_j

（5）i+1

试题二（共 15 分）

阅读以下说明和 C 代码，填补代码中的空缺，将解答填入答题纸的对应栏内。

【说明】

下面的代码运行时，从键盘输入一个四位数（各位数字互不相同，可以有 0），取出组成该四位数的每一位数，重组成由这四个数字构成的最大四位数 max4 和最小四位数 min4（有 0 时为三位数），计算 max4 与 min4 的差值，得到一个新的四位数。若该数不等于 6174，则重复以上过程，直到得到 6174 为止。

例如，输入 1234，则首先由 4321-1234，得到 3087；然后由 8730-378，得到 8352；最后由 8532-2358，得到 6174。

【C 代码】

```c
#include<stdio.h>
int difference( int a[] )
{   int t,i,j,max4,min4;
    for( i=0; i<3; i++ ){ /*用简单选择排序法将 a[0]~a[3]按照从大到小的顺序排列*/
        t = i;
        for( j= i+1;    (1)    ; j++ )
            if (a[j]>a[t])    (2)    ;
        if ( t!=i ) {
            int temp = a[t];  a[t] = a[i];  a[i] = temp;
        }
    }
    max4 =    (3)    ;
    min4 =    (4)    ;
    return max4-min4;
}
int main()
{   int n,a[4];
    printf("input a positive four-digit number: ");
    scanf("%d",&n);
    while (n!=6174){
        a[0] =    (5)    ;                /*取 n 的千位数字*/
        a[1] = n/100%10;                  /*取 n 的百位数字*/
        a[2] = n/10%10;                   /*取 n 的十位数字*/
        a[3] =    (6)    ;                /*取 n 的个位数字*/
        n = difference(a);
    }
    return 0;
}
```

试题二分析

本题考查 C 程序设计基本技能及应用。

题目要求在阅读理解代码说明的前提下完善代码。

由于 C 程序的执行是从 main 函数开始的，因此首先理解 main 函数的代码结构。显然，调用函数 difference 时实参为数组 a，并且从注释中可以确定空（5）的内容为"n/1000"或其等价形式，空（6）处填写"n%10"或其等价形式。这样，数组元素 a[0]~a[3]就依次保存了 n 值从左至右的各位数字。

接下来分析函数 difference 的代码结构。双重 for 循环是对数组 a 进行简单选择排序，目的是将数组中最大数字放入 a[0]，最小的数字放入 a[3]。处理思路是通过比较找出最大数字并用 t 记下最大数字所在数组元素的下标，第一趟需在 a[0]~a[3]中进行选择，通过比较记下最大数字的下标，最后将最大数字交换至 a[0]，第二趟需在 a[1]~a[3]中进行选择，通过比较记下这三个数中最大者的下标，并最大者交换至 a[1]，依次类推。因此，空（1）处应填入"j<4"或其等价形式，以限定选择范围，空（2）处应填入"t＝j"，以记下选择范围内最大者的下标。

　　根据题目的说明部分，显然空（3）处应填入"a[0]*1000+a[1]*100+a[2]*10+a[3]"、空（4）处应填入"a[3]*1000+a[2]*100+a[1]*10+a[0]"，或其等价形式。

参考答案

（1）j<4 或其等价形式

（2）t＝j

（3）a[0]*1000+a[1]*100+a[2]*10+a[3]或其等价形式

（4）a[3]*1000+a[2]*100+a[1]*10+a[0]或其等价形式

（5）n/1000 或其等价形式

（6）n%10

试题三（共 15 分）

　　阅读以下说明和 C 代码，填补代码中的空缺，将解答填入答题纸的对应栏内。

【说明】

　　对一个整数序列进行快速排序的方法是：在待排序的整数序列中取第一个数作为基准值，然后根据基准值进行划分，从而将待排序列划分为不大于基准值者（称为左子序列）和大于基准值者（称为右子序列），然后再对左子序列和右子序列分别进行快速排序，最终得到非递减的有序序列。

　　函数 quicksort(int a[], int n)实现了快速排序，其中，n 个整数构成的待排序列保存在数组元素 a[0]~a[n-1]中。

【C 代码】

```c
#include<stdio.h>

void quicksort(int a[], int n)
{
    int i,j;
    int pivot = a[0];                    //设置基准值
    i = 0; j = n-1;
    while (i<j){
        while (i<j &&    (1)   ) j--;     //大于基准值者保持在原位置
        if (i<j) { a[i] = a[j]; i++;}
        while (i<j &&    (2)   ) i++;     //不大于基准值者保持在原位置
        if (i<j) { a[j] = a[i]; j--;}
```

```
    }
    a[i] = pivot;                        //基准元素归位
    if ( i>1 )
        __(3)__;                         //递归地对左子序列进行快速排序
    if ( n-i-1>1 )
        __(4)__;                         //递归地对右子序列进行快速排序
}
int main()
{
    int i, arr[] = {23,56,9,75,18,42,11,67};
    quicksort( __(5)__ );                //调用 quicksort 对数组 arr[]进行排序
    for( i=0; i<sizeof(arr)/sizeof(int); i++ )
        printf("%d\t",arr[i]);
    return 0;
}
```

试题三分析

本题考查 C 程序设计基本技能及快速排序算法的实现。

题目要求在阅读理解代码说明的前提下完善代码，该题目中的主要考查点为运算逻辑和函数调用的参数处理。

程序中实现快速排序的函数为 quicksort，根据该函数定义的首部，第一个参数为数组参数，其实质是指针，调用时应给出数组名或数组中某个元素的地址；第二个参数为整型参数，作用为说明数组中待排序列（或子序列）的长度。

快速排序主要通过划分来实现排序。根据说明，先设置待排序列（或子序列，存储在数组中）的第一个元素值为基准值。划分时首先从后往前扫描，即在序列后端找出比基准值小或相等的元素后将其移到前端，再从前往后扫描，即在序列前端找出比基准值大的元素后将其移动到后端，直到找出基准值在序列中的最终排序位置。再结合注释，空（1）处应填入 "a[j] > pivot"，使得比基准值大者保持在序列后端。空（2）处应填入 "a[i] <= pivot"，使得不大于基准值者保持在前端。

在完成 1 次划分后，基准元素被放入 a[i]，那么分出来的左子序列由 a[0]～a[i-1]这 i 个元素构成，右子序列由 a[i+1]～a[n-1]构成，接下来应递归地对左、右子序列进行快排。因此，结合注释，空（3）应填入 "quicksort(a, i)" 或其等价形式，以对左子序列的 i 个元素进行快排，也可以用&a[0]代替其中的 a，它们是等价的，a 与&a[0]都表示数组的起始地址。

空（4）所在代码实现对右子序列进行快排。右子序列由 a[i+1]～a[n-1]构成，其元素个数为 n-1-(i+1)+1，即 n-i-1，显然元素 a[i+1]的地址为& a[i+1]或 a+i+1，所以空（4）应填入 "quicksort(a+i+1,n-i-1)" 或其等价形式。

在 main 函数中，空（5）所在代码首次调用函数 quicksort 对 main 函数中的数组 arr 进行快排，因此应填入"arr, sizeof(arr)/sizeof(int)"或其等价形式。

参考答案

（1）a[j] > pivot 或 a[j] >= pivot 或其等价形式

（2）a[i] <= pivot 或 a[i] < pivot 或其等价形式

（3）quicksort(a, i)或 quicksort(a, j)或其等价形式

（4）quicksort(a+i+1,n-i-1)或 quicksort(a+j+1,n-j-1)或其等价形式

注：a+i+1 可表示为&a[i+1]，a+j+1 可表示为&a[j+1]

（5）arr, sizeof(arr)/sizeof(int)

注：sizeof(arr)/sizeof(int)可替换为 8

试题四（共 15 分）

阅读以下说明和 C 代码，填补代码中的空缺，将解答填入答题纸的对应栏内。

【说明】

函数 GetListElemPtr(LinkList L, int i)的功能是查找含头结点单链表的第 i 个元素。若找到，则返回指向该结点的指针，否则返回空指针。

函数 DelListElem(LinkList L, int i, ElemType *e) 的功能是删除含头结点单链表的第 i 个元素结点，若成功则返回 SUCCESS，并由参数 e 带回被删除元素的值，否则返回 ERROR。

例如，某含头结点单链表 L 如图 4-1（a）所示，删除第 3 个元素结点后的单链表如图 4-1（b）所示。

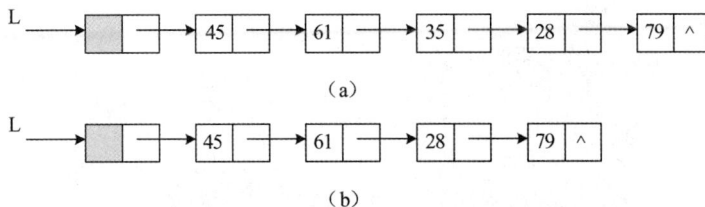

图 4-1

```
#define SUCCESS  0
#define ERROR  -1

typedef  int  Status;
typedef  int  ElemType;
```

链表的结点类型定义如下：

```
typedef  struct  Node{
```

```
        ElemType data;
        struct Node *next;
    }Node, *LinkList;
```

【C 代码】

```
    LinkList  GetListElemPtr(LinkList L, int i)
    {  /* L是含头结点的单链表的头指针，在该单链表中查找第 i 个元素结点；
       若找到，则返回该元素结点的指针，否则返回 NULL
    */
        LinkList p;
        int  k;                             /*用于元素结点计数*/

        if (i<1 || !L || !L->next) return NULL;

        k = 1;  p = L->next;                /*令 p 指向第 1 个元素所在结点*/
        while (p &&   (1)   ) {             /*查找第 i 个元素所在结点*/
            (2)   ;   ++k;
        }
        return p;
    }


    Status  DelListElem(LinkList L, int i, ElemType *e)
    {  /*在含头结点的单链表 L 中，删除第 i 个元素，并由 e 带回其值*/

        LinkList p,q;
        /*令 p 指向第 i 个元素的前驱结点*/
        if (i==1)
            (3)   ;
        else
            p = GetListElemPtr(L, i-1);

        if (!p || !p->next)   return  ERROR; /*不存在第 i 个元素*/

        q =   (4)   ;                       /*令 q 指向待删除的结点 */
        p->next = q->next;                  /*从链表中删除结点*/
        (5)   ;                             /*通过参数 e 带回被删除结点的数据*/
        free(q);
        return  SUCCESS;
    }
```

试题四分析

本题考查 C 语言的指针应用和运算逻辑。

本问题的图和代码中的注释可提供完成操作的主要信息，在充分理解链表概念的基础上填充空缺的代码。

函数 GetListElemPtr(LinkList L, int i)的功能是在 L 为头指针的链表中查找第 i 个元素，若找到，则返回指向该结点的指针，否则返回空指针。描述查找过程的代码如下，其中 k 用于对元素结点进行计数。

```
k = 1;  p = L->next;                /*令 p 指向第 1 个元素所在结点*/
while (p &&   (1)   ) {             /*查找第 i 个元素所在结点*/
      (2)  ;  ++k;
}
```

上述代码执行时，k 的初始值为 1，同时 p 指向第一个元素结点。当找到第 i 个元素结点时，k 应等于 i，尚未到达第 i 个结点时，k 小于 i。因此，空（1）处应填入"k<i"或其等价形式，使得没有到达第 i 个结点时继续查找。空（2）处应填入"p = p->next"，从而使得指针 p 沿着链表中的结点向第 i 个结点移动。

函数 DelListElem(LinkList L, int i, ElemType *e) 的功能是删除含头结点单链表的第 i 个元素结点，若成功则返回 SUCCESS，并由参数 e 带回被删除元素的值，否则返回 ERROR。

根据注释，空（3）所在语句需要指向第一个结点之前的结点（即头结点），显然此处应填入"p=L"。

空（4）所在语句令 q 指向待删除的结点，由于之前已经令 p 指向待删除结点的前驱结点，显然，此空应填入"p->next"。

空（5）所在语句通过参数 e 带回被删除结点的数据，由于此时只能通过指针 q 找到被删除的结点，所以应填入"*e = q->data"。

参考答案

（1）k < i

（2）p = p->next

（3）p = L

（4）p->next

（5）*e = q->data

试题五（共 15 分）

阅读以下说明和 C++代码，填补代码中的空缺，将解答填入答题纸的对应栏内。

【说明】

在股票交易中，股票代理根据客户发出的股票操作指示进行股票的买卖操作。其类图如图 5-1 所示，相应的 C++代码附后。

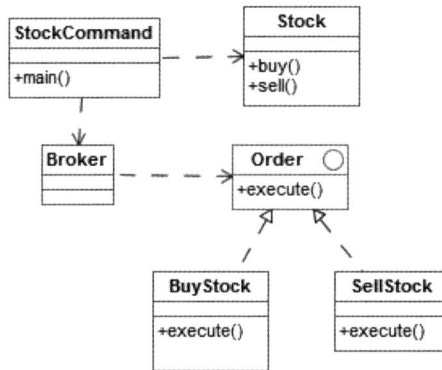

图 5-1 类图

【C++代码】

```
#include<iostream>
#include<string>
#include<vector>
using namespace std;
class Stock {
private:
    string name;        int quantity;
public:
    Stock(string name, int quantity) {  this->name=name;this->quantity
    = quantity; }
    void buy() { cout<<"[买进]股票名称: "<< name << ", 数量:"<< quantity <<
    endl;}
    void sell() { cout<<"[卖出]股票名称: " << name << ",数量:"<< quantity
    <<endl;}
};

class Order {
public:
    virtual void execute() = 0;
};

class BuyStock :    (1)    {
private:
    Stock* stock;
public:
```

```
        BuyStock(Stock* stock) {      (2)    = stock;    }
        void execute() {     stock->buy();         }
    };

    //类 SellStock 的实现与 BuyStock 类似，此处略

    class Broker {
    private:
        vector<Order*> orderList;
    public:
        void takeOrder(   (3)    order) {     orderList.push_back(order); }

        void placeOrders() {
            for (int i = 0; i < orderList.size(); i++) {    (4)   -> execute(); }
            orderList.clear();
        }
    };
    class StockCommand {
    public:
        void main() {
            Stock* aStock = new Stock("股票A", 10);
            Stock* bStock = new Stock("股票B", 20);
            Order* buyStockOrder = new BuyStock(aStock);
            Order* sellStockOrder = new SellStock(bStock);
            Broker* broker = new Broker();
            broker->takeOrder(buyStockOrder);
            broker->takeOrder(sellStockOrder);
            broker->   (5)   ();
        }
    };
    int main() {
        StockCommand* stockCommand = new StockCommand();
        stockCommand->main();
        delete stockCommand;
    }
```

试题五分析

本题考查 C++语言程序设计能力，涉及类、对象、函数的定义和相关操作。要求考生根据给出的案例和代码说明，认真阅读理清程序思路，然后完成题目。

先考查题目说明，在股票交易中，股票代理根据客户发出的股票操作指示进行股票的买卖操作。根据说明进行设计，题目说明中给出了类图。涉及到股票（Stock）、股票

代理（Broker）、股票操作指示（StockCommand）、买卖股票（Order 接口、BuyStock 与 SellStock 类）等类以及相关操作。

Stock 类定义了两个函数 buy()和 sell()，分别实现买和卖的操作。在构造函数中接收参数 name 和 quantity，分别表示买卖股票的名称和数量，对当前所创建对象中的 name 和 quantity 赋值，用 this 表示区别当前对象，所以构造函数为：

```
Stock(string name, int quantity) {
    this->name = name;
    this->quantity = quantity;
}
```

Order 虚类声明纯虚函数 execute()：virtual void execute() = 0;表示执行股票交易（即买和卖）的函数原型。

BuyStock 继承 Order，构造函数接收参数 stock，实现函数 execute()，进行股票买入，stock->buy()。SellStock 和 BuyStock 类似，继承 Order，构造函数接收参数 stock，实现函数 execute()，进行股票卖出，stock->sell()。

Broker 类实现接受客户的买卖指示 tackOrder()，接收 BuyStock 或者 SellStock 的实例，BuyStock 和 SellStock 均是 Order 的子类，所以 BuyStock 和 SellStock 的实例也是 Order，因此 tackOrder()所接收的参数用 Order 类型。接收到买卖指示之后，存入 vector<Order*>类型的 orderList 中，即 orderList.push_back(order)。placeOrders()函数是实现将所有买卖股票的指示进行实际买入和卖出操作，即采用 for 循环，对每个 orderList 中的 Stock 实例，调用在 BuyStock 和 SellStock 中实现的 execute()加以执行。

```
for (int i = 0; i < orderList.size(); i++) { orderList[i] -> execute();}
```

StockCommand 主要是根据操作指示进行股票交易，实现为一个函数 main()，其中创建欲进行交易的股票对象 aStock 和 bStock，创建买 aStock 卖 bStock 股票的对象 buyStockOrder 和 sellStockOrder 对象：

```
Order* buyStockOrder = new BuyStock(aStock);
Order* sellStockOrder = new SellStock(bStock);
```

再创建股票代理 Broker 类的对象 broker，并接收买卖股票的指示：

```
broker->takeOrder(buyStockOrder);
broker->takeOrder(sellStockOrder);
```

最后将所有买卖指示用 placeOrders()下执行命令：

```
broker-> placeOrders ();
```

主控逻辑代码在 main()函数中实现。在 main()函数中，先初始化 StockCommand 类的对象指针 stockCommand，代码为：

```
StockCommand* stockCommand = new StockCommand();
```

即生成一个股票指示，并调用其 main()函数启动股票交易，即调用 stockCommand 的 main() 函数，实现股票的买卖指示的创建和执行。主控 main()函数中，使用完数组对象之后，需要用 delete 操作释放对象，对 stockCommand 对象进行删除，即

```
delete stockCommand;
```

因此，空（1）需要表示继承 Order 类的"public Order"；空（2）需要表示当前对象的 stock 属性，填入"this->stock"或"(*this).stock"；空（3）需要填入 BuyStock 和 SellStock 均能表示的父类"Order*"；空（4）需要 orderList 中每个对象指针调用 execute()，即填入 "orderList[i]" 或 "*(orderList+i)"；空（5）处为调用 "placeOrders()" 来下达执行命令。

参考答案

（1）public Order

（2）this->stock 或(*this).stock

（3）Order*

（4）orderList[i]或*(orderList+i)

（5）placeOrders

试题六（共 15 分）

阅读以下说明和 Java 代码，填补代码中的空缺，将解答填入答题纸的对应栏内。

【说明】

在股票交易中，股票代理根据客户发出的股票操作指示进行股票的买卖操作。其类图如图 6-1 所示。相应的 Java 代码附后。

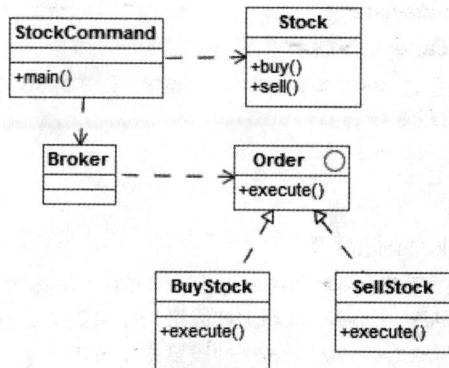

图 6-1 类图

【Java 代码】

```java
import java.util.ArrayList;
import java.util.List;

class Stock {
    private String name;
    private int quantity;
    public Stock(String name, int quantity) {
        this.name = name;          this.quantity = quantity;
    }
    public void buy(){  System.out.println("[买进]: " + name + ", 数量: "
    + quantity);}
    public void sell(){ System.out.println("[卖出]: " + name + ", 数量: "
    + quantity);}
}
interface Order {
    void execute();
}

class BuyStock ___(1)___ Order {
    private Stock stock;

    public BuyStock(Stock stock){     ___(2)___ = stock;    }
    public void execute() {     stock.buy();    }
}

//类 SellStock 实现和 BuyStock 类似，略

class Broker {
    private List<Order> orderList = new ArrayList<Order>();
    public void takeOrder(___(3)___ order){  orderList.add(order);    }
    public void placeOrders(){
        for (___(4)___ order : orderList) {  order.execute();   }
        orderList.clear();
    }
}

public class StockCommand {
    public static void main(String[] args) {
        Stock aStock = new Stock("股票A", 10);
        Stock bStock = new Stock("股票B", 20);

        Order buyStockOrder = new BuyStock(aStock);
```

```
        Order sellStockOrder = new SellStock(bStock);

        Broker broker = new Broker();
        broker.takeOrder(buyStockOrder);
        broker.takeOrder(sellStockOrder);
        broker.  (5)  ;
    }
}
```

试题六分析

本题考查 Java 语言程序设计的能力，涉及类、对象、方法的定义和相关操作。要求考生根据给出的案例和代码说明，认真阅读理清程序思路，然后完成题目。

先考查题目说明，在股票交易中，股票代理根据客户发出的股票操作指示进行股票的买卖操作。根据说明进行设计，题目说明中给出了类图。涉及到股票（Stock）、股票代理（Broker）、股票操作指示（StockCommand）、买卖股票（Order 接口、BuyStock 与 SellStock 类）等类以及相关操作。

Stock 类定义了两个操作 buy() 和 sell()，分别实现买和卖的操作。在构造函数中接收参数 name 和 quantity，分别表示买卖股票的名称和数量，对当前所创建对象中的 name 和 quantity 赋值，用 this 表示区别当前对象，所以构造器为：

```
public Stock(String name, int quantity) {
    this.name = name;
    this.quantity = quantity;
}
```

Order 接口声明接口 execute()，表示执行股票交易（即买和卖）方法接口。

BuyStock 实现接口 Order：class BuyStock implements Order，构造器接收参数 stock，实现方法 execute()，进行股票买入，stock.buy()。SellStock 和 BuyStock 类似，实现接口 Order，构造器接收参数 stock，实现函数 execute()，进行股票卖出，stock.sell()。

Broker 类实现接收客户的买卖指示 tackOrder()，接收 BuyStock 或者 SellStock 的实例，BuyStock 和 SellStock 均是 Order 的实现类，所以 BuyStock 和 SellStock 的实例也是 Order 类型，因此 tackOrder() 所接收的参数用 Order 类型。接收到买卖指示之后，存入 List<Order> 类型（具体对象类型为 ArrayList<Order>）的 orderList 中：

```
orderList.push_back(order);
```

placeOrders() 函数是实现将所有买卖股票的指示进行实际买入和卖出操作，即采用 for 循环，Java 自 1.5 起支持 foreach 循环，对每个 orderList 中的 Stock 实例，调用在 BuyStock 和 SellStock 中实现的 execute() 加以执行。

```
for (Order order : orderList) {
    order.execute();
}
```

StockCommand 主要是根据操作指示进行股票交易，主控逻辑代码实现在 main()方法中，其中创建欲进行交易的股票对象 aStock 和 bStock，创建买 aStock 卖 bStock 股票的对象 buyStockOrder 和 sellStockOrder 对象：

```
Order buyStockOrder = new BuyStock(aStock);
Order sellStockOrder = new SellStock(bStock);
```

再创建股票代理 Broker 类的对象 broker，并接收买卖股票的指示：

```
broker.takeOrder(buyStockOrder);
broker.takeOrder(sellStockOrder);
```

最后将所有买卖指示用 placeOrders()下执行命令：

```
broker.placeOrders ();
```

因此，空（1）需要表示实现 Order 接口的关键字 implements；空（2）需要表示当前对象的 stock 属性，this.stock；空（3）需要 BuyStock 和 SellStock 均能表示的所实现的接口类型 Order；空（4）需要 orderList 中每个对象的类型 Order 并能调用 execute()；空（5）处为调用 placeOrders()。

参考答案

　　（1）implements

　　（2）this.stock

　　（3）Order

　　（4）Order

　　（5）placeOrders()

第17章 2016上半年程序员上午试题分析与解答

试题（1）、（2）

在 Windows 系统中，若要将文件"D:\user\my.doc"设置成只读属性，可以通过修改该文件的___(1)___来实现。将文件设置为只读属性可控制用户对文件的修改，这一级安全管理称之为___(2)___安全管理。

（1）A. 属性   B. 内容   C. 文件名   D. 路径名

（2）A. 用户级   B. 目录级   C. 文件级   D. 系统级

试题（1）、（2）分析

在 Windows 系统中，若要将文件"C:\user\my.doc"设置成只读属性，可以通过选中该文件，右击，弹出如图（a）所示的下拉菜单；在下拉菜单中单击"属性"，系统弹出如图（b）所示的"属性"对话框；勾选只读即可。

试题（2）的正确选项为 C。随着计算机应用范围的扩大，在所有稍具规模的系统中，都从多个级别上来保证系统的安全性。一般从系统级、用户级、目录级和文件级四个级别上对文件进行安全性管理。

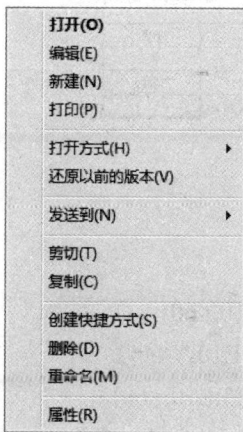

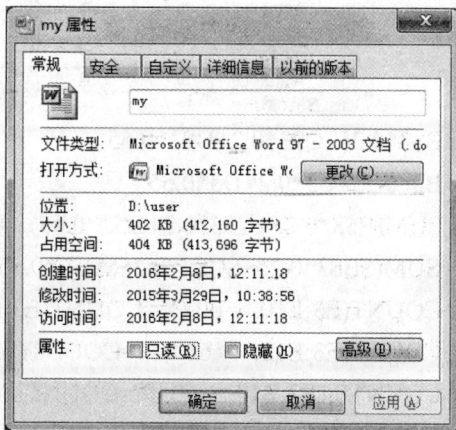

（a）下拉菜单   （b）"属性"对话框

① 文件级安全管理是通过系统管理员或文件主对文件属性的设置来控制用户对文件的访问。通常，属性有只执行、隐含、索引、修改、只读、读/写、共享和系统。

② 目录级安全管理，是为了保护系统中各种目录而设计的，它与用户权限无关。为保证目录的安全规定只有系统核心才具有写目录的权利。

③ 用户级安全管理是通过对所有用户分类和对指定用户分配访问权。不同的用户

对不同文件设置不同的存取权限来实现。例如，在 UNIX 系统中将用户分为文件主、组用户和其他用户。有的系统将用户分为超级用户、系统操作员和一般用户。

④ 系统级安全管理的主要任务是不允许未经许可的用户进入系统，从而也防止了他人非法使用系统中各类资源（包括文件）。例如，注册登录。因为用户经注册后就成为该系统的用户，但在上机时还必须进行登录。登录的主要目的是通过核实该用户的注册名及口令来检查该用户使用系统的合法性。

参考答案

（1）A　　（2）C

试题（3）、（4）

某公司员工技能培训课程成绩表如下所示。若员工笔试成绩、技能成绩和岗位实习成绩分别占综合成绩的 25%、20% 和 55%，那么可先在 E3 单元格中输入　**(3)**　，再向垂直方向拖动填充柄至 E10 单元格，则可自动算出这些员工的综合成绩。

若要将及格和不及格的人数统计结果显示在 B11 和 E11 单元格中，则应在 B11 和 E11 中分别填写　**(4)**　。

	A	B	C	D	E
1	员工培训成绩表				
2	姓名	笔试成绩	技能成绩	岗位实习成绩	综合成绩
3	李小钢	78	80	90	85
4	王军华	82	85	88	86
5	李丽萍	71	83	86	82
6	武军君	62	76	70	69
7	辛晓敏	70	78	80	77
8	朱丽丽	58	53	68	63
9	张小铮	65	62	76	70
10	黄建建	50	54	60	56
11	合格人数：	7		不合格人数：	1

（3）A．= B\$3*0.25+C\$3*0.2+D\$3*0.55

　　　B．= B3*0.25+C3*0.2+D3*0.55

　　　C．= SUM(B\$3*0.25+C\$3*0.2+D\$3*0.55)

　　　D．= SUM(\$B\$3*0.25+\$C\$3*0.2+\$D\$3*0.55)

（4）A．= COUNT(E3:E10,>=60)和=COUNT(E3:E10,<60)

　　　B．= COUNT(E3:E10,">=60")和=COUNT(E3:E10,"<60")

　　　C．= COUNTIF(E3:E10,>=60)和=COUNTIF(E3:E10,<60)

　　　D．= COUNTIF(E3:E10,">=60")和=COUNTIF(E3:E10,"<60")

试题（3）、（4）分析

相对引用的特点是将计算公式复制或填充到其他单元格时，单元格的引用会自动随着移动位置的变化而变化，所以根据题意应采用相对引用。选项 B 采用相对引用，故在 E3 单元格中输入选项 B"B3*0.25+C3*0.2+D3*0.55"，并向垂直方向拖动填充柄至 E10 单元格，则可自动算出这些员工的综合成绩。

"COUNT"是无条件统计函数，故选项 A 和 B 都不正确，"COUNTIF"是条件统计函数，其格式为：COUNTIF（统计范围，"统计条件"），对于选项 C 统计条件未加引号格式不正确。

参考答案

（3）B　　（4）D

试题（5）

电子邮件地址"linxin@mail.ceiaec.org"中的 linxin、@和 mail.ceiaec.org 分别表示用户信箱的__(5)__。

（5）A．账号、邮件接收服务器域名和分隔符

　　　B．账号、分隔符和邮件接收服务器域名

　　　C．邮件接收服务器域名、分隔符和账号

　　　D．邮件接收服务器域名、账号和分隔符

试题（5）分析

电子邮件地址"linxin@mail.ceiaec.org"由三部分组成。第一部分"linxin"代表用户信箱的账号，对于同一个邮件接收服务器来说，这个账号必须是唯一的；第二部分"@"是分隔符；第三部分"mail.ceiaec.org"是用户信箱的邮件接收服务器域名，用以标识其所在的位置。

参考答案

（5）B

试题（6）

CPU 是一块超大规模的集成电路，主要包含__(6)__等部件。

（6）A．运算器、控制器和系统总线　　　B．运算器、寄存器组和内存储器

　　　C．运算器、控制器和寄存器组　　　D．控制器、指令译码器和寄存器组

试题（6）分析

本题考查计算机系统基础知识。

CPU 是计算机工作的核心部件，用于控制并协调各个部件。CPU 主要由运算器（ALU）、控制器（Control Unit，CU）、寄存器组和内部总线组成。

参考答案

（6）C

试题（7）

按照__(7)__，可将计算机分为 RISC（精简指令集计算机）和 CISC（复杂指令集计算机）。

（7）A．规模和处理能力　　　　　　　B．是否通用

　　　C．CPU 的指令系统架构　　　　　D．数据和指令的表示方式

试题（7）分析

本题考查计算机系统基础知识。

按照 CPU 的指令系统架构,计算机分为复杂指令系统计算机(Complex Instruction Set Computer,CISC)和精简指令系统计算机（Reduced Instruction Set Computer,RISC）。

CISC 的指令系统比较丰富,其 CPU 包含有丰富的电路单元,功能强、占用面积多、功耗大,有专用指令来完成特定的功能,对存储器的操作较多。因此,处理特殊任务效率较高。RISC 设计者把主要精力放在那些经常使用的指令上,尽量使它们具有简单高效的特色,并尽量减少存储器操作,其 CPU 包含有较少的单元电路,因而面积小、功耗低。对不常用的功能,常通过组合指令来完成。因此,在 RISC 机器上实现特殊功能时,效率可能较低,但可以利用流水技术和超标量技术加以改进和弥补。

参考答案

（7）C

试题（8）

微机系统中的系统总线（如 PCI）用来连接各功能部件以构成一个完整的系统,它需包括三种不同功能的总线,即___(8)___。

(8) A. 数据总线、地址总线和控制总线

　　　　B. 同步总线、异步总线和通信总线

　　　　C. 内部总线、外部总线和片内总线

　　　　D. 并行总线、串行总线和 USB 总线

试题（8）分析

本题考查计算机系统基础知识。

系统总线（System Bus）是微机系统中最重要的总线,对整个计算机系统的性能有重要影响。一般情况下,CPU 通过系统总线对存储器的内容进行读写,同样通过系统总线实现将 CPU 内数据写入外设,或由外设将数据读入 CPU。按照传递信息的功能来分,系统总线分为地址总线、数据总线和控制总线。

参考答案

（8）A

试题（9）

以下关于 SRAM（静态随机存储器）和 DRAM（动态随机存储器）的说法中,正确的是___(9)___。

(9) A. SRAM 的内容是不变的,DRAM 的内容是动态变化的

　　　　B. DRAM 断电时内容会丢失,SRAM 的内容断电后仍能保持记忆

　　　　C. SRAM 的内容是只读的,DRAM 的内容是可读可写的

　　　　D. SRAM 和 DRAM 都是可读可写的,但 DRAM 的内容需要定期刷新

试题（9）分析

本题考查计算机系统基础知识。

静态存储单元（SRAM）由触发器存储数据，其优点是速度快、使用简单、不需刷新、静态功耗极低，常用作高速缓存（Cache），缺点是元件数多、集成度低、运行功耗大。动态存储单元（DRAM）需要不停地刷新电路，否则内部的数据将会消失。刷新是周期性地给栅极电容补充电荷的操作。DRAM 的优点是集成度高、功耗低，价格也低。

参考答案

（9）D

试题（10）

若显示器的__（10）__越高，则屏幕上图像的闪烁感越小，图像越稳定，视觉效果越好。

（10）A．分辨率　　　　B．刷新频率　　　　C．色深　　　　　　D．显存容量

试题（10）分析

刷新频率是指图像在显示器上更新的速度，也就是图像每秒在屏幕上出现的帧数，单位为"Hz"。刷新频率越高，屏幕上图像的闪烁感就越小，图像越稳定，视觉效果也越好。

参考答案

（10）B

试题（11）

通常，以科学计算为主的计算机，对__（11）__要求较高。

（11）A．外存储器的读写速度　　　　　　B．I/O 设备的速度

　　　　C．显示分辨率　　　　　　　　　　D．主机的运算速度

试题（11）分析

计算机的用途不同，对其不同部件的性能指标要求也有所不同。用作科学计算为主的计算机，其对主机的运算速度要求很高；用作大型数据库处理为主的计算机，其对主机的内存容量、存取速度和外存储器的读写速度要求较高；对于用作网络传输的计算机，则要求有很高的 I/O 速度，因此应当有高速的 I/O 总线和相应的 I/O 接口。

参考答案

（11）D

试题（12）

张某购买了一张有注册商标的应用软件光盘并擅自复制出售，则其行为是侵犯__（12）__行为。

（12）A．注册商标专用权　　　　　　　B．光盘所有权

　　　　C．软件著作权　　　　　　　　　D．软件著作权与商标权

试题（12）分析

　　侵害知识产权的行为主要表现形式为剽窃、篡改、仿冒，如抄袭他人作品，仿制、冒充他人的专利产品等，这些行为其施加影响的对象是作者、创造者的思想内容或思想表现形式，与知识产品的物化载体无关。侵害财产所有权的行为，主要表现为侵占、毁损。这些行为往往直接作用于"物体"的本身，如将他人的财物毁坏，强占他人的财物等，行为与"物"之间的联系是直接的、紧密的。非法将他人的软件光盘占为己有，它涉及的是物体本身，即软件的物化载体，该行为是侵犯财产所有权的行为。张某对其购买的软件光盘享有所有权，不享有知识产权，其擅自复制出售软件光盘行为涉及的是无形财产，即开发者的思想表现形式，是侵犯软件著作权。

参考答案

　　（12）C

试题（13）

　　以下关于软件著作权产生时间的叙述中，正确的是　（13）　。

　　（13）A．自软件首次公开发表时

　　　　　B．自开发者有开发意图时

　　　　　C．自软件得到国家著作权行政管理部门认可时

　　　　　D．自软件开发完成之日起

试题（13）分析

　　对软件著作权的取得，我国采用"自动产生"的保护原则。《计算机软件保护条例》第十四条规定："软件著作权自软件开发完成之日起产生。"即软件著作权自软件开发完成之日起自动产生。

　　一般来讲，一个软件只有开发完成并固定下来才能享有软件著作权。如果一个软件一直处于开发状态中，其最终的形态并没有固定下来，则法律无法对其进行保护。因此，《计算机软件保护条例》明确规定软件著作权自软件开发完成之日起产生。

　　软件开发经常是一项系统工程，一个软件可能会有很多模块，而每一个模块能够独立完成某一项功能。一般情况下各个模块是独立开发的，在这种情况下，有可能会出现一些单独的模块已经开发完成，但是整个软件却没有开发完成。此时，我们可以把这些模块单独看作一个独立软件，自该模块开发完成后就产生了著作权。

　　所以不论整体还是局部，只要具备了软件的属性即产生软件著作权，既不要求履行任何形式的登记或注册手续，也无须在复制件上加注著作权标记，也不论其是否已经发表都依法享有软件著作权。

参考答案

　　（13）D

试题（14）

　　数字话音的采样频率定义为 8kHz，这是因为　（14）　。

（14）A．话音信号定义的频率范围最高值小于 4 kHz

　　　　B．话音信号定义的频率范围最高值小于 8 kHz

　　　　C．数字话音传输线路的带宽只有 8 kHz

　　　　D．一般声卡的采样处理能力只能达到每秒 8 k 次

试题（14）分析

　　声音信号的两个基本参数是幅度和频率。幅度是指声波的振幅，通常用动态范围表示，一般以分贝（dB）为单位来计量。频率是指声波每秒钟变化的次数，用"Hz"表示。对声音信号的分析表明，声音信号由许多频率不同的信号组成。人类语音信号的频率范围为 300～3 400 Hz，留有一定余地，设话音信号最高频率为 4 kHz，则根据奈奎斯特采样定理，将话音信号数字化所需要的采样频率为 8 kHz。

参考答案

　　（14）A

试题（15）

　　GIF 文件类型支持　（15）　图像存储格式。

　　（15）A．真彩色　　　　B．伪彩色　　　　C．直接色　　　　D．矢量

试题（15）分析

　　真彩色是指在组成一幅彩色图像的每个像素值中，有 R、G、B 三个基色分量，每个基色分量直接决定显示设备的基色强度，这样产生的彩色称为真彩色。例如用 RGB 5:5:5 表示的彩色图像，R、G、B 各用 5 位，用 R、G、B 分量大小的值直接确定三个基色的强度，这样得到的彩色是真实的原图彩色。

　　在许多场合，真彩色图通常是指 RGB 8:8:8，即图像的颜色数等于 2^{24}，也常称为全彩色（full color）图像。但在显示器上显示的颜色不一定是真彩色，要得到真彩色图像需要有真彩色显示适配器。

　　伪彩色图像的含义是每个像素的颜色不是由每个基色分量的数值直接决定，而是把像素值当作彩色查找表（color look-up table，CLUT）的表项入口地址，去查找一个显示图像时使用的 R、G、B 强度值，用查找出的 R、G、B 强度值产生的彩色称为伪彩色。

　　彩色查找表 CLUT 是一个事先做好的表，表项入口地址也称为索引号。例如 16 种颜色的查找表，0 号索引对应黑色……15 号索引对应白色。彩色图像本身的像素数值和彩色查找表的索引号有一个变换关系。使用查找得到的数值显示的彩色是真的，但不是图像本身真正的颜色，它没有完全反映原图的彩色。

　　直接色是指将每个像素值分成 R、G、B 分量，每个分量作为单独的索引值对它做变换。也就是通过相应的彩色变换表找出基色强度，用变换后得到的 R、G、B 强度值产生的彩色称为直接色。它的特点是对每个基色进行变换。

　　用这种系统产生颜色与真彩色系统相比，相同之处是都采用 R、G、B 分量决定基色强度，不同之处是前者的基色强度直接用 R、G、B 决定，而后者的基色强度由 R、G、

B 经变换后决定。因而这两种系统产生的颜色就有差别。试验结果表明，使用直接色在显示器上显示的彩色图像看起来真实、很自然。与伪彩色系统相比，相同之处是都采用查找表，不同之处是前者对 R、G、B 分量分别进行变换，后者是把整个像素当作查找表的索引值进行彩色变换。

矢量图是根据几何特性来绘制图形，矢量可以是一个点或一条线，矢量图只能靠软件生成，文件占用内在空间较小。

GIF 是 CompuServe 公司开发的图像文件格式，它以数据块为单位来存储图像的相关信息。GIF 支持伪彩色图像存储格式。

参考答案

（15）B

试题（16）

使用图像扫描仪以 300DPI 的分辨率扫描一幅 3×3 平方英寸的图片，可以得到 （16） 像素的数字图像。

（16）A．100×100 　　　 B．300×300 　　　 C．600×600 　　　 D．900×900

试题（16）分析

DPI 是指每英寸的像素数，因此总共的像素数为 3×300×3×300=900×900

参考答案

（16）D

试题（17）、（18）

数字签名通常采用 （17） 对消息摘要进行加密，接收方采用 （18） 来验证签名。

（17）A．发送方的私钥 　　　　　　　　　 B．发送方的公钥

　　　 C．接收方的私钥 　　　　　　　　　 D．接收方的公钥

（18）A．发送方的私钥 　　　　　　　　　 B．发送方的公钥

　　　 C．接收方的私钥 　　　　　　　　　 D．接收方的公钥

试题（17）、（18）分析

本题考查网络安全基础知识。

数字签名通常需要对消息进行哈希（Hash）运算，提取摘要，然后对摘要采用发送方的私钥进行加密，接收方采用发送方的公钥来验证签名的真伪。

参考答案

（17）A 　　（18）B

试题（19）

设机器字长为 8，则–0 的 （19） 表示为 11111111。

（19）A．反码 　　　　 B．补码 　　　　 C．原码 　　　　 D．移码

试题（19）分析

本题考查计算机系统中数据表示基础知识。

数值 X 的原码记为[X]$_原$，如果机器字长为 n（即采用 n 个二进制位表示数据），则最高位是符号位，0 表示正号，1 表示负号，其余的 $n-1$ 位表示数值的绝对值。$n=8$ 时，数[+0]$_原$=00000000，[−0]$_原$=10000000。

正数的反码与原码相同，负数的反码则是其绝对值按位求反。$n=8$ 时，[+0]$_反$=00000000，[−0]$_反$=11111111。

正数的补码与其原码和反码相同，负数的补码则等于其反码在末尾加 1。在补码表示中，0 有唯一的编码：[+0]$_补$=00000000，[−0]$_补$=00000000。

参考答案

（19）A

试题（20）

设有一个 64K×32 位的存储器（每个存储单元为 32 位），其存储单元的地址宽度为　（20）　。

（20）A. 15　　　　　B. 16　　　　　C. 30　　　　　D. 32

试题（20）分析

本题考查计算机系统基础知识。

64K×32 位的存储器（每个存储单元含 32 位）有 64K 个存储单元，即 2^{16} 个存储单元，地址编号的位数为 16。

参考答案

（20）B

试题（21）、（22）

设 32 位浮点数格式如下。以下关于浮点数表示的叙述中，正确的是　（21）　。若阶码采用补码表示，为 8 位（含 1 位阶符），尾数采用原码表示，为 24 位（含 1 位数符），不考虑规格化（即不要求尾数的值位于[−0.5，0.5]），阶码的最大值为　（22）　。

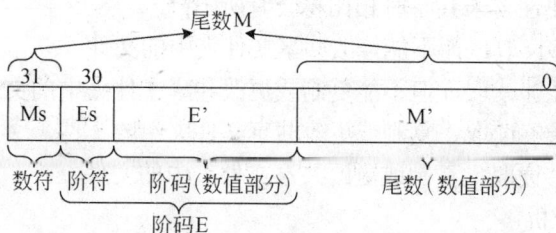

（21）A. 浮点数的精度取决于尾数 M 的位数，范围取决于阶码 E 的位数

　　　　B. 浮点数的精度取决于阶码 E 的位数，范围取决于尾数 M 的位数

　　　　C. 浮点数的精度和范围都取决于尾数 M 的位数，与阶码 E 的位数无关

　　　　D. 浮点数的精度和范围都取决于阶码 E 的位数，与尾数 M 的位数无关

（22）A. 255　　　　　B. 256　　　　　C. 127　　　　　D. 128

试题（21）、（22）分析

本题考查计算机系统数据表示基础知识。

定点数是指表示数据时小数点的位置固定不变。小数点的位置通常有两种约定方式：定点整数（纯整数，小数点在最低有效数值位之后）和定点小数（纯小数，小数点在最高有效数值位之前）。

浮点数是小数点位置不固定的数，采用尾数和阶码结合的方式来表示数值，它能表示更大范围的数。

很明显，一个数的浮点表示不是唯一的。当小数点的位置改变时，阶码也相应改变，因此可以用多种浮点形式表示同一个数。浮点数所能表示的数值范围主要由阶码决定，所表示数值的精度则由尾数决定。若不对浮点数的表示做出明确规定，同一个浮点数的表示就不是唯一的。

为了提高数据的表示精度，当尾数的值不为 0 时，规定尾数域的最高有效位应为 1，这称为浮点数的规格化表示。否则修改阶码同时左右移小数点位置的，使其变为规格化数的形式。

阶码的码长为 8 且用补码表示时，最大的数为 127（2^7-1）。

参考答案

（21）A　　（22）C

试题（23）、（24）

在网络操作系统环境中，当用户 A 的文件或文件夹被共享时，___（23）___，这是因为访问用户 A 的计算机或网络的人 ___（24）___。

（23）A．其安全性与未共享时相比将会有所提高

　　　　B．其安全性与未共享时相比将会有所下降

　　　　C．其可靠性与未共享时相比将会有所提高

　　　　D．其方便性与未共享时相比将会有所下降

（24）A．只能够读取，而不能修改共享文件夹中的文件

　　　　B．可能能够读取，但不能复制或更改共享文件夹中的文件

　　　　C．可能能够读取、复制或更改共享文件夹中的文件

　　　　D．不能够读取、复制或更改共享文件夹中的文件

试题（23）、（24）分析

本题考查应试者操作系统方面的基础知识。

在操作系统中，用户 A 可以共享存储在计算机、网络和 Web 上的文件和文件夹，但当用户 A 共享文件或文件夹时，其安全性与未共享时相比将会有所下降，这是因为访问用户 A 的计算机或网络的人可能能够读取、复制或更改共享文件夹中的文件。

参考答案

（23）B　　（24）C

试题 (25)、(26)

假设某企业有一个仓库。该企业的生产部员工不断地将生产的产品送入仓库，销售部员工不断地从仓库中取产品。假设该仓库能容纳 n 件产品。采用 PV 操作实现生产和销售的同步模型如下图所示，该模型设置了 3 个信号量 S、S1 和 S2，其中信号量 S 的初值为 1，信号量 S1 的初值为　(25)　，信号量 S2 的初值为　(26)　。

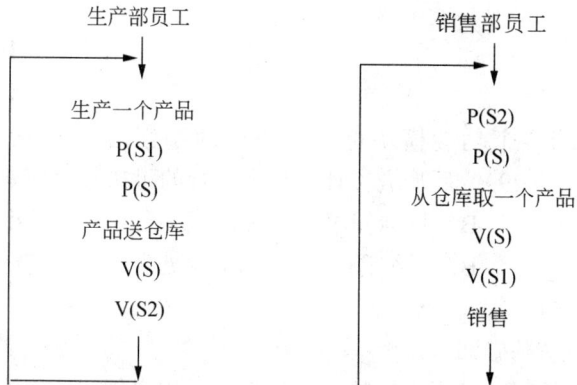

```
        生产部员工                          销售部员工
          │                                  │
    ┌─────▼─────┐                      ┌──────▼──────┐
    │  生产一个产品                          P(S2)
    │    P(S1)                             P(S)
    │    P(S)                          从仓库取一个产品
    │  产品送仓库                            V(S)
    │    V(S)                              V(S1)
    │    V(S2)                              销售
    │     │                                  │
    └─────▲─────┘                      └──────▲──────┘
```

(25) A. −1　　　　　　B. 0　　　　　　　　C. 1　　　　　　D. n
(26) A. −1　　　　　　B. 0　　　　　　　　C. 1　　　　　　D. n

试题 (25)、(26) 分析

本题考查操作系统进程管理同步与互斥方面的基础知识。

由于仓库能容纳 n 个产品，需要设置一个信号量 S1，且初值为 n，表示仓库有存放 n 个产品的空间，可以将产品送入缓冲区。为了实现生产部员工与销售部员工间的同步问题，设置另一个信号量 S2，且初值为 0，表示缓冲区是否有产品。这样，当生产部员工将生产产品送入缓冲区时，需要判断缓冲区是否为空，需要执行 P(S1)，产品放入缓冲区后需要执行 V(S2)，通知销售部仓库已经有产品。而销售部员工在取产品销售之前必须判断仓库是否有产品，需要执行 P(S2)，取走产品后仓库空出一个存储单元，需要执行 V(S1)。

参考答案

(25) D　　(26) B

试题 (27)

下列操作系统中，　(27)　主要特性是支持网络系统的功能，并具有透明性。

(27) A. 批处理操作系统　　　　　　　B. 分时操作系统
　　　C. 分布式操作系统　　　　　　　D. 实时操作系统

试题 (27) 分析

本题考查操作系统的基本常识。

批处理操作系统是脱机处理系统，即在作业运行期间无须人工干预，由操作系统根据作业说明书控制作业运行。

分时操作系统是将 CPU 的时间划分成时间片，轮流地为各个用户服务。其设计目标是服务多用户的通用操作系统，交互能力强。

实时操作系统的设计目标是专用系统，其主要特征是实时性强及可靠性高。

分布式操作系统是网络操作系统的更高级形式，它保持网络系统所拥有的全部功能，同时又有透明性、可靠性和高性能等特性。

参考答案

（27）C

试题（28）、（29）

一个应用软件的各个功能模块可采用不同的编程语言来编写，分别编译并产生 __（28）__，再经过 __（29）__ 后形成在计算机上运行的可执行程序。

（28）A．源程序　　　　B．目标程序　　　C．汇编程序　　　D．子程序

（29）A．汇编　　　　　B．反编译　　　　C．预处理　　　　D．链接

试题（28）、（29）分析

本题考查程序语言基础知识。

有些软件采用"编写—编译—链接—运行"的过程来创建。将源程序编译后产生目标程序，然后再与其他模块进行链接来产生可执行程序。

参考答案

（28）B　　（29）D

试题（30）

函数调用时若实参是数组名，则是将 __（30）__ 传递给对应的形参。

（30）A．数组元素的个数　　　　　　B．数组所有元素的拷贝

　　　 C．数组空间的起始地址　　　　D．数组空间的大小

试题（30）分析

本题考查程序语言基础知识。

函数调用以数组作为实参时，是将数组空间的首地址传递给对应的形参，要求形参是指针参数。

参考答案

（30）C

试题（31）

函数 main()、test() 的定义如下所示。调用函数 test 时，第一个参数采用传值方式，第二个参数采用传引用方式，main 函数中 "print(x,y)" 执行后，输出结果为 __（31）__。

```
main ()
int x = 1, y = 5;
test(y, x);
print(x,y);
```

```
test(int x, int &a)
a = x + a * 2;
x = x+1;
return;
```

（31）A．1，5　　　　　B．3，5　　　　　C．7，5　　　　　D．7，10

试题（31）分析

本题考查程序语言基础知识。

程序执行时调用函数 test 时，是将第一个实参 y 的值拷贝给形参 x，而将第二个实参 x 的地址传递给形参 a，或者可以理解为在 test 中对 a 的修改等同于是对 main 函数中 x 的修改。因此 test 执行时，其运算 "a＝x＋a*2" 就是 "a＝5＋1*2"，结果是将 a（初始值为 1）的值修改为 7，也就是 main 中 x 的值变为 7。而 "x＝x+1" 仅修改 test 中 x 的值，与 main 中的 y 和 x 都无关。因此，在 main 函数中执行 "print(x,y)" 后，输出的值为 "7,5"。

参考答案

（31）C

试题（32）

与算术表达式 3－(2+7)／4 对应的二叉树为　__(32)__　。

（32）A.　　　　　　B.　　　　　　C.　　　　　　D.

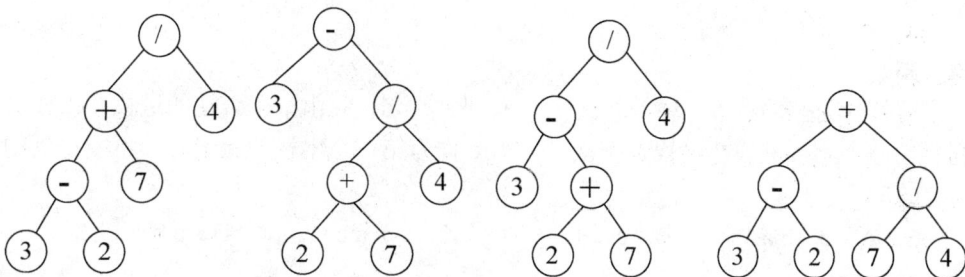

试题（32）分析

本题考查程序语言基础知识。

题目中选项 A 所示的二叉树，其表达式为(3－2+7)/4；与选项 B 所示二叉树对应的表达式为 3－(2+7)/4；与选项 C 所示二叉树对应的表达式(3－(2+7))/4；与选项 D 所示二叉树对应的表达式为(3－2)+7/4。

参考答案

（32）B

试题（33）

递归函数执行时，其调用和返回控制是利用__(33)__来进行的。

（33）A．栈　　　　　B．队列　　　　　C．数组　　　　　D．树

试题（33）分析

本题考查程序语言基础知识。

程序执行时，函数的调用和返回控制都是用栈来进行的，以保证运算逻辑的正确性。

参考答案

（33）A

试题（34）

对于长度为 n 的线性表（即 n 个元素构成的序列），若采用顺序存储结构（数组存储），则在等概率下，删除一个元素平均需要移动的元素数为　（34）　。

（34）A. n 　　　　B. $\dfrac{n-1}{2}$ 　　　　C. $\dfrac{n}{2}$ 　　　　D. $\log n$

试题（34）分析

本题考查数据结构基础知识。

在顺序存储且长度为 n 的线性表中删除一个元素时，共有 n 个元素可供删除，因此等概率下删除每个元素的概率为 $\dfrac{1}{n}$，删除第 i 个元素时（$1 \leqslant i \leqslant n$），需要将后面的 $(n-i)$ 个元素依次前移一个位置，所以删除一个元素平均需要移动的元素数为 $\dfrac{1}{n}\sum\limits_{i=1}^{n} n-i = \dfrac{n-1}{2}$。

参考答案

（34）B

试题（35）

设有初始为空的栈 S，对于入栈序列 a、b、c、d，经由一个合法的进栈和出栈操作序列后（每个元素进栈、出栈各 1 次），以 c 作为第一个出栈的元素时，不能得到的序列为　（35）　。

（35）A. c d b a 　　　B. c b d a 　　　C. c d a b 　　　D. c b a d

试题（35）分析

本题考查数据结构基础知识。

栈的修改规则是后进先出。对于题目给出的元素序列，若要求 c 先出栈，此时 a、b 尚在栈中，因此这三个元素构成的出栈序列只能是 c b a，而元素 d 可在 b 出栈之前进栈，之后 b 只能在 d 出栈后再出栈，因此可以得到出栈系列 c d b a。同理，e 可在 a 出栈之前进栈，从而得到出栈序列 c b d a。若 e 在 a 出栈后入栈、出栈，则得到出栈序列 c b a d。由于 a 不能在 b 出栈前出栈，因此不能得到 c d a b。

参考答案

（35）C

试题（36）

队列采用如下图所示的循环单链表表示，图（a）表示队列为空，图（b）为 e1、e2、e3 依次入队列后的状态，其中，rear 指针指向队尾元素所在结点，size 为队列长度。以下叙述中，正确的是　（36）　。

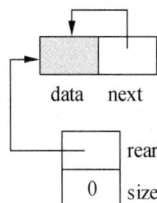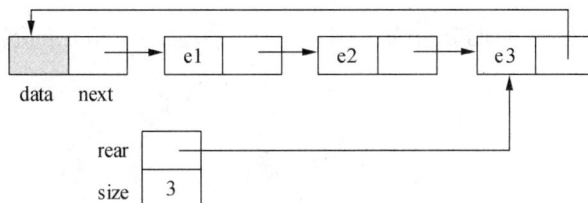

图（a）　　　　　　　　　　　　　　图（b）

（36）A．入队列时需要从头至尾遍历链表，而出队列不需要

　　　　B．出队列时需要从头至尾遍历链表，而入队列不需要

　　　　C．新元素加入队列以及队头元素出队列都需要遍历链表

　　　　D．入队列和出队列操作都不需要遍历链表

试题（36）分析

本题考查数据结构基础知识。

入队列是将元素加入队尾，也就是在 rear 所指结点之后链接一个新入队的结点，不需要遍历队列。出队列时通过 rear->next 可以得到头结点的指针，队列不空时删除 rear->next->next 所指向的结点，不需要遍历链表。

参考答案

（36）D

试题（37）

对二叉树中的结点如下编号：树根结点编号为 1，根的左孩子结点编号为 2、右孩子结点编号为 3，依此类推，对于编号为 i 的结点，其左孩子编号为 $2i$、右孩子编号为 $2i+1$。例如，下图所示二叉树中有 6 个结点，结点 a、b、c、d、e、f 的编号分别为 1、2、3、5、7、11。那么，当结点数为 n（$n>0$）的＿＿（37）＿＿时，其最后一个结点编号为 2^n-1。

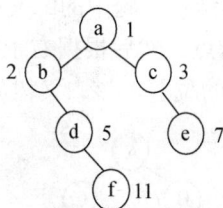

（37）A．二叉树为满二叉树（即每层的结点数达到最大值）

　　　　B．二叉树中每个内部结点都有两个孩子

　　　　C．二叉树中每个内部结点都只有左孩子

　　　　D．二叉树中每个内部结点都只有右孩子

试题（37）分析

本题考查数据结构基础知识。

当二叉树为满二叉树时，第 i 层上最后一个结点的编号为 2^i-1，如下图所示，第 2

层最后一个结点的编号为 2^2-1，第 3 层最后一个节点的编号为 2^3-1。

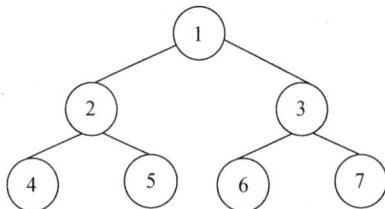

要使得结点数 n 与高度一致，应使得每层只有一个结点，并且每层的结点都是其所在层的最右结点，也就是每个内部结点都只有右孩子。

参考答案

（37）D

试题（38）

某二叉树的先序遍历序列为 ABCDFGE，中序遍历序列为 BAFDGCE。以下关于该二叉树的叙述中，正确的是___（38）___。

（38）A. 该二叉树的高度（层次数）为 4

B. 该二叉树中结点 D 是叶子结点

C. 该二叉树是满二叉树（即每层的结点数达到最大值）

D. 该二叉树有 5 个叶子结点

试题（38）分析

本题考查数据结构基础知识。

根据一个二叉树的先序遍历序列和中序遍历序列可以重构该二叉树。先序遍历序列可以确定二叉树（包括子二叉树）的根结点，然后在中序遍历序列中找到根结点，从而可以分出左子树和右子树中各自的结点。题中的二叉树的根结点是 A，其左子树上有 1 个结点为 B，其右子树上有 5 个结点。然后根据右子树的先序遍历序列 CDFGE 和中序遍历序列 FDGCE 再确定各个结点的位置，该二叉树如下图所示。

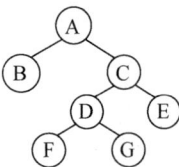

参考答案

（38）A

试题（39）

对于关键码序列（54，34，5，14，50，36，47，83），用链地址法（或拉链法）解决冲突构造散列表（即将冲突的元素存储在同一个单链表中，单链表的头指针存入散列地址对应的单元），设散列函数为 H(Key)=Key MOD 7（MOD 表示整除取余运算），则构造散列表时冲突次数最多的哈希单元的地址是___（39）___。

（39）A. 0　　　　　　B. 1　　　　　　C. 5　　　　　　D. 6

试题（39）分析

本题考查数据结构基础知识。

根据散列函数计算出每个关键字的哈希地址如下：

H(54) = 54 MOD 7 = 5

H(34) = 34 MOD 7 = 6

H(5) = 5 MOD 7 = 5

H(14) = 14 MOD 7 = 0

H(50) = 50 MOD 7 = 1

H(36) = 36 MOD 7 = 1

H(47) = 47 MOD 7 = 5

H(83) = 83 MOD 7 = 6

参考答案

（39）C

试题（40）

某图 G 的邻接矩阵如下所示。以下关于该图的叙述中，错误的是___（40）___。

$$ C = \begin{bmatrix} \infty & 5 & \infty & 7 & \infty & \infty \\ \infty & \infty & 4 & \infty & \infty & \infty \\ 8 & \infty & \infty & \infty & \infty & 9 \\ \infty & \infty & 5 & \infty & \infty & 6 \\ \infty & \infty & \infty & 5 & \infty & \infty \\ 3 & \infty & \infty & \infty & 1 & \infty \end{bmatrix} $$

（40）A. 该图存在回路（环）

　　　B. 该图为完全有向图

　　　C. 图中所有顶点的入度都大于 0

　　　D. 图中所有顶点的出度都大于 0

试题（40）分析

本题考查数据结构基础知识。

由于题目中给出的邻接矩阵不是对称的，因此该图为有向图，如下图所示。其中，c->f->e->d->c 形成环；每个顶点都有入弧和出弧，因此所有顶点的入度和出度都大于 0；完全图要求每对顶点间都要有弧，因此该图不是完全有向图。

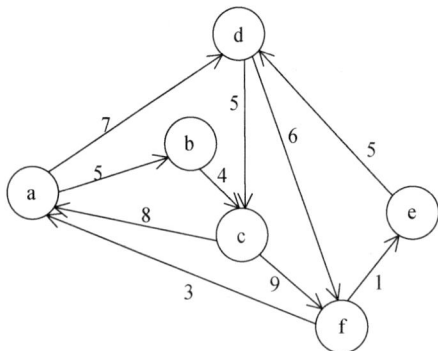

参考答案

（40）B

试题（41）

设有二叉排序树如下图所示，根据关键码序列___（41）___可构造出该二叉排序树。

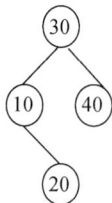

（41）A. 30　20　10　40　　　　　　　B. 30　40　20　10

　　　 C. 30　20　40　10　　　　　　　D. 30　40　10　20

试题（41）分析

本题考查数据结构基础知识。

根据二叉排序树的定义，将新元素插入二叉排序树时，需要先查找插入位置。若等于树根，则不再插入，若大于树根，则递归地在右子树上查找插入位置，否则递归地在左子树上查找插入位置，因此，新结点总是以叶子的方式加入树中。这样，在根结点到达每个叶子结点的路径上，结点的顺序必须保持，也就是父结点必定先于子结点进入树中。

题目中的二叉排序树中，20 需在 10 之后，10、40 需在 30 之后进入该二叉排序树。只有选项 D 满足该要求。

参考答案

（41）D

试题（42）

对 n 个记录进行非递减排序，在第一趟排序之后，一定能把关键码序列中的最大或最小元素放在其最终排序位置上的排序算法是___（42）___。

（42）A. 冒泡排序　　 B. 快速排序　　 C. 直接插入排序　　 D. 归并排序

试题（42）分析

本题考查数据结构基础知识。

冒泡排序在一趟排序过程中将最大元素（或最小元素）交换至最终排序位置。快速排序是经过划分后将枢轴元素放在最终排序位置。直接插入排序是在有序序列中插入一个元素保持序列的有序性并使得有序序列不断加长，每次插入的元素不能保证是最大元素（或最小元素）。归并排序是将有序序列进行合并，第一趟归并是将长度为 1 的序列合并为长度为 2 的序列，在 $n>2$ 的情况下，不能保证第一趟就将最大元素（或最小元素）放在最终位置。

参考答案

（42）A

试题（43）

对于 n 个元素的关键码序列 $\{k_1, k_2, \cdots, k_n\}$，当且仅当满足下列关系时称其为堆。

$$\begin{cases} k_i \leqslant k_{2i} \\ k_i \leqslant k_{2i+1} \end{cases} \quad \text{或} \quad \begin{cases} k_i \geqslant k_{2i} \\ k_i \geqslant k_{2i+1} \end{cases}$$

以下关键码序列中，___（43）___ 不是堆。

（43）A．12, 25, 22, 53, 65, 60, 30　　　　B．12, 25, 22, 30, 65, 60, 53

　　　　C．65, 60, 25, 22, 12, 53, 30　　　　D．65, 60, 25, 30, 53, 12, 22

试题（43）分析

本题考查数据结构基础知识。

将序列用完全二叉树表示，其中 k_i 的左孩子为 k_{2i}、右孩子为 k_{2i+1}，更容易判断其中的元素是否满足堆的定义。

与选项 A 对应的二叉树如下图（a）所示，其每个非叶子结点都小于左孩子、右孩子结点，所以是小顶堆。

与选项 B 对应的二叉树如下图（b）所示，其每个非叶子结点都小于左孩子、右孩子结点，所以是小顶堆。

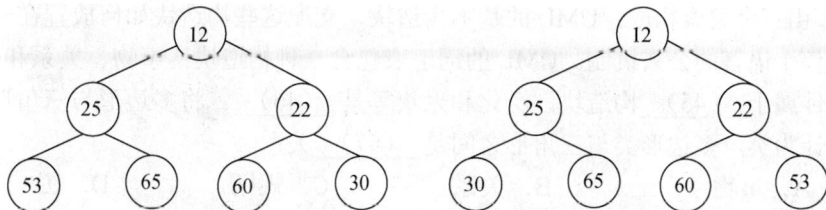

（a）　　　　　　　　　　　　　　　　　（b）

与选项 C 对应的二叉树如下图（c）所示，其中以 25 为根的子树满足小顶堆定义，而以 60 为根的子树满足大顶堆，所以该序列不完全符合大顶堆（或小顶堆）的定义。

与选项 D 对应的二叉树如下图（d）所示，其每个非叶子结点都大于左孩子、右孩子结点，所以是大顶堆。

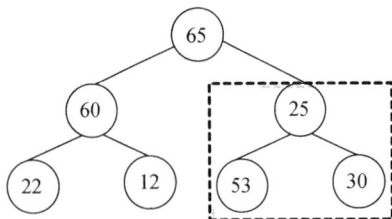

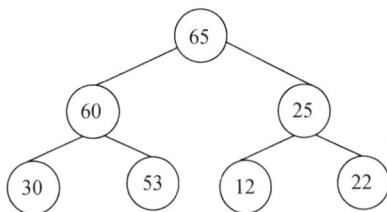

（c）   （d）

参考答案

（43）C

试题（44）

对象、类、继承和消息传递是面向对象的 4 个核心概念。其中对象是封装 __(44)__ 的整体。

（44）A．命名空间   B．要完成任务

C．一组数据   D．数据和行为

试题（44）分析

本题考查面向对象的基本概念。

面向对象的 4 个基本概念是对象、类、继承和消息传递。对象是面向对象的系统中基本的运行时实体，它既包括数据（属性），也包括作用域数据的操作（行为）。所以，一个对象把数据和行为封装为一个整体。一个类定义了大体上相似的对象。继承是父类和子类之间共享数据和方法的机制。消息是对象之间进行通信的一种构造，消息传递是对象之间的通信机制。

参考答案

（44）D

试题（45）～（47）

UML 由三个要素构成：UML 的基本构造块、支配这些构造块如何放置在一起的规则、用于整个语言的公共机制。UML 的词汇表包含三种构造块：事物、关系和图。类、接口、构件属于 __(45)__ 构造块。泛化和聚集等是 __(46)__ 。将多边形与三角形、四边形分别设计为类，多边形类与三角形之间是 __(47)__ 关系。

（45）A．事物   B．关系   C．规则   D．图

（46）A．事物   B．关系   C．规则   D．图

（47）A．关联   B．依赖   C．聚集   D．泛化

试题（45）～（47）分析

本题考查统一建模语言（UML）的基本知识。

UML 是一种能够表达软件设计中动态和静态信息的可视化统一建模语言,目前已成为事实上的工业标准。

UML 由三个要素构成:UML 的基本构造块、支配这些构造块如何放置在一起的规则、用于整个语言的公共机制。UML 的词汇表包含三种构造块:事物、关系和图。

事物是对模型中最具有代表性的成分的抽象,分为结构事物、行为事物、分组事物和注释事物。结构事物通常是模型的静态部分,是 UML 模型中的名词,描述概念或物理元素,包括类、接口、协作、用例、主动类、构件和节点。行为事物是模型中的动态部分,描述了跨越时间和空间的行为,包括交互和状态机。分组事物是一些由模型分解成为组织部分,最主要的是包。注释事物用来描述、说明和标注模型的任何元素,主要是注解。

关系是把事物结合在一起,包括依赖、关联、泛化和实现四种。依赖是两个事物之间的语义关系,其中一个事物发生变化会影响到另一个事物的语义;关联是一种结构关系,描述了一组链,即对象之间的连接;聚集是一种特殊类型的关联,描述了整体和部分之间的结构关系;泛化是一种特殊/一般关系,特殊元素的对象可替代一般元素的对象,如将多边形与三角形、四边形分别设计为类,多边形为一般类,三角形和四边形分别为两个特殊类,即多边形类与三角形之间、多边形与四边形之间关系就是泛化关系;实现是类元之间的语义关系,其中一个类制定了由另一个类元保证执行的契约。

图是一组元素的图形表示,聚集了相关的事物。

参考答案

(45) A　　(46) B　　(47) D

试题 (48)

创建型设计模式抽象了实例化过程,有助于系统开发者将对象的创建、组合和表示方式进行抽象。以下　(48)　模式是创建型模式。

(48) A. 组合 (Composite)　　　　　　B. 装饰器 (Decorator)

　　　 C. 代理 (Proxy)　　　　　　　　D. 单例 (Singleton)

试题 (48) 分析

本题考查设计模式的基本概念。

每个设计模式描述了一个在我们周围不断重复发生的问题,以及该问题的解决方案的核心。在面向对象系统设计中,每一个设计模式都集中于一个特定的面向对象设计问题或设计要点,描述了什么时候使用它,在另一些设计约束条件下是否还能使用,以及使用的效果和如何取舍。

按照设计模式的目的可以分为创建型模式、结构型模式和行为型模式三大类。创建型模式与对象的创建有关,它抽象了实例化过程,帮助一个系统独立于如何创建、组合和表示它的那些对象;结构型模式处理类或对象的组合,涉及如何组合类和对象以获得更大的结构;行为型模式对类或对象怎样交互和怎样分配职责进行描述。创建型模式包括 Factory Method、Abstract Factory、Builder、Prototype 和 Singleton；结构型模式包括 Adapter（类）、Adapter（对象）、Bridge、Composite、Decorator、Façade、Flyweight 和 Proxy；行为型模式包括 Interpreter、Template Method、Chain of Responsibility、Command、Iterator、Mediator、Memento Observer State Strategy 和 Visitor。

参考答案

（48）D

试题（49）

以下流程图中，至少设计＿＿＿（49）＿＿＿个测试用例可以分别满足语句覆盖和路径覆盖。

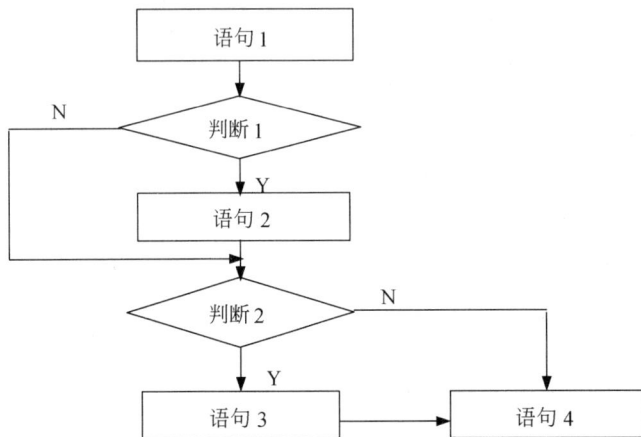

（49）A. 1 和 2　　　　　B. 1 和 4　　　　C. 2 和 2　　　　D. 2 和 4

试题（49）分析

本题考查软件测试的基础知识。

白盒测试和黑盒测试是两种最常用的测试方法。其中语句覆盖和路径覆盖又是白盒测试的两种具体方法。语句覆盖是指设计若干个测试用例，运行被测程序，使得每一个可执行语句至少执行一次；路径覆盖是指设计若干个测试用例，覆盖程序中的所有路径。

根据上述定义，只要设计一个测试用例，使判断 1 和判断 2 均为 Y，就可以保证流程图中的每个语句都被执行；而要满足路径覆盖，那么判断 1 和判断 2 都必须分别走 Y 和 N 两种情况，组合起来就是四条路径。

参考答案

（49）B

试题（50）、（51）

某一资格考试系统的需求为：管理办公室发布考试资格条件，考生报名，系统对考试资格审查，并给出资格审查信息；对符合资格条件的考生，管理办公室给出试题，考生答题，管理办公室给出答案，系统自动判卷，并将考试结果发给考生。根据该需求绘制数据流图，则＿＿＿（50）＿＿＿是外部实体，＿＿＿（51）＿＿＿是加工。

（50）A．考生　　　　　B．试题　　　　　C．资格审查　　　　D．考试资格条件
（51）A．考生　　　　　B．试题　　　　　C．资格审查　　　　D．考试资格条件

试题（50）、（51）分析

本题考查结构化分析与设计的基础知识。

数据流图是结构化分析的一个重要模型，描述数据在系统中如何被传送或变换，以及描述如何对数据流进行变换的功能，用于功能建模。

数据流图中有四个要素：外部实体，也称为数据源或数据汇点，表示要处理的数据的输入来源或处理结果要送往何处，不属于目标系统的一部分，通常为组织、部门、人、相关的软件系统或者硬件设备；数据流表示数据沿箭头方向的流动；加工是对数据对象的处理或变换；数据存储在数据流中起到保存数据的作用，可以是数据库文件或者任何形式的数据组织。

根据上述定义和题干说明，考生是外部实体，试题和考试资格条件是数据流，资格审查是加工。

参考答案

（50）A　　（51）C

试题（52）

由于设计缺陷和编码缺陷对已经运行的软件系统进行修改，此行为属于　（52）　维护。

（52）A．改正性　　　　B．适应性　　　　C．完善性　　　　D．预防性

试题（52）分析

本题考查软件维护的基础知识。软件维护一般包括四种类型：

正确性维护是指改正在系统开发阶段已发生而系统测试阶段尚未发现的错误。

适应性维护是指使应用软件适应新型技术变化和管理需求变化而进行的修改。

完善性维护是指为扩充功能和改善性能而进行的修改，主要是指对已有的软件系统增加一些在系统分析和设计阶段中没有规定的功能与性能特征。

预防性维护是指为了改进应用软件的可靠性和可维护性，为了适应未来的软硬件环境的变化，主动增加预防性的新功能，以使应用系统适应各类变化而不被淘汰。

参考答案

（52）A

试题（53）

IT 企业对专业程序员的素质要求中，不包括　（53）　。

（53）A．能千方百计缩短程序提高运行效率

　　　B．与企业文化高度契合

　　　C．参与软件项目开发并解决所遇到的问题

　　　D．诚信、聪明、肯干

试题（53）分析

本题考查软件工程基础知识。

现在的计算机系统运行速度比较快，内存比较大，对程序大小以及运行速度的要求已有所降低，只在运行次数特别多的内循环才需要考虑运行时间问题。

参考答案

（53）A

试题（54）

以下关于软件开发相关的叙述中，不正确的是__(54)__。

（54）A．专业程序员应将复杂的问题分解为若干个相对简单的易于编程的问题

　　　B．移动互联网时代的软件开发人员应注重用户界面设计，提升用户体验

　　　C．软件测试时应对所有可能导致软件运行出错的情况都进行详尽的测试

　　　D．软件设计者应有敏锐的产品感觉，不因枝节而影响产品的迭代和上线

试题（54）分析

本题考查软件工程基础知识。

软件测试要求尽可能发现并纠正错误。由于一般软件出错的可能性不能完全排除，所以才需要在软件发行后，接收用户反馈意见进行改进，不断推出新版本。

参考答案

（54）C

试题（55）

软件文档的作用不包括__(55)__。

（55）A．有利于提高软件开发的可见度　　B．有利于软件维护和用户使用

　　　C．有利于总结经验和实现可重用　　D．有利于各企业之间交流技术

试题（55）分析

本题考查软件工程基础知识。

各企业之间交流技术可以有举行研讨会，撰写论文等形式，它不是软件文档的作用。

参考答案

（55）D

试题（56）

某公司的程序员小王写了一些提升编程能力的经验，其中__(56)__并不恰当。

（56）A．只参加最适合提升自己技术能力的项目

　　　B．根据项目特点选择合适的开发环境和工具，抓紧学习

　　　C．重视培养自己的沟通能力，包括撰写文档的能力

　　　D．参加网络上的编程论坛，善于向高手学习

试题（56）分析

本题考查软件工程基础知识。

程序员参加的编程项目是根据本公司应用需要再结合个人的能力决定的。随着技术发展,所需的编程技术也会不断发展。过分强调自己的选择不可取。

参考答案

（56）A

试题（57）

数据字典存放的是　　(57)　　。

（57）A. 数据库管理系统软件　　　　　B. 数据定义语言 DDL

　　　 C. 数据库应用程序　　　　　　　D. 各类数据描述的集合

试题（57）分析

本题考查数据库系统中的基本概念。

在数据库系统中,数据字典通常包括数据项、数据结构、数据流、数据存储和处理过程五个部分。其中数据项是数据的最小组成单位,若干个数据项可以组成一个数据结构,字典通过对数据项和数据结构的定义来描述数据流、数据存储的逻辑内容。数据字典是数据库各类数据描述的集合,即数据库体系结构的描述。

参考答案

（57）D

试题（58）

在数据库设计过程中,关系规范化属于　　(58)　　。

（58）A. 概念结构设计　　　　　　　　B. 逻辑结构设计

　　　 C. 物理设计　　　　　　　　　　D. 数据库实施

试题（58）分析

本题考查的是应试者对数据库基本知识掌握程度。

在数据库设计过程中,外模式设计是在数据库各关系模式确定之后,根据应用需求来确定各个应用所用到的数据视图即外模式的,故设计用户外模式属于逻辑结构设计。

参考答案

（58）B

试题（59）～（61）

设有一个关系 emp-sales(部门号,部门名,商品编号,销售数),查询各部门至少销售了 5 种商品或者部门总销售数大于 2000 的部门号、部门名及平均销售数的 SQL 语句如下:

```
SELECT 部门号,部门名, AVG(销售数) AS 平均销售数
    FROM emp-sales
    GROUP BY    (59)
    HAVING    (60)    OR    (61)   ;
```

（59）A. 部门号　　　　B. 部门名　　C. 商品编号　　　D. 销售数

（60）A．COUNT(商品编号)>5　　　　　　　　B．COUNT(商品编号)>=5
　　　C．COUNT(DISTINCT 部门号)>=5　　　D．COUNT(DISTINCT 部门号)>5

（61）A．SUM(销售数)>2000　　　　　　　　B．SUM(销售数)>=2000
　　　C．SUM('销售数')>2000　　　　　　　　D．SUM('销售数')>=2000

试题（59）～（61）分析

本题考查关系数据库基础知识。

GROUP BY 子句可以将查询结果表的各行按一列或多列取值相等的原则进行分组，对查询结果分组的目的是为了细化集函数的作用对象。如果分组后还要按一定的条件对这些组进行筛选，最终只输出满足指定条件的组，可以使用 HAVING 短语指定筛选条件。

由题意可知，在这里只能根据部门号进行分组，并且要满足条件：此部门号的部门至少销售了 5 种商品或者部门总销售数大于 2000。完整的 SQL 语句如下：

```
SELECT 部门号,部门名,AVG(销售数) AS 平均销售数
    FROM emp-sales
    GROUP BY 部门号
    HAVING  COUNT(商品编号)>=5 OR SUM(销售数)>2000;
```

参考答案

（59）A　　（60）B　　（61）A

试题（62）

事务有多种性质，"当多个事务并发执行时，任何一个事务的更新操作直到其成功提交前的整个过程，对其他事务都是不可见的。"这一性质属于事务的　(62)　性质。

（62）A．原子性　　　　　B．一致性　　　　C．隔离性　　　　D．持久性

试题（62）分析

本题考查数据库并发控制方面的基础知识。

事务具有原子性、一致性、隔离性和持久性。这 4 个特性也称事务的 ACID 性质。

① 原子性（atomicity）。事务是原子的，要么都做，要么都不做。

② 一致性（consistency）。事务执行的结果必须保证数据库从一个一致性状态变到另一个一致性状态。因此，当数据库只包含成功事务提交的结果时，称数据库处于一致性状态。

③ 隔离性（isolation）。事务相互隔离。当多个事务并发执行时，任一事务的更新操作直到其成功提交的整个过程，对其他事务都是不可见的。

④ 持久性（durability）。一旦事务成功提交，即使数据库崩溃，其对数据库的更新操作也将永久有效。

参考答案

（62）C

试题（63）

某二进制数字串共有 15 位，其中的数字 1 共有四个连续子串，从左到右依次有 1、5、3、2 位，各子串之间都至少有 1 个数字 0。例如，101111101110011、100111110111011 都是这种二进制数字串。因此可推断，该种数字串中一定是 1 的位共有　（63）　位。

（63）A．7　　　　　B．8　　　　　C．9　　　　　D．11

试题（63）分析

本题考查应用数学基础知识。

该数字串中的数字 1 共有 1+5+3+2=11 位，如果其间都有 1 个数字 0，则共有 14 位。因此还有 1 个数字 0 需要加在该数中。这个 0 可以在最前面，也可以在最后面，也可以在两个连续串之间，共有 5 种情况（如下表）。据此可以推断，在其中 7 位上必定是数字 1。

0	1	0	1	1	1	1	1	0	1	1	1	0	1	1
1	0	0	1	1	1	1	1	0	1	1	1	0	1	1
1	0	1	1	1	1	0	0	1	1	1	0	1	1
1	0	1	1	1	1	1	0	1	1	1	0	0	1	1
1	0	1	1	1	1	1	0	1	1	1	1	0	1	1	0
		1		1	1	1			1		1	1		

参考答案

（63）A

试题（64）

假设某公司生产的某种商品的销售量 N 是价格 P 的函数：N=7500−50P，10<P<150；成本 C 是销售量 N 的函数：C=25000+40N；销售每件商品需要交税 10 元。据此，每件商品定价 P=　（64）　元能使公司获得最大利润。

（64）A．50　　　　　B．80　　　　　C．100　　　　　D．120

试题（64）分析

本题考查应用数学基础知识。

销售 N 件商品的总收入=NP=(7500−50P)P

总利润 Y=总收入−总成本−总税=NP−C−10N

$$= NP-(25000+40N)-10N=N（P-50）-25000 = (7500-50P)(P-50)-25000$$

$$= -50P^2+10000P-400000 = -50（P-100）^2+100000$$

因此，在 P=100 时总利润达到最大值 10 万元。

（也可以通过 Y 的导数为 0 求出 Y 为极值时的 P 值：$Y'=-100P+10000=0$，则 P=100。）

参考答案

（64）C

试题（65）

某机构为了解云计算的驱动力，对我国一批企业进行了问卷调查（题型为多选题），选择 A"优化现有 IT 效率和效力"的企业占 86%，选择 B"降低 IT 成本"的企业占 79%，选择 C"灾难恢复及保持业务连续性"的企业占 80%。据此可推算出，至少有 (65) 的企业同时选择了这三项。

(65) A. 45%　　　　　B. 54%　　　　　C. 66%　　　　　D. 79%

试题（65）分析

本题考查应用数学基础知识。

同时选择 A、B 的企业至少有 86%+79%–1=65%

同时选择 A、B、C 的企业至少有 65%+80%–1=45%

参考答案

(65) A

试题（66）

HTML 页面的 "<title>主页</title>" 代码应写在 (66) 标记内。

(66) A. <body></body>　　　　　　　B. <head></head>

C. <font></font>　　　　　　　D. <frame></frame>

试题（66）分析

本题考查 HTML 语言方面的基础知识。

一个完整的 HTML 代码，拥有<html></html>、<title></title>、<head></head>、<font></font>和<frame></frame>等众多标签，这些标签中，不带斜杠的是起始标签，带斜杠的是结束标签，这些标签的作用分别是：

<html></html>标签中放置的是一个 HTML 文件的所有代码；

<body></body>标签中放置的是一个 HTML 文件的主体代码，网页的实际内容的代码，均放置于该标签内；

<title></title>标签中放置的是一个网页的标题；

<font></font>标签用于设置网页中文字的字体；

<frame></frame>标签中放置的是网页中的框架内容；

<head></head>标签中放置的是网页的头部，包括网页中所需要的标题等内容。

这些标签的相互包含关系如下：

```
<html>
<head>
<title>
</title>
</head>
<body>
```

```
<font></font>
<frame></frame>
</body>
</html>
```

参考答案

（66）B

试题（67）

有以下 HTML 代码，在浏览器中显示正确的是___(67)___。

```
<table border="1">
<tr>
  <th>Name</th>
  <th colspan="2">Tel</th>
</tr>
<tr>
  <td>Laura Welling</td>
  <td>555 77 854</td>
  <td>555 77 855</td>
</tr>
</table>
```

（67）A.

Name	Tel	
Laura Welling	555 77 854	555 77 855

B.

Name	Tel	Tel
Laura Welling	555 77 854	555 77 855

C.

Name	Laura Welling
Tel	555 77 854
Tel	555 77 855

D.

Name	Laura Welling
Tel	555 77 854
	555 77 855

试题（67）分析

本题考查 HTML 语言方面的基础知识。

本题的考点是<th colspan="2">Tel</th>标签对中的 "colspan" 属性，该属性表示，当前单元格将跨 2 列显示。

参考答案

（67）A

试题（68）

传输经过 SSL 加密的网页所采用的协议是___(68)___。

（68）A. HTTP　　　　B. HTTPS　　　　C. S-HTTP　　　　D. HTTP-S

试题（68）分析

本题考查 HTTPS 基础知识。

HTTPS（Hyper Text Transfer Protocol over Secure Socket Layer），是以安全为目标的

HTTP 通道，即使用 SSL 加密算法的 HTTP。

参考答案

（68）B

试题（69）

动态主机配置协议（DHCP）的作用是___（69）___；DHCP 客户机如果收不到服务器分配的 IP 地址，则会获得一个自动专用 IP 地址（APIPA），如 169.254.0.X。

（69）A．为客户机分配一个永久的 IP 地址

　　　B．为客户机分配一个暂时的 IP 地址

　　　C．检测客户机地址是否冲突

　　　D．建立 IP 地址与 MAC 地址的对应关系

试题（69）分析

动态主机配置协议（DHCP）的作用是为客户机分配一个暂时的 IP 地址，DHCP 客户机如果收不到服务器分配的 IP 地址，则在自动专用 IP 地址 APIPA（169.254.0.0/16）中随机选取一个（不冲突的）地址。

参考答案

（69）B

试题（70）

SNMP 属于 OSI/RM 的___（70）___协议。

（70）A．管理层　　　B．应用层　　　C．传输层　　　D．网络层

试题（70）分析

SNMP 属于 OSI/RM 的应用层协议。

参考答案

（70）B

试题（71）

The operation of removing an element from the stack is said to ___（71）___ the stack.

（71）A．pop　　　B．push　　　C．store　　　D．fetch

参考译文

从栈中删除一个元素称为出栈。

参考答案

（71）A

试题（72）

___（72）___ products often feature games with learning embedded into them.

（72）A．Program　　　B．Database　　　C．Software　　　D．Multimedia

参考译文

多媒体产品通常呈现寓教于乐的特点。

参考答案

（72）D

试题（73）

When an object receives a ＿＿（73）＿＿, methods contained within the object respond.

（73）A．parameter　　B．information　　C．message　　D．data

参考译文

当对象接收到一个消息时，该对象内所包含的方法就会响应。

参考答案

（73）C

试题（74）

Make ＿＿（74）＿＿ copies of important files, and store them on separate locations to protect your information.

（74）A．back　　　　B．back-up　　　C．back-out　　D．background

参考译文

对重要文件要做备份，并保存于不同位置，以保护你的信息。

参考答案

（74）B

试题（75）

＿＿（75）＿＿ is a process that consumers go through to purchase products or services over the Internet.

（75）A．E-learning　　　　　　　　B．E-government

　　　　C．Online analysis　　　　　　D．Online shopping

参考译文

网购是消费者在互联网上购买产品和服务的整个过程。

参考答案

（75）D

第 18 章　2016 上半年程序员下午试题分析与解答

试题一（共 15 分）

　　阅读以下说明和流程图，填补流程图和问题中的空缺（1）～（5），将解答填入答题纸的对应栏内。

【说明】

　　设整型数组 A[1:N]每个元素的值都是 1 到 N 之间的正整数。一般来说，其中会有一些元素的值是重复的，也有些数未出现在数组中。下面流程图的功能是查缺查重，即找出 A[1:N]中所有缺失的或重复的整数，并计算其出现的次数（出现次数为 0 时表示缺）。流程图中采用的算法思想是将数组 A 的下标与值看作是整数集[1:N]上的一个映射，用数组 C[1:N]依次记录各整数 k 出现的次数 c[k]，并输出所有缺失的或重复的数及其出现的次数。

【流程图】

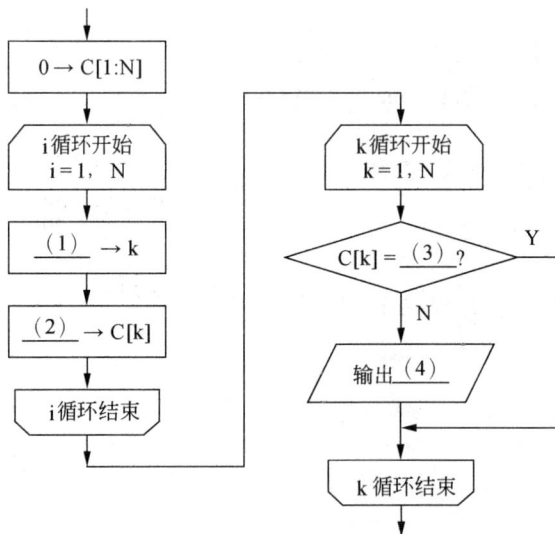

【问题】

　　如果数组 A[1:5]的元素分别为{3, 2, 5, 5, 1}，则算法流程结束后输出结果为：　(5)　。

　　输出格式为：缺失或重复的数，次数（0 表示缺少）。

试题一分析

　　本题考查程序设计算法即流程图的设计。

　　先以问题中的简例来理解算法过程。

已知 A[1:5]={3，2，5，5，1}。初始时计数数组 c[1:5]={0,0,0,0,0}。

再逐个处理数组 A 的各个元素（根据 A[i]的值在 c[A[i]]中计数加 1）：

A[1]=3，计数 c[3]=1；A[2]=2，计数 c[2]=1；A[3]=5，计数 c[5]=1；A[4]=5，计数 c[5]=2；A[5]=1，计数 c[1]=1。最后，计算得到 c[1:5]={1, 1, 1, 0, 2}，即表明 A[1:5]中数 4 缺失，数 5 有 2，其他数都只有 1 个。

再看流程图。左面先对数组 C 初始化（赋值都是 0）。再对 A[i]各个元素逐个进行处理。将 A[i]送 k，再对 c[k]计数加 1。因此，（1）处应填 A[i]，（2）处应填 c[k]+1。

流程图右面需要输出计算结果。对于 k 的循环，当 c[k]=1 时（非缺非重）不需要输出；否则，应按要求的格式输出：缺或重的数，以及出现的次数。为此，（3）处应填 1（与 1 比较），（4）处应填 k, c[k]。

再看简例的输出，先输出 4，0（数 4 缺失）；再输出 5，2（数 5 有 2 个）。

参考答案

（1）A[i]

（2）C[k]+1

（3）1

（4）k,C[k]

（5）4，0

　　　5，2

试题二（共 15 分）

阅读以下说明和 C 代码，填补代码中的空缺，将解答填入答题纸的对应栏内。

【说明 1】

递归函数 is_elem(char ch, char *set)的功能是判断 ch 中的字符是否在 set 表示的字符集合中，若是，则返回 1，否则返回 0。

【C 代码 1】

```
int is_elem(char ch, char *set)
{
if (*set == '\0')
    return 0;
else
  if (___(1)___)
    return 1;
  else
    return is_elem(___(2)___);
}
```

【说明 2】

函数 char * combine(char *setA, char *setB)的功能是将字符集合 A（元素互异，由 setA

表示）和字符集合 B（元素互异，由 setB 表示）合并，并返回合并后的字符集合。

【C 代码 2】

```c
char * combine(char *setA, char *setB)
{
    int i, lenA, lenB, lenC;
    lenA = strlen(setA);
    lenB = strlen(setB);
    char *setC = (char *)malloc(lenA + lenB + 1);
    if (!setC)
        return NULL;
    strncpy(setC, setA, lenA);          //将 setA 的前 lenA 个字符复制后存入 setC
    lenC =    (3)   ;
    for (i = 0; i < lenB; i++)
        if (    (4)    )                 //调用 is_elem 判断字符是否在 setA 中
            setC[lenC++] =setB[i];
        (5)    = '\0';                   //设置合并后字符集的结尾标识
    return setC;
}
```

试题二分析

本题考查 C 程序设计的基本结构和运算逻辑。

函数 is_elem(char ch, char *set)的功能是判断给定字符是否在一个字符串中，其运算逻辑是：若 ch 所存的字符等于字符数组 set 的第一个字符，则结束；否则再与 set 中的第二个字符比较，依此类推，直到串尾。因此空（1）处应填入 "set[0] == ch" 或其等价形式。题目要求该函数以递归方式处理，并在空（2）处填入递归调用时的实参。显然，根据函数 is_elem 的首部信息，递归调用时第一个参数仍然为 "ch"，第二个参数是需给出 set 中字符串的下一个字符的地址（第一次递归时为字符串第二个字符的地址，第二次递归时实际为字符串第三个字符的地址，由于传进来时与 ch 进行比较的字符都是*set，那么下一个字符就都表示为 set+1），即为&set[1]，或者为 set+1，所以空（2）处应填入参数 "ch, set+1" 或其等价形式。

函数 combine(char *setA, char *setB)的功能是将字符集合 A 和字符集合 B 合并，并返回合并后的字符集合，处理思路是：现将 A 集合的元素全部复制给集合 C(strncpy(setC, setA, lenA))，然后按顺序读取集合 B 中的字符，判断其是否出现在 A 中。如果来自集合 B 的字符已经在 A 中，则忽略该字符，否则，将其加入集合 C。

变量 lenC 表示集合 C 的元素个数，其初始值应等于 lenA，因此空（3）应填入"lenA"。

根据注释，空（4）应填入 "!is_elem(setB[i], setA)"，判断来自集合 B 的元素 setB[i]是否在集合 setA 中。空（5）处的代码作用是设置字符数组 setC 的尾部字符 "\0"，由于 lenC 的值跟踪了该集合中元素数目的变化，其最后的值正好表示了 setC 的元素个数，所以该空应填入"setC[lenC]"或其等价形式。

参考答案

（1）set[0] == ch 或*set == ch 或其等价形式

（2）ch, set+1 或 ch, ++set 或其等价形式

（3）lenA 或其等价形式

（4）!is_elem(setB[i], setA)或其等价形式

（5）setC[lenC] 或 *(setC+lenC) 或其等价形式

试题三（共 15 分）

阅读以下说明和 C 代码，填补代码中的空缺，将解答填入答题纸的对应栏内。

【说明】

某文本文件中保存了若干个日期数据，格式如下（年/月/日）：

2005/12/1

2013/2/29

1997/10/11

1980/5/15

...

但是其中有些日期是非法的，例如 2013/2/29 是非法日期，闰年（即能被 400 整除或者能被 4 整除而不能被 100 整除的年份）的 2 月份有 29 天，2013 年不是闰年。现要求将其中自 1985/1/1 开始、至 2010/12/31 结束的合法日期挑选出来并输出。

下面的 C 代码用于完成上述要求。

【C 代码】

```c
#include<stdio.h>
typedef struct{
    int year, month, day;  /*年，月，日*/
}DATE;

int isLeapYear(int y)     /*判断 y 表示的年份是否为闰年，是则返回 1，否则返回 0 */
{
    return ((y%4==0 && y%100!=0) || (y%400==0));
}

int isLegal(DATE date)   /*判断 date 表示的日期是否合法，是则返回 1，否则返回 0 */
{
  int y = date.year, m = date.month, d = date.day;

  if (y<1985 || y>2010 || m<1 || m>12 || d<1 || d>31)  return 0;
  if ( (m==4 || m==6 || m==9 || m==11) &&   __(1)__  )  return 0;
```

```
    if (m==2) {
        if (isLeapYear(y) &&    (2)    ) return 1;
        else
            if (d>28) return 0;
    }
    return 1;
}


int Lteq(DATE d1, DATE d2)
/*比较日期 d1 和 d2, 若 d1 在 d2 之前或相同则返回 1, 否则返回 0*/
{
    long t1, t2;
    t1 = d1.year*10000+d1.month*100+d1.day;
    t2 = d2.year*10000+d2.month*100+d2.day;
    if (    (3)    )   return 1;
    else     return 0;
}


int main()
{
    DATE date, start = {1985,1,1}, end = {2010,12,31};
    FILE *fp;

    fp = fopen("d.txt","r");
    if (    (4)    )
        return -1;

    while ( !feof(fp) ) {
        if (fscanf(fp,"%d/%d/%d",&date.year,&date.month, &date.day) != 3)
            break;
        if (    (5)    )                    /*判断是否为非法日期*/
            continue;
        if (    (6)    )   /*调用 Lteq 判断是否在起至日期之间*/
            printf("%d/%d/%d\n", date.year,date.month, date.day);
    }
    fclose(fp);

    return 0;
}
```

试题三分析

本题考查 C 程序设计的基本结构和运算逻辑。

　　阅读程序时需先理解程序的结构，包括各函数的作用，然后确定主要变量的作用。本题中，函数 isLegal(DATE date)的作用是判断 date 表示的日期是否合法。对于一个日期数据，需要分别判断年、月、日的合法性。基本的规则是月份只能在整数区间[1,12]，日只能在整数区间[1,31]，还需结合大、小月及 2 月份的特殊性。按照题目要求，满足条件 (y<1985 ‖ y>2010 ‖ m<1 ‖ m>12 ‖ d<1 ‖ d>31)的日期先排除，接下来考虑小月份，即 4、6、9、11 这四个月份不存在 31 日，所在这几个月中若出现 31 日或更大值，就是非法日期，即空（1）处应填入"d>30"或其等价形式。当月份为 2 时，需要考虑是否闰年，闰年的 2 月是 29 天、平年是 28 天，因此空（2）处应填入"d<30"或其等价形式。

　　函数 Lteq(DATE d1, DATE d2)的功能是比较日期 d1 和 d2 的前后，若 d1 在 d2 之前或相同则返回 1，否则返回 0。通过将日期数据转换为整数来比较日期的先后，显然，日期靠前时其对应的整数就小，因此空（3）处应填入"t1<=t2"或其等价形式。

　　在 main 函数中，从文本文件中读取日期数据，因此文件指针 fp 与文件的关联失败时，应结束程序，空（4）处应填入"fp==NULL"或其等价形式。

　　根据题意，非法日期不输出，因此空（5）处应填入"!isLegal(date)"或"isLegal (date)==0"。

　　根据注释，空（6）处应填入"Lteq(start, date) && Lteq(date,end)"或其等价形式。

参考答案

　　（1）d>30或 d>=31 或其等价形式

　　（2）d<=29 或 d<30 或其等价形式

　　（3）t1<=t2 或其等价形式

　　（4）!fp 或 fp==0 或 fp==NULL

　　（5）!isLegal(date)

　　（6）Lteq(start, date) && Lteq(date,end) 或其等价形式

试题四（共 15 分）

　　阅读以下说明和 C 代码，填补代码中的空缺，将解答填入答题纸的对应栏内。

【说明】

　　二叉查找树又称为二叉排序树，它或者是一棵空树，或者是具有如下性质的二叉树。

　　（1）若它的左子树非空，则左子树上所有结点的值均小于根结点的值。

　　（2）若它的右子树非空，则右子树上所有结点的值均大于根结点的值。

　　（3）左、右子树本身就是两棵二叉查找树。

　　二叉查找树是通过依次输入数据元素并把它们插入到二叉树的适当位置上构造起来的，具体的过程是：每读入一个元素，建立一个新结点，若二叉查找树非空，则将新结点的值与根结点的值相比较，如果小于根结点的值，则插入到左子树中，否则插入到右子树中；若二叉查找树为空，则新结点作为二叉查找树的根结点。

　　根据关键码序列{46, 25, 54, 13, 29, 91}构造一个二叉查找树的过程如图 4-1 所示。

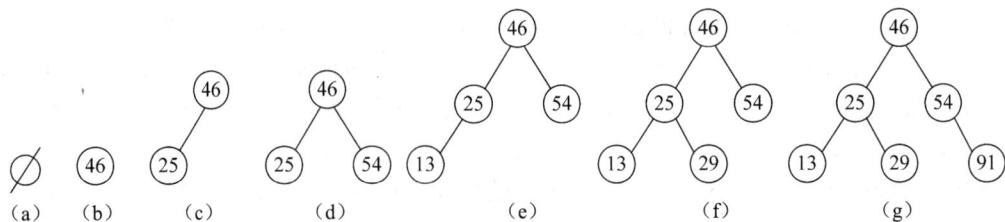

图 4-1

设二叉查找树采用二叉链表存储，结点类型定义如下：

```
typedef int KeyType;
typedef struct BSTNode{
    KeyType  key;
    struct BSTNode *left, *right;
}BSTNode, *BSTree;
```

图 4-1（g）所示二叉查找树的二叉链表表示如图 4-2 所示。

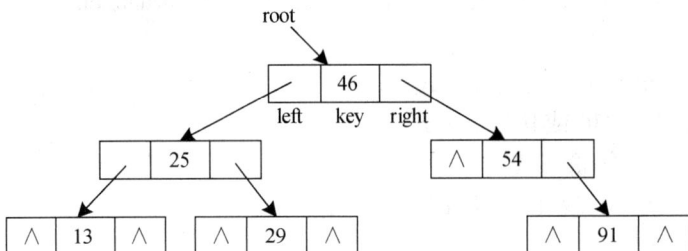

图 4-2

函数 int InsertBST(BSTree *rootptr, KeyType kword)功能是将关键码 kword 插入到由 rootptr 指示出根结点的二叉查找树中。若插入成功，函数返回 1，否则返回 0。

【C 代码】

```
int InsertBST(BSTree *rootptr, KeyType kword)
/* 在二叉查找树中插入一个键值为 kword 的结点，若插入成功返回 1，否则返回 0；
   *rootptr 为二叉查找树根结点的指针
*/
{
    BSTree p, father;

    __(1)__;                    /*将 father 初始化为空指针*/
    p = *rootptr;               /*p 指向二叉查找树的根结点*/
```

```
    while ( p &&  __(2)__ ) {      /*在二叉查找树中查找键值 kword 的结点*/
        father = p;
        if ( kword < p->key)
            p = p->left;
        else
            p = p->right;
    }
    if ( __(3)__ ) return 0;      /*二叉查找树中已包含键值 kword, 插入失败*/
    p = (BSTree)malloc( __(4)__ );        /*创建新结点用来保存键值 kword*/
    if (!p ) return 0;                    /*创建新结点失败 */
    p->key = kword;
    p->left = NULL;
    p->right = NULL;
    if (!father )
        __(5)__  = p;  /*二叉查找树为空树时新结点作为树根插入*/
    else
        if ( kword < father->key )
        __(6)__ ;          /*作为左孩子结点插入*/
        else
        __(7)__ ;          /*作为右孩子结点插入*/

    return 1;

}/*InsertBST*/
```

试题四分析

本题考查 C 程序设计的基本结构和数据结构的实现。

根据二叉查找树的定义，其左子树中结点的关键码均小于树根结点的关键码，其右子树中结点的关键码均大于根结点的关键码，因此，将一个新关键码插入二叉查找树时，若等于树根或某结点的关键码，则不再插入，若小于树根，则将其插入到左子树中，否则将其插入到右子树中。

根据注释，空（1）处需将 tather 设置为空指针，应填入 "father = NULL" 或其等价形式。

空（2）所在语句用于查找新关键码的插入位置，p 指向当前结点。查找结果为两种：若找到，则 p 指向的结点的关键码等于新关键码，若没有找到，则 p 得到空指针值。因此空（2）处应填入 "p->key != kword" 或其等价形式，在得到结果前使得查找过程可以继续，并且用 father 记录新插入结点的父结点指针。

空（3）处应填入 "p" 或其等价形式，表明查找到了与 kword 相同的结点，无须再插入该关键码。

空（4）处应填入"sizeof(BSTNode)"，在申请新结点空间时提供结点所需的字节数。

空（5）处应填入"*rootptr"，使得新结点作为树根结点时，树根结点的指针作为二叉链表的标识能得到更新。

根据注释，空（6）应填入"father->left = p"、空（7）应填入"father->right = p"。

参考答案

（1）father = NULL 或 father = 0 或其等价形式

（2）p->key != kword 或其等价形式

（3）p 或 p!=0 或 p!=NULL

（4）sizeof(BSTNode)或其等价形式

（5）*rootptr

（6）father->left = p

（7）father->right = p

试题五（共 15 分）

阅读以下说明和 Java 代码，填补代码中的空缺，将解答填入答题纸的对应栏内。

【说明】

以下 Java 代码实现两类交通工具（Flight 和 Train）的简单订票处理，类 Vehicle、Flight、Train 之间的关系如图 5-1 所示。

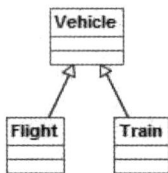

图 5-1

【Java 代码】

```java
import java.util.ArrayList;
import java.util.List;

abstract class Vehicle {
    void book(int n) {                  //订 n 张票
        if (getTicket() >= n) {
            decreaseTicket(n);
        } else {
            System.out.println("余票不足!! ");
        }
    }
}
```

```
    abstract int getTicket();
    abstract void decreaseTicket(int n);
};


class Flight ___(1)___ {
    private ___(2)___ tickets = 216;        //Flight 的票数
    int getTicket() {
        return tickets;
    }
    void decreaseTicket(int n) {
        tickets = tickets - n;
    }
}


class Train ___(3)___ {
    private ___(4)___ tickets = 2016;              //Train 的票数
    int getTicket() {
        return tickets;
    }
    void decreaseTicket(int n) {
        tickets = tickets - n;
    }
}


public class Test
{
    public static void main(String[] args) {

        System.out.println("欢迎订票！");
        ArrayList<Vehicle> v = new ArrayList<Vehicle>();
        v.add(new Flight());
        v.add(new Train());
        v.add(new Flight());
        v.add(new Train());
        v.add(new Train());

        for (int i = 0; i < v.size(); i++) {
            ___(5)___ (i+1);      //订 i+1 张票
            System.out.println("剩余票数: " + v.get(i).getTicket());
        }
    }
}
```

```
}
```

运行该程序时输出如下：

欢迎订票！

剩余票数：215

剩余票数：2014

剩余票数：___(6)___

剩余票数：___(7)___

剩余票数：___(8)___

试题五分析

本题考查 Java 语言程序设计，涉及类、继承、对象、方法的定义和相关操作。要求考生根据给出的案例和代码说明，认真阅读理清程序思路，然后完成题目。

先考查题目说明，实现两类交通工具（Flight 和 Train）的简单订票处理，根据说明进行设计。题目说明中图 5-1 的类图给出了类 Vehicle、Flight、Train 之间的关系。涉及到交通工具类 Vehicle、其子类 Flight 和 Train 两类具体交通工具。简单订票就针对这两类具体的交通工具，每次订票根据所选订票的交通工具和所需订票数进行操作。

不论哪类交通工具，订票操作 book 在余票满足条件的情况下将余票减少所订票数，不足时则给出"余票不足"提示，所以在父类 Vehicle 中定义并实现 void book(int n)方法。每类具体交通工具获取自身类型的票数（getTicket），订票也只减少自身类型票数（decreaseTicket(int n)）等类以及相关操作。因此，在父类 Vehicle 中，分别定义针对上述两个操作的抽象方法：

```
abstract int getTicket();
abstract void decreaseTicket(int n);
```

在 Java 中，abstract 作为抽象方法的关键字，包含抽象方法的类本身也必须是抽象类，因此，类 Vehicle 前需要有 abstract 关键字修饰，即：

```
abstract class Vehicle {……}
```

而且，抽象方法必须由其子类实现。从题目说明给出的类图（图 5-1）也可以看出，Vehicle 的两种具体类（子类）为 Flight 和 Train。Java 中，子类继承父类用关键字 extends，不论父类是抽象类还是具体类，即：

```
class 子类名 extends 父类名
```

因此，Flight 和 Train 的定义分别为：

```
class Flight extends Vehicle
```

```
class Train extends Vehicle
```

Flight 类和 Train 类中必须实现 getTicket 和 decreaseTicket 方法才能进行获取票数和减少余票的操作。因此，这两个类中都实现了 getTicket 和 decreaseTicket 方法。

　　Flight 和 Train 两类具体交通工具的票数需要分别记录，并且每次订票操作需要对总数进行操作，所以需要定义为类变量，同一类的所有对象共享此变量。在 Java 中，定义类变量的方式是将变量定义为静态变量，即用 static 关键字修饰。同时分析对票数的使用，getTicket 和 decreaseTicket 两个方法的返回值和参数都用类型 int，因此，票数 tickets 也定义为 int。综合上述两个方面知，tickets 定义为 static int 类型。

　　测试类 Test 中实现了订票系统的简要控制逻辑，主控逻辑代码实现在 main() 方法中，其中创建欲进行订票的对象、持有对象的集合、订票逻辑等。定义 ArrayList<Vehicle> 链表集合类型变量 v，此处采用泛型集合，在 v 中，可以持有 Vehicle 类型及其子类型的对象。ArrayList<E> 链表集合中的方法 add(E e) 用于给链表集合的最末端添加元素，get(int index) 用以获取链表集合中索引位置为 index 的元素，size() 用以获取链表集合的元素个数。主控逻辑中创建 Flight 和 Train 两个具体类的一些订票请求对象加入 v 中，因为 Flight 和 Train 均为 Vehicle 的子类型，而已是具体类，所以满足加入元素的要求，故采用 new Flight() 和 new Train() 来创建相应的对象加入 v 中；然后通过 for 循环使每个订票请求对象进行订票，并输出剩余票数：

```
for (int i = 0; i < v.size(); i++) {
        v.get(i).book(i+1);    //订 i+1 张票
        System.out.println("剩余票数: " + v.get(i).getTicket());
    }
```

即从 v 中取每个对象，调用 book 方法进行订票操作。v.get(i) 获得 v 中位置为 i 的元素，即 Vehicle 类型的对象，Java 中，动态绑定机制使得不同对象接收同一消息后发生不同的响应，即具体行为由位置为 i 的对象决定。此处无须类型转换，这是因为在父类 Vehicle 中，已经定义了 book 方法，并且申明了 book 所调用的 getTicket 和 decreaseTicket 方法接口，子类分别加以实现。另外，在上述 getTicket 和 decreaseTicket 两个方法执行时，因为每次操作 tickets 为 static 静态类型，所以，每个操作均作用在当前类变量的剩余票数，即具体子类型的有唯一一个当前剩余票数，每次操作都是上次对象修改之后的值的基础上继续更新。

　　在 main() 方法中，依次新建并加入了 5 个对象，按顺序类型分别为：Flight、Train、Flight、Train、Train，加入 v 中的 index 分别为 0、1、2、3、4。在 for 循环中，按顺序获取链表集合中的对象元素，并进行订票，数量为 i+1 张，然后输出剩余票数。因此，采用 v.get(i).book(i+1) 进行订票，采用 v.get(i).getTicket() 获得当前对象元素所属类的剩余票数。其中 Flight 的剩余票数 216−1=215、215−3=212；Train 的剩余票数为 2016−2=2014、

2014–4=2010、2010–5=2005。按对象顺序则为：215、2014、212、2010、2005。

综上所述，空（1）和（3）需要表示继承 Vehicle 抽象类，即 extends Vehicle；空（2）和（4）需要分别表示 Flight 和 Train 中 tickets 变量为静态整型变量，即 static int；空（5）处为调用获取 v 中对象元素并订票的 v.get(i).book；空（6）为 212；空（7）为 2010；空（8）为 2005。

参考答案

（1）extends Vehicle

（2）static int

（3）extends Vehicle

（4）static int

（5）v.get(i).book

（6）212

（7）2010

（8）2005

试题六（共 15 分）

阅读下列说明和 C++代码，填补代码中的空缺，将解答填入答题纸的对应栏内。

【说明】

以下 C++代码实现两类交通工具（Flight 和 Train）的简单订票处理，类 Vehicle、Flight、Train 之间的关系如图 6-1 所示。

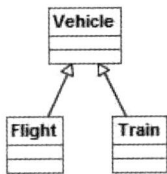

图 6-1

【C++代码】

```cpp
#include<iostream>
#include<vector>
using namespace std;

class Vehicle {
public:
    virtual ~Vehicle(){}
    void book(int n) {          //订 n 张票
```

```
        if (getTicket() >= n) {
          decreaseTicket(n);
        } else {
            cout<<n<<"余票不足!!  " ;
        }
    }
    virtual int getTicket() = 0;
    virtual void decreaseTicket(int)=0;
};

class Flight:   (1)   {
private:
    (2)   tickets;                //Flight 的票数
public:
    int getTicket();
    void decreaseTicket(int);
};

class Train:   (3)   {
private:
    (4)   tickets;               //Train 的票数
public:
    int getTicket();
    void decreaseTicket(int);
};

int Train::tickets = 2016;  //初始化 Train 的票数为 2016
int Flight::tickets = 216;  //初始化 Flight 的票数为 216

int Train::getTicket () {  return tickets;  }
void Train::decreaseTicket(int n) {  tickets = tickets - n;  }

int Flight::getTicket () {  return tickets;  }
void Flight::decreaseTicket(int n) {  tickets = tickets - n;  }

int main() {
    vector<Vehicle*> v;

    v.push_back(new Flight());
    v.push_back(new Train());
    v.push_back(new Flight());
```

```
    v.push_back(new Train());
    v.push_back(new Train());

    cout<<"欢迎订票!"<<endl;

    for (int i = 0; i < v.size(); i++) {
        ___(5)___ (i+1);          //订 i+1 张票
        cout << "剩余票数: " << (*v[i]).getTicket() << endl;
    }

    for(vector<Vehicle *>::iterator it = v.begin();it != v.end(); it ++) {
        if (NULL != *it) {
            delete *it ;
            *it = NULL;
        }
    }
    v.clear();
    return 0;
}
```

运行该程序时输出如下:

欢迎订票!

剩余票数: 215

剩余票数: 2014

剩余票数: ___(6)___

剩余票数: ___(7)___

剩余票数: ___(8)___

试题六分析

本题考查 C++语言程序设计,涉及类、继承、对象、函数的定义和相关操作。要求考生根据给出的案例和代码说明,认真阅读理清程序思路,然后完成题目。

先考查题目说明,实现两类交通工具(Flight 和 Train)的简单订票处理,根据说明进行设计,题目说明中图 6-1 的类图给出了类 Vehicle、Flight、Train 之间的关系。涉及到交通工具类 Vehicle、其子类 Flight 和 Train 两类具体交通工具。简单订票就针对这两类具体的交通工具,每次订票根据所选订票的交通工具和所需订票数进行操作。

不论哪类交通工具,订票操作 book 在余票满足条件的情况下将余票减少所订票数,不足时则给出"余票不足"提示,所以在父类 Vehicle 中定义并实现 void book(int n)函数。每类具体交通工具获取自身类型的票数(getTicket),订票也只减少自身类型票数(decreaseTicket(int n))等类以及相关操作。因此,在父类 Vehicle 中,分别定义针对上述两个操作的虚函数：

```
virtual int getTicket() = 0;
virtual void decreaseTicket(int)=0;
```

在 C++中，virtual 作为虚函数的关键字，"= 0;"表示为纯虚函数，包含虚函数的类本身也是虚拟类，而且，虚函数必须由其子类实现。从题目说明给出的类图（图 6-1）也可以看出，Vehicle 的两种具体类（子类）为 Flight 和 Train。C++中，子类继承父类用 "："，即：

```
class 子类名：继承的方式 父类名
```

考查主控函数 main()，需要将 Flight 和 Train 类型的对象加入模板类型为 Vehicle 的向量中，因此，Flight 和 Train 的实现分别为：

```
class Flight: public Vehicle
class Train: public Vehicle
```

Flight 类和 Train 类中必须实现 getTicket 和 decreaseTicket 函数才能进行获取票数和减少余票的操作。因此，这两个类中都实现了 getTicket 和 decreaseTicket 函数。

Flight 和 Train 两类具体交通工具的票数需要分别记录，并且每次订票操作需要对总数进行操作，所以需要定义为类变量，同一类的所有对象共享此变量。在 C++中，定义类变量的方式是将变量定义为静态变量，即用 static 关键字修饰。同时分析对票数的使用，getTicket 和 decreaseTicket 两个函数的返回值和参数都用类型 int，因此，票数 tickets 也定义为 int。综合上述两个方面知，tickets 定义为 static int 类型。而且，在 C++中，static int 类型的变量必须在类外进行初始化，即：

```
int Train::tickets = 2016;  //初始化 Train 的票数为 2016
int Flight::tickets = 216;  //初始化 Flight 的票数为 216
```

主函数 main()中实现了订票系统的简要控制逻辑，其中创建欲进行订票的对象、持有对象的集合、订票逻辑等。定义 vector<Vehicle>向量类型变量 v，此处采用模板类集合，在 v 中，可以持有 Vehicle 类型及其子类型的对象指针。vector<E>向量中的函数 push_back(E e)用于给向量的最末端添加元素，采用向量元素下标 index 获取向量中索引位置为 index 的元素，即对象指针，size()用以获取向量的元素个数。主控逻辑中创建 Flight 和 Train 两个具体类的一些订票请求对象加入 v 中，因为 Flight 和 Train 均为 Vehicle 的子类型，而且是具体类，所以满足加入元素的要求，故采用 new Flight()和 new Train()来创建相应的对象加入 v 中；然后通过 for 循环使每个订票请求对象进行订票，并输出剩余票数：

```
for (int i = 0; i < v.size(); i++) {
    (*v[i]).book(i+1);    //订 i+1 张票
    cout << "剩余票数: " << (*v[i]).getTicket() << endl;
}
```

即从 v 中取每个对象指针，用其指向的对象调用 book 函数进行订票操作。v[i]获得 v 中位置为 i 的元素，(*v[i])则是 Vehicle 类型的对象，由于面向对象的多态机制使得不同对象接收同一消息后发生不同的响应，即具体行为由位置为 i 的对象指针所引用的对象决定。此处无须类型转换，这是因为在父类 Vehicle 中，已经定义了 book 函数，并且声明了 book 所调用的 getTicket 和 decreaseTicket 函数接口，子类分别加以实现。另外，在上述 getTicket 和 decreaseTicket 两个函数执行时，因为每次操作 tickets 为 static 静态类型，所以，每个操作均作用在当前类变量的剩余票数，即具体子类型的有唯一一个当前剩余票数，每次操作都是上次对象修改之后的值的基础上继续更新。

在 main()函数中，依次新建并加入了 5 个对象，按顺序类型分别为：Flight、Train、Flight、Train、Train，加入 v 中的 index 分别为 0、1、2、3、4。在 for 循环中，按顺序获取向量中的对象元素，并进行订票，数量为 i+1 张，然后输出剩余票数。因此，采用 (*v[i]).book(i+1)进行订票，采用(*v[i]).getTicket()获得当前对象元素所属类的剩余票数。其中 Flight 的剩余票数 216–1=215、215–3=212；Train 的剩余票数为 2016–2=2014、2014–4=2010、2010–5=2005。按对象顺序则为：215、2014、212、2010、2005。

综上所述，空（1）和（3）需要表示继承 Vehicle 虚类，即 public Vehicle；空（2）和（4）需要分别表示 Flight 和 Train 中 tickets 变量为静态整型变量，即 static int；空（5）处为调用获取 v 中对象元素并订票的(*v[i]).book；空（6）为 212；空（7）为 2010；空（8）为 2005。

参考答案

　　（1）public Vehicle

　　（2）static int

　　（3）public Vehicle

　　（4）static int

　　（5）(*v[i]).book

　　（6）212

　　（7）2010

　　（8）2005

第19章　2016下半年程序员上午试题分析与解答

试题（1）

某质量技术监督部门为检测某企业生产的批号为 B160203HDA 的化妆品含铅量是否超标，通常宜采用 __(1)__ 的方法。

（1）A. 普查
B. 查有无合格证
C. 抽样检查
D. 查阅有关单据

试题（1）分析

测试产品是否合格需要对产品进行检查，检查的方法可以用普查和抽样检查。对于批号为 B160203HDA 的化妆品其产品生产量大，通过抽取部分样品即可代表整体，那么通常宜采用的方法是抽样检查。

参考答案

（1）C

试题（2）

某企业资料室员工张某和王某负责向系统中录入一批图书信息（如：图书编号、书名、作者、出版社、联系方式等信息）。要求在保证质量的前提下，尽可能高效率地完成任务。对于如下 A～D 四种工作方式，__(2)__ 方式比较恰当。

（2）A. 张某独立完成图书信息的录入，王某抽查
B. 张某独立完成图书信息的录入，王某逐条核对
C. 张某和王某各录一半图书信息，再交叉逐条核对
D. 张某和王某分工协作，分别录入图书信息的不同字段，再核对并合并在一起

试题（2）分析

选项 A 将导致王某需要张某等待较长时间，故效率低，录入质量不一定能保证。选项 B 存在王某与张某的相互等待时间较长，导致工作效率低。选项 C 消除了等待时间提高了工作效率，同时也可保证录入的质量。选项 D 的关键问题是合并本身需要时间，而且合并也可能会造成错误。

参考答案

（2）C

试题（3）

在 Excel 中，假设单元格 A1、A2、A3 和 A4 的值分别为 23、45、36、18，单元格 B1、B2、B3、B4 的值分别为 29、38、25、21。在单元格 C1 中输入 " =SUM(MAX(A1：A4),MIN(B1：B4))"（输入内容不含引号）并按 Enter 后，C1 单元格显示的内容为 __(3)__ 。

（3）A．44　　　　　　　B．66　　　　　　C．74　　　　　　D．84

试题（3）分析

本题考查 Excel 基础知识。

SUM 函数的功能是求和，MAX 函数是求最大值，MIN 函数是求最小值，所以 SUM(MAX(),MIN()) 的含义是求 A1：A4 区域内的最大值 45 和 B1：B4 区域内的最小值 21 之和，结果为 66。

参考答案

（3）B

试题（4）

在 Excel 中，若在单元格 A6 中输入 "=Sheet1!D5+Sheet2!B4:D4+Sheet3!A2:G2"，则该公式 __(4)__ 。

（4）A．共引用了 2 张工作表的 5 个单元格的数据

　　　B．共引用了 2 张工作表的 11 个单元格的数据

　　　C．共引用了 3 张工作表的 5 个单元格的数据

　　　D．共引用了 3 张工作表的 11 个单元格的数据

试题（4）分析

Excel 有四类运算符，分别是算术运算、比较运算、文本运算和引用运算。其中，最常见的两种引用运算符是引用运算符冒号 "："表示多个连续的单元格，引用运算符逗号 "，"表示多个不连续的单元格，但这种引用只能在同一个工作表中进行单元格的引用，而不可以引用其他工作表中的单元格。如果要在当前单元格中引用其他工作表中的单元格，就必须在引用单元格地址前面加上它所在工作表的名称，并用叹号 "！"分隔，其格式为：工作表名！单元格区域。但无论单元格属于哪张表，其单元格数目不变。

参考答案

（4）D

试题（5）分析

"http:// www.x123.arts.hk" 中的 "arts.hk" 代表的是 __(5)__ 。

（5）A．韩国的商业机构　　　　　　　B．香港的商业机构

　　　C．韩国的艺术机构　　　　　　　D．香港的艺术机构

试题（5）分析

域名结构由若干分量组成，书写时按照由小到大的顺序，顶级域名放在最右边，分配给主机的名字放在最左边，各级名字之间用 "."隔开。格式为：分配给主机的名字．三级域名．二级域名．顶级域名。例：www.x123.arts.hk。因特网最高层域名分为机构性域名和地理性域名两大类。常见的国家或地区顶级域名如表 1 所示。

表 1　常见的国家或地区顶级域名

域　名	国家/地区	域　名	国家/地区
.cn	China 中国	.gb	Great Britain 英国
.au	Australia 澳大利亚	.hk	HongKong 中国香港
.ca	Canada 加拿大	.kr	Korea-south 韩国
.jp	Japan 日本	.ru	Russian 俄罗斯
.de	Germany 德国	.it	Italy 意大利
.fr	France 法国	.tw	Taiwan 中国台湾

常见的机构性域名如表 2 所示。

表 2　常见的机构性域名

域　名	机 构 性 质	域　名	机 构 性 质
.com	工、商、金融等企业	.rec	消遣机构
.net	互联网络、接入网络服务机构	.org	各种非盈利性的组织
.gov	政府部门	.edu	教育机构
.arts	艺术机构	.mil	军事机构
.info	提供信息服务的企业	.firm	商业公司
.store	商业销售机构	.nom	个人或个体

参考答案

（5）D

试题（6）

在汇编指令中，操作数在某寄存器中的寻址方式称为__(6)__寻址。

（6）A．直接　　　B．变址　　　　C．寄存器　　　D．寄存器间接

试题（6）分析

本题考查计算机系统基础知识。

寻址方式就是处理器根据指令中给出的地址信息来寻找物理地址的方式，是确定本条指令的数据地址以及下一条要执行的指令地址的方法。

寻址方式中，操作数在指令中称为立即寻址；操作数在通用寄存器中称为寄存器寻址；操作数在主存单元，而其地址在指令中称为直接寻址；操作数在主存单元，而其地址在寄存器中称为寄存器间接寻址。

参考答案

（6）C

试题（7）

计算机系统中，虚拟存储体系由__(7)__两级存储器构成。

（7）A．主存-辅存　　　　　　　B．寄存器-Cache

　　　C．寄存器-主存　　　　　　D．Cache-主存

试题（7）分析

本题考查计算机系统基础知识。

虚拟存储是指将多个不同类型、独立存在的物理存储体，通过软、硬件技术，集成为一个逻辑上的虚拟的存储系统，集中管理供用户统一使用。这个虚拟逻辑存储单元的存储容量是它所集中管理的各物理存储体的存储量的总和，而它具有的访问带宽则在一定程度上接近各个物理存储体的访问带宽之和。

虚拟存储器实际上是主存-辅存构成的一种逻辑存储器，实质是对物理存储设备进行逻辑化的处理，并将统一的逻辑视图呈现给用户。

参考答案

（7）A

试题（8）

程序计数器（PC）是　(8)　中的寄存器。

(8) A. 运算器　　　　　B. 控制器　　　　　C. Cache　　　　　D. I/O 设备

试题（8）分析

本题考查计算机系统基础知识。

计算机中控制器的主要功能是从内存中取出指令，并指出下一条指令在内存中的位置，首先将取出的指令送入指令寄存器，然后启动指令译码器对指令进行分析，最后发出相应的控制信号和定时信息，控制和协调计算机的各个部件有条不紊地工作，以完成指令所规定的操作。

程序计数器（PC）的内容为下一条指令的地址。当程序顺序执行时，每取出一条指令，PC 内容自动增加一个值，指向下一条要取的指令。当程序出现转移时，则将转移地址送入 PC，然后由 PC 指出新的指令地址。

参考答案

（8）B

试题（9）

中断向量提供　(9)　。

(9) A. 外设的接口地址　　　　　　　　B. 待传送数据的起始和终止地址

　　C. 主程序的断点地址　　　　　　　D. 中断服务程序入口地址

试题（9）分析

本题考查计算机系统基础知识。

中断是这样一个过程：在 CPU 执行程序的过程中，由于某一个外部的或 CPU 内部事件的发生，使 CPU 暂时中止正在执行的程序，转去处理这一事件（即执行中断服务程序），当事件处理完毕后又回到原先被中止的程序，接着中止前的状态继续向下执行。这一过程就称为中断，中断服务程序入口地址称为中断向量。

参考答案

（9）D

试题（10）

在计算机系统中总线宽度分为地址总线宽度和数据总线宽度。若计算机中地址总线的宽度为 32 位，则最多允许直接访问主存储器　（10）　的物理空间。

（10）A．40MB　　　　B．4GB　　　　C．40GB　　　　D．400GB

试题（10）分析

本题考查计算机系统基础知识。

在计算机中总线宽度分为地址总线宽度和数据总线宽度。其中，数据总线的宽度（传输线根数）决定了通过它一次所能并行传递的二进制位数。显然，数据总线越宽则每次传递的位数越多，因而，数据总线的宽度决定了在主存储器和 CPU 之间数据交换的效率。地址总线宽度决定了 CPU 能够使用多大容量的主存储器，即地址总线宽度决定了 CPU 能直接访问的内存单元的个数。假定地址总线是 32 位，则能够访问 2^{32} =4GB 个内存单元。

参考答案

（10）B

试题（11）

为了提高计算机磁盘存取效率，通常可以　（11）　。

（11）A．用磁盘格式化程序定期对 ROM 进行碎片整理

　　　B．用磁盘碎片整理程序定期对内存进行碎片整理

　　　C．用磁盘碎片整理程序定期对磁盘进行碎片整理

　　　D．用磁盘格式化程序定期对磁盘进行碎片整理

试题（11）分析

本题考查计算机系统性能方面的基础知识。

文件在磁盘上一般是以块（或扇区）的形式存储的。磁盘文件可能存储在一个连续的区域内，或者被分割成若干个"片"存储在磁盘中不连续的多个区域。后一种情况对文件的完整性没有影响，但由于文件过于分散，将增加计算机读盘的时间，从而降低了计算机的效率。磁盘碎片整理程序可以在整个磁盘系统范围内对文件重新安排，将各个文件碎片在保证文件完整性的前提下转换到连续的存储区内，提高对文件的读取速度。但整理是要花费时间的，所以应该定期对磁盘进行碎片整理，而不是每小时对磁盘进行碎片整理。

参考答案

（11）C

试题（12）

商标权保护的对象是指　（12）　。

（12）A．商品　　　　B．商标　　　　C．已使用商标　　　　D．注册商标

试题（12）分析

商标是指在商品或者服务项目上所使用的，用以识别不同生产者或经营者所生产、制造、加工、拣选、经销的商品或者提供的服务，具有显著特征的人为标记。

商标权是商标所有人依法对其商标所享有的专有使用权。商标权保护的对象是注册商标。注册商标是指经国家主管机关核准注册而使用的商标，注册人享有专用权。未注册商标是指未经申报商标局核准注册而直接投放市场使用的商标，未注册的商标可以使用，只是不享有专用权，不受商标法律保护，但未注册的驰名商标受到特殊的保护。未注册商标使用人始终处于一种无权利保障状态，而随时可能因他人相同或近似商标的核准注册而被禁止使用。一般情况下，使用在某种商品或服务上的商标是否申请注册完全由商标使用人自行决定。我国商标法规定，企业、事业单位和个体工商业者，对其生产、制造、加工、拣选或者经销的商品，或者对其提供的服务项目，需要取得商标专用权的，应当向商标局申请商品商标注册。商品的商标注册与否，实行自愿注册，但对与人民生活关系密切的少数商品实行强制注册。商标法第六条规定，国家规定必须使用注册商标的商品，必须申请商标注册，未经核准注册的，不得在市场上销售，例如对人用药品和烟草制品等，实行强制注册原则。

参考答案

（12）D

试题（13）

两名以上的申请人分别就同样的软件发明创造申请专利时，　(13)　可取得专利权。

（13）A．最先发明的人　　　　　B．最先申请的人
　　　　C．所有申请的人　　　　　D．最先使用人

试题（13）分析

在同一地域（国家）内，相同主题的发明创造只能被授予一项专利权。当两个以上的申请人分别就同样的发明创造申请专利的，专利权授给最先申请的人。如果两个以上申请人在同一日分别就同样的发明创造申请专利的，应当在收到专利行政管理部门的通知后自行协商确定申请人。如果协商不成，专利局将驳回所有申请人的申请，即均不授予专利权。我国专利法规定："两个以上的申请人分别就同样的发明创造申请专利的，专利权授予最先申请的人"。我国专利法实施细则规定："同样的发明创造只能被授予一项专利。依照专利法第九条的规定，两个以上的申请人在同一日分别就同样的发明创造申请专利的，应当在收到国务院专利行政部门的通知后自行协商确定申请人"。

参考答案

（13）B

试题（14）

自然界的声音信号一般都是多种频率声音的复合信号，用来描述组成复合信号的频

率范围的参数被称为信号的　(14)　。

　　(14) A．带宽　　　　　B．音域　　　　　C．响度　　　　　D．频度

试题（14）分析

　　带宽是声音信号的一个重要参数，它用来描述组成复合信号的频率范围。

　　音域指某人声或乐器所能达到的最低音至最高音的范围。

　　响度指声音的大小，与振动的幅度有关。音调指声音的高低，与振动的频率有关。

参考答案

　　(14) A

试题（15）

　　以下媒体文件格式中，　(15)　是视频文件格式。

　　(15) A．WAV　　　　　B．BMP　　　　　C．MOV　　　　　D．MP3

试题（15）分析

　　Wave 文件（.wav）是 Microsoft Windows 系统中使用的标准音频文件格式，它来源于对声音波形的采样，即波形文件。利用该格式记录的声音文件能够和原声基本一致，质量非常高，但文件数据量大。

　　BMP 文件（.bmp）是 Windows 操作系统采用的一种图像文件格式。它是一种与设备无关的位图格式，目的是能够在任何类型的显示设备上输出所存储的图像。

　　MPEG-1 Audio Layer 3 文件（.mp3）是最流行的声音文件格式，在较大压缩比之下仍能重构高音质的声音信号。

　　Quick Time 文件（.mov、.qt）是 Apple 公司开发的一种音频、视频文件格式，用于保存音频和视频信息，具有先进的视频和音频功能，提供跨平台支持。

参考答案

　　(15) C

试题（16）

　　使用 150DPI 的扫描分辨率扫描一幅 3×4 平方英寸的彩色照片，得到原始的 24 位真彩色图像的数据量是　(16)　Byte。

　　(16) A．1800　　　　　B．90000　　　　　C．270000　　　　　D．810000

试题（16）分析

　　150DPI 是指每英寸 150 个像素点，24 位真彩色图像是指每个像素点用 3（即 24/8）个字节来表示，扫描 3×4 平方英寸的彩色照片得到 3*150*4*150 个像素点，所以数据量为 3*150*4*150*3 = 810000 字节。

参考答案

　　(16) D

试题（17）

　　下列病毒中，属于宏病毒的是　(17)　。

（17）A．Trojan.Lmir.PSW.60　　　　　　　B．Hack.Nether.Client

　　　　C．Macro.word97　　　　　　　　　　D．Script.Redlof

试题（17）分析

本题考查网络安全中网络病毒相关基础知识。

网络病毒均有不同家族来表明其所属类型。其中 Trojan.Lmir.PSW.60 为木马病毒，Macro.word97 为宏病毒，Script.Redlof 为脚本病毒。

参考答案

（17）C

试题（18）

安全的电子邮件协议为　（18）　。

（18）A．MIME　　　　B．PGP　　　　C．POP3　　　　D．SMTP

试题（18）分析

本题考查安全的电子邮件协议基础知识。

MIME 提供的是多格式邮件服务，PGP 是安全邮件协议，POP3 为邮件接收协议，SMTP 为邮件发送协议。

参考答案

（18）B

试题（19）

在浮点表示格式中，数的精度是由　（19）　的位数决定的。

（19）A．尾数　　　　B．阶码　　　　C．数符　　　　D．阶符

试题（19）分析

本题考查计算机系统基础知识。

对于浮点数 X，将其表示为 $X = M \times 2^i$，其中，称 M 为尾数，i 是指数。例如，1011.001101 可表示为 0.1011001101×2^4。显然，尾数的位数决定了数值的精度，i 的位数决定了浮点数的范围。

参考答案

（19）A

试题（20）

目前的小型和微型计算机系统中普遍采用的字母与字符编码是　（20）　。

（20）A．BCD 码　　　　B．海明码　　　　C．ASCII 码　　　　D．补码

试题（20）分析

本题考查计算机系统基础知识。

BCD 码（Binary-Coded Decimal）也称为二进码十进数或二-十进制代码，用 4 位二进制数来表示 1 位十进制数中的 0～9 这 10 个数码。

海明码是利用奇偶性来检错和纠错的校验编码方法。海明码的构成方法是在数据位

之间插入 k 个校验位，通过扩大码距来实现检错和纠错。

ASCII（American Standard Code for Information Interchange，美国信息交换标准代码）码是基于拉丁字母的最通用的单字节编码系统，主要用于显示现代英语和其他西欧语言，ASCII 码等同于国际标准 ISO/IEC 646。

补码是一种数值数据的编码方法。

参考答案

（20）C

试题（21）、（22）

已知 x = −53/64，若采用 8 位定点机器码表示，则 $[x]_原$ = ___(21)___ ，$[x]_补$ = ___(22)___ 。

（21）A. 01101101　　B. 11101010　　C. 11100010　　D. 01100011

（22）A. 11000011　　B. 11101010　　C. 10011110　　D. 10010110

试题（21）、（22）分析

本题考查计算机系统基础知识。

将 x 表示为二进制形式 $-\dfrac{53}{64} = -\left(\dfrac{32}{64} + \dfrac{16}{64} + \dfrac{4}{64} + \dfrac{1}{64}\right) = -0.110101$ 。

原码表示的规定是：如果机器字长为 n（即采用 n 个二进制位表示数据），则最高位是符号位，0 表示正号，1 表示负号，其余的 n−1 位表示数值的绝对值。因此，$[x]_原$=1.1101010

补码表示的规定是：如果机器字长为 n，则最高位为符号位，0 表示正号，1 表示负号，其余的 n−1 位表示数值。正数的补码与其原码和反码相同，负数的补码则等于其原码数值部分各位取反，最后在末尾加 1。因此，$[x]_补$=1.0010110。

参考答案

（21）B　　（22）D

试题（23）

操作系统通过 ___(23)___ 来组织和管理外存中的信息。

（23）A. 字处理程序　　　　　　　　B. 设备驱动程序

　　　C. 文件目录和目录项　　　　　D. 语言翻译程序

试题（23）分析

本题考查操作系统基础知识。

为了方便用户存取信息，操作系统是通过文件目录和目录项来组织和管理外存中的信息，使得用户可以按名存取。

参考答案

（23）C

试题（24）

下列操作系统中，___(24)___ 保留了网络系统的全部功能，并具有透明性、可靠性和高性能等特性。

（24）A．批处理操作系统　　　　　　B．分时操作系统

　　　　C．分布式操作系统　　　　　　D．实时操作系统

试题（24）分析

本题考查操作系统基础知识。

批处理操作系统是脱机处理系统，即在作业运行期间无须人工干预，由操作系统根据作业说明书控制作业运行。

分时操作系统是将 CPU 的时间划分成时间片，轮流为各个用户服务，其设计目标是多用户的通用操作系统，交互能力强。

分布式操作系统是网络操作系统的更高级形式，它保持网络系统所拥有的全部功能，同时又有透明性、可靠性和高性能等特性。

实时操作系统的设计目标是专用系统，其主要特征是实时性强及可靠性高。

参考答案

（24）C

试题（25）

在进程状态转换过程中，可能会引起进程阻塞的原因是　__(25)__　。

（25）A．时间片到　　B．执行 V 操作　　C．I/O 完成　　　D．执行 P 操作

试题（25）分析

本题考查操作系统进程通信方面的基础知识。

当某进程时间片到时，操作系统将该进程置于就绪状态，并从就绪状态的进程中选一个进程投入运行；执行 V 操作意味着要释放一个资源，不会引起进程阻塞；I/O 完成意味着某进程等待的事件发生了，将唤醒该进程，故不会引起进程阻塞；执行 P 操作表示申请一个资源，当无可用资源系统时将该进程插入阻塞队列。

参考答案

（25）D

试题（26）

假设系统有 n（n≥3）个进程共享资源 R，且资源 R 的可用数为 3。若采用 PV 操作，则相应的信号量 S 的取值范围应为　__(26)__　。

（26）A．$-1\sim n-1$　　　B．$-3\sim 3$　　　　C．$-(n-3)\sim 3$　　　D．$-(n-1)\sim 1$

试题（26）分析

本题考查操作系统进程管理中信号量与同步互斥基础知识。

本题中已知有 n 个进程共享 R 资源，且 R 资源的可用数为 3，故信号量 S 的初值应设为 3。当第 1 个进程申请资源时，信号量 S 减 1，即 S=2；当第 2 个进程申请资源时，信号量 S 减 1，即 S=1；当第 3 个进程申请资源时，信号量 S 减 1，即 S=0；当第 4 个进程申请资源时，信号量 S 减 1，即 S=-1；……；当第 n 个进程申请资源时，信号量 S 减 1，即 S=-(n-3)。

参考答案

（26）C

试题（27）

某分页存储管理系统中的地址结构如下图所示。若系统以字节编址，则该系统每个页面的大小为___（27）___。

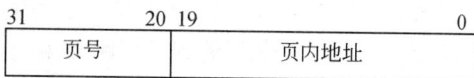

31	20 19	0
页号	页内地址	

（27）A．4096KB　　　　B．1 MB　　　　C．2 MB　　　　D．4MB

试题（27）分析

本题考查操作系统分页存储管理系统的基础知识。

根据题意，页号的地址长度为二进制 12 位，$2^{12}=4096$，所以该系统共有 4096 个页面。页内地址的长度为二进制 20 位，$2^{20}=2^{10}×2^{10}=1024×1024=1024KB=1MB$，所以该系统页的大小为 1 MB。

参考答案

（27）B

试题（28）

以下关于解释方式下运行程序的叙述中，错误的是___（28）___。

（28）A．先将高级语言程序转换为字节码，再由解释器运行字节码

　　　　B．由解释器直接分析并执行高级语言程序代码

　　　　C．先将高级语言程序转换为某种中间代码，再由解释器运行中间代码

　　　　D．先将高级语言程序转换为机器语言，再由解释器运行机器语言代码

试题（28）分析

本题考查程序语言基础知识。

解释程序（也称为解释器）可以直接解释执行源程序，或者将源程序翻译成某种中间表示形式后再加以执行；而编译程序（编译器）则首先将源程序翻译成目标语言程序，然后在计算机上运行目标程序。这两种语言处理程序的根本区别是：在编译方式下，机器上运行的是与源程序等价的目标程序，源程序和编译程序都不再参与目标程序的执行过程；而在解释方式下，解释程序和源程序（或其某种等价表示）要参与到程序的运行过程中，运行程序的控制权在解释程序。简而言之，解释器翻译源程序时不产生独立的目标程序，而编译器则需将源程序翻译成独立的目标程序。

参考答案

（28）D

试题（29）

编写 C 程序时通常为了提高可读性而加入注释，注释并不参与程序的运行过程。通

常，编译程序在　(29)　阶段就会删除源程序中的注释。

　　(29) A．词法分析　　　　 B．语法分析　　　 C．语义分析　　　 D．代码优化

试题（29）分析

　　本题考查程序语言基础知识。

　　编译程序的工作过程可以分为词法分析、语法分析、语义分析、中间代码生成、代码优化、代码生成这 6 个阶段。一般情况下，注释本身并不为编译程序提供关于程序结构和语义的任何信息，编译程序在词法分析阶段就会删除源程序中的注释。

参考答案

　　(29) A

试题（30）、（31）

　　某 C 语言程序中有表达式 $x \% m$（即 x 被 m 除取余数），其中，x 为浮点型变量，m 为整型非 0 常量，则该程序在　(30)　时会报错，该错误属于　(31)　错误。

　　(30) A．编译　　　　　　 B．预处理　　　　 C．编辑　　　　　 D．运行

　　(31) A．逻辑　　　　　　 B．语法　　　　　 C．语义　　　　　 D．运行

试题（30）、（31）分析

　　本题考查程序语言基础知识。

　　用户编写的源程序不可避免地会有一些错误，这些错误大致可分为静态错误和动态错误。动态错误也称动态语义错误，它们发生在程序运行时，例如变量取零时作除数、引用数组元素下标越界等错误。静态错误是指编译时所发现的程序错误，可分为语法错误和静态语义错误。C 语言对浮点数作整除取余运算没有定义，属于运算类型不匹配的错误，编译过程中的语义分析阶段会报告此类错误，属于静态语义错误。

参考答案

　　(30) A　(31) C

试题（32）

　　在单 CPU 计算机系统中，完成相同功能的递归程序比非递归程序　(32)　。

　　(32) A．运行时间更短，占用内存空间更少

　　　　　B．运行时间更长，占用内存空间更多

　　　　　C．运行时间更短，占用内存空间更多

　　　　　D．运行时间更长，占用内存空间更少

试题（32）分析

　　本题考查程序语言基础知识。

　　完成相同功能的递归程序与非递归程序相比，会增加函数调用过程中必需的参数传递、控制转移和现场保护等处理，因此递归程序运行时需要更多的运行时间，占用更多内存空间。

参考答案

（32）B

试题（33）、（34）

已知函数 f()、g() 的定义如下所示，调用函数 f 时传递给形参 x 的值是 5。若 g(a) 采用引用调用（call by reference）方式传递参数，则函数 f 的返回值为　(33)　；若 g(a) 采用值调用（call by value）的方式传递参数，则函数 f 的返回值为　(34)　。其中，表达式 "x>>1" 的含义是将 x 的值右移 1 位，相当于 x 除以 2。

```
f(int x)

int a = x>>1;
g(a);
return a+x;
```

```
g(int x)

x = x*(x+1);
return;
```

（33）A．35　　　　B．32　　　　C．11　　　　D．7

（34）A．35　　　　B．32　　　　C．11　　　　D．7

试题（33）、（34）分析

本题考查程序语言基础知识。

首先分析函数 f 的语句执行过程。形参 x 的值为 5，将 x 的值（二进制形式高位都为 0，低八位为 00000101）右移 1 位后赋值给 a，使得 a 的值为 2（二进制形式高位都为 0，低八位为 00000010），然后执行函数调用 g(a)。

若以引用调用方式调用 g(a)，则在函数 g 执行时，其形参 x 相当于是 f 中 a 的别名，对于运算 "x=x*(x+1)"，此运算前 x 的值为 2，运算后 x 的值改变为 6，返回到函数 f 后 a 的值被改变为是 6，在 f 中 a 和 x 是两个数据对象，所以 f 结束时返回 a+x 的值为 11（5+6）。

若以值调用方式调用 g(a)，则在函数 g 执行时，其形参 x 是一个独立的数据对象（值为 2），接下来进行运算 "x=x*(x+1)"，运算前 x 的值为 2，运算后 x 的值改变为 6，最后返回到函数 f，a 的值不改变，仍然是 2，所以 f 结束时返回 a+x 的值为 7（即 2+5）。

参考答案

（33）C　　（34）D

试题（35）

设数组 a[0..n-1,0..m-1]（n>1，m>1）中的元素以行为主序存放，每个元素占用 4 个存储单元，则数组元素 a[i,j]（$0 \leqslant i < n$，$0 \leqslant j < m$）的存储位置相对于数组空间首地址的偏移量为　(35)　。

（35）A．(j*m+i)*4　　　　　　　B．(i*m+j)*4

　　　 C．(j*n+i)*4　　　　　　　D．(i*n+j)*4

试题（35）分析

本题考查数据结构基础知识。

数组 a 的元素可示意如下。

$$\begin{bmatrix} a_{0,0} & a_{0,1} & a_{0,2} & \cdots & a_{0,m-1} \\ a_{1,0} & a_{1,1} & a_{1,2} & \cdots & a_{1,m-1} \\ \vdots & \vdots & \vdots & a_{i,j} & \vdots \\ a_{n-1,0} & a_{n-1,1} & a_{n-1,2} & \cdots & a_{n-1,m-1} \end{bmatrix}$$

对于元素 a[i,j]，按行排列时，其之前有 i 行且每行有 m 个元素（行下标为 0,1,…,i-1），即 i*m 个，行下标为 i 时，排列在 a[i,j] 之前的元素有 a[i,0],a[i,1],…,a[i,j-1]，即 j 个，所以一共有 i*m+j 个元素排在 a[i,j] 之前，因此该元素的存储位置相对于数组空间首地址的偏移量为 (i*m+j)*4。

参考答案

（35）B

试题（36）

线性表采用单循环链表存储的主要特点是　__（36）__。

（36）A．从表中任一结点出发都能遍历整个链表

　　　 B．可直接获取指定结点的直接前驱和直接后继结点

　　　 C．在进行删除操作后，能保证链表不断开

　　　 D．与单链表相比，更节省存储空间

试题（36）分析

本题考查数据结构基础知识。

不含头结点且有 n 个元素的单链表和单循环链表分别如下图（a）、（b）所示。在单链表和单循环链表中，由于结点指针域的链接方向都是单方向的，所以对于表中的任意一个结点，都可以直接得到后继结点的指针，要获得前驱结点的指针则需要一个遍历过程。对链表进行删除操作时，只要在修改结点中的指针域之前，暂存其后继结点的指针，就可以将结点重新链接起来，与单链表是否循环无关。从链表所需的存储空间来说，它们没有差别。

（a）单链表示意图

（b）单循环链表示意图

观察单循环链表可知，从表中任意结点出发，沿着结点间的链接关系都能回到出发的结点，所以从表中任一结点出发都能遍历整个链表。

参考答案

（36）A

试题（37）

若某线性表长度为 n 且采用顺序存储方式，则运算速度最快的操作是 ___(37)___ 。

（37）A．查找与给定值相匹配的元素的位置

B．查找并返回第 i 个元素的值（1≤i≤n）

C．删除第 i 个元素（1≤i≤n）

D．在第 i 个元素（1≤i≤n）之前插入一个新元素

试题（37）分析

本题考查数据结构基础知识。

线性表（a_1，a_2，…，a_n）采用顺序存储时占用一段地址连续的存储单元，元素之间没有空闲单元，如下图所示。在这种存储方式下，插入和删除元素都需要移动一部分元素，这是比较耗时的操作。按照序号来查找元素，实际上是直接计算出元素的存储位置，例如，第 i 个元素 a_i 的存储位置为 $LOC(a_i)=LOC(a_1)+(i-1)×L$，其中 L 是每个元素所占用的存储单元数。按照值来查找元素时，需要与表中的部分元素进行比对，相对于按照序号来查找元素，需要更多的时间。

参考答案

（37）B

试题（38）

设元素 a、b、c、d 依次进入一个初始为空的栈，则不可能通过合法的栈操作序列得到 ___(38)___ 。

（38）A．a b c d   B．b a d c   C．c a d b   D．d c b a

试题（38）分析

本题考查数据结构基础知识。

栈的运算特点是后进先出，若栈中有多个元素，必须是栈顶的元素先出栈。一般情况下，在一个有入栈和出栈操作构成的序列中，只要在任何一个栈操作之前，入栈操作不少于出栈操作的次数即可。若用 I 表示入栈、O 表示出栈，则选项 A 的序列可以由 IOIOIOIO 操作序列得到；选项 B 由 IIOOIIOO 操作序列得到；选项 D 由 IIIIOOOO 得到，选项 C 不能由合法的操作序列得到。

参考答案

（38）C

试题（39）

若要求对大小为 n 的数组进行排序的时间复杂度为 $O(n\log_2 n)$，且是稳定的（即如果待排序的序列中两个数据元素具有相同的值，在排序前后它们的相对位置不变），则可选择的排序方法是___(39)___。

（39）A．快速排序　　B．归并排序　　　C．堆排序　　　　D．冒泡排序

试题（39）分析

本题考查数据结构基础知识。

快速排序、归并排序、堆排序是时间复杂度为 $O(n\log_2 n)$ 的排序方法，冒泡排序的时间复杂度是 $O(n^2)$。

快速排序的过程主要是划分操作，划分是以基准元素为界，从序列的两端向中间扫描，将大于基准元素者往后端移动（或交换），不大于基准元素者向前端移动（或交换），移动元素时不考虑所涉及两个位置之间的其他元素，这样就不能保证序列中两个相同元素的相对位置不变，也就是说快速排序是不稳定的排序方法。

堆排序是要求序列中 a_i, a_{2i}, a_{2i+1} 这三个元素满足 a_i 最小（小顶堆）或最大（大顶堆），若不满足，则通过交换进行调整，这样，在 a_i 与 a_{2i} 之间若有相等的两个元素，则交换后就不能保证它们的相对位置，所以堆排序是不稳定的排序方法。

归并排序是稳定的排序方法。

参考答案

（39）B

试题（40）

对于一般的树结构，可以采用孩子-兄弟表示法，即每个结点设置两个指针域，一个指针（左指针）指示当前结点的第一个孩子结点，另一个指针（右指针）指示当前结点的下一个兄弟结点。某树的孩子-兄弟表示如下图所示。以下关于结点 D 与 E 的关系的叙述中，正确的是___(40)___。

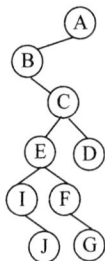

（40）A．结点 D 与结点 E 是兄弟

　　　B．结点 D 是结点 E 的祖父结点

　　　C．结点 E 的父结点与结点 D 的父结点是兄弟

　　　D．结点 E 的父结点与结点 D 是兄弟

试题（40）分析

本题考查数据结构基础知识。

按照树的孩子-兄弟表示法，题图二叉树对应的树如下图所示。

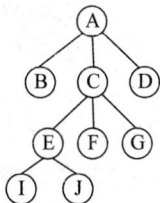

结点 E 的父结点是 C，结点 C 与 D 是兄弟关系。

参考答案

（40）D

试题（41）

搜索引擎会通过日志文件把用户每次检索使用的所有查询串都记录下来，每个查询串的长度不超过 255 字节。假设目前有一千万个查询记录（重复度比较高，其实互异的查询串不超过三百万个；显然，一个查询串的重复度越高，说明查询它的用户越多，也就是越热门）。现要统计最热门的 10 个查询串，且要求使用的内存不能超过 1GB。以下各方法中，可行且效率最高的方法是___（41）___。

（41）A. 将一千万个查询串存入数组并进行快速排序，再统计其中每个查询串重复的次数

B. 将一千万个查询串存入数组并进行堆排序，再统计其中每个查询串重复的次数

C. 利用哈希表保存所有的查询串并记下每个查询串的重复次数，再利用小根堆选出重复次数最多的 10 个查询串

D. 利用哈希表保存所有的查询串并记下每个查询串的重复次数，再利用大根堆选出重复次数最多的 10 个查询串

试题（41）分析

本题考查数据结构应用知识。

快速排序和堆排序都属于内部排序方法，要求待排序的元素序列都放在内存。按最坏情况考虑，一千万个查询串需要的存储空间为 225 千万字节，也就是 2.25×10^{10} 字节，远超过 1GB（约等于 10^9 B）的存储容量限制，所以选项 A 和 B 是不可行的。另外，即便不考虑存储容量限制，在只要求找出最大的 10 个元素时快速排序也是不适用的。

选项 C 和 D 的区别是利用大顶堆还是小顶堆。设想需要在 1000 个元素中找出 10 个最大元素，用小顶堆的思路是：先用前 10 个元素建个小顶堆（堆顶是最小元素），此后从第 11 个元素开始，顺序地将每个元素与堆顶元素比较，若小于或等于堆顶元素就舍

弃之，若大于堆顶元素，则用该元素替换堆顶元素，并再次调整为小顶堆。重复该过程直到最后一个元素处理完，那么，在小顶堆中留下的 10 个元素实际上就是这 1000 个元素中的前 10 大元素。

本问题中需要在三百万个元素中按照重复次数找最大的 10 个元素，由于 10 个元素构成的小顶堆建立和调整时所花费的时间是个很小的常数 c0，因此，采用这种方式在 n 为三百万个元素时找出 10 个最大者的运算时间是线性阶的（大约为 n+c0，c0 是小整数）。反之，如果采用大顶堆，一种情况是建立 10 个元素构成的大顶堆，则在顺序地处理后面元素时，无法简单地确定需要替换该大顶堆中的哪个元素；另一种情况是建立由三百万个元素构成的大顶堆，在该数据量情况下，哈希表和大顶堆都在内存存储，可能会突破 1GB 的存储容量限制，而且建立初始大顶堆的运算时间（有可能是达到 4n）以及后面 9 次调整大顶堆的时间（9logn）的时间都远多于前面的小顶堆方案。

参考答案

（41）C

试题（42）、（43）

设某无向图的顶点个数为 n，则该图最多有　 (42) 　条边；若将该图用邻接矩阵存储，则矩阵的行数和列数分别为　 (43) 　。

（42）A. n　　　　　　B. n*(n–1)/2　　　C. n*(n+1)/2　　　D. n*n

（43）A. n、n　　　　　B. n、n–1　　　　C. n–1、n　　　　D. n+1、n

试题（42）、（43）分析

本题考查数据结构基础知识。

对于有 n 个顶点的无向图，每个顶点与其余的 n–1 个顶点都可以有 1 条边，对于每一对不同的顶点 v 与 w，边(v,w)与(w,v)是同一条，因此该图最多有 n*(n–1)/2 条边。

图采用邻接矩阵存储时，矩阵的每一行对应一个顶点，每一列对应一个顶点，所以矩阵是个 n 阶方阵。

参考答案

（42）B　（43）A

试题（44）、（45）

在面向对象方法中，　 (44) 　定义了父类和子类的概念。子类在原有父类接口的基础上，用适合于自己要求的实现去置换父类中的相应实现称为　 (45) 　。

（44）A. 封装　　　　　B. 继承　　　　　C. 覆盖（重置）　　　D. 多态

（45）A. 封装　　　　　B. 继承　　　　　C. 覆盖（重置）　　　D. 多态

试题（44）、（45）分析

本题考查面向对象的基本概念。

面向对象的 4 个基本概念是对象、类、继承和消息传递。封装是一种信息隐蔽技术，把数据和行为封装为一个对象，其目的是使对象的使用者和生产者分离，使对象的定义和实现分开。类定义了一组大体上相似的对象，所包含的方法和数据描述一组对象的共同行为和属性。把一组对象的共同特征加以抽象并存储在一个类中的能力，是面向对象技术最重要的一点。在定义和实现一个类的时候，可以在一个已经存在的类的基础上来进行，把这个已经存在的类所定义的内容作为自己的内容，并加入若干新的内容，即继承，使父类和子类之间能够进行共享数据和方法。在类进行继承时，父类中的方法需要在子类中重新实现，即覆盖（重置）。在继承的支持下，用户可以发送一个通用的消息，不同的对象收到同一通用消息可以由自己实现细节自行决定产生不同的结果，即多态（polymorphism）。

参考答案

（44）B　（45）C

试题（46）

在 UML 用例图中，参与者表示　（46）　。

（46）A．人、硬件或其他系统可以扮演的角色

　　　 B．可以完成多种动作的相同用户

　　　 C．不管角色的实际物理用户

　　　 D．带接口的物理系统或者硬件设计

试题（46）分析

本题考查统一建模语言（UML）的基本知识。

UML 中图是一组元素的图形表示，聚集了相关的事物。大多数情况下把图画成顶点（代表事物）和弧（代表关系）的连通图。可以从不同的角度画图对系统进行可视化。

用例图（use case diagram）展现了一组用例、参与者（Actor）以及它们之间的关系，用于对系统的语境、需求建模。用例图描述系统与外部系统和参与者之间的交互，说明了参与者以及他们所扮演的角色的含义。参与者代表了需要同系统交互以交换信息的任何事物，可以是人、组织、其他信息系统、外部设备、甚至是时间所扮演的角色。

参考答案

（46）A

试题（47）

UML 中关联是一个结构关系，描述了一组链。两个类之间　（47）　。

（47）A．不能有多个关联　　　　　　　B．可以有多个由不同角色标识的关联

　　　 C．必须有一个关联　　　　　　　D．多个关联必须聚合成一个关联

试题（47）分析

本题考查统一建模语言（UML）的基本知识。

UML 是一种能够表达软件设计中动态和静态信息的可视化统一建模语言，目前已成为事实上的工业标准。UML 的词汇表包含三种构造块：事物、关系和图。

事物是对模型中最具有代表性的成分的抽象，分为结构事物、行为事物、分组事物

和注释事物。

关系是把事物结合在一起，包括依赖、关联、泛化和实现四种。依赖是两个事物之间的语义关系，其中一个事物发生变化会影响到另一个事物的语义；关联（Association）是一种结构关系，描述了一组链，即对象之间的连接，体现在类图中即为对象类之间的关联关系，可以在类之间建立一个或由角色名区分的多个关联；聚集和组合是特殊类型的关联关系；泛化是一种特殊/一般关系，特殊元素的对象可替代一般元素的对象；实现是类元之间的语义关系，其中一个类制定了由另一个类元保证执行的契约。

图是一组元素的图形表示，聚集了相关的事物。

参考答案

（47）B

试题（48）

创建型设计模式抽象了实例化过程，帮助一个系统独立于如何创建、组合和表示它的那些对象。以下 （48） 模式是创建型模式。

（48）A．组合（Composite）　　　　B．构建器（Builder）
　　　　C．桥接（Bridge）　　　　　　D．策略（Strategy）

试题（48）分析

本题考查设计模式的基本概念。

每个设计模式描述了一个不断重复发生的问题，以及该问题的解决方案的核心。在面向对象系统设计中，每一个设计模式都集中于一个特定的面向对象设计问题或设计要点，何时适合使用它，在另一些设计约束条件下是否还能使用，以及使用的效果和如何取舍。

按照设计模式的目的可以分为创建型模式、结构型模式和行为型模式三大类。创建型模式与对象的创建有关，将实例化过程加以抽象，帮助一个系统独立于如何创建、组合和表示它的那些对象，包括 Factory Method、Abstract Factory、Builder、Prototype 和 Singleton；结构型模式处理类或对象的组合，涉及如何组合类和对象以获得更大的结构，包括 Adapter（类）、Adapter（对象）、Bridge、Composite、Decorator、Façade、Flyweight 和 Proxy；行为型模式对类或对象怎样交互和怎样分配职责进行描述，包括 Interpreter、Template Method、Chain of Responsibility、Command、Iterator、Mediator、Memento Observer State Strategy 和 Visitor。

参考答案

（48）B

试题（49）

如果模块 A 的三个处理都对同一数据结构操作，则模块 A 的内聚类型是 （49） 。

（49）A．逻辑内聚　　B．时间内聚　　C．功能内聚　　D．通信内聚

试题（49）分析

本题考查软件设计的基础知识。

模块间的耦合和模块的内聚是度量模块独立性的两个准则。内聚是模块功能强度的度量，即模块内部各个元素彼此结合的紧密程度。一个模块内部各个元素之间的紧密程度越高，则其内聚性越高，模块独立性越好。模块内聚类型主要有以下几类：

① 偶然内聚或巧合内聚：指一个模块内的各处理元素之间没有任何联系。

② 逻辑内聚：指模块内执行若干个逻辑上相似的功能，通过参数确定该模块完成哪一个功能。

③ 时间内聚：把需要同时执行的动作组合在一起形成的模块。

④ 过程内聚：指一个模块完成多个任务，这些任务必须按指定的过程执行。

⑤ 通信内聚：指模块内的所有处理元素都在同一个数据结构上操作，或者各处理使用相同的输入数据或产生相同的输出数据。

⑥ 顺序内聚：指一个模块中的各个处理元素都密切相关于同一个功能且必须顺序执行，前一个功能元素的输出就是下一功能元素的输入。

⑦ 功能内聚：指模块内的所有元素共同作用完成一个功能，缺一不可。

参考答案

（49）D

试题（50）

修改现有软件系统的设计文档和代码以增强可读性，这种行为属于__(50)__维护。

（50）A．正确性　　　　B．适应性　　　　C．完善性　　　　D．预防性

试题（50）分析

本题考查维护的基础知识。

系统维护类型有正确性维护、适应性维护、完善性维护、预防性维护四类。

① 正确性维护（改正性维护）是指改正在系统开发阶段已发生而系统测试阶段尚未发现的错误。

② 适应性维护是指使应用软件适应信息技术变化和管理需求变化而进行的修改。

③ 完善性维护是为扩展功能和改善性能而进行的修改。

④ 预防性维护是改变系统的某些方面，以预防失效的发生。

修改现有软件系统的设计文档和代码以增强可读性，事实上是在提高软件的质量。因此属于完善性维护。

参考答案

（50）C

试题（51）、（52）

对下面流程图用白盒测试方法进行测试，要满足路径覆盖，至少需要__(51)__个测试用例。白盒测试方法主要用于__(52)__。

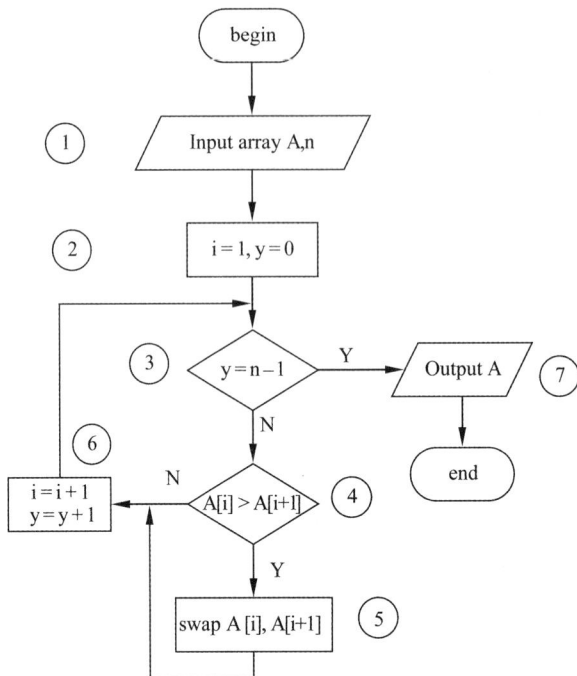

（51）A．3   B．4   C．5   D．6
（52）A．单元测试   B．集成测试   C．系统测试   D．接收测试

试题（51）、（52）分析

本题考查软件测试的基础知识。

白盒测试和黑盒测试是两种最常用的测试方法。其中路径覆盖是白盒测试的一种具体方法。

路径覆盖是指设计若干个测试用例，覆盖程序中的所有路径。

该流程图中一共有三条路径：①②③④⑤⑥③⑦、①②③④⑥③⑦和①②③⑦。

白盒测试是对程序内部结构进行测试，因此主要用于单元测试。

参考答案

（51）A （52）A

试题（53）

以下关于软件测试的叙述中，不正确的是__（53）__。

（53）A．社会对软件的依赖和对软件质量要求的提高是软件测试行业发展的基础

B．系统建设的出资方应提供测试方案

C．对软件质量的定性判断需要有测试提供的定量数据支撑

D．改善软件质量是测试团队与开发团队的共同目标

试题（53）分析

本题考查软件工程基础知识。

现在，社会对软件的依赖程度提高了，对软件的质量要求也随之提高，因此，对软件测试的要求也提高了，这是软件测试行业发展的基础。对软件质量的定性判断需要由数据说话，需要有测试提供的定量数据支撑。测试团队与开发团队并不是对立的，改善软件质量是其共同的目标。软件测试方案应由软件开发设计者提出并实施。系统建设的出资方只能提出宏观的质量要求，并不会详细了解设计细节，不应由他们提出测试方案。

参考答案

（53）B

试题（54）

为在网上搜索内容而输入关键词时，常可能打错别字。当系统显示没有匹配项后，有些系统还会向你推荐某些关键词。为实现这种推荐，采用　(54)　方法更有效。

（54）A．聘请一批专家，对每个常用关键词给出一些易错成的词

　　　 B．聘请一批专家，对每个常输错的关键词给出纠正后的词

　　　 C．查阅有关的词典，对每个常用的关键词找出易错成的词

　　　 D．利用系统内记录的用户操作找出用户纠错词的对应关系

试题（54）分析

本题考查软件工程基础知识。

为了帮助用户纠正错误的搜索关键词，搜索引擎需要增加推荐功能。该功能的核心是建立错误关键词和正确关键词的对应表。微软公司曾经采用了选项 A 和 B 的做法，但难有成效，没有得到用户欢迎。因为，专家也想不到大多数出错的情况。谷歌公司采用了新的方法，从早已收集的大量用户操作行为信息中找出用户自行纠错关键词的对应关系，有很大的概率符合当前用户的心意，推荐取得了成功，受到用户欢迎。这是大数据处理的成效。既然以前许多用户习惯性地这样打错字，那么以后的用户也容易这样弄错。而且，这样的统计是定期动态进行的，这就确保了以后也会长期自动地实现这种良好的推荐功能。

参考答案

（54）D

试题（55）

以下关于编程的叙述中，不正确的是　(55)　。

（55）A．当程序员正沉浸于算法设计和编程实现时，不希望被干扰或被打断

　　　 B．程序员需要用清晰易懂的语言为用户编写操作使用手册

　　　 C．为提高程序的可读性，程序中的注释应重点解释程序中各语句的语义

　　　 D．编程需要个性化艺术，也要讲究团队协作，闭门造车往往事倍功半

试题（55）分析

本题考查软件工程基础知识。

程序员在设计算法和编程时，思维沉浸于复杂的逻辑，稍有分心就会出错，以后弥

补起来很麻烦，所以此时不希望被干扰或打断。只有在思维告一段落时才可以暂停，换做些其他事（积极休息）。程序操作使用手册是供用户学习使用或查看的，应假设用户是初学者，需要用清晰易懂的语言来编写。编程既需要个性化艺术，也要讲究团队协作，需要协调接口，需要互相帮助查错，需要互相切磋交流技术，闭门造车往往事倍功半。为提高程序的可读性，程序中的注释应重点解释算法的实现过程（步骤），而非语句的语法和语义。否则，过一段时间就连自己都难以理解该程序了。

参考答案

（55）C

试题（56）

用户界面设计的原则不包括__(56)__。

(56) A. 适合用户的业务领域和操作习惯

　　　 B. 保持界面元素、布局与术语的一致性

　　　 C. 提供反馈机制，注重用户体验

　　　 D. 按照五年后的发展潮流进行时尚设计

试题（56）分析

本题考查软件工程基础知识。

只有某些软件（例如游戏软件、新手机软件等）常追求时尚设计，一般的软件不会将时尚设计作为界面设计原则。时尚往往只持续 1～2 年，就成为普通了。五年后的时尚是任何人都难以想象的。本题其他选项确实都是用户界面设计的基本原则。

参考答案

（56）D

试题（57）

以下关于程序员工作的叙述中，不正确的是__(57)__。

(57) A. 软件开发比软件测试有更高的技术含量

　　　 B. 程序员需要通过实践了解自己的编程弱点

　　　 C. 程序员应平衡测试时间、测试成本和质量之间的关系

　　　 D. 最佳的编程方案必须同时兼顾程序质量和资源节约

试题（57）分析

本题考查软件工程基础知识。

软件测试已成为软件行业中的一个子行业。软件测试需要有专业的知识和技能要求，有大量的实际经验教训，有完整的技术管理措施，技术含量同样很高。软件企业追求软件产品的质量和用户满意度，对软件测试越来越重视了。只顾开发，只顾个人取得技术成果，轻视测试，不顾用户反馈意见，不顾售后服务，不愿持续改进，软件企业就难以为继。本题其他选项都是正确的。

参考答案

（57）A

试题（58）

某企业研发信息系统的过程中，   （58）   不属于数据库管理员（DBA）的职责。

（58）A．决定数据库中的信息内容和结构

      B．决定数据库的存储结构和存取策略

      C．进行信息系统程序的设计与编写

      D．定义数据的安全性要求和完整性约束条件

试题（58）分析

本题考查数据库系统基本概念。

研发信息系统过程的一个重要环节是数据的建立和维护，需要专门的人员来完成，而这种人员称为数据库管理员（DBA），具体职责如下：

① 决定数据库中的信息内容和结构，DBA 要参与数据库设计的全过程，决策数据库究竟要存放哪些信息和信息的结构。

② 决定数据库的存储结构和存取策略，以获得较高的存储效率和存储空间的利用率。

③ 定义数据的安全性要求和完整性约束条件。

④ 监控数据库的使用和运行。一旦数据库出现问题，DBA 必须在最短的时间内将数据库恢复到正确状态。

⑤ 数据库的改进和重组重构。当用户的需求发生变化时，DBA 还要对数据库改进，重组重构。

参考答案

（58）C

试题（59）

某高校人事管理系统中，规定讲师每课时的教学酬金不能超过 100 元，副教授每课时的教学酬金不能超过 130 元，教授每课时的教学酬金不能超过 160 元。这种情况下所设置的数据完整性约束条件称之为   （59）   。

（59）A．实体完整性　　　　　　　　B．用户定义完整性

      C．主键约束完整性　　　　　　D．参照完整性

试题（59）分析

本题考查数据库系统概念。

数据库的完整性是指数据的正确性和相容性，是防止合法用户使用数据库时向数据库加入不符合语义的数据。保证数据库中数据是正确的，避免非法的更新。数据库完整性主要有：实体完整性、参照完整性以及用户定义完整性。"规定讲师每课时的教学酬金不能超过 100 元"这样的数据完整性约束条件是用户定义完整性。因为，对于不同的用

户可能要求不一样。例如，另一所高校讲师每课时的教学酬金不能超过 80 元，副教授每课时的教学酬金不能超过 100 元，教授每课时的教学酬金不能超过 200 元等。

参考答案

（59）B

试题（60）～（62）

某教学管理数据库中，学生、课程关系模式分别为：S（学号，姓名，性别，家庭住址，电话），关系 S 的主键为学号；C（课程号，课程名，学分），关系 C 的主键为课程号。假设一个学生可以选择多门课程，一门课程可以由多个学生选择；一旦学生选择某门课程必定有该课程的成绩。由于学生与课程之间的"选课"联系类型为　（60）　，所以对该联系　（61）　。

（60）A．n：m　　　　　　　B．1：n　　　　　C．n：1　　　　D．1：1

（61）A．不需要构建一个独立的关系模式

　　　B．需要构建一个独立的关系模式，且关系模式为：SC（课程号，成绩）

　　　C．需要构建一个独立的关系模式，且关系模式为：SC（学生号，成绩）

　　　D．需要构建一个独立的关系模式，且关系模式为：SC（学生号，课程号，成绩）

查询"软件工程"课程的平均成绩、最高成绩与最低成绩之间差值的 SQL 语句如下：

```
SELECT AVG(成绩) AS 平均成绩, （62）
FROM  C,SC
WHERE C.课程名='软件工程' AND C.课程号= SC.课程号;
```

（62）A．差值 AS MAX(成绩) − MIN(成绩)　　　B．MAX(成绩) − MIN(成绩) AS 差值

　　　C．差值 IN MAX(成绩) − MIN(成绩)　　　D．MAX(成绩) − MIN(成绩) IN 差值

试题（60）～（62）分析

本题考查关系数据库及 SQL 基础知识。

根据题意"一个学生可以选择多门课程，一门课程可以由多个学生选择"，故学生"选课"的联系类型为 n：m。

学生"选课"的联系类型为 n：m，故需要构建一个独立的关系模式，且关系模式应有学生关系模式的码"学生号"和课程关系模式的码"课程号"，以及联系的属性"成绩"构成。故"选课"关系模式为：SC（学生号，课程号，成绩）。

SQL 提供可为关系和属性重新命名的机制，这是通过使用具有"Old-name as new-name"形式的 as 子句来实现的。As 子句既可出现在 select 子句，也可出现在 from 子句中。

参考答案

（60）A　（61）D　（62）B

试题（63）

某宾馆有 200 间标准客房，其入住率与客房单价有关。根据历史统计，客房最高单

价为 160 元时入住率为 50%，单价每降低 1 元，入住率就会增加 0.5%。据此，选定价格为____（63）____时，宾馆每天的收入最大。

（63）A．120 元　　　　　B．130 元　　　　　C．140 元　　　　　D．150 元

试题（63）分析

本题考查数学应用的基础知识。

方法 1：单价定为 120 元时，入住率为 50%+（160−120）*0.5%=70%，

总收入=120*200*70%=16 800（元）。

单价定为 130 元时，入住率为 50%+(160−130)*0.5%=65%，

总收入=130*200*65%=16 900（元）。

单价定为 140 元时，入住率为 50%+(160−140)*0.5%=60%，

总收入=140*200*60%=16 800（元）。

单价定为 150 元时，入住率为 50%+(160−150)*0.5%=55%，

总收入=150*200*55%=16 500（元）。

因此，单价定为 130 元时总收入最大。

方法 2：客房单价定为 x 元时（x≤160），入住率为 50%+0.5%（160−x），

总收入 $y=200*x(50\%+0.5\%(160-x))=0.5\%x(100+160-x)=0.005x(260-x)$

$y'=0.005(260-2x)$，$y''<0$.

当 x=130 时，$y'=0$，y 取得最大值。

参考答案

（63）B

试题（64）、（65）

菲波那契（Fibonacci）数列定义为：

f(1)=1，　f(2)=1，　n>2 时 f(n)=f(n−1)+f(n−2)

据此可以导出，n>1 时，有向量的递推关系式：

(f(n+1), f(n)) = (f(n), f(n−1))A

其中 A 是 2*2 矩阵____（64）____。从而，(f(n+1), f(n)) =(f(2), f(1))*____（65）____。

（64）A. $\begin{pmatrix} 0 & 1 \\ 1 & 1 \end{pmatrix}$　　　B. $\begin{pmatrix} 1 & 0 \\ 1 & 1 \end{pmatrix}$　　　C. $\begin{pmatrix} 1 & 1 \\ 0 & 1 \end{pmatrix}$　　　D. $\begin{pmatrix} 1 & 1 \\ 1 & 0 \end{pmatrix}$

（65）A. A^{n-1}　　　　B. A^{n}　　　　C. A^{n+1}　　　　D. A^{n+2}

试题（64）、（65）分析

本题考查数学应用的基础知识。

若矩阵 A 选取（64）中的 D，则

(f(n), f(n−1)) A=（f(n)+f(n−1), f(n)) =(f(n+1), f(n))

由递推关系(f(n+1), f(n)) = (f(n), f(n−1))A，

得到(f(n+1), f(n)) = (f(n), f(n−1))A=(f(n−1), f(n−2))A^2=(f(n−2), f(n−3))A^3=...
=(f(2), f(1))A$^{n−1}$=(1, 1)A$^{n−1}$

这就给出了计算菲波那契数列的另一种算式。

参考答案

（64）D　（65）A

试题（66）

Windows 系统中定义了一些用户组，拥有完全访问权的用户组是　（66）　。

（66）A．Power Users　　　　　　B．Users
　　　C．Administrators　　　　　D．Guests

试题（66）分析

本题考查 Windows 系统的基础知识。

Windows 系统中定义了一些用户组，不同的用户组具有不同的权限，其中拥有完全访问权的用户组是 Administrators。

参考答案

（66）C

试题（67）

浏览器本质上是一个　（67）　。

（67）A．连入 Internet 的 TCP/IP 程序　　B．连入 Internet 的 SNMP 程序
　　　C．浏览 Web 页面的服务器程序　　D．浏览 Web 页面的客户程序

试题（67）分析

浏览器是指可以显示网页服务器或者文件系统的 HTML 文件（标准通用标记语言的一个应用）内容，并让用户与这些文件交互的一种软件，它是一种最常用的客户端程序。

参考答案

（67）D

试题（68）

在 HTML 文件中，<b>标签的作用是　（68）　。

（68）A．换行　　　　B．增大字体　　　C．加粗　　　　D．锚

试题（68）分析

本题考查 HTML 语言的基础知识。

HTML 语言中有一些标签用于编辑 HTML 文档中的文本，如：<font></font>标签用于设置文本字体、<b></b>标签用于对文字加粗、<i></i>标签用于对倾斜文字、<color></color>标签用于设定文字颜色等。

参考答案

（68）C

试题（69）

在 HTML 中，border 属性用来指定表格　（69）　。

（69）A．边框宽度　　　　B．行高　　　C．列宽　　　　D．样式

试题（69）分析

本题考查 HTML 语言基础知识。

在 HTML 中，对表格进行编辑和修改的属性有 bgcolor、border、width 等，其中，bgcolor 属性用来设置表格的背景颜色，border 属性用来设定表格的边框宽度，width 属性用于设置表格的宽度。

参考答案

（69）A

试题（70）

某 PC 出现网络故障，一般应首先检查　（70）　。

（70）A．DNS 服务器　　　　　　　　B．路由配置

　　　C．系统病毒　　　　　　　　　D．物理连通性

试题（70）分析

本题考查网络故障相关基础知识。

当 PC 出现网络故障，按照由近及远原则，一般应首先检查物理连通性。

参考答案

（70）D

试题（71）

Since tablet computers and smart phones have 　（71）　 interface, many people believe that all home and business computers will eventually have this kind of interface too.

（71）A．CRT　　　　B．LED　　　　C．touch-screen　　D．large screen

参考译文

由于平板电脑和智能手机配有触摸屏界面，许多人相信，将来所有家用电脑和商用电脑最终也都会配置这类接口。

参考答案

（71）C

试题（72）

　（72）　 are specialized programs that assist you locating information on the web.

（72）A．OS　　　　B．Browse　　　C．DBMS　　　　D．Search engines

参考译文

搜索引擎是帮助人们在网络上寻找信息的专用程序。

参考答案

（72）D

试题（73）

Program ___(73)___ describes program's objectives, desired output, input data required, processing requirement, and documentation.

（73）A．specification　B．flowchart　　C．structure　　D．address

参考译文

程序规格说明书描述了程序的目标、预期的输出、所需的输入数据、处理的要求和文档。

参考答案

（73）A

试题（74）

A good program should be ___(74)___ by programmers other than the person who wrote it.

（74）A．reliable　　B．understandable C．structured　　D．blocked

参考译文

好的程序应是可理解的，其他程序员（非编写者）也能理解它。

参考答案

（74）B

试题（75）

___(75)___ refers to the process of testing and then eliminating errors.

（75）A．Debugging　　B．Programming　C．Analysis　　D．Maintenance

参考译文

调试指的是测试并纠错的过程。

参考答案

（75）A

第 20 章　2016 下半年程序员下午试题分析与解答

试题一（共 15 分）

阅读以下说明和流程图，填补流程图中的空缺，将解答填入答题纸的对应栏内。

【说明】

设有整数数组 A[1:N]（N>1），其元素有正有负。下面的流程图在该数组中寻找连续排列的若干个元素，使其和达到最大值，并输出其起始下标 K、元素个数 L 以及最大的和值 M。

例如，若数组元素依次为 3，-6，2，4，-2，3，-1，则输出 K=3，L=4，M=7。

该流程图中考察了 A[1:N]中所有从下标 i 到下标 j（j≥i）的各元素之和 S，并动态地记录其最大值 M。

【流程图】

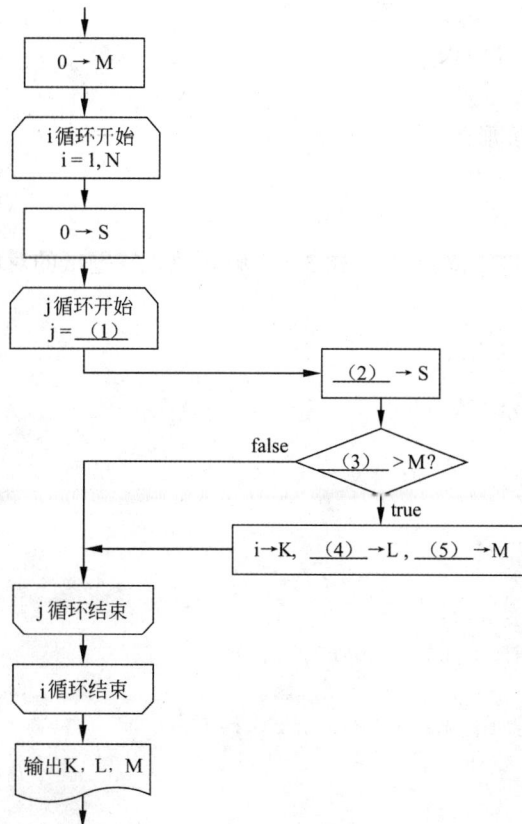

注：循环开始框内应给出循环控制变量的初值和终值，默认递增值为 1，格式为：

循环控制变量=初值，终值

试题一分析

本题考查程序员对算法流程进行设计的能力。

既然要考查整数数组 A[1:N]中所有从下标 i 到下标 j（j≥i）的各元素之和 S，因此需要执行对 i 和 j 的双重循环。显然，对 i 的外循环应从 1 到 N 进行。在确定了 i 后，可以从 A[i]开始依次将元素 A[j]累加到 S 中。所以，对 j 的内循环应从 i 开始直到 N，以保持（j≥i）。因此空（1）处应填入"i, N"，而空（2）处应填写"S+A[j]"。

为了在内循环中累计计算若干个连续元素之和 S，在 i 循环之后，j 循环之前，首先应将 S 清 0。

由于已知数组元素中有正数，所以 S 的最大值 M 肯定是正数，因此，流程图一开始就应将 M 赋值 0，以后，每当计算出一个 S，就应将其与 M 比较。当 S>M 时，就应将 S 的值送入 M（替代原来的值）。因此，空（3）处和（5）处都应填写"S"。此时，从下标 i 到 j 求和各元素的开始下标 K 为 i，个数 L 为 j−i+1，因此，空（4）处应填写"j−i+1"。

参考答案

（1）i,N 或 i,N,1 或其等价形式

（2）S+A[j]或其等价形式

（3）S

（4）j−i+1 或其等价形式

（5）S

试题二（共 15 分）

阅读以下代码，回答问题 1 至问题 3，将解答填入答题纸的对应栏内。

【代码1】

```c
#include<stdio.h>
void swap(int x, int y)
{
    int tmp = x;   x = y;   y = tmp;
}
int main()
{
    int a = 3,  b = 7;
    printf("a1 = %d  b1 = %d\n", a, b);
    swap(a, b);
    printf("a2 = %d  b2 = %d\n", a, b);
    return 0;
}
```

【代码 2】

```
#include<stdio.h>
#define  SPACE  ' '  //空格字符
int main()
{
    char str[128] = " Nothing  is  impossible!  ";
    int i, num = 0, wordMark = 0;

    for(i = 0; str[i]; i++)
        if( str[i] == SPACE )
                wordMark = 0;
        else
                if( wordMark == 0 ) {
                    wordMark = 1;
                    num++;
                }

    printf("%d\n", num);
    return 0;
}
```

【代码 3】

```
#include<stdio.h>
#define  SPACE  ' '  //空格字符
int countStrs(char *);
int main()
{
    char str[128] = " Nothing  is  impossible!  ";
    printf("%d\n",  (1) (str));
    return 0;
}
int countStrs(char *p)
{
    int num = 0, wordMark = 0;
    for(;  (2) ;  p++) {
        if(  (3)  == SPACE )
                wordMark = 0;
        else
          if( !wordMark ) {
                wordMark = 1;
```

```
            ++num;
        }
    }
    return  (4) ;
}
```

【问题 1】（4 分）

写出代码 1 运行后的输出结果。

【问题 2】

写出代码 2 运行后的输出结果。

【问题 3】（8 分）

代码 3 的功能与代码 2 完全相同，请补充代码 3 中的空缺，将解答写入答题纸的对应栏内。

试题二分析

本题考查 C 程序设计的基本结构、函数调用和参数传递。

【问题 1】

本问题考查函数调用时的参数传递。

C 语言仅支持传值调用方式，实参传递给形参的值可以是数值，也可以是地址值。根据题目中给出的函数 swap(int x, int y)定义信息，在 main 中执行函数调用"swap(a, b)"时，是将实参 a 的值传递给形参 x、实参 b 的值传递给形参 y，这个传递过程是单方向的，此后再执行 swap 中的操作时，x、y 的修改与 a、b 再无关联，因此在 main 函数中，a 和 b 的值没有变化。

【问题 2】

本问题考查程序的基本结构和运算逻辑。

首先确定变量的作用，num 用来对单词进行计数。for 循环语句的作用是遍历字符串中的字符。对字符串中的每个字符 str[i]，如果是空格字符，则将 wordMark 设置为 0，然后继续考查下一个字符。观察存储在数组 str 中的字符串，空格字符的作用是作为单词的分隔符。显然，对于每个单词的第一个字符，此时 wordMark 的值一定为 0。当字符 str[i]不是空格字符，接下来通过判断 wordMark 是否为 0 来决定 num 是否增加，以及是否改变 wordMark。据此可以看出，对于一个单词的第一个字符之后的其他字符，通过将 wordMark 设置为 1，使得对每个单词，num 的值仅自增 1 次。因此，程序的功能是对字符串中的单词进行计数（与单词连载一起的特殊符号也算作单词的一部分，单词仅以空格分隔）。

【问题 3】

本问题考查程序的基本结构、运算逻辑和函数调用规范。

在代码 3 中，将对字符串中的单词计数用一个函数来实现，需要在理解代码 2 的基础上来完善代码 3。

空（1）处的要求很明确，就是要通过函数调用来完成单词计数，为防止考生误解，该函数调用的实参已给出，因此填入函数名"countStrs"即可。

空（2）处的 for 循环用来遍历字符串中的字符，显然，p 是指向串中字符的指针，循环条件应为是否遇到串结束标志字符，因此空（2）处应填入"*p!=0"或其等价形式。

空（3）处所在表达式是串中的字符与空格字符进行相等比较，应填入"*p"或其等价形式。

根据函数 countStrs 的首部定义及函数体内的代码逻辑，空（4）处是返回字符串中的单词数目，应填入"num"。

参考答案

【问题 1】

a1 = 3　b1 = 7

a2 = 3　b2 = 7

【问题 2】

3

【问题 3】

（1）countStrs

（2）*p 　或 p[0] 　或*(p+0) 　或 *p!=0 或 *p!='\0' 或其等价形式

（3）*p 或 p[0] 　或*(p+0) 　或其等价形式

（4）num

试题三（共 15 分）

阅读以下说明和代码，填补代码中的空缺，将解答填入答题纸的对应栏内。

【说明】

下面的程序利用快速排序中划分的思想在整数序列中找出第 k 小的元素（即将元素从小到大排序后，取第 k 个元素）。

对一个整数序列进行快速排序的方法是：在待排序的整数序列中取第一个数作为基准值，然后根据基准值进行划分，从而将待排序的序列划分为不大于基准值者（称为左子序列）和大于基准值者（称为右子序列），然后再对左子序列和右子序列分别进行快速排序，最终得到非递减的有序序列。

例如，整数序列"19, 12, 30, 11, 7, 53, 78, 25"的第 3 小元素为 12。整数序列"19, 12, 7, 30, 11, 11, 7, 53, 78, 25, 7"的第 3 小元素为 7。

函数 partition(int a[], int low, int high)以 a[low]的值为基准，对 a[low],a[low+1],...,a[high]进行划分，最后将该基准值放入 a[i]（low ≤ i ≤ high），并使得 a[low],a[low+1],...,a[i-1]都小于或等于 a[i]，而 a[i+1],a[i+2],...,a[high]都大于 a[i]。

函数 findkthElem(int a[], int startIdx, int endIdx, int k)在 a[startIdx],a[startIdx+1],..., a[endIdx]中找出第 k 小的元素。

【代码】

```c
#include<stdio.h>
#include<stdlib.h>

int partition(int a[], int low, int high)
{ //对 a[low..high]进行划分,使得 a[low..i]中的元素都不大于 a[i+1..high]中的元素。
    int pivot = a[low];        //pivot 表示基准元素
    int i = low, j = high;
    while (   (1)   ) {
        while ( i<j && a[j]>pivot ) --j;
        a[i] = a[j];
        while ( i<j && a[i]<=pivot ) ++i;
        a[j] = a[i];
    }
      (2)  ;                    //基准元素定位
    return i;
}
int findkthElem(int a[], int startIdx, int endIdx, int k)
{ //整数序列存储在 a[startIdx..endIdx]中,查找并返回第 k 小的元素。
    if (startIdx < 0 || endIdx < 0 || startIdx > endIdx || k<1 || k-1>endIdx||
    k-1<startIdx)
        return -1;              //参数错误
    if ( startIdx < endIdx ) {
        int loc = partition(a, startIdx, endIdx);
                               //进行划分,确定基准元素的位置
        if (loc == k-1)        //找到第 k 小的元素
            return   (3)  ;
        if ( k-1 < loc )       //继续在基准元素之前查找
            return findkthElem(a,   (4)  , k);
        else                   //继续在基准元素之后查找
            return findkthElem(a,   (5)  , k);
    }
    return a[startIdx];
}

int main()
{
    int i, k;
    int n;
```

```
int a[] = {19, 12, 7, 30, 11, 11, 7, 53, 78, 25, 7};
n = sizeof(a) / sizeof(int);      //计算序列中的元素个数
for(k = 1; k < n+1; k++) {
    for(i = 0; i<n; i++) {
        printf("%d\t",a[i]);
    }
    printf("\n");
    printf("elem %d = %d\n", k, findkthElem(a,0,n-1,k));
                            //输出序列中第 k 小的元素
}
return 0;
}
```

试题三分析

本题考查 C 程序中数组、函数参数和排序算法的应用。

根据题目说明中提供的信息，利用快速排序查找给定序列中第 k 小的元素。

首先分析程序的逻辑结构、每个函数的作用和主要变量的含义及作用，然后再具体分析每个函数的运算逻辑。

函数 partition(int a[], int low, int high)对保存在数组 a 中的元素序列进行划分，也就是指定第一个元素为基准，通过逐个扫描序列中的元素，将大于基准的其他元素移动到序列的后半区，将不大于基准的其他元素移动到序列的前半区，在这个过程中，对于本来就在后半区且大于基准的元素则保持不动，同理，对于本来就在前半区且小于或等于基准的元素保持其原来所在位置。

根据函数中已给出的语句，先从序列的后端开始向前扫描，遇到一个小于或等于基准的元素为止，语句如下：

```
while ( i<j && a[j]>pivot ) --j;
```

然后通过 "a[i] = a[j]" 将不大于基准的元素 a[j]往前移了。

之后从序列的前端开始向后扫描，遇到一个大于基准的元素为止，语句如下：

```
while ( i<j && a[i]<=pivot ) ++i;
```

然后通过 "a[j] = a[i]" 将大于基准的元素 a[i]往后移了。

显然易见，重复上面的过程直到基准元素的位置被确定下来，也就是 "i==j" 为止，因此空（1）处应填入 "i<j" 或 "i!=j" 或其等价形式。空（2）处应填入 "a[i] = pivot" 或 "a[j] = pivot" 或其等价形式。

函数 findkthElem(int a[], int startIdx, int endIdx, int k)的功能是在数组 a[startIdx..endIdx]中查找并返回第 k 小的元素。该函数中，通过调用 partition 不断地对序列进行划分，直到找到所需元素。调用语句如下：

```
loc = partition(a, startIdx, endIdx);//进行划分，确定基准元素的位置
```

由于 C 语言中数组下标从 0 开始，即第一个元素的下标为 0，元素在数组中的下标与元素的序号正好相差 1。对于第一次调用，当得到基准元素的位置为 loc，也就是说基准元素前面有 loc 个元素，而基准元素在序列中为第 loc+1 个元素，因此，此时若 loc == k−1，则基准元素正好就是第 k 小的元素，即空（3）处填入 "a[loc]" 或其等价形示。若非此，则 k−1 < loc 时，则需到前半区继续查找，否则到后半区继续查找。

由于是将所要找的元素的序号与其在数组中的下标直接绑定，也就是需要找出正好在下标为 k−1 位置上的元素，保证下标为 0～k−2 的元素都不大于 a[k−1]即可。因此，若下一步需到前半区继续查找，则要找的元素仍然为第 k 个，因此空（4）处所在的完整语句为 "return findkthElem(a, startIdx, loc−1,k);"若下一步需到后半区继续查找，则要找的元素仍然为第 k 个，因此空（5）处所在的完整语句为 "return findkthElem(a, loc+1, endIdx,k);"程序中在递归调用的语句中保留了第 1 个参数和第 4 个参数，而将表示基准元素之前的前半区和之后的后半区参数留给考生解答，客观上降低了理解的难度，因此考生应重点把握程序的整体逻辑结构。

参考答案

（1）i<j 或等效形式

（2）a[i] = pivot 或 a[j] = pivot 或其等价形式

（3）a[loc] 或 a[k−1] 或其等价形式

（4）startIdx, loc−1 或其等价形式

（5）loc+1, endIdx 或其等价形式

试题四（共 15 分）

阅读以下说明和代码，填补代码中的空缺，将解答填入答题纸的对应栏内。

【说明】

图是很多领域中的数据模型，遍历是图的一种基本运算。从图中某顶点 v 出发进行广度优先遍历的过程是：

① 访问顶点 v；

② 访问 v 的所有未被访问的邻接顶点 $w_1, w_2, \cdots, w_k$；

③ 依次从这些邻接顶点 $w_1, w_2, \cdots, w_k$ 出发，访问其所有未被访问的邻接顶点；依此类推，直到图中所有访问过的顶点的邻接顶点都得到访问。

显然，上述过程可以访问到从顶点 v 出发且有路径可达的所有顶点。对于从 v 出发不可达的顶点 u，可从顶点 u 出发再次重复以上过程，直到图中所有顶点都被访问到。

例如，对于图 4-1 所示的有向图 G，从 a 出发进行广度优先遍历，访问顶点的一种顺序为 a, b, c, e, f, d。

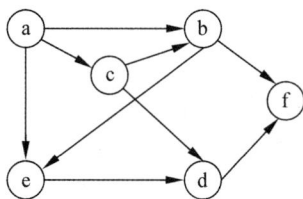

图 4-1

```
    a b c d e f
a │ 0 1 1 0 1 0
b │ 0 0 0 0 1 1
c │ 0 1 0 1 0 0
d │ 0 0 0 0 0 1
e │ 0 0 0 1 0 0
f │ 0 0 0 0 0 0
```

图 4-2

设图 G 采用数组表示法（即用邻接矩阵 arcs 存储），元素 arcs[i][j] 定义如下：

$$arcs[i][j] = \begin{cases} 1 & \text{若G中存在边}(v_i, v_j)\text{或弧} <v_i, v_j> \\ 0 & \text{若G中不存在边}(v_i, v_j)\text{或弧} <v_i, v_j> \end{cases}$$

图 4-1 的邻接矩阵如图 4-2 所示，顶点 a~f 对应的编号依次为 0~5。因此，访问顶点 a 的邻接顶点的顺序为 b, c, e。

函数 BFSTraverse(Graph G) 利用队列实现图 G 的广度优先遍历。

相关的符号和类型定义如下：

```
#define MaxN  50                    /*图中最多顶点数*/
typedef  int  AdjMatrix[MaxN][MaxN];

typedef struct {
    int vexnum,  edgenum;          /*图中实际顶点数和边（弧）数*/
    AdjMatrix   arcs;              /*邻接矩阵*/
}Graph;
typedef  int  QElemType;
enum {ERROR = 0; OK = 1};
```

代码中用到的队列运算的函数原型如表 4-1 所述，队列类型名为 QUEUE。

表 4-1　实现队列运算的函数原型及说明

函 数 原 型	说　　明
InitQueue(QUEUE *Q)	初始化一个空队列
isEmpty(QUEUE Q)	判断队列是否为空，是则为 1，否则为 0
EnQueue(QUEUE *Q, QElemType qe)	将元素 qe 加入队列
DeQueue(QUEUE *Q, QElemType *te)	从队列头部删除元素，并通过参数 te 带回其值

【代码】

```
    int BFSTraverse(Graph G)
    {//对图 G 进行广度优先遍历，图采用邻接矩阵存储
      unsigned char *visited;   //visited[]用于存储图 G 中各顶点的访问标志，0 表示
                              未访问
```

```
  int v, w, u;
  QUEUE  Q;

  //申请存储顶点访问标志的空间，成功时将所申请空间初始化为 0
  visited = (char *)calloc(G.vexnum, sizeof(char));
  if (  (1)  )
    return ERROR;

  (2) ;                          //初始化 Q 为空队列
  for( v=0; v<G.vexnum; v++ ){
    if ( !visited[v] ) {         //从顶点 v 出发进行广度优先遍历
      printf("%d ", v);          //访问顶点 v 并将其加入队列
      visited[v] = 1;
       (3) ;
      while ( !isEmpty(Q) ) {
         (4) ;                   //出队列并用 u 表示出队的元素
        for( w = 0; w < G.vexnum; w++ )
          if ( G.arcs[u][w] != 0 &&  (5)  ) {
                                 //w 是 u 的邻接顶点且未访问过
              printf("%d ", w);            //访问顶点 w
              visited[w] = 1;
              EnQueue(&Q, w);
          }
      }
    }
  }
  free(visited);
  return OK;
}//BFSTraverse
```

试题四分析

本题考查 C 程序中函数参数和数据结构的应用。

根据题目说明，首先需了解对图中顶点进行遍历的基本方式。深度优先和广度优先是对图进行遍历的两种方式。

以图 4-1 为例，从顶点 a 出发进行深度优先遍历的一种顺序为 a, b, e, d, f, c。毫无疑问，第一个被访问的顶点为 a，第二个为什么是 b？这就与图的存储有关系了。若该图采用的是邻接矩阵存储，如图 4-2 所示，观察其中顶点 a 的邻接信息向量 "011010"，其中的三个 1 分别表示 b, c, e 这三个顶点是 a 的邻接顶点，一般情况下对该向量从左向右扫描，因此 b 是 a 的第一个邻接顶点且还未被访问（根据访问标志），所以访问 a 之后接下

来访问 b。接下来要去访问没有被访问过 b 的邻接顶点，再考察 b 的邻接信息向量 "000011"，其中的两个 1 分别表示 e, f 是 b 的邻接顶点，而且这两个顶点都未访问过，所以第三个被访问的顶点是 e，按照相同的思路，然后是 d, f，最后访问顶点 c。

如果是广度优先遍历，访问顶点 a 之后，接下来要访问所有 a 的所有的未被访问的邻接顶点，按照邻接矩阵存储，a 的三个邻接顶点为 b, c, e，依次访问这三个顶点后，接下来先访问 b 的邻接顶点（未被访问过的），然后访问 c 的邻接顶点（未被访问过的），最后访问 e 的邻接顶点（未被访问过的），在该过程中用队列来暂存顶点，确保访问顶点的顺序。因此，广度优先遍历序列为 a, b, c, e, f, d。

函数 BFSTraverse(Graph G) 对图 G 进行广度优先遍历。空（1）处判断函数 calloc 的返回值是否为空指针，应填入 "!visited" 或其等价形式。

空（2）处初始化一个空的队列，根据函数原型提供的信息，注意形参为指针参数，要求实参提供的是地址，因此应填入 "InitQueue(&Q)"。

根据注释，空（3）处是向队列中加入元素 v，根据函数原型提供的信息，注意第一个形参为指针参数，要求第一个实参提供的是地址，因此应填入 "EnQueue(&Q,v)"。

根据注释，空（4）处是令队头元素出队列，根据函数原型提供的信息，注意两个形参都是指针参数，要求两个实参都提供地址，而第一个参数表示队列，第二个参数表示出队的队头元素，因此应填入 "DeQueue(&Q, &u)"。

空（5）所在表达式中，"G.arcs[u][w] != 0" 说明 w 是 u 的邻接顶点，在 w 还未被访问的情况下（visited[w]==0）再访问顶点 w，因此应填入 "visited[w]==0" 或其等价形式。

参考答案

（1）!visited 或 visited==NULL 或 visited==0 或其等价形式

（2）InitQueue(&Q)

（3）EnQueue(&Q,v)

（4）DeQueue(&Q, &u)

（5）!visited[w] 或 visited[w]==0 或 visited[w]!=1 或其等价形式

试题五（共 15 分）

阅读以下说明和 Java 代码，填补代码中的空缺，将解答填入答题纸的对应栏内。

【说明】

以下 Java 代码实现一个简单的聊天室系统（ChatRoomSystem），多个用户（User）可以向聊天室（ChatRoom）发送消息，聊天室将消息展示给所有用户。类图如图 5-1 所示。

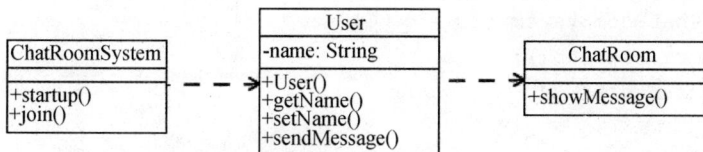

图 5-1　类图

【Java 代码】

```java
class ChatRoom {
    public static void showMessage(User user, String message) {
        System.out.println("[" + user.getName() + "] : " + message);
    }
}
class User {
    private String name;

    public String getName() {
        return name;
    }
    public void setName(String name) {
        this.name = name;
    }
    public User(String name){
        _(1)_ = name;
    }
    public void sendMessage(String message){
        _(2)_ (this, message);
    }
}

public class ChatRoomSystem {
    public void startup() {
        User zhang = new User("John");
        User li = new User("Leo");

        zhang.sendMessage("Hi! Leo!");
        li.sendMessage("Hi! John!");
    }
    public void join(User user) {
        _(3)_ ("Hello Everyone! I am" + user.getName());
    }
    public static void main(String[] args) {
        ChatRoomSystem crs = _(4)_ ;
        crs.startup();
        crs.join( _(5)_ ("Wayne") );
    }
}
/*
```

程序运行结果：

```
[John]  : Hi! Leo!
[Leo]  : Hi! John!
[Wayne]  : Hello Everyone! I am Wayne
*/
```

试题五分析

本题考查 Java 语言程序设计的能力，涉及类、对象、对象方法和静态方法的定义和使用。要求考生根据给出的案例和代码说明，认真阅读理清程序思路，然后完成题目。题目所给代码较短，较易理清思路。

先考查题目说明，实现一个简单的聊天室系统（ChatRoomSystem），多个用户（User）可以向聊天室（ChatRoom）发送消息，聊天室将消息展示给所有用户。根据说明进行设计，题目说明中图 5-1 的类图给出了类 ChatRoomSystem、User、ChatRoom 之间的关系。ChatRoom 作为中介器，处理 User 对象之间的所有消息交互，即 User 向 ChatRoom 发送消息，ChatRoom 负责将消息显示给所有的 User 对象。User 对象使用 ChatRoom 的方法分享其消息。

ChatRoom 中定义了一个静态方法，即类方法，使所有调用者直接通过类来访问此方法，无须创建对象。静态方法用关键字 static 修饰，参数接收 User 对象和消息内容，加以显示。

```
public static void showMessage(User user, String message) {…}
```

在 Java 中，static 方法直接通过类名 ChatRoom 来访问，即：

```
ChatRoom. showMessage(…)
```

User 类中定义私有属性 name 及其 get 和 set 方法，通过 User 类的构造器创建对象，赋给新建对象的 name 属性值。构造器参数和对象的属性区分方式用 this 关键字。User 类的对象发送消息时提供对象自身，用 this 表示，以及消息内容，字符串表示，调用 ChatRoom 中的静态方法 showMessage，即：

```
ChatRoom.showMessage(this, message);
```

ChatRoomSystem 类实现聊天室系统，包含入口方法 main，实现启动初始化聊天和聊天过程中加入新聊天用户（聊天过程中的退出等实现类似）。在 main 方法中，创建 ChatRoomSystem 对象，然后调用 startup 方法（crs.startup()），初始化加入一些用户（字符串用户名："John"和"Leo"）并发送问候消息，即：

```
User zhang = new User("John");
User li = new User("Leo");
```

```
zhang.sendMessage("Hi! Leo!");
li.sendMessage("Hi! John!");
```

调用 join 方法加入（crs.join）用户"Wayne"，并由此用户对象发送问候消息，即：

```
user.sendMessage("Hello Everyone! I am" + user.getName());
```

Java 中创建对象采用 new 关键字，如果类中没有定义构造器，则编译器会自动创建一个不带参数的缺省构造器。ChatRoomSystem 中没有定义构造器，所以对象创建方式为：

```
new ChatRoomSystem()
```

User 的对象创建为：

```
new User(字符串用户名)
```

综上所述，空（1）需要标识当前对象的 name 属性，即 this.name；空（2）调用类 ChatRoom 的静态方法 showMessage，即 ChatRoom.showMessage；空（3）需要表示 user 对象调用发送消息的方法 sendMessage，即 user.sendMessage；空（4）需要用 new 关键字调用缺省构造器，即 new ChatRoomSystem()；空（5）处为采用 new 关键字调用 User 类的构造器方法创建 User 类的对象，即 new User。

参考答案

（1）this.name

（2）ChatRoom.showMessage

（3）user.sendMessage

（4）new ChatRoomSystem()

（5）new User

试题六（共 15 分）

阅读下列说明和 C++代码，填补代码中的空缺，将解答填入答题纸的对应栏内。

【说明】

以下 C++代码实现一个简单的聊天室系统（ChatRoomSystem），多个用户（User）可以向聊天室（ChatRoom）发送消息，聊天室将消息展示给所有用户。类图如图 6-1 所示。

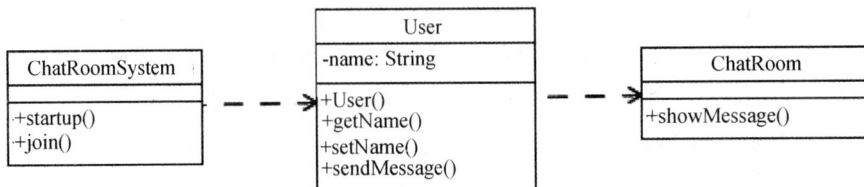

图 6-1 类图

【C++代码】

```
#include<iostream>
#include<string>

using namespace std;

class User {
private:
    string name;
public:
    User(string name){
         (1)  = name;
    }
    ~User(){}
    void setName(string name){
        this->name = name;
    }
    string getName(){
        return name;
    }


    void sendMessage(string message);
};

class ChatRoom {
public:
    static void showMessage(User* user, string message) {
        cout<< "[" << user->getName() << "] : " << message << endl;
    }
};

void User::sendMessage(string message) {
     (2)  (this, message);
}

class ChatRoomSystem {
public:
    void startup() {
        User* zhang = new User("John");
        User* li = new User("Leo");

        zhang->sendMessage("Hi! Leo!");
```

```
            li->sendMessage("Hi! John!");
        }

        void join(User* user) {
            __(3)__ ("Hello Everyone! I am " + user->getName());
        }
};

int main() {
    ChatRoomSystem* crs = __(4)__ ;
    crs->startup();
    crs->join( __(5)__ ("Wayne"));
    delete crs;
}
/*
```

程序运行结果:

```
[John] : Hi! Leo!
[Leo] : Hi! John!
[Wayne] : Hello Everyone! I am Wayne
*/
```

试题六分析

本题考查 C++ 语言程序设计的能力,涉及类、对象、对象函数(非静态)和静态函数的定义和使用。要求考生根据给出的案例和代码说明,认真阅读理清程序思路,然后完成题目。题目所给代码较短,较易理清思路。

先考查题目说明,实现一个简单的聊天室系统(ChatRoomSystem),多个用户(User)可以向聊天室(ChatRoom)发送消息,聊天室将消息展示给所有用户。根据说明进行设计,题目说明中图 6-1 的类图给出了类 ChatRoomSystem、User、ChatRoom 之间的关系。ChatRoom 作为中介器,处理 User 对象之间的所有消息交互,即 User 向 ChatRoom 发送消息,ChatRoom 负责将消息显示给所有的 User 对象。User 对象使用 ChatRoom 的函数分享其消息。

ChatRoom 中定义了一个静态成员函数,使所有调用者直接通过类来访问此函数,无须创建对象。静态函数用关键字 static 修饰,参数接收 User 对象和消息内容,并显示。

```
public static void showMessage(User* user, string message) {……}
```

在 C++ 中,static 函数直接通过类名 ChatRoom 来访问,即:

```
ChatRoom:: showMessage(…)
```

User 类中定义私有属性 name 及其 get 和 set 函数，通过 User 类的构造器创建对象，赋给新建对象的 name 属性值。构造器参数和对象的属性区分方式用 this 关键字。User 类的对象发送消息时提供对象自身，用 this 表示，以及消息内容，字符串表示，调用 ChatRoom 中的静态函数 showMessage，即：

```
ChatRoom::showMessage(this, message);
```

ChatRoomSystem 类实现聊天室系统，实现启动初始化聊天和聊天过程中加入新聊天用户（聊天过程中的退出等实现类似）。在主函数 main 中，创建 ChatRoomSystem 对象，然后调用 startup 函数（crs->startup()），初始化加入一些用户（字符串用户名："John"和"Leo"）并发送问候消息，即：

```
User* zhang = new User("John");
User* li = new User("Leo");
zhang->sendMessage("Hi! Leo!");
li->sendMessage("Hi! John!");
```

调用 join 函数（crs->join）加入用户"Wayne"，并由此用户对象发送问候消息，即：

```
user->sendMessage("Hello Everyone! I am " + user->getName());
```

C++中创建对象采用 new 关键字，在没有定义构造器时，使用编译器自动创建一个不带参数的缺省构造器。ChatRoomSystem 中没有定义构造器，所以对象创建方式为：

```
new ChatRoomSystem() 或 new ChatRoomSystem
```

User 的对象创建为：

```
new User(字符串用户名)
```

综上所述，空（1）需要标识当前对象的 name 属性，即 this->name；空（2）调用类 ChatRoom 的静态函数 showMessage，即 ChatRoom::showMessage；空（3）需要表示 user 对象调用发送消息的函数 sendMessage，即 user->sendMessage；空（4）需要用 new 关键字调用缺省构造器，即 new ChatRoomSystem() 或 new ChatRoomSystem；空（5）处为采用 new 关键字调用 User 类的构造器函数创建 User 类的对象，即 new User。

参考答案

（1）this->name

（2）ChatRoom::showMessage

（3）user->sendMessage

（4）new ChatRoomSystem() 或 new ChatRoomSystem

（5）new User

第21章 2017上半年程序员上午试题分析与解答

试题（1）

在 Windows 资源管理器中，如果选中某个文件，再按 Delete 键可以将该文件删除，但需要时还能将该文件恢复。若用户同时按下 Delete 和___(1)___组合键时，则可删除此文件且无法从"回收站"恢复。

（1）A．Ctrl　　　　　　B．Shift　　　　　　C．Alt　　　　　　D．Alt 和 Ctrl

试题（1）分析

在 Windows 资源管理器中，若用户同时按下 Delete 和 Shift 组合键，系统会弹出如下所示的对话框，此时，若选择按下"　是(Y)　"按钮，则可以彻底删除此文件。

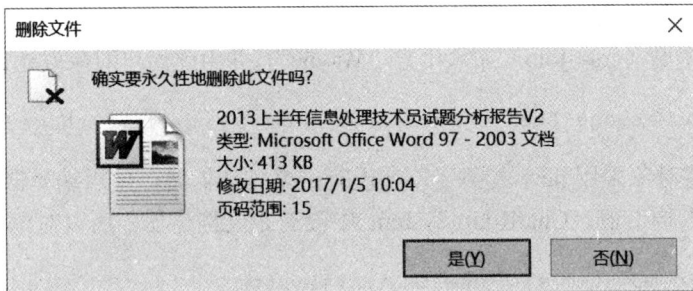

参考答案

（1）B

试题（2）

计算机软件有系统软件和应用软件，下列___(2)___属于应用软件。

（2）A．Linux　　　　　　B．Unix　　　　　　C．Windows 7　　　　D．Internet Explorer

试题（2）分析

选项 A、B 和 C 都是表示操作系统，操作系统属于系统软件。用排除法可知正确的选项是 D。

参考答案

（2）D

试题（3）、（4）

某公司 2016 年 10 月员工工资表如下所示。若要计算员工的实发工资，可先在 J3 单元格中输入___(3)___，再向垂直方向拖动填充柄至 J12 单元格，则可自动算出这些员工的实发工资。若要将缺勤和全勤的人数统计分别显示在 B13 和 D13 单元格中，则可在

B13 和 D13 中分别填写　　(4)　　。

	A	B	C	D	E	F	G	H	I	J
1					2016年10月份员工工资表					
2	编号	姓名	部门	基本工资	全勤奖	岗位	应发工资	扣款1	扣款2	实发工资
3	1	赵莉娜	企划部	1650.00	300.00	1500.00	3450.00	100.00	0.00	
4	2	李学君	设计部	1800.00	0.00	3000.00	4800.00	150.00	50.00	
5	3	黎民星	销售部	2000.00	300.00	2000.00	4300.00	100.00	0.00	
6	4	胡慧敏	企划部	1950.00	0.00	2000.00	3950.00	100.00	0.00	
7	5	赵小勇	市场部	1900.00	300.00	1800.00	4000.00	150.00	50.00	
8	6	许小龙	办公室	1650.00	300.00	1800.00	3750.00	100.00	0.00	
9	7	王成军	销售部	1850.00	300.00	2600.00	4750.00	200.00	100.00	
10	8	吴春红	办公室	2000.00	300.00	2000.00	4000.00	150.00	50.00	
11	9	杨晓凡	市场部	1650.00	300.00	3000.00	4950.00	0.00	0.00	
12	10	黎志军	设计部	1950.00	300.00	2800.00	5050.00	100.00	0.00	
13										

（3）A．= SUM（D\$3:F\$3）-（H\$3:I\$3）　　　　B．= SUM（D\$3:F\$3）+（H\$3:I\$3）

　　　　C．= SUM（D3:F3）- SUM（H3:I3）　　　　D．= SUM（D3:F3）+ SUM（H3:I3）

（4）A．=COUNT(E3:E12,> =0)和=COUNT(E3:E12,= 300)

　　　　B．=COUNT(E3:E12,"> =0")和=COUNT(E3:E12,"= 300")

　　　　C．=COUNTIF(E3:E12,> =0)和=COUNTIF(E3:E12,= 300)

　　　　D．=COUNTIF(E3:E12,"=0")和=COUNTIF(E3:E12,"=300")

试题（3）、（4）分析

在 Excel 表中，相对引用的特点是将计算公式复制或填充到其他单元格时，单元格的引用会自动随着移动位置的变化而变化，所以根据题意应采用相对引用。选项 A 采用相对引用，故在 J3 单元格中输入选项 C（即 SUM(D3:F3)-SUM(H3:I3)），并向垂直方向拖动填充柄至 J12 单元格，则可自动算出这些学生的综合成绩。

由于"COUNT"是无条件统计函数，故选项 A 和 B 都不正确。条件统计函数的格式为 COUNTIF（统计范围，"统计条件"），对于选项 C 统计条件未加引号，格式不正确，正确的答案为选项 D。

参考答案

（3）C　（4）D

试题（5）

统一资源地址（URL）http:// www.xyz.edu.cn/index.html 中的 http 和 index.html 分别表示　　(5)　　。

（5）A．域名、请求查看的文档名

B．所使用的协议、访问的主机

C．访问的主机、请求查看的文档名

D．所使用的协议、请求查看的文档名

试题（5）分析

本题考查网络基础知识。

统一资源地址（URL）用来在互联网指明所使用的计算机资源位置及查询信息的类型。在"http:// www.xidain.edu.cn/index.html"中，http 表示所使用的协议，www.xyz.edu.cn 表示访问的主机和域名，edu.cn 表示域名，index.html 表示所请求的文档。

参考答案

（5）D

试题（6）

以下关于 CPU 的叙述中，正确的是　(6)　。

（6）A．CPU 中的运算单元、控制单元和寄存器组通过系统总线连接起来

B．在 CPU 中，获取指令并进行分析是控制单元的任务

C．执行并行计算任务的 CPU 必须是多核的

D．单核 CPU 不支持多任务操作系统而多核 CPU 支持

试题（6）分析

本题考查计算机系统基础知识。

CPU 中主要部件有运算单元、控制单元和寄存器组，连接这些部件的是片内总线。系统总线是用来连接微机各功能部件而构成一个完整微机系统的，如 PC 总线、AT 总线（ISA 总线）、PCI 总线等。

单核 CPU 可以通过分时实现并行计算。

参考答案

（6）B

试题（7）

计算机系统中采用　(7)　技术执行程序指令时，多条指令执行过程的不同阶段可以同时进行处理。

（7）A．流水线　　　　B．云计算　　　　C．大数据　　　　D．面向对象

试题（7）分析

本题考查计算机系统基础知识。

为提高 CPU 利用率，加快执行速度，将指令分为若干个阶段，可并行执行不同指令的不同阶段，从而使多个指令可以同时执行。在有效地控制流水线阻塞的情况下，流水线可大大提高指令执行速度。经典的五级流水线为取指、译码/读寄存器、执行/计算有效地址、访问内存（读或写）、结果写回寄存器。

参考答案

（7）A

试题（8）

总线的带宽是指　（8）　。

（8）A. 用来传送数据、地址和控制信号的信号线总数

　　　B. 总线能同时传送的二进制位数

　　　C. 单位时间内通过总线传输的数据总量

　　　D. 总线中信号线的种类

试题（8）分析

本题考查计算机系统基础知识。

总线的带宽即数据传输率，也就是单位时间内通过总线传输的数据量，以"字节/秒"为单位。

参考答案

（8）C

试题（9）

以下关于计算机系统中高速缓存（Cache）的说法中，正确的是　（9）　。

（9）A. Cache 的容量通常大于主存的存储容量

　　　B. 通常由程序员设置 Cache 的内容和访问速度

　　　C. Cache 的内容是主存内容的副本

　　　D. 多级 Cache 仅在多核 CPU 中使用

试题（9）分析

本题考查计算机系统基础知识。

高速缓存（Cache）是随着 CPU 与主存之间的性能差距不断增大而引入的，相对于主存，其容量小、速度快，所存储的内容是 CPU 近期可能会需要的信息，也就是主存内容的副本，因此 CPU 需要访问数据和读取指令时要先访问 Cache，若命中则直接访问，若不命中再去访问主存。

参考答案

（9）C

试题（10）

　（10）　是计算机进行运算和数据处理的基本信息单位。

（10）A. 字长　　　　B. 主频　　　　C. 存储速度　　　　D. 存取容量

试题（10）分析

本题考查计算机系统性能方面的基础知识。

主频是指计算机的时钟频率，它在很大程度上决定了计算机的运算速度，主频越高计算机的运行速度越快。

字长是指 CPU 进行运算和数据处理的最基本的信息位长度。PC 的字长，已由 8088 的准 16 位（运算用 16 位，I/O 用 8 位）发展到现在的 32 位、64 位等。

内存储器完成一次读（取）或写（存）操作所需的时间称为存储器的存取时间或者访问时间，即存储速度。而连续两次读（或写）所需的最短时间称为存储周期。对于半导体存储器来说，存取周期约为几十到几百纳秒（10^{-9} 秒）。存储容量一般用字节（Byte）数来度量，容量越大计算机系统工作性能也越高。

参考答案

（10）A

试题（11）

通常，用于大量数据处理为主的计算机对 ___(11)___ 要求较高。

（11）A．主机的运算速度、显示器的分辨率和 I/O 设备的速度

　　　 B．显示器的分辨率、外存储器的读写速度和 I/O 设备的速度

　　　 C．显示器的分辨率、内存的存取速度和外存储器的读写速度

　　　 D．主机的内存容量、内存的存取速度和外存储器的读写速度

试题（11）分析

本题考查计算机性能方面的基础知识。

对于不同用途的计算机，其对不同部件的性能指标要求有所不同。例如，用作科学计算为主的计算机对主机的运算速度要求很高，用作大型数据库处理为主的计算机对主机的内存容量、存取速度和外存储器的读写速度要求较高，用作网络传输的计算机则要求有很高的 I/O 速度，因此应当有高速的 I/O 总线和相应的 I/O 接口。

参考答案

（11）D

试题（12）

知识产权权利人是指___(12)___。

（12）A．著作权人　　B．专利权人　　C．商标权人　　D．各类知识产权所有人

试题（12）分析

本题考查知识产权基础知识。

知识产权指"权利人对其智力劳动所创作的成果享有的财产权利"，一般只在有限时间内有效。

知识产权所有人指合法占有某项知识产权的自然人或法人，即知识产权权利人，包括专利权人、商标注册、版权所有人等。这里所指的"所有人"包括知识产权权利的原始获得人和合法继受人。

知识产权持有人与知识产权所有人不是同一个概念，两者是有所区别的。知识产权的"持有人"包括两种人：一是知识产权的合法所有人；二是知识产权的合法被许可人，即经知识产权权利人的许可，合法取得某项知识产权使用权的使用人。这两种人都合法

地享有该项知识产权的使用权。但是只有知识产权权利人才可以向海关总署办理知识产权海关保护备案或者向进出境地海关申请采取知识产权保护措施。

参考答案

（12）D

试题（13）

以下计算机软件著作权权利中，＿＿（13）＿＿是不可以转让的。

（13）A．发行权　　　　B．复制权　　　　C．署名权　　　　D．信息网络传播权

试题（13）分析

本题考查知识产权基础知识。

《中华人民共和国著作权法》规定，软件作品享有两类权利，一类是软件著作权的人身权（精神权利）；另一类是软件著作权的财产权（经济权利）。《计算机软件保护条例》规定，软件著作权人享有发表权和开发者身份权（也称为署名权），这两项权利与软件著作权人的人身权是不可分离的。

财产权通常是指由软件著作权人控制和支配，并能够为权利人带来一定经济效益的权利。《计算机软件保护条例》规定，软件著作权人享有的软件财产权有使用权、复制权、修改权、发行权、翻译权、注释权、信息网络传播权、出租权、使用许可权和获得报酬权、转让权。

软件著作权人可以全部或者部分转让软件著作权中的财产权。

参考答案

（13）C

试题（14）

＿＿（14）＿＿图像通过使用色彩查找表来获得图像颜色。

（14）A．真彩色　　　　B．伪彩色　　　　C．黑白　　　　D．矢量

试题（14）分析

本题考查多媒体基础知识。

真彩色是指组成一幅彩色图像的每个像素值中，有 R、G、B 三个基色分量，每个基色分量直接决定显示设备的基色强度，这样产生的彩色称为真彩色。例如，R、G、B 分量都用 8 位来表示，可生成的颜色数就是 2^{24} 种，每个像素的颜色就是由其中的数值直接决定的。这样得到的色彩可以反映原图像的真实色彩，称之为真彩色。

为了减少彩色图像的存储空间，在生成图像时，对图像中不同色彩进行采样，产生包含各种颜色的颜色表，即色彩查找表。图像中每个像素的颜色不是由三个基色分量的数值直接表达，而是把像素值作为地址索引在色彩查找表中查找这个像素实际的 R、G、B 分量，将图像的这种颜色表达方式称为伪彩色。需要说明的是，对于这种伪彩色图像的数据，除了保存代表像素颜色的索引数据外，还要保存一个色彩查找表（调色板）。

参考答案

（14）B

试题（15）

在显存中，表示黑白图像的像素点最少需 ___（15）___ 个二进制位。

（15）A．1   B．2   C．8   D．16

试题（15）分析

本题考查多媒体基础知识。

严格意义上的黑白图像只有黑色和白色，不存在过渡性的灰色，其一个像素只需要一个二进制位就能表示出来，即 0 表示黑，1 表示白。

灰度图是有级数的，除了黑与白之外，还有中间过渡的灰色，用来更加精细地表示明暗变化，一般情况下，计算机上用的灰度图是 8 位，256 级灰度，即用 8 个二进制位（1 字节）来表示一个灰度图的像素，灰度级根据需要也可以更高，如 16 位。

参考答案

（15）A

试题（16）

Alice 发给 Bob 一个经 Alice 签名的文件，Bob 可以通过 ___（16）___ 验证该文件来源的合法性。

（16）A．Alice 的公钥   B．Alice 的私钥

　　 C．Bob 的公钥   D．Bob 的私钥

试题（16）分析

本题考查公钥认证的基础知识。

数字签名是非对称加密算法的一种应用，非对称加密算法的两个密钥分别为加密密钥（公钥）和解密密钥（私钥）；公钥对公众开放，私钥用于加密需要保密的明文。在数字签名过程中，一般须使用私钥对需要签名的文件进行加密（签名），这样，接收者可以使用公钥来对文件来源的合法性进行验证。

参考答案

（16）A

试题（17）

防火墙不能实现 ___（17）___ 的功能。

（17）A．过滤不安全的服务   B．控制对特殊站点的访问

　　 C．防止内网病毒传播   D．限制外部网对内部网的访问

试题（17）分析

本题考查防火墙方面的基础知识。

防火墙可以实现过滤不安全的服务、控制对特殊站点的访问和限制外部网对内部网的访问，而不能防止内网病毒传播。

参考答案

（17）C

试题（18）

DDOS（Distributed Denial of Service）攻击的目的是　(18)　。

（18）A．窃取账户　　　　　　　　　B．远程控制其他计算机

　　　　C．篡改网络上传输的信息　　　D．影响网络提供正常的服务

试题（18）分析

本题考查网络安全的基本概念。

DDOS（Distributed Denial of Service）即分布式拒绝服务。DDOS 攻击是借助 C/S 技术，将多个计算机联合起来作为攻击平台，对一个或多个目标发起 DDOS 攻击。其主要目的是阻止合法用户对正常网络资源的访问。

DDOS 的攻击策略侧重于通过很多"僵尸主机"（被攻击者入侵过或可间接利用的主机）向受害主机发送大量看似合法的网络包，从而造成网络阻塞或服务器资源耗尽而导致拒绝服务。分布式拒绝服务攻击一旦被实施，攻击网络包就会犹如洪水般涌向受害主机，从而把合法用户的网络包淹没，导致合法用户无法正常访问服务器的网络资源，因此，拒绝服务攻击又被称之为"洪水式攻击"，常见的 DDOS 攻击手段有 SYN Flood、ACK Flood、UDP Flood、ICMP Flood、TCP Flood、Connections Flood、Script Flood、Proxy Flood 等。

参考答案

（18）D

试题（19）

对于浮点数 $x=m\times 2^i$ 和 $y=w\times 2^j$，已知 $i>j$，那么进行 $x+y$ 运算时，首先应该对阶，即　(19)　，使其阶码相同。

（19）A．将尾数 m 左移 $(i-j)$ 位　　　B．将尾数 m 右移 $(i-j)$ 位

　　　　C．将尾数 w 左移 $(i-j)$ 位　　　D．将尾数 w 右移 $(i-j)$ 位

试题（19）分析

本题考查计算机系统中数据表示基础知识。

对浮点数进行相加或相减运算时，要作以下处理。

① 对阶。使两个数的阶码相同。令 $K=|i-j|$，将阶码小的数的尾数右移 K 位，使其阶码加上 K。

② 求尾数和（差）。

③ 结果规格化并判溢出。若运算结果所得的尾数不是规格化的数，则需要进行规格化处理。当尾数溢出时，需要调整阶码。

④ 舍入。在对结果进行右移时，尾数的最低位将因移出而丢掉。另外，在对阶过程中也会将尾数右移使最低位丢掉。这就需要进行舍入处理，以求得最小的运算误差。

参考答案

（19）D

试题（20）

已知某字符的 ASCII 码值用十进制表示为 69，若用二进制形式表示并将最高位设置为偶校验位，则为 **（20）** 。

（20）A．11000101　　　B．01000101　　　　C．11000110　　　D．01100101

试题（20）分析

本题考查计算机系统中数据表示基础知识。

69 的二进制形式为 01000101，其中有 3 个 1，采用偶校验时需要通过设置校验位使 1 的个数为偶数，因此编码为 11000101．

参考答案

（20）A

试题（21）、（22）

设机器字长为 8，对于二进制编码 10101100，如果它是某整数 x 的补码表示，则 x 的真值为 **（21）** ，若它是某无符号整数 y 的机器码，则 y 的真值为 **（22）** 。

（21）A．84　　　　　B．–84　　　　　　C．172　　　　　D．–172

（22）A．52　　　　　B．84　　　　　　　C．172　　　　　D．204

试题（21）、（22）分析

本题考查计算机系统中数据表示基础知识。

数值 X 的补码记作[X]$_{补}$，如果机器字长为 n，则最高位为符号位，0 表示正号，1 表示负号，其余的 n–1 位表示数值。正数的补码与其原码及反码相同，负数的补码则等于其反码（原码数值位各位取反）后再加 1。

[X]$_{补}$=10101100，最高位为 1，说明是负数，将其数值位各位取反末位再加 1，即可得到其原码表示为 11010100，即 X 的真值为二进制的–1010100，转换为十进制即为–84。

若将 10101100 解释为无符号数，则其等于 $2^7 + 2^5 + 2^3 + 2^2$，即 172。

参考答案

（21）B　　（22）C

试题（23）、（24）

在 Windows 系统中，系统对用户组默认权限由高到低的顺序是 **（23）** 。如果希望某用户对系统具有完全控制权限，则应该将该用户添加到用户组 **（24）** 中。

（23）A．everyone→administrators→power users→users

　　　 B．administrators→power users→users→everyone

　　　 C．power users→users→everyone→administrators

　　　 D．users→everyone→administrators→power users

（24）A．everyone　　　 B．users　　　　　C．power users　　　D．administrators

试题（23）、（24）分析

本题考查 Windows 系统中用户权限方面的知识。

在 Windows 系统中，everyone、users、power users 和 administrators 四个选项中，只有 administrators 拥有完全控制权限，系统对用户组默认权限由高到低的顺序是：administrators→power users→users→everyone。

参考答案

（23）B　（24）D

试题（25）

在操作系统的进程管理中，若系统中有 6 个进程要使用互斥资源 R，但最多只允许两个进程进入互斥段（临界区），则信号量 S 的变化范围是___(25)___。

（25）A．−1～1　　　B．−2～1　　　C．−3～2　　　D．−4～2

试题（25）分析

本题考查操作系统进程管理方面的基础知识。

本题中，已知有 6 个进程共享一个互斥资源 R，如果最多允许 2 个进程同时进入互斥段，这意味着系统有 2 个单位的资源，信号量的初值应设为 2。当第 1 个申请该资源的进程对系信号量 S 执行 P 操作，信号量 S 减 1 等于 1，进程可继续执行；当第 2 个申请该资源的进程对系信号量 S 执行 P 操作，信号量 S 减 1 等于 0，进程可继续执行；当第 3 个申请该资源的进程对系信号量 S 执行 P 操作，信号量 S 减 1 等于−1，进程等待……当第 6 个申请该资源的进程对系信号量 S 执行 P 操作，信号量 S 减 1 等于−4。可见信号量的取值范围为−4～2。

参考答案

（25）D

试题（26）

操作系统中进程的三态模型如下图所示，图中的 a、b 和 c 处应分别填写___(26)___。

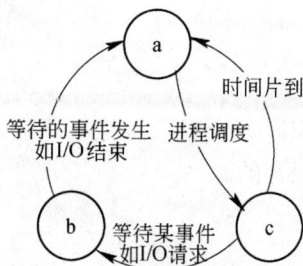

（26）A．阻塞、就绪、运行　　　　　B．运行、阻塞、就绪

　　　　C．就绪、阻塞、运行　　　　　D．就绪、运行、阻塞

试题（26）分析

本题考查操作系统进程管理方面的基础知识。

进程具有三种基本状态：运行态、就绪态和阻塞态。处于这三种状态的进程在一定条件下，其状态可以转换。当 CPU 空闲时，系统将选择处于就绪态的一个进程进入运行态；而当 CPU 的一个时间片用完时，当前处于运行态的进程就进入了就绪态；进程从运行到阻塞状态通常是由于进程释放 CPU，等待系统分配资源或等待某些事件的发生。例如，执行了 P 操作系统暂时不能满足其对某资源的请求，或等待用户的输入信息等；当进程等待的事件发生时，进程从阻塞到就绪状态，如 I/O 完成。

参考答案

（26）C

试题（27）

在页式存储管理方案中，如果地址长度为 32 位，并且地址结构的划分如下图所示，则系统中页面总数与页面大小分别为___（27）___。

20 位	12 位
页号	页内地址

（27）A．4K，1024K   B．1M，4K   C．1K，1024K   D．1M，1K

试题（27）分析

根据题意可知页内的地址长度为 12 位，所以页面的大小应该为 $2^{12} = 4096 = 4KB$。又因为页号的地址长度为 20 位，故最多有 $2^{20}=1024 \times 1024=1024K$ 个页面。

参考答案

（27）B

试题（28）

用某高级程序设计语言编写的源程序通常被保存为___（28）___。

（28）A．位图文件   B．文本文件

　　　　C．二进制文件   D．动态链接库文件

试题（28）分析

本题考查程序语言基础知识。

源程序是以文本文件方式保存的。

参考答案

（28）B

试题（29）

将多个目标代码文件装配成一个可执行程序的程序称为___（29）___。

（29）A．编译器   B．解释器   C．汇编器   D．链接器

试题（29）分析

本题考查程序语言翻译基础知识。

通过编译方式实现的编程语言需要经过编译（产生目标代码）、链接产生可执行代码后才能在计算机上运行。有些语言（如 C/C++）还需在编译之前进行预处理。

参考答案

（29）D

试题（30）

通用程序设计语言可用于编写多领域的程序，　(30)　属于通用程序设计语言。

（30）A．HTML　　　　　B．SQL　　　　　C．Java　　　　　D．Verilog

试题（30）分析

本题考查程序语言基础知识。

HTML 即超文本标记语言，通过标记符号来标记要显示的网页中的各个部分。

SQL 即结构化查询语言，是一种特殊目的的编程语言，用于存取及查询、更新和管理关系数据库系统中的数据。

Verilog HDL 是一种硬件描述语言，以文本形式来描述数字系统硬件的结构和行为的语言，用它可以表示逻辑电路图、逻辑表达式，还可以表示数字逻辑系统所完成的逻辑功能。

Java 是一种通用的程序设计语言。

参考答案

（30）C

试题（31）

如果要使得用 C 语言编写的程序在计算机上运行，则对其源程序需要依次进行　(31)　等阶段的处理。

（31）A．预处理、汇编和编译　　　　　　B．编译、链接和汇编

　　　　C．预处理、编译和链接　　　　　　D．编译、预处理和链接

试题（31）分析

本题考查程序语言基础知识。

C 语言是编译型编程语言，需要对其源程序经过预处理、编译和链接处理，产生可执行文件，将可执行文件加载至内存后再执行。

参考答案

（31）C

试题（32）

一个变量通常具有名字、地址、值、类型、生存期、作用域等属性，其中，变量地址也称为变量的左值（l-value），变量的值也称为其右值（r-value）。当以引用调用方式实现函数调用时，　(32)　。

（32）A．将实参的右值传递给形参　　　　B．将实参的左值传递给形参
　　　 C．将形参的右值传递给实参　　　　D．将形参的左值传递给实参

试题（32）分析

本题考查程序语言基础知识。

进行函数调用时，需要向被调用函数传递信息，传值调用是将调用函数（caller）中实参的值（右值）传递给被调用函数（callee）中的形参，引用调用是将调用函数中实参的地址（左值）传递给被调用函数。

参考答案

（32）B

试题（33）

表达式可采用后缀形式表示。例如，"a+b"的后缀式为"ab+"。那么，表达式"a*(b−c)+d"的后缀表示为　(33)　。

（33）A．abc−*d+　　　B．abcd*−+　　　C．abcd−*+　　　D．ab−c*d+

试题（33）分析

本题考查程序语言基础知识。

后缀形式表达式中不包含括号，运算符放在两个运算对象的后面，所有的计算按运算符出现的顺序，严格从左向右进行。

按照表达式"a*(b−c)+d"的求值方式，其后缀表示为"abc−*d+"。

参考答案

（33）A

试题（34）

对布尔表达式进行短路求值是指在确定表达式的值时，没有进行所有操作数的计算。对于布尔表达式"a or ((b > c) and d)"，当　(34)　时可进行短路计算。

（34）A．a 的值为 true　　　　　　　B．d 的值为 true
　　　 C．b 的值为 true　　　　　　　D．c 的值为 true

试题（34）分析

本题考查程序语言基础知识。

对于布尔表达式"a or ((b > c) and d)"，如果 a 的值为真，即可确定该表达式的值为真，不需要再去计算"((b > c) and d)"的值，因此可进行短路计算。

参考答案

（34）A

试题（35）

在对高级语言编写的源程序进行编译时，可发现源程序中　(35)　。

（35）A．全部语法错误和全部语义错误　　B．部分语法错误和全部语义错误
　　　 C．全部语法错误和部分语义错误　　D．部分语法错误和部分运行错误

试题（35）分析

本题考查程序语言基础知识。

语法错误是程序语句结构上的错误，语义错误是程序语句及其成分使用时出现的含义方面的错误，语义错误分为静态语义错误和动态语义错误，动态语义错误在程序运行时才可能出现，编译时可发现源程序中的全部语法错误和静态语义错误。

参考答案

（35）C

试题（36）

采用　(36)　算法对序列{18，12，10，11，23，2，7}进行一趟递增排序后，其元素的排列变为{12，10，11，18，2，7，23}。

（36）A. 选择排序　　　　B. 快速排序　　　C. 归并排序　　　D. 冒泡排序

试题（36）分析

本题考查数据结构基础知识。

一趟选择排序会选出序列中的最小元素（或最大元素），并通过最多 1 次交换将其换至序列最前端（或最末端）。对于序列{18，12，10，11，23，2，7}，如果是选出最小元素并将其换至最前端，则得到的序列为{2，12，10，11，23，18，7}；若是选出最大元素并将其换至最末端，则得到的序列为{18，12，10，11，7，2，23}。

快速排序是通过划分将小于枢轴元素者和不大于枢轴元素者以枢轴元素为界划分开，若以第一个元素作为枢轴，对{18，12，10，11，23，2，7}进行划分后得到的序列为{7，12，10，11，2，18，23}。

一趟归并排序是将两两有序的子序列进行合并，对{18，12，10，11，23，2，7}进行一趟归并排序后，得到{12，18，10，11，2，23，7}。

冒泡排序是通过相邻元素的比较和交换将最大元素（或最小元素）换至序列末端（或序列前端），对{18，12，10，11，23，2，7}进行一趟冒泡排序，得到的序列为{12，10，11，18，2，7，23}。

参考答案

（36）D

试题（37）

某二叉树的先序遍历（根、左、右）序列为 EFHIGJK、中序遍历（左、根、右）序列为 HFIEJKG，则该二叉树根结点的左孩子结点和右孩子结点分别是　(37)　。

（37）A. I、K　　　　B. F、I　　　　C. F、G　　　　D. I、G

试题（37）分析

本题考查数据结构基础知识。

对于一个非空的二叉树，其先序遍历序列、中序遍历序列和后序遍历序列都是唯一确定的。先序遍历是首先访问根结点，其次是先序遍历左子树，最后再先序遍历右子树，因此先序序列第一个元素是根结点。中序遍历是首先中序遍历左子树，然后访问根结点，最后中序遍历右子树，因此在已知根结点的情况下，可将左子树和右子树的结点区分开。

本题中根据先序遍历序列可知 E 是根结点，在中序遍历序列中 E 之前是左子树的中序遍历序列，E 之后是右子树的中序遍历序列。再到先序遍历序列中确定 FHI 为左子树的先序遍历序列、GJK 为右子树的先序遍历序列。从而确定 F 为 E 的左孩子结点、G 为 E 的右孩子结点。依此类推，可确定该二叉树如下图所示。

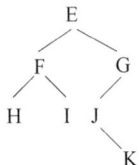

参考答案

（37）C

试题（38）

对于一个初始为空的栈，其入栈序列为 1，2，3，…，n（n>3），若出栈序列的第一个元素是 1，则出栈序列的第 n 个元素　__（38）__。

（38）A．可能是 2～n 中的任何一个　　　　B．一定是 2

　　　 C．一定是 n–1　　　　　　　　　　D．一定是 n

试题（38）分析

本题考查数据结构基础知识。

栈的修改原则是后进先出，是指当元素同时处于栈中时，后进入栈中的元素必须先退栈。对于初始为空的栈，其入栈序列为 1，2，3，…，n（n>3），因此规定了元素的入栈顺序。若第一个出栈的元素是 1，对应的操作是 1 入栈后又出栈的操作。此后，每个入栈的元素都可能有两种情况，出栈或不出栈，因此在操作序列不确定的情况下，最后出栈的元素可能是 2～n 中的任何一个元素。对合法操作序列的要求是：其任何前缀中，出栈操作的次数不多于入栈操作的次数。

参考答案

（38）A

试题（39）

为支持函数调用及返回，常采用称为"　__（39）__"的数据结构。

（39）A．队列　　　　　B．栈　　　　　C．多维数组　　　　D．顺序表

试题（39）分析

本题考查数据结构基础知识。

程序运行过程中若函数 A 调用函数 B，函数 B 又调用了函数 C，那么正常情况下，函数 C 运行结束后需要返回到函数 B，函数 B 运行结束后再返回函数 A 继续执行。实现

该控制处理的数据结构必须为栈。

参考答案

（39）B

试题（40）

在 C 程序中有一个二维数组 A[7][8]，每个数组元素用相邻的 8 个字节存储，那么存储该数组需要的字节数为　（40）　。

（40）A．56　　　　　B．120　　　　　C．448　　　　　D．512

试题（40）分析

本题考查数据结构基础知识。

数组 A 中的元素在逻辑上是分 7 行、每行 8 列来构成的，因此共有 56 个元素，每个元素占 8 个字节的存储空间，则 56 个元素共需 448 个字节的存储空间。

参考答案

（40）C

试题（41）

设 S 是一个长度为 n 的非空字符串，其中的字符各不相同，则其互异的非平凡子串（非空且不同于 S 本身）的个数为　（41）　。

（41）A．$2n-1$　　　　　B．n^2　　　　　C．$n(n+1)/2$　　　　　D．$(n+2)(n-1)/2$

试题（41）分析

本题考查数据结构基础知识。

S 是一个长度为 n 的非空字符串，其中的字符各不相同，则其长度为 1 的子串有 n 个，长度为 2 的子串有 n-1 个，长度为 3 的子串为 n-2 个，依此类推，长度为 n-1 的子串有 2 个，合计为 n+n-1+⋯+2，即为 $(n+2)(n-1)/2$.

参考答案

（41）D

试题（42）

折半（二分）查找法适用的线性表应该满足　（42）　的要求。

（42）A．链接方式存储、元素有序　　　　　B．链接方式存储、元素无序
　　　　C．顺序方式存储、元素有序　　　　　D．顺序方式存储、元素无序

试题（42）分析

本题考查数据结构基础知识。

二分查找是待查元素先和查找表中间位置的元素进行比较，当相等时查找成功，若小于中间元素，则下一步在查找表的前半区继续进行二分查找，否则下一步在查找表的后半区继续进行二分查找。这就需要能对查找表的元素按照序号随机访问，也要求查找表的元素按照非递减顺序排列。

参考答案

（42）C

试题（43）

对于连通无向图 G，以下叙述中，错误的是　（43）　。

（43）A. G 中任意两个顶点之间存在路径

　　　　B. G 中任意两个顶点之间都有边

　　　　C. 从 G 中任意顶点出发可遍历图中所有顶点

　　　　D. G 的邻接矩阵是对称的

试题（43）分析

本题考查数据结构基础知识。

若无向图 G 是连通的，表示任意两个顶点间都存在路径，那么从任意一个顶点出发都能到达其他顶点，所以可遍历图中所有顶点。无向图采用邻接矩阵存储时，对于任意一条边（v，u），从 v 和 u 两个顶点各自的角度来表示的邻接关系都是同一条边，因此是对称的矩阵。任意两个顶点之间都有边的图是完全图。完全图是连通图，反之则不一定。

参考答案

（43）B

试题（44）、（45）

在面向对象的系统中，对象是运行时的基本实体，对象之间通过传递　（44）　进行通信。　（45）　是对对象的抽象，对象是其具体实例。

（44）A. 对象　　　　B. 封装　　　　C. 类　　　　D. 消息

（45）A. 对象　　　　B. 封装　　　　C. 类　　　　D. 消息

试题（44）、（45）分析

本题考查面向对象分析与设计方面的基础知识。

面向对象方法以客观世界的对象为中心，采用符合人们思维方式的分析和设计思想，分析和设计的结果与客观世界的实际情况比较接近。在面向对象的系统中，对象是基本的运行时实体，它既包括数据（属性），也包括作用于数据的操作（行为）。对象之间进行通信的一种构造叫做消息。封装是一种信息隐蔽技术，其目的是使对象的使用者和生产者分离，使对象的定义和实现分开。一个类定义了一组大体上相似的对象，类所包含的方法和数据描述了这组对象的共同行为和属性。类是对象之上的抽象，对象是类的具体化，是类的实例。

参考答案

（44）D　（45）C

试题（46）、（47）

在 UML 中有 4 种事物：结构事物、行为事物、分组事物和注释事物。其中，（46）事物表示 UML 模型中的名词，它们通常是模型的静态部分，描述概念或物理元素。以

下　(47)　属于此类事物。

　(46) A．结构　　　　B．行为　　　　C．分组　　　　D．注释

　(47) A．包　　　　　B．状态机　　　　C．活动　　　　D．构件

试题 (46)、(47) 分析

本题考查统一建模语言（UML）的基础知识。

UML 是一种能够表达软件设计中动态和静态信息的可视化统一建模语言，由三个要素构成：UML 的基本构造块、支配这些构造块如何放置在一起的规则以及用于整个语言的公共机制。UML 的词汇表包含三种构造块：事物、关系和图。

事物是对模型中最具有代表性的成分的抽象，分为结构事物、行为事物、分组事物和注释事物。结构事物通常是模型的静态部分，是 UML 模型中的名词，描述概念或物理元素，包括类、接口、协作、用例、主动类、构件和节点。行为事物是模型中的动态部分，描述了跨越时间和空间的行为，包括交互和状态机。分组事物是一些由模型分解成为组织部分，最主要的是包。注释事物用来描述、说明和标注模型的任何元素，主要是注解。

参考答案

　(46) A　(47) D

试题 (48)

结构型设计模式涉及如何组合类和对象以获得更大的结构，分为结构型类模式和结构型对象模式。其中，结构型类模式采用继承机制来组合接口或实现，而结构型对象模式描述了如何对一些对象进行组合，从而实现新功能的一些方法。以下　(48)　模式是结构型对象模式。

　(48) A．中介者（Mediator）　　　　B．构建器（Builder）
　　　　 C．解释器（Interpreter）　　　 D．组合（Composite）

试题 (48) 分析

本题考查设计模式的基本概念。

每个设计模式描述了一个在我们周围不断重复发生的问题，以及该问题的解决方案的核心。在面向对象系统设计中，每一个设计模式都集中于一个特定的面向对象设计问题或设计要点，描述了什么时候使用它，在另一些设计约束条件下是否还能使用，以及使用的效果和如何取舍。

按照设计模式的目的可以分为创建型模式、结构型模式和行为型模式三大类。创建型模式与对象的创建有关，它抽象了实例化过程，帮助一个系统独立于如何创建、组合和表示它的那些对象；结构型模式处理类或对象的组合，涉及如何组合类和对象以获得更大的结构；行为型模式对类或对象怎样交互和怎样分配职责进行描述。

按照设计模式所用的范围可分为类模式和对象模式。创建型模式包括 Factory Method、Abstract Factory、Builder、Prototype 和 Singleton，其中 Factory Method 为类模

式，其余为对象模式；结构型模式包括 Adapter、Bridge、Composite、Decorator、Façade、Flyweight 和 Proxy，其中 Adapter 分为 Adapter 类模式和 Adapter 对象模式，其余为对象模式；行为型模式包括 Interpreter、Template Method、Chain of Responsibility、Command、Iterator、Mediator、Memento Observer State Strategy 和 Visitor，其中 Interpreter 和 Template Method 模式为类模式，其余为对象模式。

参考答案

（48）D

试题（49）、（50）

某工厂业务处理系统的部分需求为：客户将订货信息填入订货单，销售部员工查询库存管理系统获得商品的库存，并检查订货单；如果订货单符合系统的要求，则将批准信息填入批准表，将发货信息填入发货单；如果不符合要求，则将拒绝信息填入拒绝表。对于检查订货单，需要根据客户的订货单金额（如大于等于 5000，小于 5000 元）和客户目前的偿还款情况（如大于 60 天，小于等于 60 天），采取不同的动作，如不批准、发出批准书、发出发货单和发催款通知书等。根据该需求绘制数据流图，则___(49)___表示为数据存储。使用__(50)__表达检查订货单的规则更合适。

（49）A．客户   B．订货信息   C．订货单   D．检查订货单

（50）A．文字   B．图   C．数学公式   D．决策表

试题（49）、（50）分析

本题考查结构化分析的基础知识。数据流图是结构化分析的一个重要模型，描述数据在系统中如何被传送或变换，以及描述如何对数据流进行变换的功能，用于功能建模。

数据流图有四个要素：外部实体，也称为数据源或数据汇点，表示要处理的数据的输入来源或处理结果要送往何处，不属于目标系统的一部分，通常为组织、部门、人、相关的软件系统或者硬件设备；数据流表示数据沿箭头方向的流动；加工是对数据对象的处理或变换；数据存储在数据流中起到保存数据的作用，可以是数据库文件或者任何形式的数据组织。

根据上述定义和题干说明，客户和销售部员工是外部实体，订货信息是数据流，检查订货单是加工，订货单是数据存储。

在对加工进行规格说明时，有多种方法，而由于检查订货单加工具有多个不同的条件判断和多种行为，因此更适合采用决策表或者决策树来表达。

参考答案

（49）C   （50）D

试题（51）

某系统交付运行之后，发现无法处理四十个汉字的地址信息，因此需对系统进行修改。此行为属于__(51)__维护。

（51）A．改正性   B．适应性   C．完善性   D．预防性

试题（51）分析

本题考查软件维护的基础知识。软件交付给用户使用之后，进入软件维护阶段。软件维护有四种类型：

① 正确性维护（改正性维护）：是指改正在系统开发阶段已发生而系统测试阶段尚未发现的错误。

② 适应性维护：使应用软件适应信息技术变化和管理需求变化而进行的修改。

③ 完善性维护：为扩展功能和改善性能而进行的修改。

④ 预防性维护：改变系统的某些方面，以预防失效的发生。

根据题干，很容易判断这是一个改正性维护行为。

参考答案

（51）A

试题（52）

某企业招聘系统中，对应聘人员进行了筛选，学历要求为本科、硕士或博士，专业为通信、电子或计算机，年龄不低于 26 岁且不高于 40 岁。　(52)　不是一个好的测试用例集。

（52）A.（本科，通信，26）、（硕士，电子，45）

　　　 B.（本科，生物，26）、（博士，计算机，20）

　　　 C.（高中，通信，26）、（本科，电子，45）

　　　 D.（本科，生物，24）、（硕士，数学，20）

试题（52）分析

本题考查软件测试的相关知识。

测试用例设计是软件测试的一个重要内容。不同的软件测试用例应该能执行不同的软件路径，发现不同的软件错误。选项 D 中的两个测试用例，都是学历正确，专业和年龄不正确，因此不是好的测试用例。

参考答案

（52）D

试题（53）

以下各项中，　(53)　不属于性能测试。

（53）A. 用户并发测试　　　　　　B. 响应时间测试

　　　 C. 负载测试　　　　　　　 D. 兼容性测试

试题（53）分析

本题考查软件工程基础知识。

兼容是指同样的产品在其他平台上运行的可行性。这不属于产品本身的性能。

参考答案

（53）D

试题（54）

图标设计的准则不包括　(54)　。

(54) A. 准确表达相应的操作，让用户易于理解

　　　B. 使用户易于区别不同的图标，易于选择

　　　C. 力求精细、高光和完美质感，接近实物

　　　D. 同一软件所用的图标应具有统一的风格

试题（54）分析

本题考查软件工程基础知识。

图标的设计应简单、清晰、易于理解、易于区别，可以类似实物，但完全没有必要具有精细、高光和完美的质感（存储量过大，过于复杂），但同一软件所用的图标应具有统一的风格。

参考答案

(54) C

试题（55）

程序员小张记录的以下心得体会中，不正确的是　(55)　。

(55) A. 努力做一名懂设计的程序员

　　　B. 代码写得越急，程序错误越多

　　　C. 不但要多练习，还要多感悟

　　　D. 编程调试结束后应立即开始写设计文档

试题（55）分析

本题考查软件工程基础知识。

程序设计文档应在程序设计之初，而不是在代码调试结束之后开始编写，并在程序设计、编写代码和调试过程中不断修改补充完善。

参考答案

(55) D

试题（56）

云计算支持用户在任意位置、使用各种终端获取应用服务，所请求的资源来自云中不固定的提供者，应用运行的位置对用户透明。云计算的这种特性就是　(56)　。

(56) A. 虚拟化　　　B. 可扩展性　　　C. 通用性　　　D. 按需服务

试题（56）分析

本题考查软件工程基础知识。

云计算的特性包括虚拟化、可扩展性、通用性和按需服务等。虚拟化指的就是用户所需的资源和调用方式对用户透明，向用户提供方便、灵活的服务。

参考答案

(56) A

试题（57）

应用系统的数据库设计中，概念设计阶段是在   (57)   的基础上，依照用户需求对信息进行分类、聚集和概括，建立信息模型。

（57）A．逻辑设计   B．需求分析   C．物理设计   D．运行维护

试题（57）分析

本题考查数据库系统基础知识。

数据库概念结构设计阶段是在需求分析的基础上，依照需求分析中的信息要求，对用户信息加以分类、聚集和概括，建立信息模型，并依照选定的数据库管理系统软件，转换成为数据的逻辑结构，再依照软硬件环境，最终实现数据的合理存储。

参考答案

（57）B

试题（58）

在数据库系统运行维护过程中，通过重建视图能够实现   (58)   。

（58）A．程序的物理独立性   B．数据的物理独立性

         C．程序的逻辑独立性   D．数据的逻辑独立性

试题（58）分析

本题考查数据库系统原理知识。

视图对应了数据库系统三级模式/两级映象中的外模式，重建视图即是修改外模式及外模式/模式映象，实现了数据的逻辑独立性。这里的独立性是指数据的独立性，而不是程序的独立性。

参考答案

（58）D

试题（59）～（62）

在某高校教学管理系统中，有院系关系 D（院系号，院系名，负责人号，联系方式），教师关系 T（教师号，姓名，性别，院系号，身份证号，联系电话，家庭住址），课程关系 C（课程号，课程名，学分）。其中，“院系号”唯一标识 D 中的每一个元组，“教师号”唯一标识 T 中的每一个元组，“课程号”唯一标识 C 中的每一个元组。

假设一个教师可以讲授多门课程，一门课程可以有多名教师讲授，则关系 T 和 C 之间的联系类型为   (59)   。假设一个院系有多名教师，一个教师只属于一个院系，则关系 D 和 T 之间的联系类型为   (60)   。关系 T   (61)   ，其外键是   (62)   。

（59）A．1:1   B．1:n   C．n:1   D．n:m

（60）A．1:1   B．1:n   C．n:1   D．n:m

（61）A．有 1 个候选键，为教师号   B．有两个候选键，为教师号和身份证号

         C．有 1 个候选键，为身份证号   D．有两个候选键，为教师号和院系号

（62）A．教师号   B．姓名   C．院系号   D．身份证号

试题（59）～（62）分析

本题考查数据库系统原理的基本知识。

根据题意，"一个教师可以讲授多门课程，一门课程可以有多名教师担任"，故关系 T 和 C 之间的联系类型属于 n: m（多对多）联系。

根据题意，"一个院系有多名教师，一个教师只属于一个院系"故关系 D 和 T 之间的联系类型属于 1: n（一对多）联系。

根据题意，"教师号"唯一标识 T 中的每一个元组，但众所周知，"身份证号"能唯一标识每个公民，也能标识 T 中的每一个元组。

属性"院系号"是关系 D 的主键，关系 T 中的属性"院系号"必须用参照完整性来约束，以保证数据的一致性。

参考答案

（59）D　（60）B　（61）B　（62）C

试题（63）

某项目计划 20 天完成，花费 4 万元。在项目开始后的前 10 天内遇到了偶发事件，到第 10 天末进行中期检查时，发现已花费 2 万元，但只完成了 40% 的工作量。如果此后采用原实施方案不发生偶发事件，则该项目将 __(63)__ 。

（63）A．推迟 2 天完工，不需要增加费用

　　　B．推迟 2 天完工，需要增加费用 4000 元

　　　C．推迟 5 天完工，不需要增加费用

　　　D．推迟 5 天完工，需要增加费用 1 万元

试题（63）分析

本题考查应用数学基础知识。

按照原来的计划，正常情况下，完成 100% 工作量需要 20 天和 4 万元，因此完成 10% 的工作量需要 2 天和 4000 元；完成 60% 工作量需要 12 天和 2.4 万元。

该项目前期完成的 40% 工作量已用 10 天和 2 万元，后期完成 60% 工作量需要 12 天和 2.4 万元，因此该项目总工期需要 22 天，需要的总费用为 4.4 万元。也就是说，如果后期采用原实施方案不发生偶发事件，正常情况下工期将推迟 2 天，费用将增加 4000 元。

参考答案

（63）B

试题（64）

在平面坐标系中，同时满足五个条件：$x \geq 0$；$y \geq 0$；$x+y \leq 6$；$2x+y \leq 7$；$x+2y \leq 8$ 的点集组成一个多边形区域。__(64)__ 是该区域的一个顶点。

（64）A．（1，5）　　　B．（2，2）　　　C．（2，3）　　　D．（3，1）

试题（64）分析

本题考查应用数学基础知识。

题中指定的区域由多条直线围成，该区域的顶点既要同时满足这五个不等式条件，又要使 2 个以上的条件成为等式。

选项 A 不满足最后一个条件（位于区域之外）；选项 B 虽然满足所有的条件，但没有使任一条件成为等式（属于内点）；选项 D 虽然满足所有的条件，但只使一个条件（第 4 个）成为等式（属于边界点）。选项 C 满足所有条件，且使第 4 个和第 5 个条件成为等式。

在平面坐标系中，每个线性不等式表示直线的一边（其中，等式表示该直线本身）。通过画图，五个这样的半平面的交集就是指定的多边形区域，容易确定只有选项 C 是该区域的一个顶点。

参考答案

（64）C

试题（65）

某大型整数矩阵用二维整数组 G[1:2M, 1:2N]表示，其中 M 和 N 是较大的整数，而且每行从左到右都已是递增排序，每列从上到下也都已是递增排序。元素 G[M, N]将该矩阵划分为 4 个子矩阵 A[1:M, 1:N], B[1:M, (N+1):2N], C[(M+1):2M, 1:N], D[(M+1):2M, (N+1):2N]。如果某个整数 E 大于 A[M,N]，则 E___（65）___。

（65）A. 只可能在子矩阵 A 中　　　　　　B. 只可能在子矩阵 B 或 C 中

C. 可能在子矩阵 B、C 或 D 中　　D. 只可能在子矩阵 D 中

试题（65）分析

本题考查应用数学基础知识（用于二维有序数组的二分法查找）。

矩阵 G 的分块情况如下：$G = \begin{pmatrix} A & B \\ C & D \end{pmatrix}$

显然，G[M，N]是子矩阵 A 的最大元素。如果某整数 E>G[M，N]，则 E 不可能在子矩阵 A 中。而 E 有可能在子矩阵 B、C 或 D 中（当然，E 也可能不在其中）。例如：

$G = \begin{pmatrix} 1 & 2 & 3 & 4 \\ 2 & 3 & 4 & 5 \\ 3 & 4 & 5 & 6 \\ 4 & 5 & 6 & 7 \end{pmatrix}$，M=N=2 时，G[2, 2]=3，E=5>G[2, 2]，E 在子矩阵 B、C、D 中。

参考答案

（65）C

试题（66）

HTML 语言中，可使用表单<input>的___（66）___属性限制用户输入的字符数量。

（66）A. text　　　　　　B. size　　　　　　C. value　　　　　　D. maxlength

试题（66）分析

本题考查 HTML 语言的基础知识。

HTML 语言中的<input>表单用于接收用户的输入，其中 text 属性用于规定表单中可以输入的文本类型；size 属性用于规定在表单中输入字符的宽度；value 属性为 input 元素设定值；maxlength 属性用于确定用户可输入的最大字符数量。

参考答案

（66）D

试题（67）

为保证安全性，HTTPS 采用__（67）__协议对报文进行封装。

（67）A．SSH   B．SSL   C．SHA-1   D．SET

试题（67）分析

本题考查 HTTPS 方面的基础知识。

HTTPS（Hyper Text Transfer Protocol over Secure Socket Layer）是以安全为目标的 HTTP 通道，即使用 SSL 加密算法的 HTTP。

参考答案

（67）B

试题（68）

PING 发出的是__（68）__类型的报文，封装在 IP 协议数据中传送。

（68）A．TCP 请求   B．TCP 响应

       C．ICMP 请求与响应   D．ICMP 源点抑制

试题（68）分析

本题考查 ICMP 协议相关基础知识。

PING 命令是 ICMP 协议的一个应用，采用 ICMP 请求与响应类型，提供链路连通性测试。ICMP 封装在 IP 数据报报文中传送。

参考答案

（68）C

试题（69）

SMTP 使用的传输层协议是__（69）__。

（69）A．TCP   B．IP   C．UDP   D．ARP

试题（69）分析

本题考查 SMTP 协议基础知识。

SMTP 是简单邮件传输协议，下层采用 TCP 传输。

参考答案

（69）A

试题（70）

下面的地址中可以作为源地址但不能作为目的地址的是　 (70) 　。

(70) A. 0.0.0.0   B. 127.0.0.1

C. 202.225.21.1/24   D. 202.225.21.255/24

试题（70）分析

本题考查 IP 地址相关基础知识。

0.0.0.0 在 DHCP 客户端申请 IP 地址时作为主机源地址，不能用作目的地址；127.0.0.1 是本地回送地址，既可作为源地址又可作为目的地址；202.225.21.1/24 是主机单播地址，既可作为源地址又可作为目的地址；202.225.21.255/24 是网段广播地址，只能作为目的，不能用作源。

参考答案

(70) A

试题（71）

　 (71) 　 accepts documents consisting of text and/or images and converts them to machine-readable form.

(71) A. A printer   B. A scanner

C. A mouse   D. A keyboard

参考译文

扫描仪接受含有文本和图像的文档，并将其转换为机器可读的形式。

参考答案

(71) B

试题（72）

　 (72) 　 operating systems are used for handheld devices such as smart-phones.

(72) A. Mobile   B. Desktop

C. Network   D. Timesharing

参考译文

移动操作系统用于智能手机等手持设备。

参考答案

(72) A

试题（73）

A push operation adds an item to the top of a 　 (73) 　.

(73) A. queue   B. tree

C. stack   D. data structure

参考译文

推入（push）操作在栈顶增加一项。

参考答案

（73）C

试题（74）

____（74）____ are small pictures that represent such items as a computer program or document.

（74）A．Menus　　　　　　　　　　B．Icons

　　　　C．Hyperlinks　　　　　　　　D．Dialog Boxes

参考译文

图标就是用来代表某些项的小图像，例如可以代表一个计算机程序或文档。

参考答案

（74）B

试题（75）

The goal of ____（75）____ is to provide easy, scalable access to computing resources and IT services.

（75）A．artificial intelligence　　　B．big data

　　　　C．cloud computing　　　　　D．data mining

参考译文

云计算的目标就是方便且灵活地获得计算资源和信息技术服务。

参考答案

（75）C

第22章　2017上半年程序员下午试题分析与解答

试题一（共15分）

阅读以下说明和流程图和问题，填补流程图和问题中的空缺，将解答填入答题纸的对应栏内。

【说明】

设有二维整数数组（矩阵）A[1:m,1:n]，其每行元素从左到右是递增的，每列元素从上到下是递增的。以下流程图旨在该矩阵中寻找与给定整数 X 相等的数。如果找不到则输出"False"；只要找到一个（可能有多个）就输出"True"以及该元素的下标 i 和 j。

例如，在如下矩阵中查找整数 8，则输出为：True，4，1

2	4	6	9
4	5	9	10
6	7	10	12
8	9	11	13

流程图中采用的算法如下：从矩阵的右上角元素开始，按照一定的路线逐个取元素与给定整数 X 进行比较（必要时向左走一步或向下走一步取下一个元素），直到找到相等的数或超出矩阵范围（找不到）。

【流程图】

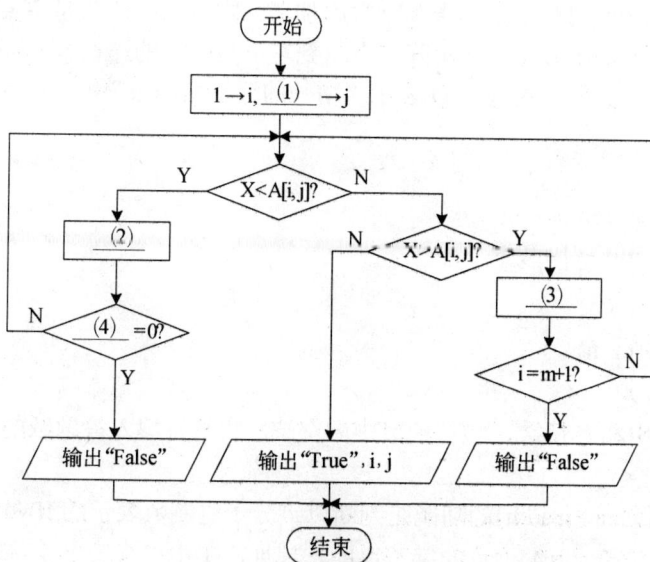

【问题】

该算法的时间复杂度是　__(5)__。

供选择答案：A．O(1)　　　　B．O(m+n)　　　　C．O(m*n)　　　　D．O(m^2+n^2)

试题一分析

本题考查程序员在设计算法、理解并绘制程序流程图方面的能力。

由于在矩阵 A 中查找给定整数 X 是从矩阵的右上角（第 1 行第 n 列元素）开始的，因此，初始的下标应是 i=1，j=n，从而空（1）处应填写"n"。

接着比较 X<A[i,j]。如果成立（YES），则显然应该在矩阵 A 中向左走一步取下一个元素，因此空（2）处应更新 j，即填入"j-1→j"。接着需要判断列号 j 的减少是否越界（注意列号的最小值是 1），即判断 j 是否等于 0，因此空（4）处应填"j"。如果 j=0 成立（Y），则说明查找已越界，即没有找到，输出"False"；如果 j=0 不成立（N），即 j 还没有降到 0，则说明还需要继续对下一个矩阵元素进行比较。

如果比较 X<A[i,j]不成立（NO），即 X≥A[i,j]，则需要分别处理 X=A[i,j]和 X>A[i,j]两种情况。如果判断 X>A[i,j]成立（Y），则应在矩阵 A 中向下走一步取下一个元素，因此，空（3）处应更新 i，即填入"i+1→i"。接着需要判断行号 i 的增加是否越界（注意行号的最大值是 m），即比较 i=m+1 是否成立。如果 i=m+1 成立（Y），则说明查找已越界，即没有找到。输出"False"；如果 i=m+1 不成立（N），即 i 的增加尚未越界，则说明还需要继续对下一个矩阵元素进行比较。

如果在 X<A[i,j]不成立的情况下，判断 X>A[i,j]也不成立（N），则说明 A[i,j]与给定整数 X 相等，即已经在矩阵 A 中找到了一个与给定整数 X 相等的数，此时应输出"True"，以及当时的行号 i 和列号 j。

当问题的规模（如本题中的参数 m 和 n）充分大时，算法大致需要的计算工作量就是算法的时间复杂度（忽略常数因子和常数附加项）。本算法的计算量主要是比较的次数。最多的比较次数为 m+n-1（沿从矩阵右上角到左下角所走的路径），因此该算法的时间复杂度为 O(m+n)。其中，大写的 O 表示"增长的速度相当于"。

参考答案

（1）n

（2）j-1→j 或其等价形式

（3）i+1→i 或其等价形式

（4）j

（5）B 或 O(m+n)

试题二（共 15 分）

阅读以下说明和 C 函数，填补函数中的空缺，将解答填入答题纸的对应栏内。

【说明】

函数 isLegal(char *ipaddr)的功能是判断以点分十进制数表示的 IPv4 地址是否合法。参数 ipaddr 给出表示 IPv4 地址的字符串的首地址，串中仅含数字字符和"."。若 IPv4

地址合法则返回 1，否则返回 0。判定为合法的条件是：每个十进制数的值位于整数区间 [0,255]，两个相邻的数之间用 "." 分隔，共 4 个数、3 个 "."。例如，192.168.0.15、1.0.0.1 是合法的，192.168.1.256、1.1..1 是不合法的。

【C 函数】

```
int isLegal(char *ipaddr)
{
    int flag;
    int curVal;                     //curVal 表示分析出的一个十进制数
    int decNum = 0, dotNum = 0;     //decNum 用于记录十进制数的个数
                                    //dotNum 用于记录点的个数
    char *p = __(1)__ ;

    for( ; *p; p++) {
        curVal = 0; flag = 0;
        while ( isdigit(*p) ) {     //判断是否为数字字符
            curVal = __(2)__ + *p - '0';
            __(3)__ ;
            flag = 1;
        }
        if ( curVal > 255 ) {
            return 0;
        }
        if (flag) {
            __(4)__ ;
        }
        if ( *p == '.' ) {
            dotNum++;
        }
    }

    if ( __(5)__ ) {
        return 1;
    }
    return 0;
}
```

试题二分析

本题考查 C 程序的基本结构、运算逻辑和指针的简单应用。

函数 isLegal(char *ipaddr) 的功能是判断以点分十进制数表示的 IPv4 地址是否合法。

　　由于 IPv4 地址是以字符串的方式提供的，因此需要通过扫描字符串，解析出每个十进制数。

　　由于说明中已保证函数所处理的字符串中仅包含数字字符和 "."，因此代码的运算逻辑中不考虑其他字符。

　　在 for 语句中通过指针 p 来访问每个字符，所以空(1)所在语句需要将指针参数 ipaddr 的值赋给 p。

　　一个整数可表示为一个多项式，例如 198=1*10*10+9*10+8=((0+1)*10+9)*10+8，因此从左到右每得到 1 位数字，就进行一次计算，直到最后一位数字。在解析字符串中的一个整数时，先令 curVal = 0，此后每得到一位数字（即 *p – '0'），就令 curVal*10+*p – '0' 并用该表达式的值更新 curVal，直到遇到一个 "."。空（2）处应填入 "curVal*10"，空（3）处应填入 "p++"，以读取下一字符。

　　根据说明，需要对从字符串中解析出的整数进行计数，flag 用来标识是否解析出一个整数，若是，则在空（4）处填入 "decNum++" 实现计数。若该整数超过 255，则可以确定是非法的地址。

　　当完成字符串分析后，应该正好有 4 个[0,255]范围内的整数和分隔这些数的 3 个点（个数用 dotNum 表示），因此空（5）处应填入 "4 == decNum && 3 == dotNum" 或其等价形式。

参考答案

　　（1）ipaddr

　　（2）curVal * 10 或其等价形式

　　（3）p++或其等价形式

　　（4）decNum++或其等价形式

　　（5）4 == decNum && 3 == dotNum　或其等价形式

试题三（共 15 分）

　　阅读以下说明和 C 函数，填补 C 函数中的空缺，将解答写在答题纸的对应栏内。

【说明】

　　字符串是程序中常见的一种处理对象，在字符串中进行子串的定位、插入和删除是常见的运算。

　　设存储字符串时不设置结束标志，而是另行说明串的长度，因此串类型定义如下：

```
typedef struct {
    char *str;          //字符串存储空间的起始地址
    int length;         //字符串长
    int capacity;       //存储空间的容量
}SString;
```

【函数 1 说明】

函数 indexStr(S, T, pos)的功能是：在 S 所表示的字符串中，从下标 pos 开始查找 T 所表示字符串首次出现的位置。方法是：第一趟从 S 中下标为 pos、T 中下标为 0 的字符开始，从左往右逐个对应来比较 S 和 T 的字符，直到遇到不同的字符或者到达 T 的末尾。若到达 T 的末尾，则本趟匹配的起始下标 pos 为 T 出现的位置，结束查找；若遇到了不同的字符，则本趟匹配失败，下一趟从 S 中下标 pos+1 处的字符开始，重复以上过程。若在 S 中找到 T，则返回其首次出现的位置，否则返回−1。

例如，若 S 中的字符串为"students ents"，T 中的字符串为"ent"，pos=0，则 T 在 S 中首次出现的位置为 4。

【C 函数 1】

```
int indexStr (SString S, SString T, int pos)
{
    int i, j;
    if ( S.length < 1 || T.length < 1 || S.length < pos+T.length-1 )
        return -1;
    for( i=pos, j=0; i< S.length && j<T.length; ) {
        if (S.str[i] == T.str[j]) {
            i++; j++;
        }
        else {
            i =   (1)   ;  j = 0;
        }
    }
    if (   (2)   )  return i - T.length;
    return -1;
}
```

【函数 2 说明】

函数 eraseStr(S,T)的功能是删除字符串 S 中所有与 T 相同的子串，其处理过程为：首先从字符串 S 的第一个字符（下标为 0）开始查找子串 T，若找到（得到子串 T 在 S 中的起始位置），则将串 S 中子串 T 之后的所有字符向前移动，将子串 T 覆盖，从而将其删除，然后重新开始查找下一个子串 T，若找到就用后面的字符序列进行覆盖，重复上述过程，直到将 S 中所有的子串 T 删除。

例如，若字符串 S 为 "12ab345abab678"、T 为 "ab"。第一次找到 "ab" 时（位置为 2），将 "345abab678" 前移，S 中的串改为 "12345abab678"，第二次找到 "ab" 时（位置为 5），将 "ab678" 前移，S 中的串改为 "12345ab678"，第三次找到 "ab" 时（位置为 5），将 "678" 前移，S 中的串改为 "12345678"。

【C 函数 2】

```
void eraseStr(SString *S, SString T)
{
    int i;
    int pos;

    if ( S->length < 1 || T.length < 1 || S->length < T.length )
        return;

    pos = 0;
    for ( ; ; ) {
        //调用 indexStr 在 S 所表示串的 pos 开始查找 T 的位置
        pos = indexStr (   (3)   );
        if ( pos == -1 )                        //S 所表示串中不存在子串 T
            return;
        for(i = pos+T.length; i < S->length; i++)//通过覆盖来删除子串 T
            S->str[  (4)  ] = S->str[i];
        S->length =   (5)  ;                    //更新 S 所表示串的长度
    }
}
```

试题三分析

本题考查数据结构的实现、C 程序运算逻辑与指针参数的应用。

根据说明，首先要理解名称为 SString 的结构体类型的定义，其中 str 为字符指针变量，用来记录所存储字符串的空间的首地址，length 表示字符串的长度值。定义 SString 类型的变量时，需要进行初始化处理，为要存储的字符串申请存储空间并设置长度值为 0。

函数 indexStr(S, T, pos)的功能是在 S 表示的串中查找 T 表示的串首次出现的位置，且从 S 中下标为 pos 的字符开始查找。根据说明，在对字符进行比较的过程中，当 S.str[i] 与 T.str[j]相同时，需要将 i 和 j 自增并继续进行比较；如果不相等，就要将 i 进行回退，j 也回退至模式串的第一个字符位置。空（1）处需要补充计算 i 的回退值的表达式。

参看下面所示的字符对应关系，当 S.str[i]与 T.str[j]不相等时，其之前的 j 个字符是相等的，因此本趟开始的下标位置为 i−j，因此需将 i 回退至 i−j+1，准备好下一趟的开始位置，因此空（1）处应填入"i−j+1"。

$$S_0 \ S_1 \ \cdots \ S_{i-j-1} \ S_{i-j} \ S_{i-j+1} \ \cdots \ S_{i-2} \ S_{i-1} \ S_i$$
$$T_0 \quad T_1 \quad \cdots \quad T_{j-2} \ T_{j-1} \ T_j$$

空（2）处是判断在 S 表示的字符串中是否找到了 T 所表示的字符串，显然应该填

入 "j==T.length" 或其等价形式。

函数 eraseStr(S,T)的功能是删除字符串 S 中所有与 T 相同的子串,需要调用 indexStr 函数。空（3）处是调用 indexStr 完成字符串的查找,需要注意的是第一个参数*S,因为 eraseStr 得到的是 S 所表示字符串的指针,因此结合注释信息,空(3)处应填入 "*S,T,pos"。

空（4）所在的语句实现字符的删除处理。由于要将所找到子串之后的所有字符前移来实现删除,而被删除的子串长度为 T.length,因此后面每个需要移动的字符都是以间距 T.length 前移的,即 S->str[i−T.length]= S->str[i],因此空（4）处应填入 "i−T.length"。

空（5）是一个简单处理,即修改 S 所表示的字符串长度值,应填入 "S->length−T.length"。

参考答案

（1）i−j+1 或其等价形式

（2）j == T.length 或 j >= T.length 或其等价形式

（3）*S,T,pos

（4）i − T.length

（5）S->length− T.length 或 (*S).length− T.length

试题四（共 15 分）

阅读以下说明和 C 函数,填补函数中的空缺,将解答填入答题纸的对应栏内。

【说明】

简单队列是符合先进先出规则的数据结构,下面用不含有头结点的单向循环链表表示简单队列。

函数 EnQueue(Queue *Q, KeyType new_elem)的功能是将元素 new_elem 加入队尾。

函数 DeQueue(Queue *Q, KeyType *elem)的功能使将非空队列的队头元素出队（从队列中删除）,并通过参数带回刚出队的元素。

用单向循环链表表示的队列如图 4-1 所示。

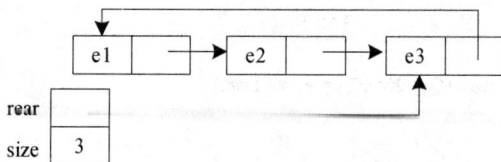

图 4-1　单向循环链表表示的队列示意图

队列及链表结点等相关类型定义如下:

```
enum {ERROR, OK};
typedef int KeyType;
```

```
typedef  struct  QNode{
    KeyType  data;
    struct QNode *next;
}QNode, *LinkQueue;

typedef struct {
    int  size;
    LinkQueue rear;
    }Queue;
```

【C 函数】

```
int EnQueue(Queue *Q, KeyType new_elem)
{    //元素 new_elem 入队列
    QNode *p;
    p = (QNode *)malloc(sizeof(QNode));
    if (!p)
        return ERROR;
    p->data = new_elem;
    if (Q->rear) {
        p->next = Q->rear->next;
         (1) ;
    }
    else
        p->next = p;

        (2)  ;
    Q->size++;
    return OK;
}


int  DeQueue(Queue *Q, KeyType *elem)
{    //出队列
    QNode *p;
    if ( 0 == Q->size )              //是空队列
        return ERROR;
    p =   (3) ;                      //令 p 指向队头元素结点
    *elem = p->data;
    Q->rear->next =   (4) ;          //将队头元素结点从链表中去除
    if (  (5)  )                     //被删除的队头结点是队列中唯一结点
        Q->rear = NULL;              //变成空队列
```

```
        free(p);
        Q->size--;
        return OK;
    }
```

试题四分析

本题考查数据结构的实现、C 程序运算逻辑与指针参数的应用。

队列是先入先出的线性数据结构。元素入队列时需要将其加入队尾，元素出队列时需要将其从队头删除。根据说明，队列采用单向循环链表表示且不设头结点，只设置指向队尾结点的指针。

显然，队列为空时，队尾指针也为空。因此，当队尾指针为空时需要将新结点的指针域设置为指向结点自己，否则，需要通过"Q->rear->next"获得队头元素结点的指针，并将新结点的指针域设置为该值，再将新结点链接在原队尾结点之后，因此空（1）处应填入"Q->rear->next = p"。新元素加入队列后队尾指针就要更新，因此空（2）处应填入"Q->rear = p"。

根据注释，空（3）所在语句需要获得队头元素所在结点的指针并用 p 表示，即空（3）应填入"Q->rear->next"。空（4）需要完成队头元素的出队列处理，也就是将队头元素的前驱结点的指针域（Q->rear->next）设置为指向队头元素的后继元素结点，表示为"Q->rear->next = p->next"或"Q->rear->next = Q->rear->next->next"。

进行出队列操作时的特殊情况是队列中唯一的元素被删除，此时需要修正队尾指针，空（5）所在语句即完成此处理，该空应填入"Q->rear == p"或"Q->size == 1"。

参考答案

（1）Q->rear->next = p

（2）Q->rear = p

（3）Q->rear->next

（4）p->next 或 Q->rear->next->next

（5）Q->rear == p 或 Q->size == 1 或其等价形式

试题五（共 15 分）

阅读以下说明和 Java 程序，填补代码中的空缺，将解答填入答题纸的对应栏内。

【说明】

以下 Java 代码实现一个简单客户关系管理系统（CRM）中通过工厂（CustomerFactory）对象来创建客户（Customer）对象的功能。客户分为创建成功的客户（RealCustomer）和空客户（NullCustomer）。空客户对象是当不满足特定条件时创建或获取的对象。类间关系如图 5-1 所示。

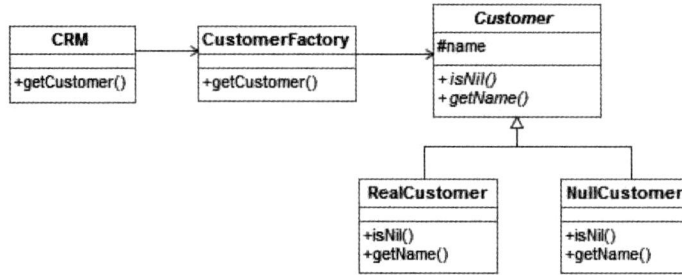

图 5-1　类图

【Java 代码】

```
abstract class Customer {
    protected String name;
    ___(1)___ boolean isNil();
    ___(2)___ String getName();
}
class RealCustomer ___(3)___ Customer {
    public RealCustomer(String name) {    this.name = name;    }
    public String getName() {    return name;    }
    public boolean isNil() {    return false;    }
}

class NullCustomer ___(4)___ Customer {
    public String getName() {    return "Not Available in Customer Database";    }
    public boolean isNil() {    return true;    }
}

class CustomerFactory {
    public String[] names = {"Rob", "Joe", "Julie"};
    public Customer getCustomer(String name){
        for (int i = 0; i < names.length; i++) {
            if (names[i].___(5)___){
                return new RealCustomer(name);
            }
        }
        return ___(6)___;
    }
}
public class CRM {
```

```java
    public void getCustomer() {
        CustomerFactory ____(7)____;
        Customer customer1 = cf.getCustomer("Rob");
        Customer customer2 = cf.getCustomer("Bob");
        Customer customer3 = cf.getCustomer("Julie");
        Customer customer4 = cf.getCustomer("Laura");
        System.out.println("Customers");
        System.out.println(customer1.getName());
        System.out.println(customer2.getName());
        System.out.println(customer3.getName());
        System.out.println(customer4.getName());
    }
    public static void main(String[] args) {
        CRM crm = new CRM();
        crm.getCustomer();
    }
}
/*程序输出为:
Customers
Rob
Not Available in Customer Database
Julie
Not Available in Customer Database
*/
```

试题五分析

　　本题考查用 Java 语言进行程序设计的能力,涉及类、对象、方法的定义和使用。要求考生根据给出的案例和代码说明,认真阅读并理清程序思路,然后完成题目。题目所给代码清晰,易于理清思路。

　　先考查题目说明,实现一个简单的客户关系管理系统(CRM),其中通过工厂(CustomerFactory)对象来创建客户(Customer)对象的功能。客户分为创建成功的客户(RealCustomer)和空客户(NullCustomer)。空客户对象是当不满足特定条件时创建或获取的对象。根据说明进行设计,题目说明中图 5-1 的类图给出了类 CRM、CustomerFactory、Customer、RealCustomer 以及 NullCustomer 及其之间的关系。CRM 使用 CustomerFactory,CustomerFactory 作为创建 Customer 的工厂类,负责具体类型 Customer 的创建,即 Customer 的子类 RealCustomer 和 NullCustomer 的创建。

　　Customer 定义为抽象类,定义一个 protected String name、两个抽象方法,方法由子类实现。抽象方法的定义采用关键字 abstract 修饰,且只有方法的声明,而没有方法实现,即:

```
public abstract boolean isNil();
public abstract String getName();
```

抽象类不可以直接创建对象，需要创建具体子类 RealCustomer 和 NullCustomer 的对象。子类继承抽象父类，并实现所有抽象父类的方法，才能创建对象，即：

```
class RealCustomer extends Customer {…}
class NullCustomer extends Customer {…}
```

在 RealCustomer 的构造器中，对象的属性与构造器参数用 this 关键字加以区分。即：

```
this.name = name;
```

CustomerFactory 中的方法 getCustomer()接收参数为所要创建的客户名称，判断已有名称（字符串数组 names）中是否存在所接受的客户名称 name，此处对字符串数组 names 中的每个名称与所接受客户名称（name）采用 equals 方法进行字符串判等，一旦相等，则创建并返回以 name 为客户名称的 RealCustomer 对象，否则返回 NullCustomer 对象。即：

```
for (int i = 0; i < names.length; i++) {
    if (names[i].equals(name)){
        return new RealCustomer(name);
    }
}
return new NullCustomer();
```

CRM 中定义一个 getCustomer()方法，该方法通过使用 CustomerFactory 中的方法 getCustomer()来创建 Customer 对象。其中采用 new 关键字创建 CustomerFactory 对象，即：

```
CustomerFactory cf = new CustomerFactory();
```

然后调用 cf 所引用对象中的 getCustomer()方法，创建客户名称为 Rob、Bob、Julie 和 Laura 的四个对象，然后打印客户名称进行测试。以客户名称 Rob 和 Bob 为例，即：

```
Customer customer1 = cf.getCustomer("Rob");
Customer customer2 = cf.getCustomer("Bob");
System.out.println(customer1.getName());
System.out.println(customer2.getName());
```

因为 names 中有 Rob 而无 Bob，所以对应的输出结果为：

```
Rob
```

```
Not Available in Customer Database
```

整个系统的入口 main()方法定义在 CRM 中，创建 CRM 对象，并调用 getCustomer()
创建客户。

综上所述，空（1）和空（2）需要标识抽象方法，并且在子类中方法均为 public，
所以为 public abstract；空（3）和空（4）需要表示 RealCustomer 和 NullCustomer 继承抽
象类 Customer，即 extends；空（5）处为采用 equals 进行字符串判等，即 equals(name)；
空（6）处为客户名称不存在时返回新创建的 NullCustomer 对象，即 new NullCustomer()；
空（7）处为采用 new 关键字调用 CustomerFactory 的缺省构造器来创建对象，通过上下
文判断对象引用名称为 cf，即 cf = new CustomerFactory()。

参考答案

（1）public abstract

（2）public abstract

（3）extends

（4）extends

（5）equals(name)或其等价形式

（6）new NullCustomer()

（7）cf = new CustomerFactory()

试题六（共 15 分）

阅读下列说明和 C++代码，填补代码中的空缺，将解答填入答题纸的对应栏内。

【说明】

以下 C++代码实现一个简单客户关系管理系统（CRM）中通过工厂
（CustomerFactory）对象来创建客户（Customer）对象的功能。客户分为创建成功的客户
（RealCustomer）和空客户（NullCustomer）。空客户对象是当不满足特定条件时创建或获
取的对象。类间关系如图 6-1 所示。

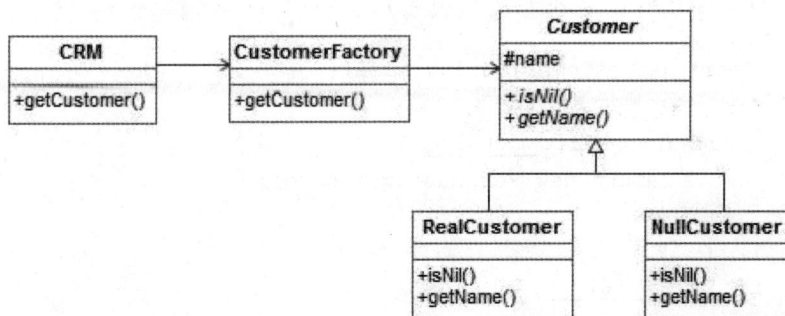

图 6-1　类图

【C++代码】

```cpp
#include<iostream>
#include<string>
using namespace std;

class Customer {
protected:
    string name;
public:
    ____(1)____ bool isNil()=0;
    ____(2)____ string getName()=0;
};

class RealCustomer ____(3)____ {
public:
    RealCustomer(string name){ this->name = name;}
    bool isNil() {  return false;    }
    string getName() {  return name; }
};

class NullCustomer ____(4)____ {
public:
    bool isNil() {        return true;      }
    string getName() { return "Not Available in Customer Database";  }
};

class CustomerFactory {
public:
    string names[3] = {"Rob","Joe", "Julie"};
public:
    Customer* getCustomer(string name){
        for (int i = 0; i < 3; i++) {
            if (names[i].____(5)____){
                return new RealCustomer(name);
            }
        }
        return ____(6)____;
    }
};
```

```cpp
class CRM {
public:
    void getCustomer() {
        CustomerFactory*    (7)   ;
        Customer* customer1 = cf->getCustomer("Rob");
        Customer* customer2 = cf->getCustomer("Bob");
        Customer* customer3 = cf->getCustomer("Julie");
        Customer* customer4 = cf->getCustomer("Laura");

        cout << "Customers" << endl;
        cout << customer1->getName() << endl;      delete customer1;
        cout << customer2->getName() << endl;      delete customer2;
        cout << customer3->getName() << endl;      delete customer3;
        cout << customer4->getName() << endl;      delete customer4;
        delete cf;
    }
};

int main() {
    CRM* crs = new CRM();
    crs->getCustomer();
    delete crs;
    return 0;
}

/*程序输出为：
Customers
Rob
Not Available in Customer Database
Julie
Not Available in Customer Database
*/
```

试题六分析

本题考查用 C++语言进行程序设计的能力，涉及类、对象、函数的定义和使用。要求考生根据给出的案例和代码说明，认真阅读以理清程序思路，然后完成题目。题目所给代码清晰，易于理清思路。

先考查题目说明，实现一个简单的客户关系管理系统（CRM），其中通过工厂（CustomerFactory）对象来创建客户（Customer）对象的功能。客户分为创建成功的客户（RealCustomer）和空客户（NullCustomer）。空客户对象是当不满足特定条件时创建或获取的对象。根据说明进行设计,题目说明中图 6-1 的类图给出了类 CRM、CustomerFactory、Customer、RealCustomer 以及 NullCustomer 及其之间的关系。CRM 使用 CustomerFactory,CustomerFactory 作为创建 Customer 的工厂类,负责具体类型 Customer 的创建,即 Customer 的子类 RealCustomer 和 NullCustomer 的创建。

Customer 定义为抽象类,定义一个 protected string name、两个纯虚函数,函数由子类实现。纯虚函数的定义采用关键字 virtual 修饰,且只有函数的声明,而没有实现,即:

```
virtual boolean isNil()=0;
virtual string getName()=0;
```

抽象类不可以直接创建对象,需要创建具体子类 RealCustomer 和 NullCustomer 的对象。子类继承抽象父类,并实现所有抽象父类的方法,才能创建对象,即:

```
class RealCustomer : public Customer {…};
class NullCustomer : public Customer {…};
```

在 RealCustomer 的构造器中,对象的属性与构造器参数用 this 关键字加以区分。即:

```
this->name = name;
```

CustomerFactory 中的函数 getCustomer()接收参数为所要创建的客户名称,判断已有名称(字符串数组 names)中是否存在所接受的客户名称 name,此处对字符串数组 names 中的每个名称与所接受客户名称(name)采用 compare 函数进行字符串判等,一旦相等,则创建并返回以 name 为客户名称的 RealCustomer 对象,否则返回 NullCustomer 对象。即:

```
for (int i = 0; i < names.length; i++) {
    if (names[i].compare(name) == 0){
        return new RealCustomer(name);
    }
}
return new NullCustomer();
```

CRM 中定义一个 getCustomer()函数,该方法通过使用 CustomerFactory 中的函数 getCustomer()来创建 Customer 对象。其中采用 new 关键字创建 CustomerFactory 对象,即:

```
CustomerFactory* cf = new CustomerFactory();
```

然后调用 cf 所引用对象中的 getCustomer()函数,创建客户名称为 Rob、Bob、Julie 和 Laura 的四个对象,然后打印客户名称进行测试,使用后利用 Delete 键删除。以客户名称 Rob 和 Bob 为例，即：

```
Customer* customer1 = cf->getCustomer("Rob");
Customer* customer2 = cf->getCustomer("Bob");
cout << customer1->getName() << endl;   delete customer1;
cout << customer2->getName() << endl;   delete customer2;
```

因为 names 中有 Rob 而无 Bob，所以对应的输出结果为：

```
Rob
Not Available in Customer Database
```

整个系统的入口 main()函数中，创建 CRM 对象，并调用 getCustomer()创建客户。

综上所述，空（1）和空（2）需要标识虚拟函数，并且在子类中方法均为 public，所以为 virtual；空（3）和空（4）需要表示 RealCustomer 和 NullCustomer 继承抽象类 Customer，即:public Customer；空（5）处为进行字符串判等，即 compare(name) == 0；空（6）处为客户名称不存在时返回新创建的 NullCustomer 对象，即 new NullCustomer()；空（7）处为采用 new 关键字调用 CustomerFactory 的缺省构造器来创建对象，通过上下文判断对象引用名称为 cf，即 cf = new CustomerFactory()。

参考答案

（1）virtual

（2）virtual

（3）: public Customer

（4）: public Customer

（5）compare(name) == 0 或其等价形式

（6）new NullCustomer()

（7）cf = new CustomerFactory()

第 23 章　2017 下半年程序员上午试题分析与解答

试题（1）

当一个企业的信息系统建成并正式投入运行后，该企业信息系统管理工作的主要任务是　(1)　。

(1) A. 对该系统进行运行管理和维护

　　B. 修改完善该系统的功能

　　C. 继续研制还没有完成的功能

　　D. 对该系统提出新的业务需求和功能需求

试题（1）分析

信息系统经过开发商测试、用户验证测试后，即可以正式投入运行。此刻也标志着系统的研制工作已经结束。系统进入使用阶段后，主要任务就是对信息系统进行管理和维护，其任务包括日常运行的管理、运行情况的记录、对系统进行修改和扩充、对系统的运行情况进行检查与评价等。只有这些工作做好了，才能使信息系统能够如预期目标那样，为管理工作提供所需信息，才能真正符合管理决策的需要。

参考答案

(1) A

试题（2）

通常企业在信息化建设时需要投入大量的资金，成本支出项目多且数额大。在企业信息化建设的成本支出项目中，系统切换费用属于　(2)　。

(2) A. 设施费用　　　　　　　　B. 设备购置费用

　　C. 开发费用　　　　　　　　D. 系统运行维护费用

试题（2）分析

信息化建设过程中，原有的信息系统不断被功能更强大的新系统所取代，所以需要系统转换。系统转换也就是系统切换与运行，是指以新系统替换旧系统的过程。系统成本分为固定成本和运行成本。其中设备购置费用、设施费用、软件开发费用属于固定成本，为购置长期使用的资产而发生的成本。而系统切换费用属于系统运行维护费用。

参考答案

(2) D

试题（3）

在 Excel 中，设单元格 F1 的值为 38，若在单元格 F2 中输入公式 "=IF(AND(38<F1, F1<100) ,"输入正确","输入错误")"，则单元格 F2 显示的内容为　(3)　。

（3）A．输入正确　　　　B．输入错误　　　　C．TRUE　　　　D．FALSE

试题（3）分析

本题考查 Excel 基础知识。

函数 IF（条件，值 1，值 2）的功能是当满足条件时，则结果返回"值 1"；否则，返回"值 2"。本题不满足条件，故应当返回"输入错误"。

参考答案

（3）B

试题（4）

在 Excel 中，设单元格 F1 的值为 56.323，若在单元格 F2 中输入公式"=TEXT(F1, "￥0.00")"，则单元格 F2 的值为　__(4)__　。

（4）A．￥56　　　　B．￥56.323　　　　C．￥56.32　　　　D．￥56.00

试题（4）分析

本题考查 Excel 基础知识。

函数 TEXT 的功能是根据指定格式将数值转换为文本，所以，公式"=TEXT(F1,"￥0.00")"转换的结果为￥56.32。

参考答案

（4）C

试题（5）

采用 IE 浏览器访问清华大学校园网主页时，正确的地址格式为　__(5)__　。

（5）A．Smtp://www.tsinghua.edu.cn　　　　B．http://www.tsinghua.edu.cn

　　　C．Smtp:\\www.tsinghua.edu.cn　　　　D．http:\\www.tsinghua.edu.cn

试题（5）分析

本题考查网络基础知识。

统一资源地址（URL）是用来在 Internet 上唯一确定位置的地址。通常用来指明所使用的计算机资源位置及查询信息的类型。http://www.tsinghua.edu.cn 中，http 表示所使用的协议，www.tsinghua.edu.cn 表示访问的主机和域名。

参考答案

（5）B

试题（6）

CPU 中设置了多个寄存器，其中，__(6)__用于保存待执行指令的地址。

（6）A．通用寄存器　　B．程序计数器　　C．指令寄存器　　　　D．地址寄存器

试题（6）分析

本题考查计算机系统基础知识。

CPU 中主要部件有运算单元、控制单元和寄存器组，其中的某些寄存器具有专门作用。地址寄存器通常用来暂存待访问（数据）内存单元的地址，指令寄存器暂存正在执

行的指令，程序计数器用来暂存待执行指令的地址，大多数通用寄存器用来暂存数据。

参考答案

（6）B

试题（7）

在计算机系统中常用的输入/输出控制方式有无条件传送、中断、程序查询和 DMA 等。其中，采用__(7)__方式时，不需要 CPU 控制数据的传输过程。

（7）A．中断　　　　　B．程序查询　　　　C．DMA　　　　D．无条件传送

试题（7）分析

本题考查计算机系统基础知识。

无条件传送、程序查询和中断方式都需要 CPU 执行程序指令进行数据的输入和输出，DMA 方式则是一种不经过CPU而直接从内存存取数据的数据交换模式。在 DMA 模式下，CPU 只须向 DMA 控制器下达指令，让 DMA 控制器来处理数据的传送，数据传送完之后再把信息反馈给 CPU 即可。

参考答案

（7）C

试题（8）

以下存储器中，需要周期性刷新的是__(8)__。

（8）A．DRAM　　　B．SRAM　　　　C．FLASH　　　D．EEPROM

试题（8）分析

本题考查计算机系统基础知识。

DRAM 是指动态随机存储器，是构成内存储器的主要存储器，需要周期性地进行刷新才能保持所存储的数据。

SRAM 是静态随机存储器，只要保持通电，里面储存的数据就可以恒常保持，是构成高速缓存的主要存储器。

FLASH 闪存是属于内存器件的一种，在没有电流供应的条件下也能够长久地保持数据，其存储特性相当于硬盘，该特性正是闪存得以成为各类便携型数字设备的存储介质的基础。

EEPROM 是电可擦除可编程只读存储器。

参考答案

（8）A

试题（9）

CPU 是一块超大规模集成电路，其主要部件有__(9)__。

（9）A．运算器、控制器和系统总线　　　B．运算器、寄存器组和内存储器

　　　C．控制器、存储器和寄存器组　　　D．运算器、控制器和寄存器组

试题（9）分析

本题考查计算机系统基础知识。

CPU 中主要部件有运算单元、控制单元和寄存器组。

参考答案

（9）D

试题（10）

显示器的　(10)　，显示的图像越清晰，质量也越高。

（10）A. 刷新频率越高　　　　　　　B. 分辨率越高

　　　　C. 对比度越大　　　　　　　　D. 亮度越低

试题（10）分析

本题考查计算机性能方面的基础知识。

显示分辨率是指显示屏上能够显示出的像素数目。例如，显示分辨率为 1024×768 表示显示屏分成 768 行（垂直分辨率），每行（水平分辨率）显示 1024 个像素，整个显示屏就含有 786 432 个显像点。屏幕能够显示的像素越多，说明显示设备的分辨率越高，显示的图像越清晰，质量也越高。

参考答案

（10）B

试题（11）

在字长为 16 位、32 位、64 位或 128 位的计算机中，字长为　(11)　位的计算机数据运算精度最高。

（11）A. 16　　　　　B. 32　　　　　C. 64　　　　　D. 128

试题（11）分析

本题考查计算机性能方面的基础知识。

字长是计算机运算部件一次能同时处理的二进制数据的位数，字长越长数据的运算精度也就越高，计算机的处理能力就越强。

参考答案

（11）D

试题（12）

以下文件格式中，　(12)　属于声音文件格式。

（12）A. XLS　　　　B. AVI　　　　C. WAV　　　　D. GIF

试题（12）分析

本题考查多媒体基础知识。

XLS 是电子表格（即 Microsoft Excel 工作表）文件的扩展名。

AVI（Audio Video Interleaved，即音频视频交错格式）是微软公司作为其 Windows 视频软件一部分的一种多媒体容器格式。

WAV 为微软公司开发的一种声音文件格式，它符合 RIFF（Resource Interchange File Format）文件规范，用于保存 Windows 平台的音频信息资源。

GIF（Graphics Interchange Format，图像互换格式）是 CompuServe 公司开发的图像文件格式。

参考答案

（12）C

试题（13）

对声音信号采样时，　（13）　参数不会直接影响数字音频数据量的大小。

（13）A．采样率　　　　B．量化精度　　　　C．声道数量　　　　D．音量放大倍数

试题（13）分析

本题考查多媒体基础知识。

采样频率是指单位时间内的采样次数。采样频率越大，采样点之间的间隔就越小，数字化后得到的声音就越逼真，但相应的数据量就越大。声卡一般提供 11.025kHz、22.05kHz 和 44.1kHz 等不同的采样频率。

采样位数（量化精度）是记录每次采样值数值大小的位数。采样位数通常有 8bit 或 16bit 两种，采样位数越大，所能记录声音的变化度就越细腻，相应的数据量就越大。

采样的声道数是指处理的声音是单声道还是立体声。单声道在声音处理过程中只有单数据流，而立体声则需要左、右声道的两个数据流。显然，立体声的效果要好，但相应的数据量要比单声道的数据量加倍。

未压缩声音数据量的计算公式为：

数据量（字节/秒）= (采样频率（Hz）*采样位数（bit）* 声道数)/ 8

参考答案

（13）D

试题（14）、（15）

2017 年 5 月，全球的十几万台电脑受到勒索病毒 WannaCry 的攻击，电脑被感染后文件会被加密锁定，从而勒索钱财。在该病毒中，黑客利用　（14）　实现攻击，并要求以　（15）　方式支付。

（14）A．Windows 漏洞　　　　　　　B．用户弱口令

　　　 C．缓冲区溢出　　　　　　　　D．特定网站

（15）A．现金　　　 B．微信　　　 C．支付宝　　　 D．比特币

试题（14）、（15）分析

本题考查计算机病毒知识。

勒索病毒是一种新型电脑病毒，主要以邮件、程序木马、网页挂马的形式进行传播。病毒主要针对安装有 Microsoft Windows 的电脑，攻击者向 Windows SMBv1 服务器 445 端口（文件、打印机共享服务）发送特殊设计的消息，来远程执行攻击代码。只要用户

电脑连上互联网，即便是用户不做任何操作，电脑都有可能中毒。

勒索病毒的攻击者为了隐匿身份，收取赎金时不会采取现金、微信、支付宝等可以追查到资金来源的方式，而在病毒发作后显示特定界面，指示用户通过比特币方式缴纳赎金。

参考答案

（14）A　（15）D

试题（16）

以下关于防火墙功能特性的说法中，错误的是___（16）___。

（16）A. 控制进出网络的数据包和数据流向

　　　　B. 提供流量信息的日志和审计

　　　　C. 隐藏内部 IP 以及网络结构细节

　　　　D. 提供漏洞扫描功能

试题（16）分析

本题考查防火墙的基础知识。

防火墙最重要的特性就是利用设置的条件，监测通过的包的特征来决定放行或者阻止，同时防火墙一般架设在提供某些服务的服务器前，具备网关的能力，用户对服务器或内部网络的访问请求与反馈都需要经过防火墙的转发，相对外部用户而言防火墙隐藏了内部网络结构。防火墙作为一种网络安全设备，安装有网络操作系统，可以对流经防火墙的流量信息进行详细的日志和审计。

参考答案

（16）D

试题（17）

计算机软件著作权的保护对象是指___（17）___。

（17）A. 软件开发思想与设计方案　　　　B. 计算机程序及其文档

　　　　C. 计算机程序及算法　　　　　　　D. 软件著作权权利人

试题（17）分析

本题考查知识产权知识。

《计算机软件保护条例》对软件实施著作权法律保护作了具体规定。计算机软件著作权的保护对象是计算机程序及其文档。

计算机软件常分为系统软件和应用软件，它们均受法规保护。一项软件包括计算机程序及其相关文档。计算机程序指代码化指令序列，或者可被自动转换成代码化指令序列的符号化指令序列或者符号化语句序列。无论是程序的目标代码还是源代码均受法规保护。计算机文档则是指用自然语言或者形式化语言所编写的文字资料和图表，用来描述程序的内容、组成、设计、功能规格、开发情况、测试结果及使用方法，如程序设计说明书、流程图、用户手册等。

参考答案

（17）B

试题（18）

某软件公司项目组的程序员在程序编写完成后均按公司规定撰写文档，并上交公司存档。此情形下，该软件文档著作权应由___(18)___享有。

（18）A．程序员　　　　　　　　　B．公司与项目组共同

　　　C．公司　　　　　　　　　　D．项目组全体人员

试题（18）分析

本题考查知识产权知识。

程序员在所属公司完成文档撰写工作是职务行为，该软件文档著作权应由其所在公司享有。

参考答案

（18）C

试题（19）

将二进制序列 1011011 表示为十六进制，为___(19)___。

（19）A．B3　　　　B．5B　　　　C．BB　　　　D．3B

试题（19）分析

本题考查计算机系统的数据表示基础知识。

将二进制序列从右往左 4 位一组进行划分，得到的二进制序列按下表翻译即可得到对应的十六进制数。

二进制	0000	0001	0010	0011	0100	0101	0110	0111
十六进制	0	1	2	3	4	5	6	7
二进制	1000	1001	1010	1011	1100	1101	1110	1111
十六进制	8	9	A	B	C	D	E	F

因此，与 1011011 对应的十六进制数为 5B。

参考答案

（19）B

试题（20）

若机器字长为 8 位，则可表示出十进制整数 -128 的编码是___(20)___。

（20）A．原码　　　　B．反码　　　　C．补码　　　　D．ASCII 码

试题（20）分析

本题考查计算机系统的数据表示基础知识。

原码表示是用最左边的位（即最高位）表示符号，0 正 1 负，其余的 7 位来表示数

的绝对值，–128 的绝对值为 128，用二进制表示时需要 8 位，所以机器字长为 8 位时，采用原码不能表示–128。

对于负数，反码表示是用最左边的位（即最高位）表示符号，0 正 1 负，其余的 7 位是将数的绝对值的各位取反。–128 的绝对值为 128，用二进制表示时需要 8 位，所以机器字长为 8 位时，采用反码也不能表示–128。

补码表示与原码和反码相同之处是最高位用 0 表示正 1 表示负，不同的是，补码 10000000 的最高位 1 既表示其为负数，也表示数字 1，从而使得它可以表示出–128 这个数。

参考答案

（20）C

试题（21）

采用模 2 除法进行校验码计算的是__(21)__。

（21）A. CRC 码　　　　　B. ASCII 码　　　C. BCD 码　　　D. 海明码

试题（21）分析

本题考查计算机系统的数据校验基础知识。

循环冗余校验码（CRC）通过在要发送的数据后面加 n 位的冗余码来构造。

这 n 位冗余码用下面的方法得出：首先在数据位后面加 n 个零（相当于乘以 2^n），然后再除以事先商定的长度为（n+1）位的除数 p（实际上是除数和被除数做异或运算），得出余数 R（n 位，比 p 少一位）就是 n 位的冗余码。

传输数据时在接收端把接收到的数据除以同样的除数 P（模 2 运算），然后检查得到的余数 R。如果在传输过程中无差错，那么经过 CRC 检验后得出的余数 R 肯定是 0。但如果出现误码，那么余数 R 仍等于 0 的概率是非常小的。

参考答案

（21）A

试题（22）

以下关于海明码的叙述中，正确的是__(22)__。

（22）A. 校验位随机分布在数据位中

　　　　B. 所有数据位之后紧跟所有校验位

　　　　C. 所有校验位之后紧跟所有数据位

　　　　D. 每个数据位由确定位置关系的校验位来校验

试题（22）分析

本题考查计算机系统的数据表示基础知识。

海明码的编码方式如下：设数据有 n 位，校验码有 x 位。则校验码一共有 2^x 种取值方式。其中需要一种取值方式表示数据正确，剩下 2^x-1 种取值方式表示有一位数据出错。因为编码后的二进制串有 $n+x$ 位，因此 x 应该满足 $2^x-1 \geqslant n+x$

校验码在二进制串中的位置为 2 的整数幂，剩下的位置为数据。

参考答案

（22）D

试题（23）

计算机加电自检后，引导程序首先装入的是　__（23）__，否则，计算机不能做任何事情。

（23）A．Office 系列软件　　B．应用软件　　　C．操作系统　　　D．编译程序

试题（23）分析

本题考查操作系统的基本知识。

操作系统位于硬件之上且在所有其他软件之下，是其他软件的共同环境与平台。操作系统的主要部分是频繁用到的，因此是常驻内存的（Reside）。计算机加电以后，首先引导操作系统。不引导操作系统，计算机不能做任何事情。

参考答案

（23）C

试题（24）

在 Windows 系统中，扩展名　__（24）__　表示该文件是批处理文件。

（24）A．com　　　　　　B．sys　　　　　　C．html　　　　　　D．bat

试题（24）分析

在 Windows 操作系统中，文件名通常由主文件名和扩展名组成，中间以"."连接，如 myfile.doc，扩展名常用来表示文件的数据类型和性质。下表给出常见的扩展名所代表的文件类型：

扩 展 名	说　　　明	扩 展 名	说　　　明
exe	可执行文件	sys	系统文件
com	命令文件	zip	压缩文件
bat	批处理文件	doc 或 docx	Word 文件
txt	文本文件	c	C 语言源程序
bmp	图像文件	pdf	Adobe Acrobat 文档
swf	Flash 文件	wav	声音文件
html	网页文件	java	Java 语言源程序

参考答案

（24）D

试题（25）

当一个双处理器的计算机系统中同时存在 3 个并发进程时，同一时刻允许占用处理器的进程数　__（25）__　。

（25）A．至少为 2 个　　　　B．最多为 2 个　　C．至少为 3 个　　D．最多为 3 个

试题（25）分析

一个双处理器的计算机系统中尽管同时存在 3 个并发进程，但是同一时刻允许占用处理器的进程数只能是 2 个。

参考答案

（25）B

试题（26）

假设系统有 n（n≥5）个并发进程共享资源 R，且资源 R 的可用数为 2。若采用 PV 操作，则相应的信号量 S 的取值范围应为___（26）___。

（26）A．-1～n-1　　　　B．-5～2　　　　C．-(n-1)～1　　D．-(n-2)～2

试题（26）分析

本题考查操作系统基本概念方面的基础知识。

本题中已知有 n 个进程共享 R 资源，且 R 资源的可用数为 2，故信号量 S 的初值应设为 2。当第 1 个进程申请资源时，将信号量 S 减 1 后，S=1；当第 2 个进程申请资源时，将信号量 S 减 1 后，S=0；当第 3 个进程申请资源时，将信号量 S 减 1 后，S=-1；当第 4 个进程申请资源时，将信号量 S 减 1，S=-2；……；当第 n 个进程申请资源时，将信号量 S 减 1，S=-(n-2)。

参考答案

（26）D

试题（27）

在磁盘移臂调度算法中，___（27）___算法在返程时不响应进程访问磁盘的请求。

（27）A．先来先服务　　　　　　　　B．电梯调度

　　　　C．单向扫描　　　　　　　　　D．最短寻道时间优先

试题（27）分析

操作系统中的磁盘调度算法有：先来先服务、电梯调度、单向扫描、最短寻道时间优先算法等。

先来先服务是最简单的磁盘调度算法，它根据进程请求访问磁盘的先后次序进行调度，所以该算法可能会随时改变移动臂的运动方向。

电梯调度算法的工作原理是先响应同方向（向内道或向外道方向）的请求访问，然后再响应反方向的请求访问，即像电梯的工作原理一样，因此该算法可能会随时改变移动臂的运动方向。

单向扫描算法是电梯调度法的改进，该算法在返程时不响应请求访问，目的是为了解决电梯调度法带来的饥饿问题。

最短寻道时间优先算法，它根据进程请求访问磁盘的寻道距离短的优先调度，因此该算法可能会随时改变移动臂的运动方向。

参考答案

（27）C

试题（28）

适合开发设备驱动程序的编程语言是　(28)　。

（28）A．C/C++　　　　　　　　　　　B．Visual Basic

　　　 C．Python　　　　　　　　　　　D．Java

试题（28）分析

本题考查程序语言基础知识。

题中所列的编程语言都是通用的高级程序设计语言，同时具有各自的应用特点。

C/C++适合于进行系统级程序开发，设备驱动程序与硬件及其抽象层交互，属于系统级程序语言。

Java 在企业级应用软件开发、安卓开发、大数据、云计算等方面都是主流的编程语言。

Python 适合进行网络应用开发。

Visual Basic 的主要特点是可视化设计、事件驱动的编程机制等，程序员不用写多少代码就可以完成一个简单的程序，也可以开发相当复杂的程序。

参考答案

（28）A

试题（29）

编译和解释是实现高级程序设计语言的两种方式，其区别主要在于　(29)　。

（29）A．是否进行语法分析　　　　　　B．是否生成中间代码文件

　　　 C．是否进行语义分析　　　　　　D．是否生成目标程序文件

试题（29）分析

本题考查程序语言基础知识。

高级语言程序需要进行翻译后才能在计算机上执行，编译和解释是两种基本的翻译方式。在编译方式下，会产生独立于源程序的目标程序，再经过链接后形成可执行程序文件；而在解释方式下，由解释器对源程序或者其中间代码表示进行解释执行，不会产生与源程序等价的目标程序文件和可执行程序文件。在对程序语言的语法和语义分析方面，这两种方式没有差别。

参考答案

（29）D

试题（30）

若程序中定义了三个函数 f1、f2 和 f3，并且函数 f1 执行时会调用 f2、函数 f2 执行时会调用 f3，那么正常情况下，　(30)　。

（30）A．f3 执行结束后返回 f2 继续执行，f2 结束后返回 f1 继续执行

B．f3 执行结束后返回 f1 继续执行，f1 结束后返回 f2 继续执行

C．f2 执行结束后返回 f3 继续执行，f3 结束后返回 f1 继续执行

D．f2 执行结束后返回 f1 继续执行，f1 结束后返回 f3 继续执行

试题（30）分析

本题考查程序语言基础知识。

在发生嵌套调用时，需按照后进先出的方式进行返回。若函数 f1 执行时调用 f2、函数 f2 执行时调用 f3，那么正常情况下，函数 f3 执行结束后会返回 f2 继续执行，f2 结束后返回 f1。

参考答案

（30）A

试题（31）

下图所示的非确定有限自动机（s_0 为初态，s_3 为终态）可识别字符串　（31）　。

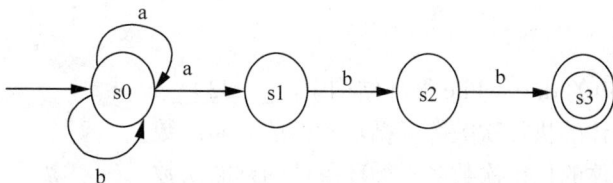

（31）A．bbaa　　　　　　B．aabb　　　　C．abab　　　　D．baba

试题（31）分析

本题考查程序语言基础知识。

有限自动机（确定或非确定的）识别字符串的过程都是从初态出发，找出到达终态的一条路径，使得路径上的字符序列与所识别的字符串相同。

对于 bbaa，若路径为 s0->s0->s0->s0->s1，则所识别的 bbaa 结束时 s1 不是终态；换一条路径 s0->s0->s0->s1，此时不存在从 s1 出发可以识别 bbaa 中的最后 1 个 a 的状态转移，由于不存在其他可能的路径，所以 bbaa 不能被该自动机识别。

对于 aabb，若路径为 s0->s0->s0->s0->s0，则字符串 aabb 结束时 s0 不是终态；换一条路径 s0->s0->s1->s2->s3，所识别的 aabb 结束时 s3 是终态，所以 aabb 可以被该自动机识别。

对于 abab，若路径为 s0->s0->s0->s0->s0，则所识别的 abab 结束时 s0 不是终态；换一条路径 s0->s0->s0->s1->s2，则所识别的 abab 结束时 s2 不是终态，由于不存在其他可能的路径，所以 abab 不能被该自动机识别。

对于 baba，若路径为 s0->s0->s0->s0->s0，则所识别的 baba 结束时 s0 不是终态；换一条路径 s0->s0->s0->s0->s1，则所识别的 baba 结束时 s1 不是终态；再换一条路径 s0->s0->s1->s2，此时不存在从 s2 出发可以识别 baba 中的最后 1 个 a 的状态转移，由于

没有其他可能的路径，所以 baba 不能被该自动机识别。

参考答案

（31）B

试题（32）

　　表示"以字符 a 开头且仅由字符 a、b 构成的所有字符串"的正规式为 ___（32）___ 。

　　（32）A．a*b*　　　　　　　B．(a|b)*a　　　　C．a(a|b)*　　　　D．(ab)*

试题（32）分析

　　本题考查程序语言基础知识。

　　正规式 a*b*表示的是若干个 a 后面跟若干个 b 的字符串；(a|b)*a 表示的是以 a 结尾的所有由 a、b 构成的字符串；(ab)*表示 b 在 a 之后且 a、b 交替出现的字符串；a(a|b)*表示以字符 a 开头且仅由字符 a、b 构成的所有字符串。

参考答案

（32）C

试题（33）

　　在单入口单出口的 do…while 循环结构中，___（33）___ 。

　　（33）A．循环体的执行次数等于循环条件的判断次数

　　　　　 B．循环体的执行次数多于循环条件的判断次数

　　　　　 C．循环体的执行次数少于循环条件的判断次数

　　　　　 D．循环体的执行次数与循环条件的判断次数无关

试题（33）分析

　　本题考查程序语言基础知识。

　　do…while 循环的含义如下面的流程图所示。显然，每执行 1 次循环体就会判断 1 次循环条件，所以循环体的执行次数等于循环条件的判断次数。

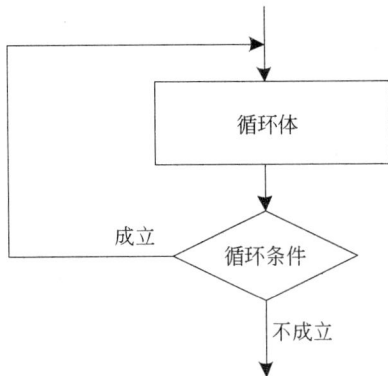

参考答案

（33）A

试题（34）

将源程序中多处使用的同一个常数定义为常量并命名，__(34)__。

（34）A．提高了编译效率　　　　　　　　B．缩短了源程序代码长度

　　　　C．提高了源程序的可维护性　　　　D．提高了程序的运行效率

试题（34）分析

本题考查程序语言基础知识。

将源程序中多处使用的同一个常数定义为常量并命名，可以提高源程序的可维护性，使得修改时只需改一个地方即可。

参考答案

（34）C

试题（35）

递归函数执行时，需要__(35)__来提供支持。

（35）A．栈　　　　　　B．队列　　　　　　C．有向图　　　　　D．二叉树

试题（35）分析

本题考查数据结构基础知识。

递归函数执行时，需要遵循后调用先返回的控制流程，因此需要栈来支持。

参考答案

（35）A

试题（36）

函数 main()、f() 的定义如下所示。调用函数 f() 时，第一个参数采用传值（call by value）方式，第二个参数采用传引用（call by reference）方式，main() 执行后输出的值为__(36)__。

```
main()
int x = 2;
f(1, x);
print(x);
```

```
f(int x, int &a)
x = 2*a + 1 ;
a = x + 3;
return;
```

（36）A．2　　　　　B．4　　　　　C．5　　　　　D．8

试题（36）分析

本题考查程序语言基础知识。

实现函数调用时，形参具有独立的存储空间。在传值方式下，是将实参的值拷贝给形参；在传引用方式下，是将实参的地址传递给形参，或者理解为被调用函数中形参名为实参的别名，因此，对形参的修改实质上就是对实参的修改。

本题中，函数调用 f(1,x) 执行时，形参 x 的初始值为 1，a 的值为 2，经过运算"x = 2*a +1"，修改了函数 f 的形参 x 的值（x 的值改为 5），再经过运算"a = x+3"后，a 的值改为 8，a 实质上是 main 函数中 x 的别名，因此返回 main 函数之后，x 的值为 8。

参考答案

（36）D

试题（37）

对于初始为空的栈 S，入栈序列为 a、b、c、d，且每个元素进栈、出栈各 1 次。若出栈序列的第一个元素为 d，则合法的出栈序列为 __(37)__ 。

（37）A. d c b a   B. d a b c   C. d c a b   D. d b c a

试题（37）分析

本题考查数据结构基础知识。

入栈序列为 a、b、c、d 时，若第一个出栈的元素为 d，则说明 a、b、c 都还在栈中，而且 a 位于栈底，其次是 b 和 c，因此，合法的出栈序列只能为 d、c、b、a。

参考答案

（37）A

试题（38）

对关键码序列（9，12，15，20，24，29，56，69，87）进行二分查找（折半查找），若要查找关键码 15，则需依次与 __(38)__ 进行比较。

（38）A. 87、29、15   B. 9、12、15

       C. 24、12、15   D. 24、20、15

试题（38）分析

本题考查数据结构基础知识。

在该关键码序列中进行二分查找时，首先与中间元素 24 比较，若相等，则结束；若小于 24，则继续在前 4 个元素中进行二分查找；否则在后 4 个元素中进行二分查找，其过程可用如下的判定树表示。

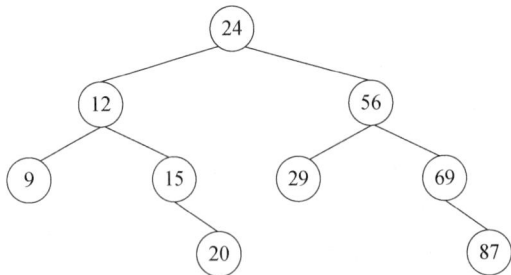

查找 15 时，需要与 24、12 和 15 依次进行比较。

参考答案

（38）C

试题（39）

对关键码序列（12，24，15，56，20，87，69，9）采用散列法进行存储和查找，并设散列函数为 H(Key)=Key %11（%表示整除取余运算）。采用线性探查法（顺序地探查可用存储单元）解决冲突所构造的散列表为___（39）___。

（39）A.

哈希地址	0	1	2	3	4	5	6	7	8	9	10
关键字	12	24	15	56	20	87	69	9			

B.

哈希地址	0	1	2	3	4	5	6	7	8	9	10
关键字	9	12	24	56	15	69				20	87

C.

哈希地址	0	1	2	3	4	5	6	7	8	9	10
关键字	20	12	24	15			56	69		9	87

D.

哈希地址	0	1	2	3	4	5	6	7	8	9	10
关键字	9	12	15	20	24	56	69	87			

试题（39）分析

本题考查数据结构基础知识。

按顺序计算各关键码的哈希（散列）地址如下：

$H(12) = 12\%11 = 1$，$H(24) = 24\%11 = 2$，$H(15) = 15\%11 = 4$，$H(56) = 56\%11 = 1$

$H(20) = 20\%11 = 9$，$H(87) = 87\%11 = 10$，$H(69) = 69\%11 = 3$，$H(9) = 9\%11 = 9$

初始时哈希表为空，关键码 12、24 和 15 存入时没有发生冲突，因此这些关键码的存储位置即为由哈希函数计算所得，如下表所示。

哈希地址	0	1	2	3	4	5	6	7	8	9	10
关键字		12	24		15						

存入关键码 56 时，计算得到其哈希地址为 1，发生冲突，用线性探查法探查哈希地址为 2 的单元，仍然冲突，再探查哈希地址为 3 的单元，不再冲突，因此在 3 号单元存入 56，如下表所示。

哈希地址	0	1	2	3	4	5	6	7	8	9	10
关键字		12	24	56	15						

接下来存入关键码 20 和 87 时，其对应的哈希单元都不冲突，因此依次在 9 号单元和 10 号单元存入 20、87，，如下表所示。

哈希地址	0	1	2	3	4	5	6	7	8	9	10
关键字		12	24	56	15					20	87

存入关键码 69 时，计算得到其哈希地址为 3，发生冲突，用线性探查法探查哈希地

址为 4 的单元，仍然冲突，再探查哈希地址为 5 的单元，不再冲突，因此在 5 号单元存入 69，如下表所示。

哈希地址	0	1	2	3	4	5	6	7	8	9	10
关键字		12	24	56	15	69				20	87

存入关键码 9 时，计算得到其哈希地址为 9，发生冲突，用线性探查法探查哈希地址为 10 的单元，仍然冲突，再探查哈希地址为 0 的单元，不再冲突，因此在 0 号单元存入 9，如下表所示。

哈希地址	0	1	2	3	4	5	6	7	8	9	10
关键字	9	12	24	56	15	69				20	87

参考答案

（39）B

试题（40）

对下图所示的二叉树进行中序遍历（左子树、根结点、右子树）的结果是　（40）　。

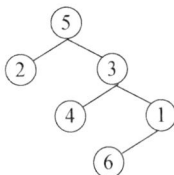

（40）A．5 2 3 4 6 1　　　　　　　　B．2 5 3 4 1 6

　　　 C．2 4 6 5 3 1　　　　　　　　D．2 5 4 3 6 1

试题（40）分析

本题考查数据结构基础知识。

二叉树进行中序遍历的过程是：中序遍历左子树、访问根结点、中序遍历右子树，因此题中二叉树的中序遍历序列是 2 5 4 3 6 1。

参考答案

（40）D

试题（41）、（42）

对于下面的有向图，其邻接矩阵是一个　（41）　的矩阵。采用邻接链表存储时，顶点 0 的表结点个数为 2，顶点 3 的表结点个数为 0，顶点 1 的表结点个数为　（42）　。

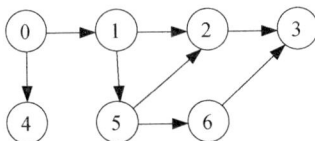

（41）A．3×4　　　　B．4×3　　　　C．6×6　　　　D．7×7
（42）A．0　　　　　B．1　　　　　C．2　　　　　D．3

试题（41）、（42）分析

本题考查数据结构基础知识。

图的邻接矩阵中，每个元素表示行对应的顶点与列对应的顶点之间是否有弧（1 有，0 没有），题目所示有向图的邻接矩阵如下所示。

0	1	0	0	1	0	0
0	0	1	0	0	1	0
0	0	0	1	0	0	0
0	0	0	0	0	0	0
0	0	0	0	0	0	0
0	0	1	0	0	0	1
0	0	0	1	0	0	0

邻接表存储是将关联同一顶点的边用线性链表存储，对于有向图，每个表结点表示从头结点所示顶点出发的一条弧关联的另一个顶点，从顶点 1 出发的弧有<1,2>和<1,5>，题目所示有向图的邻接表如下所示。

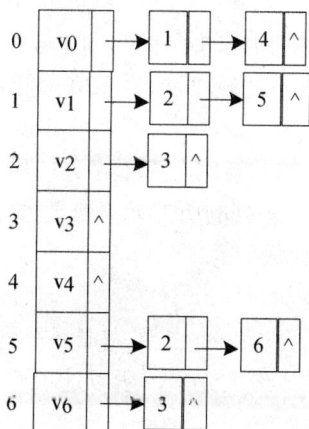

参考答案

（41）D　（42）C

试题（43）

对 n 个关键码构成的序列采用直接插入排序法进行升序排序的过程是：在插入第 i 个关键码 k_i 时，其前面的 $i-1$ 个关键码已排好序，因此令 k_i 与 k_{i-1}、k_{i-2}、…，依次比较，最多到 k_1 为止，找到插入位置并移动相关元素后将 k_i 插入有序子序列的适当位置，完成本趟（即第 $i-1$ 趟）排序。以下关于直接插入排序的叙述中，正确的是　(43)　。

（43）A. 若原关键码序列已经升序排序，则排序过程中关键码间的比较次数最少

      B. 若原关键码序列已经降序排序，则排序过程中关键码间的比较次数最少

      C. 第 1 趟完成后即可确定整个序列的最小关键码

      D. 第 1 趟完成后即可确定整个序列的最大关键码

试题（43）分析

本题考查数据结构基础知识。

以 4 个元素（10,20,30,40）为例说明直接插入排序的特点。

若元素已经按照升序排列，即 k1=10, k2=20, k3=30, k4=40，那么各趟排列结果如下：

第一趟将 20 插入仅含元素 10 的子序列，20 与 10 比较 1 次，得到 10 20；

第二趟将 30 插入含有元素 10、20 的子序列，30 与 20 比较 1 次，得到 10 20 30；

第三趟将 40 插入 10、20、30 构成的子序列，40 与 30 比较 1 次，得到 10 20 30 40；

在上述过程中，由于待插入的元素比有序子序列的最大元素都要大，所以总共进行 3 次比较，也不需要移动元素。推广到有 n 个元素的序列，则是进行 n−1 次比较。

若元素已经按照降序排列，即 k1=40, k2=30, k3=20, k4=10，那么各趟排列结果如下：

第一趟将 30 插入仅含元素 40 的子序列，30 与 40 比较 1 次，将 40 后移，再将 30 插入 40 之前，得到 30 40；

第二趟将 20 插入 30、40 构成的子序列，20 与 40 比较 1 次，将 40 后移，再与 30 比较 1 次，将 30 后移，再将 20 插入 30 之前，得到 20 30 40；

第三趟将 10 插入 20、30、40 构成的子序列，10 与 40 比较 1 次，将 40 后移，再与 30 比较 1 次，将 30 后移，再与 20 比较 1 次，将 20 后移，再将 10 插入 20 之前，得到 10 20 30 40；

在上述过程中，由于待插入的元素比有序子序列的所有元素都要小，所以总共进行 1+2+3 次比较，每次插入时有序子序列的所有元素都要移动。推广到有 n 个元素的序列，则总共进行 1+2+⋯+n-2+n−1 次比较。

因此，题目选项中 A 选项正确。

若初始序列为 30 20 10 40，则第一趟排序完成后得到的有序子序列为 20 30，此时并没有得到整个序列的最小元素或最大元素，所以选项 C 和 D 的说法错误。

参考答案

（43）A

试题（44）、（45）

采用面向对象程序设计语言 C++/Java 进行系统实现时，定义类 S 及其子类 D。若类 S 中已经定义了一个虚方法 int fun(int a, int b)，则方法 __(44)__ 不能同时在类 S 中。D 中定义方法 int fun(int a, int b)，这一现象称为 __(45)__ 。

（44）A. int fun(int x, double y)   B. int fun(double a, int b)

      C. double fun(int x, double y)   D. int fun(int x, int y)

（45）A．覆盖/重置　　　　　B．封装　　　　　C．重载/过载　　　　　D．多态

试题（44）、（45）分析

本题考查面向对象程序设计基础知识。

在使用面向对象程序设计语言（如 C++/Java）进行程序设计时，可以采用方法重载/过载（Method Overloading），使得在定义一个类时，类中可以定义多个具有相同名称且参数列表不同的方法。参数列表不同包括参数的个数不同、参数的类型不同以及参数类型的顺序不同。即应该满足使用唯一的参数类型列表来区分方法重载/过载，不能具有同名且完全相同的参数类型列表的方法，返回值类型不同以及参数名称的不同均不满足方法重载/过载。

如在类 S 中定义了虚/抽象方法 int add(int a, int b)，与之可以构成方法重载的方法如 add(int, int, int)、add(int, float)。如果 S 中定义 add(int, float)方法，则与其可以构成重载的方法还包括 add(float, int)。与 add(int, int)不可以同时定义在 S 中的不满足重载的同名方法如 int add(int x, int y)或 double add(int a, int b)。

在方法重载/过载时，还需要注意方法的参数类型向上提升，即一个尺寸较小的数据类型转换为尺寸较大的数据类型，如 float 与 double。即在方法调用时，如果有严格匹配的数据类型列表的方法，则调用；如果没有严格匹配，而有通过类型向上转换后匹配的方法，则调用经过类型提升之后而匹配的方法。如一个类中定义了 add(int, double)，而没有定义 add(int, float)，那么对于调用 add(100, 20.5f)，就会匹配 add(int, double)方法。如果既定义了 add(int, double)，又定义了 add(int, float)，那么对于调用 add(100, 20.5f)，就会匹配 add(int, float)。

在父类中定义的虚/抽象方法，使用继承定义子类，由子类实现虚/抽象方法或者进一步再由其子类实现。子类继承父类中的所有方法，对虚/抽象方法加以实现，也可以补充定义自己特有的方法。在定义自己特有的方法时，也需要满足方法重载的条件。在继承关系的保证下，子类继承了所有父类中的方法，子类实现或重写父类中定义的方法，称为方法的覆盖/重置。

参考答案

（44）D　（45）A

试题（46）、（47）

在 UML 中行为事物是模型中的动态部分，采用动词描述跨越时间和空间的行为。____(46)____属于行为事物，它描述了____(47)____。

（46）A．包　　　　　B．状态机　　　　　C．注释　　　　　D．构件

（47）A．在特定语境中共同完成一定任务的一组对象之间交换的消息组成

　　　　B．计算机过程执行的步骤序列

　　　　C．一个对象或一个交互在生命期内响应事件所经历的状态序列

　　　　D．说明和标注模型的任何元素

试题（46）、（47）分析

本题考查统一建模语言（UML）的基本知识。

可视化统一建模语言 UML 由三个要素构成：UML 的基本构造块、支配这些构造块如何放置在一起的规则、用于整个语言的公共机制。UML 的词汇表包含三种构造块：对模型中最具有代表性成分抽象的事物、把事物结合在一起的关系和聚集了相关事物的图。

事物分为结构事物、行为事物、分组事物和注释事物。结构事物通常是模型的静态部分，是 UML 模型中的名词，描述概念或物理元素，包括类、接口、协作、用例、主动类、构件和节点。行为事物是模型中的动态部分，描述了跨越时间和空间的行为，包括交互和状态机。其中，交互由在特定语境中共同完成一定任务的一组对象之间交换的消息组成，描述一个对象群体的行为或单个操作的行为；状态机描述了一个对象或一个交互在生命期内响应事件所经历的状态序列。分组事物是一些由模型分解成为组织部分，最主要的是包。注释事物用来描述、说明和标注模型的任何元素，主要是注解。

参考答案

（46）B　（47）C

试题（48）

行为型设计模式描述类或对象如何交互和如何分配职责。以下　（48）　模式是行为型设计模式。

（48）A．装饰器（Decorator）　　　　B．构建器（Builder）

　　　 C．组合（Composite）　　　　 D．解释器（Interpreter）

试题（48）分析

本题考查设计模式的基本概念。

设计模式描述了在人们周围不断重复发生的问题，以及该问题的解决方案的核心。在面向对象系统设计中，每一个设计模式都集中于一个特定的面向对象设计问题或设计要点，描述了什么时候使用它，在另一些设计约束条件下是否还能使用，以及使用的效果和如何取舍。

按照设计模式的目的可以分为创建型模式、结构型模式和行为型模式三大类。创建型模式与对象的创建有关，它抽象了实例化过程，帮助一个系统独立于如何创建、组合和表示它的那些对象。创建型模式包括 Factory Method、Abstract Factory、Builder、Prototype 和 Singleton。结构型模式处理类或对象的组合，涉及如何组合类和对象以获得更大的结构。结构型模式包括 Adapter、Bridge、Composite、Decorator、Façade、Flyweight 和 Proxy。行为型模式描述类或对象怎样交互和怎样分配职责。行为型模式包括 Interpreter、Template Method、Chain of Responsibility、Command、Iterator、Mediator、Memento、Observer、State、Strategy 和 Visitor。

参考答案

（48）D

试题（49）、（50）

在结构化分析方法中，用于对功能建模的　(49)　描述数据在系统中流动和处理的过程，它只反映系统必须完成的逻辑功能；用于行为建模的模型是　(50)　，它表达系统或对象的行为。

（49）A. 数据流图　　　B. 实体联系图　　　　C. 状态-迁移图　　　D. 用例图

（50）A. 数据流图　　　B. 实体联系图　　　　C. 状态-迁移图　　　D. 用例图

试题（49）、（50）分析

本题考查结构化分析的基础知识。

结构化分析方法是一种建模技术，其建立的分析模型的核心是数据字典，描述了在目标系统中使用和生成的所有数据对象。围绕这个核心有三个图：数据流图，描述数据在系统中如何被传送或变换以及描述如何对数据流进行变换的功能（子功能），用于功能建模；实体联系图，描述数据对象及数据对象之间的关系，用于数据建模；状态-迁移图，描述系统对外部事件如何响应以及如何动作，用于行为建模。

参考答案

（49）A　（50）C

试题（51）、（52）

若采用白盒测试法对下面流程图所示算法进行测试，且要满足语句覆盖，则至少需要　(51)　个测试用例。若表示输入和输出的测试用例格式为（A，B，X；X），则满足语句覆盖的测试用例是　(52)　。

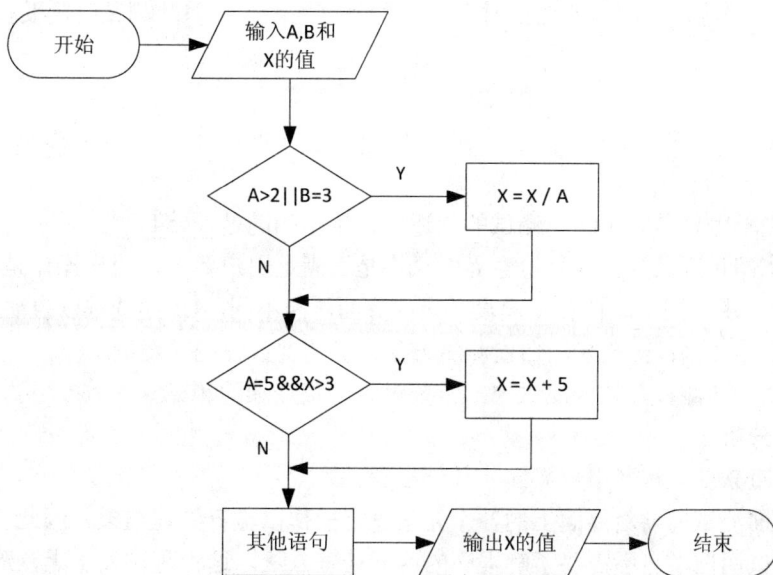

（51）A. 1　　　　　　　　B. 2　　　　　　　　C. 3　　　　　　　　D. 4

（52）A.（1,3,3;8）　　　B.（1,3,5;10）　　　C.（5,2,15;8）　　　D.（5,2,20;9）

试题（51）、（52）分析

本题考查软件测试的基础知识。要求考生能够熟练掌握典型的白盒测试和黑盒测试方法。

语句覆盖是一种白盒测试方法，是指设计若干测试用例，覆盖程序中的所有语句。对于本题，设计一个测试用例使其在两个判断框处均走 Y 分支，即可覆盖流程图中的所有语句，因此至少需要一个测试用例可以满足语句覆盖。而选项 A、B 和 C 中的测试用例均走第一个判断框的 Y 分支和第二个判断框的 N 分支，因此不能覆盖所有语句，选项 D 中的测试用例走两个判断框的 Y 分支，可以实现语句覆盖。

参考答案

（51）A　（52）D

试题（53）

在　（53）　时，一般需要进行兼容性测试。

（53）A. 单元测试　　B. 系统测试　　　C. 功能测试　　　D. 集成测试

试题（53）分析

本题考查软件工程（测试）基础知识。

兼容性测试是指测试软件在特定的硬件平台上、不同的应用软件之间、不同的操作系统平台上、不同的网络等环境中是否能够很友好的运行的测试。单个模块测试（单元测试）以及若干个模块联合测试（集成测试）还不能独立运行，因此无法进行兼容测试。兼容性不属于功能，因此功能测试时并不进行兼容性测试。系统测试时需要按要求进行兼容性测试。

参考答案

（53）B

试题（54）

以下关于用户界面（UI）测试的叙述中，不正确的是　（54）　。

（54）A. UI 测试的目的是检查界面风格是否满足用户要求，用户操作是否友好

　　　B. 由于同一软件在不同设备上的界面可能不同，UI 测试难以自动化

　　　C. UI 测试一般采用白盒测试方法，并需要设计测试用例

　　　D. UI 测试是软件测试中经常要做的、很烦琐的测试

试题（54）分析

本题考查软件工程（用户界面）基础知识。

用户界面测试需要对界面上的各个元素进行操作以检查处理结果，因此 UI 测试通常不需要测试用例，也不需要了解程序的内部处理方法，这种测试属于黑盒测试。

参考答案

（54）C

试题（55）

创建好的程序或文档所需遵循的设计原则不包括 (55) 。

(55) A. 反复迭代，不断修改　　　　　B. 遵循好的标准和设计风格
　　　C. 尽量采用最新的技术　　　　　D. 简约，省去不必要的元素

试题（55）分析

本题考查软件工程基础知识。

程序或文档的设计应选择最合适的方法，而不是最先进的技术。

参考答案

(55) C

试题（56）

专业程序员小王记录的编程心得体会中， (56) 并不正确。

(56) A. 编程工作中记录日志很重要，脑记忆并不可靠
　　　B. 估计进度计划时宁可少估一周，不可多算一天
　　　C. 简单模块要注意封装，复杂模块要注意分层
　　　D. 程序要努力文档化，让代码讲自己的故事

试题（56）分析

本题考查软件工程基础知识。

程序设计并不是机械的工作，包含了创意，也容易犯错，而且发现并纠正错误的时间很难预先确定，往往拖延时间。所以估计进度计划时宁可多估一周，不可少算一天。

参考答案

(56) B

试题（57）

有两个 N*N 的矩阵 A 和 B，想要在微机（PC）上按矩阵乘法基本算法编程实现计算 A*B。假设 N 较大，本机内存也足够大，可以存下 A、B 和结果矩阵。那么，为了加快计算速度，A 和 B 在内存中的存储方式应选择 (57) 。

(57) A. A 按行存储，B 按行存储　　　B. A 按行存储，B 按列存储
　　　C. A 按列存储，B 按行存储　　　D. A 按列存储，B 按列存储

试题（57）分析

本题考查软件工程（算法设计）基础知识。

两个矩阵的相乘运算是按如下方法计算的：前一矩阵第 i 行与后一矩阵第 j 列进行逐个元素乘加，形成结果矩阵的第 i 行第 j 列元素。因此，将前一矩阵按行存储，后一矩阵按列存储，可以节省搜索元素的时间。对于特大型矩阵来说，这种节省时间的效果是明显的。

参考答案

(57) B

试题（58）

在关系代数运算中，____(58)____运算结果的结构与原关系模式的结构相同。

(58) A. 并   B. 投影   C. 笛卡儿积   D. 自然连接

试题（58）分析

本题考查关系代数方面的基础知识。

在关系代数中，并运算是一个二元运算要求参与运算的两个关系结构必须相同，运算结果的结构与原关系模式的结构相同。而笛卡儿积和自然连接尽管也是一个二元运算，但参与运算的两个关系结构不必相同。投影运算是向关系的垂直方向运算，运算的结果要去除某些属性列，所以运算的结果与原关系模式不同。

参考答案

(58) A

试题（59）

张工负责某信息系统的数据库设计。在局部 E-R 模式的合并过程中，张工发现小杨和小李所设计的部分属性值的单位不一致，例如人的体重小杨用公斤，小李却用市斤。这种冲突被称为____(59)____冲突。

(59) A. 结构   B. 命名   C. 属性   D. 联系

试题（59）分析

本题考查数据库系统基本概念。

在局部 E-R 模式的合并过程中，会产生三种冲突：

① 属性冲突：分属性域的冲突（如属性值的类型、取值范围、取值集合）和属性值单位（如人的身高有的用米，有的用公分）的冲突。

② 命名冲突：分同名异义或异名同义。

③ 结构冲突：同一对象在不同应用中具有不同的抽象，例如，教师在有的应用是属性，在有的应用中为实体；同一对象在不同的 E-R 图中所包含的属性个数和属性排列的顺序不同。

本题中张工发现小杨和小李设计部分对属性值的单位不一致，这种冲突被称为属性值单位的冲突。

参考答案

(59) C

试题（60）～（62）

某企业职工关系 EMP（E_no，E_name，DEPT，E_addr，E_tel）中的属性分别表示职工号、姓名、部门、地址和电话；经费关系 FUNDS (E_no, E_limit, E_used)中的属性分别表示职工号、总经费金额和已花费金额。若要查询部门为"开发部"且职工号为"03015"的职工姓名及其经费余额，则相应的 SQL 语句应为：

```
SELECT ___(60)___
   FROM ___(61)___
   WHERE ___(62)___
```

（60）A．EMP.E_no, E_limit − E_used

　　　B．EMP.E_name, E_used − E_limit

　　　C．EMP.E_no, E_used − E_limit

　　　D．EMP.E_name, E_limit − E_used

（61）A．EMP 　　　　B．FUNDS　C．EMP, FUNDS　D．IN [EMP, FUNDS]

（62）A．DEPT='开发部' OR EMP.E_no=FUNDS.E_no OR EMP.E_no='03015'

　　　B．DEPT='开发部' AND EMP.E_no=FUNDS.E_no AND EMP.E_no='03015'

　　　C．DEPT='开发部' OR EMP.E_no=FUNDS.E_no AND EMP.E_no='03015'

　　　D．DEPT='开发部' AND EMP.E_no=FUNDS.E_no OR EMP.E_no='03015'

试题（60）～（62）分析

按照题意，若要查询"开发部"的职工号为"03015"的职工姓名及其经费余额，则相应的 SQL 语句应为：

```
SELECT EMP.E_name, E_limit − E_used
   FROM EMP, FUNDS
   WHERE DEPT='开发部' AND EMP.E_no=FUNDS.E_no AND EMP.E_no='03015'
```

参考答案

（60）D　（61）C　（62）B

试题（63）

设 M 和 N 为正整数，且 M>2，N>2，MN<2(M+N)，满足上述条件的(M,N)共有 ___(63)___ 对。

（63）A．3　　　　B．5　　　　C．6　　　　D．7

试题（63）分析

本题考查应用数学基础知识。

MN<2(M+N)等价于（M−2)(N−2)<4，而 M−2 和 N−2 都是正整数。

M−2=1 时，N−2 可以是 1、2、3；M−2=2 时，N−2 只能是 1；M−2=3 时，N−2 只能是 1，所以(M,N)只有(3,3)、(3,4)、(3,5)、(4,3)、(5,3)五对。

本题的背景是：设正多面体每个顶点连有 M 条棱，每面都是正 N 边形，则 M 和 N 满足上述关系，因此共有五种正多面体。

参考答案

（63）B

试题（64）

下表有 4*7 个单元格，可以将其中多个邻接的单元格拼成矩形块。该表中共有 (64) 个四角上都为 1 的矩形块。

1	1			1	1	
1		1	1	1		
1	1			1	1	
	1			1		1

（64）A．6　　　　　　　B．7　　　　　　　C．10　　　　　　　D．12

试题（64）分析

本题考查应用数学基础知识。

用行号（1-4）与列号（1-7）表示一个单元格的坐标，用左上角和右下角两个单元坐标表示一个矩形块。四角上都是 1 的矩形块是所需矩形块。

左上角为 11 的所需矩形块有 4 个，右下角分别为 25，32，35，36；

左上角为 12 的所需矩形块有 3 个，右下角分别为 35，36，45；

左上角为 15 的所需矩形块有 1 个，右下角分别为 36；

左上角为 21 的所需矩形块有 2 个，右下角分别为 33，35；

左上角为 23 的所需矩形块有 1 个，右下角别为 35；

左上角为 32 的所需矩形块有 1 个，右下角为 45。

共有 12 个矩形块。

参考答案

（64）D

试题（65）

某乡镇有 7 个村 A～G，各村间的道路和距离（单位：千米）如下图。乡政府决定在其中两村设立诊所，使这 7 村群众看病最方便（即最远的村去诊所的距离 a 最短）。经过计算，a= (65) 千米。

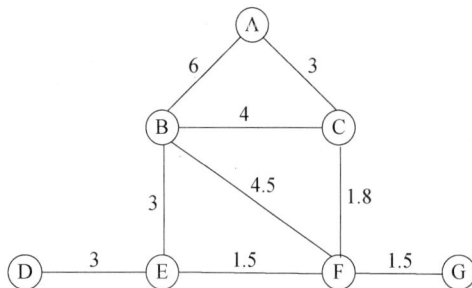

（65）A．3　　　　　　　B．3.3　　　　　　　C．4　　　　　　　D．4.5

试题（65）分析

本题考查应用数学基础知识。

从图上直观地看，诊所不应设在 D、G 两村。其他 5 村中选择 2 村的可能性共 10 种，列表如下：

选择两村	AB	AC	AE	AF	BC	BE	BF	CE	CF	EF
最远距离（千米）	6	6.3	3	10	6	6	6	3	4.5	4.8

因此，选择在 A、E 或 C、E 两村设立诊所，可使最远的村去诊所的距离最短（3 千米）。

参考答案

（65）A

试题（66）

HTTP 协议的默认端口号是　（66）　。

（66）A．23　　　　　　　B．25　　　　　　　C．80　　　　　　　D．110

试题（66）分析

本题考查 HTTP 协议的默认端口号。

HTTP 协议的默认端口号是 80。

参考答案

（66）C

试题（67）

某学校为防止网络游戏沉迷，通常采用的方式不包括　（67）　。

（67）A．安装上网行为管理软件

B．通过防火墙拦截规则进行阻断

C．端口扫描，关闭服务器端端口

D．账户管理，限制上网时长

试题（67）分析

本题考查网络隔离技术知识。

学校为防止网络游戏沉迷，通常采用的方式包括安装上网行为管理软件、通过防火墙拦截规则进行阻断、以及账户管理，限制上网时长，通过端口扫描，关闭服务器端端口不能实现。

参考答案

（67）C

试题（68）

在 Web 浏览器的地址栏中输入 http://www.abc.com/jx/jy.htm 时，表明要访问的主机名是　（68）　。

（68）A．http　　　B．www　　　　C．abc　　　　　D．jx

试题（68）分析

本题考查 URL 基础知识。

统一资源定位符（Uniform Resource Locator，URL）是对互联网上的资源位置和访问方法的一种简洁的表示，是互联网上资源的地址。互联网上的每个文件都有一个唯一的 URL，它包含的信息指出文件的位置以及浏览器应该怎么处理它。一个完整的 URL 由以下几个部分构成。

第一部分：协议，该部分告诉浏览器如何处理将要打开的文件，常见的是 HTTP（Hypertext Transfer Protocol，超文本传输协议）或 HTTPS（Hyper Text Transfer Protocol over Secure Socket Layer，安全的超文本传输协议），其他的还有 ftp（File Transfer Protocol，文件传输协议）、mailto（电子邮件地址）、ldap（Lightweight Directory Access Protocol，轻型目录访问协议搜索）、file（当地电脑或网上分享的文件）、news（Usenet 新闻组）、gopher（Gopher 协议）、telnet（Telnet 协议）等。

第二部分：文件所在的服务器的名称或 IP 地址，后面是到达这个文件的路径和文件本身的名称。服务器的名称或 IP 地址后面有时还跟一个冒号和一个端口号。也可以包含登录服务器所需的用户名称和密码。路径部分包含等级结构的路径定义，一般来说不同部分之间以斜线（/）分隔。询问部分一般用来传送对服务器上的数据库进行动态询问时所需要的参数。

有时 URL 以斜杠"/"结尾，而没有给出文件名，在这种情况下，URL 引用路径中最后一个目录中的默认文件（通常对应于主页），这个文件常常被称为 index.html 或 default.htm。

一个标准的 URL 的格式如下：

协议://主机名.域名.域名后缀或 IP 地址（:端口号）/目录/文件名

其中，目录可能存在多级目录

参考答案

（68）B

试题（69）

在 Windows 系统中，要查看 DHCP 服务器分配给本机的 IP 地址，使用　(69)　命令。

（69）A．ipconfig /all　B．netstat　　　　C．nslookup　　　D．tracert

试题（69）分析

本题考查网络基础知识。

采用 ipconfig /all 可以查看 DHCP 服务器分配给本机的 IP 地址。

参考答案

（69）A

试题（70）

邮箱客户端软件使用　(70)　协议从电子邮件服务器上获取电子邮件。

（70）A．SMTP　　　　　B．POP3　　　　　C．TCP　　　　　D．UDP

试题（70）分析

本题考查电子邮件协议。

发送电子邮件的协议是 SMTP，接收电子邮件的协议是 POP3。所以邮件客户端软件使用 POP3 协议从电子邮件服务器上获取电子邮件。

参考答案

（70）B

试题（71）

Almost all 　(71)　 have built-in digital cameras capable of taking images and video.

（71）A．smart-phones　　　　　B．scanners

　　　　C．computers　　　　　　D．printers

参考译文

几乎所有的智能手机都内装了照相机，能拍摄图像和视频。

参考答案

（71）A

试题（72）

　(72)　 is a massive volume of structured and unstructured *data* so large it's difficult to process using traditional database or software technique.

（72）A．Data Processing system　　　B．Big Data

　　　　C．Data warehouse　　　　　　D．DBMS

参考译文

大数据是大量的结构化和非结构化数据，数量之大难以用传统的数据库等软件技术来处理。

参考答案

（72）B

试题（73）

The 　(73)　 structure describes a process that may be repeated as long as a certain condition remains true.

（73）A．logic　　　B．sequential　　　C．selection　　　D．loop

参考译文

循环结构描述了这样一种过程，只要满足某个条件它就重复执行。

参考答案

（73）D

试题（74）

White box testing is the responsibility of the ___（74）___.

（74）A．user
B．project manager
C．programmer
D．system test engineer

参考译文

白盒测试是程序员的责任。

参考答案

（74）C

试题（75）

The purpose of a network ___（75）___ is to provide a shell around the network which will protect the system connected to the network from various threats.

（75）A．firewall
B．switch
C．router
D．gateway

参考译文

网络防火墙的目的是在网络周围设置一层外壳，用于防止连入网络的系统受到各种威胁。

参考答案

（75）A

第 24 章   2017 下半年程序员下午试题分析与解答

试题一（共 15 分）

阅读以下说明和流程图，填补流程图中的空缺，将解答填入答题纸的对应栏内。

【说明】

对于大于 1 的正整数 n，$(x+1)^n$ 可展开为 $C_n^0 x^n + C_n^1 x^{n-1} + C_n^2 x^{n-2} + \cdots + C_n^{n-1} x^1 + C_n^n x^0$。

下面流程图的作用是计算 $(x+1)^n$ 展开后的各项系数 C_n^i $(i=0,1,\cdots,n)$，并依次存放在数组 A[0..n]中。方法是依次计算 $k=2,3,\cdots,n$ 时 $(x+1)^k$ 的展开系数并存入数组 A，在此过程中，对任一确定的 k，利用关系式 $C_k^i = C_{k-1}^i + C_{k-1}^{i-1}$，按照 i 递减的顺序逐步计算并将结果存储在数组 A 中。其中，C_k^0 和 C_k^k 都为 1，因此可直接设置 A[0]、A[k]的值为 1。

例如，计算 $(x+1)^3$ 的过程如下：

先计算 $(x+1)^2$（即 $k=2$）的各项系数，然后计算 $(x+1)^3$（即 $k=3$）的各项系数。

$k=2$ 时，需要计算 C_2^0、C_2^1 和 C_2^2，并存入 A[0]、A[1]和 A[2]，其中 A[0]和 A[1]的值已有，因此将 C_1^1（即 A[1]）和 C_1^0（即 A[0]）相加得到 C_2^1 的值并存入 A[1]。

$k=3$ 时，需要计算 C_3^0、C_3^1、C_3^2 和 C_3^3，先计算出 C_3^2（由 $C_2^2 + C_2^1$ 得到）并存入 A[2]，再计算 C_3^1（由 $C_2^1 + C_2^0$ 得到）并存入 A[1]。

【流程图】

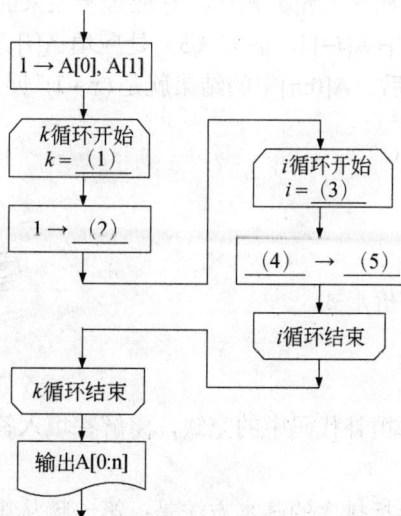

注：循环开始框内应给出循环控制变量的初值和终值，默认递增值为 1。

格式为：循环控制变量=初值，终值，递增值。

试题一分析

本题考查对算法流程图的理解和表示能力，这是程序员必须具备的技能。

对 k=1,2,3,…，$(x+1)^k$ 的展开式系数可列出如下（杨辉三角）：

k=1 时	1	1			
k=2 时	1	2	1		
k=3 时	1	3	3	1	
k=4 时	1	4	6	4	1

....

A[0]　　A[1]　　A[2]　　A[3]　　A[4]...

计算是逐行进行的，而且各行计算的结果需要保存在同一数组 A 中。

杨辉三角的规律为：每行有 k+1 个数，依次保存在 A[0:k]中。首末两数都是 1。中间任一个数等于其上面一个数与左上数之和。由于采用同一数组存放各行，因此每计算出一个数存放后就会代替原来的数。这样，在同一行计算的过程中，不能从左到右计算，而应从右到左计算（按数组下标 i 递减的顺序）。

流程图中，一开始对 A[0]和 A[1]置 1，这就是 k=1 时的计算结果。

接着需要对 k=2,3,…,n 进行循环计算，因此流程图空（1）处应填 2,n 或者 2,n,1。

在对第 k 行进行计算时，显然应首先将最右边的 A[k]置 1，因此空（2）处应填 A[k]。

接着应从右到左逐个计算这一行中间的各个数：A[k-1],A[k-2],…,A[1]，因此，（3）处应填 k-1,1,-1（即数组下标从 k-1 开始每次递减 1 直到 1）。

接着应计算 A[i]。根据杨辉三角的规律，它应等于原来的 A[i]与前一个数 A[i-1]之和。因此空（4）处应填 A[i]+A[i-1]，而空（5）处应填 A[i]。

当 i 和 k 双重循环结束后，A[0:n]中的结果就是 $(x+1)^n$ 展开后的各项系数。

参考答案

（1）2,n 或 2,n,1

（2）A[k]或其等价形式

（3）k-1,1,-1

（4）A[i]+A[i-1]或其等价形式

（5）A[i]或其等价形式

试题二（共 15 分）

阅读以下说明和代码，填补代码中的空缺，将解答填入答题纸的对应栏内。

【说明】

对 n 个元素进行简单选择排序的基本方法是：第一趟从第 1 个元素开始，在 n 个元素中选出最小者，将其交换至第一个位置，第二趟从第 2 个元素开始，在剩下的 n-1 个元素中选出最小者，将其交换至第二个位置，依此类推，第 i 趟从 n–i+1 个元素中选出最小元素，将其交换至第 i 个位置，通过 n–1 趟选择最终得到非递减排序的有序序列。

【代码】

```
#include<stdio.h>
void selectSort(int data[], int n )
//对 data[0]～data[n-1]中的 n 个整数按非递减有序的方式进行排列
{
    int i, j, k;
    int  temp;
    for(i = 0; i < n-1; i++) {
        for(k = i, j = i+1;  (1) ;  (2) )    //k 表示 data[i]~data[n-1]中最
                                                          小元素的下标
            if (data[j] < data[k])    (3)  ;
        if ( k != i ) {
            //将本趟找出的最小元素与 data[i]交换
            temp = data[i];    (4)  ;  data[k] = temp;
        }
    }
}

int main()
{
    int arr[] = {79,85,93,65,44,70,100,57};
    int i, m;
    m = sizeof(arr) / sizeof(int);   //计算数组元素个数，用 m 表示
     (5) ;                          //调用 selectSort 对数组 arr 进行非递减排序
    for(  (6)  ; i < m; i++)          //按非递减顺序输出所有的数组元素
        printf("%d\t", arr[i]);
    printf("\n");
    return 0;
}
```

试题二分析

本题考查 C 程序的基本结构、运算逻辑和函数调用及应用。

题干中已明确对简单选择算法作了说明，在实现该排序方法的函数 selectSort(int data[], int n)中，第一重循环 for(i = 0; i < n-1; i++) 的作用是控制排序的趟数。在每趟排序过程中，都是从 data[i]～data[n-1]中选出最小元素，并用 k 记录其下标，k 的初始值设置为等于 i，因此空（1）处应填入 "j<n"，使得在该条件下可以遍历选择范围内所有元素，空（2）处应填入 "j++" 或其等价形式。

在一趟选择的过程中，只需记下最小元素的下标，因此在满足"data[j] < data[k]"的条件下，需要用 k 记住 j（即更小元素的下标），因此空（3）处应填入"k=j"。

显然，如果 data[i]～data[n-1]中最小元素（即 data[k]）并不是 data[i]时，需要将两者的值交换，因此空（4）应填入"data[i] = data[k]"或其等价形式。

空（5）处考查函数调用。根据注释，需要调用 selectSort 对数组 arr 进行非递减排序，按照 selectSort 的定义要求，第一个形参本质上需要实参为指针，因此其对应的实参为 main 函数中的数组 arr（数组名表示数组空间的首地址，实质上为常量指针），第二个参数为表示数组元素个数的整数，实参为 m、8 或 sizeof(arr) / sizeof(int)都可以，空（5）处应填入"selectSort(arr, m)"或其等价形式。

空（6）所在循环语句通过 i 遍历数组元素并逐个输出，此处填入"i=0"实现对 i 的初始化。

参考答案

（1）j < n 或其等价形式

（2）j++或其等价形式

（3）k = j

（4）data[i] = data[k]或*(data+i) = *(data+k)或其等价形式

（5）selectSort(arr, m)

其中，m 可替换为 8 或者 sizeof(arr) / sizeof(int)

（6）i = 0

试题三（共 15 分）

阅读以下代码和问题，回答问题 1 至问题 3，将解答填入答题纸的对应栏内。

【代码 1】

```
typedef enum {A, B, C, D} EnumType ;
EnumType  f(int yr)
{
   if( 0 == yr%400 ) {
      return A;
   }
   else if (!(yr%4)) {
      if (0 != yr%100)
         return B;
      else
         return C;
   }
   return D;
}
```

【问题 1】（4 分）

对于代码 1，写出下面的函数调用后 x1、x2、x3 和 x4 的值。

```
x1 = f(1997);
x2 = f(2000);
x3 = f(2100);
x4 = f(2020);
```

【代码 2】

```
#include<stdio.h>
int main()
{   int score;
    scanf("%d",&score);
    switch (score)
    {
        case 5: printf("Excellent!\n");
        case 4: printf("Good!\n");  break;
        case 3: printf("Average!\n");
        case 2:
        case 1:
        case 0: printf("Poor!\n");
        default: printf("Oops, Error\n");
    }
    return 0;
}
```

【问题 2】（5 分）

（1）写出代码 2 运行时输入为 3 的输出结果；

（2）写出代码 2 运行时输入为 5 的输出结果。

【代码 3】

```
#include<stdio.h>
int main()
{   int i,j,k;
    for(i=0; i<2; i++)
        for(j=0; j<3;j++)
            for (k=0; k<2; k++)  {
                if (i!=j&&j!=k)
                    printf("%d %d %d\n", i,j,k);
            }
```

```
    return 0;
}
```

【问题 3】（6 分）

写出代码 3 运行后的输出结果。

试题三分析

本题考查 C 程序的基本结构、语句和运算逻辑及其应用。

【问题 1】

本问题主要通过以不同实参调用同一个函数考查对 if 语句的理解和应用。

代码中 if 语句的含义可用下面的流程图表示：

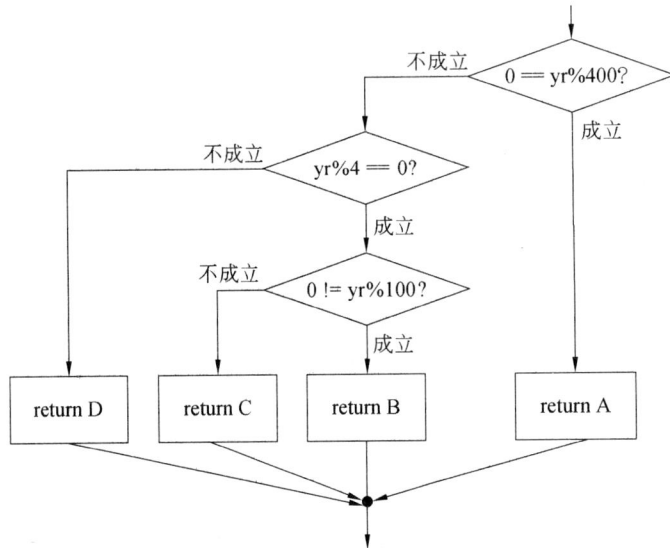

对于函数调用 x1 = f(1997)，将 1997 传给 yr 后计算 yr%400 值为 397，等于 0 不成立（即不能被 400 整除），接下来计算 yr%4 值为 1，等于 0 不成立（即不能被 4 整除），因此执行 return D。

对于函数调用 x1 = f(2000)，将 2000 传给 yr 后计算 yr%400 值为 0，等于 0 成立（即可以被 400 整除），因此执行 return A。

对于函数调用 x1 = f(2100)，将 2100 传给 yr 后计算 yr%400 值为 10，等于 0 不成立（即不能被 400 整除），接下来计算 yr%4 值为 0，等于 0 成立（即可以被 4 整除），接下来计算 yr%100 值为 0，不等于 0 不成立（即可以被 100 整除），因此执行 return C。

对于函数调用 x1 = f(2020)，将 2020 传给 yr 后计算 yr%400 值为 20，等于 0 不成立（即不能被 400 整除），接下来计算 yr%4 值为 0，等于 0 成立（即可以被 4 整除），接下来计算 yr%100 值为 20，不等于 0 成立（即不能被 100 整除），因此执行 return B。

【问题 2】

本问题主要通过输入不同值考查对 switch 语句的理解和应用,特别要注意其中 break 的作用。题目中的 switch 语句在逻辑上可以理解为下面流程图的含义,实际上通过将各情况的代码位置记在一个称为跳转表的数组中,根据 score 的值实现直接跳转,可以得到更高效的执行效率。

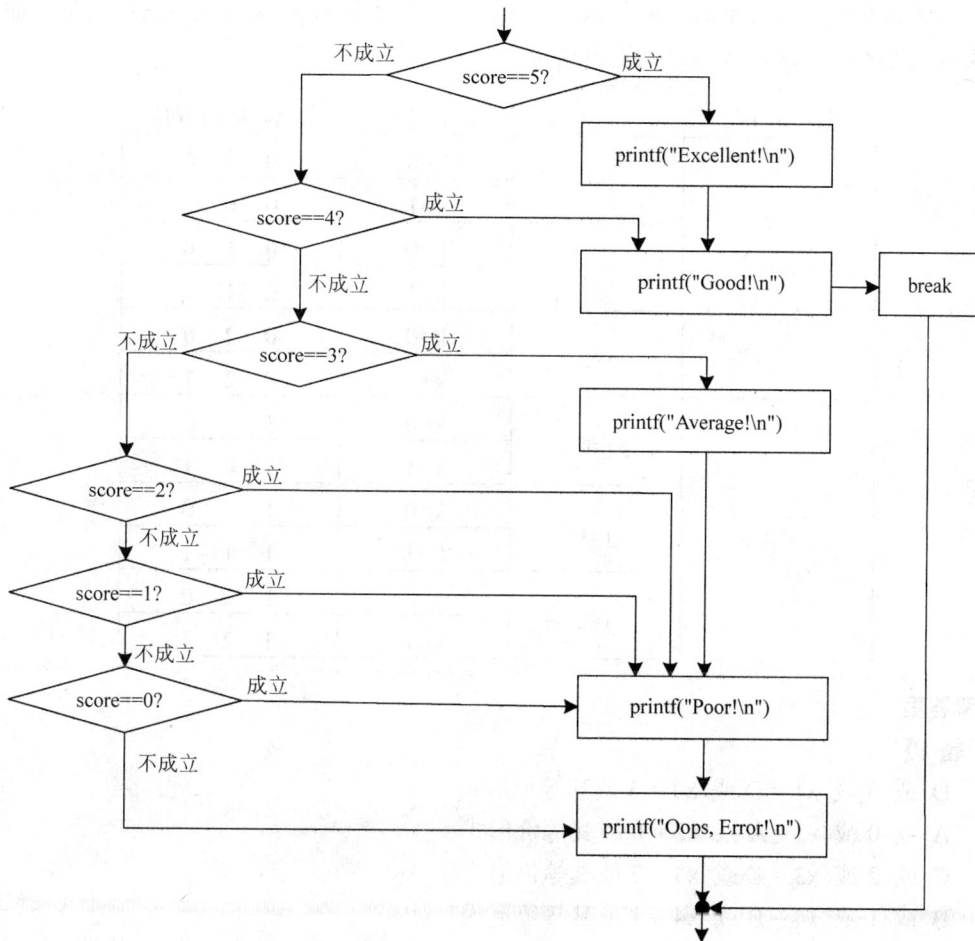

输入为 3 时,score 的值不等于 5 也不等于 4,而满足 score 等于 3 的情况,输出 "Average!"后,由于没有遇到 break,所以接下来执行输出 "Poor!"和输出 "Oops, Error",然后结束 switch 语句。

输入为 5 时,满足 score 等于 5 的情况,输出 "Excellent!" 后,由于没有遇到 break,所以接下来执行输出 "Good!",遇到 break,就结束 switch 语句。

若输入为 4,满足 score 等于 4 的情况,因此执行输出 "Good!",遇到 break,就结束 switch 语句。

　　若输入为 6，score 的值不等于 5、4、3、2、1 和 0 中的任何一个，则执行 default 部分的语句，即输出 "Oops, Error"，然后结束 switch 语句。

【问题 3】

　　本问题主要通过输入不同值考查对嵌套循环语句的理解和应用。

　　i、j 和 k 的取值关系如下表所示，要求输出 i、j 不同且 j、k 不同时它们的值，而 i 与 k 相同则不管，因此容易得到输出结果。

条件：i<2	j<3	k<2	i、j、k 的取值		
i=0	j=0	k=0	0	0	0
		k=1	0	0	1
	j=1	k=0	**0**	**1**	**0**
		k=1	0	1	1
	j=2	k=0	**0**	**2**	**0**
		k=1	**0**	**2**	**1**
i=1	j=0	k=0	1	0	0
		k=1	**1**	**0**	**1**
	j=1	k=0	1	1	0
		k=1	1	1	1
	j=2	k=0	**1**	**2**	**0**
		k=1	**1**	**2**	**1**

参考答案

【问题 1】

　　D 或 3 或 x1＝D 或 x1＝3 或其等价形式

　　A 或 0 或 x2＝A 或 x2＝0 或其等价形式

　　C 或 2 或 x3＝C 或 x3＝2 或其等价形式

　　B 或 1 或 x4＝B 或 x4＝1 或其等价形式

【问题 2】

（1）

　　Average!

　　Poor!

　　Oops, Error

（2）

　　Excellent!

　　Good!

【问题 3】

　　　0 1 0

　　　0 2 0

　　　0 2 1

　　　1 0 1

　　　1 2 0

　　　1 2 1

试题四（共 15 分）

　　阅读以下说明、C 函数和问题，回答问题 1 和问题 2，将解答填入答题纸的对应栏内。

【说明】

　　当数组中的元素已经排列有序时，可以采用折半查找（二分查找）法查找一个元素。下面的函数 biSearch(int r[],int low,int high,int key)用非递归方式在数组 r 中进行二分查找，函数 biSearch_rec(int r[],int low,int high,int key)采用递归方式在数组 r 中进行二分查找，函数的返回值都为所找到元素的下标；若找不到，则返回–1。

【C 函数 1】

```
int biSearch(int r[],int low,int high,int key)
//r[low..high]中的元素按非递减顺序排列
//用二分查找法在数组 r 中查找与 key 相同的元素
//若找到则返回该元素在数组 r 的下标,否则返回-1
{
int mid;
while(  (1)  ) {
   mid = (low+high)/2 ;
   if (key == r[mid])
   return mid;
   else if (key < r[mid])
     (2)  ;
   else
     (3)  ;
   }/*while*/
   return -1;
}/*biSearch*/
```

【C 函数 2】

```
int biSearch_rec(int r[],int low,int high,int key)
```

```
//r[low..high]中的元素按非递减顺序排列
//用二分查找法在数组 r 中递归地查找与 key 相同的元素
//若找到则返回该元素在数组 r 的下标,否则返回-1
{
    int mid;
    if (    (4)    ) {
        mid = (low+high)/2 ;
        if (key == r[mid])
                return mid;
        else if (key < r[mid])
                return biSearch_rec(___(5)___ , key);
        else
                return biSearch_rec(___(6)___ , key);
    }/*if*/
    return -1;
}/*biSearch_rec*/
```

【问题 1】(12 分)

请填充 C 函数 1 和 C 函数 2 中的空缺,将解答填入答题纸的对应栏内。

【问题 2】(3 分)

若有序数组中有 n 个元素,采用二分查找法查找一个元素时,最多与___(7)___个数组元素进行比较,即可确定查找结果。

(7)备选答案:

A. $\lceil \log_2(n+1) \rceil$　　　　B. $\lfloor n/2 \rfloor$　　　　C. $n-1$　　　　D. n

试题四分析

本题考查 C 程序的基本结构、递归运算逻辑和二分查找算法的实现。

二分查找算法要求查找表的元素已经有序,且可以随机访问元素,其基本思想是:首先令待查元素与中间位置上的元素进行比较,若相等,则查找成功结束;若大于中间元素,则继续在后半个查找表中继续进行二分查找,否则在前半个查找表中继续进行二分查找。

由于有序序列存储在数组中,所以查找表的开始位置(即最小元素的位置)用 low 表示,结束位置(即最大元素的位置)用 high 表示(即查找表可以通过[low,high]来表示),从而可以计算出中间位置 mid 为(low+high)/2,前半个查找表可用[low,mid−1]表示,后半个查找表可用[mod−1,high]表示。因此,在查找过程中,若待查元素小于中间位置的元素,则将 high 更新为 mid−1;若待查元素大于中间位置的元素,则将 low 更新为 mid+1,从而在继续进行二分查找时仍然通过[low,high]来表示查找表。显然,low<=high 表示查找范围有效,即查找表至少有一个元素。

函数 1 中的空(1)处应填入"low <= high",空(2)处表示要在前半个查找表中继

续查找，因此需要修改表尾的位置参数，应填入 "high = mid−1"；空（3）处表示要在后半个查找表中继续查找，因此需要修改表头的位置参数，应填入 "low = mid+1"。

用递归方式实现二分查找算法时，表头位置参数或表尾位置参数的修改通过递归调用时的实参来表示。函数 2 中的空（4）处应填入 "low <= high"，表示查找表有效，空（5）处表示要在前半个查找表中继续查找，因此需要修改查找表的表尾位置参数，完整的递归调用为 "biSearch_rec(r, low, mid−1, key)"；空（3）处表示要在后半个查找表中继续查找，因此需要修改查找表的表头位置参数，完整的递归调用为 "biSearch_rec(r, mid+1, high, key)"。

二分查找算法的时间复杂度为 $O(\log_2 n)$，最多与 $\lceil \log_2(n+1) \rceil$ 个数组元素进行比较，即可确定查找结果。

参考答案

【问题 1】

（1）low <= high 或其等价形式

（2）high = mid−1 或其等价形式

（3）low = mid+1 或其等价形式

（4）low <= high 或其等价形式

（5）r, low, mid−1

（6）r, mid+1, high

【问题 2】

（7）A 或 $\lceil \log_2(n+1) \rceil$

试题五（共 15 分）

阅读以下说明和 Java 代码，填补代码中的空缺，将解答填入答题纸的对应栏内。

【说明】

以下 Java 代码实现一个超市简单销售系统中的部分功能，顾客选择图书等物品（Item）加入购物车（ShoppingCart），到收银台（Cashier）对每个购物车中的物品统计其价格进行结账。设计如图 5-1 所示类图。

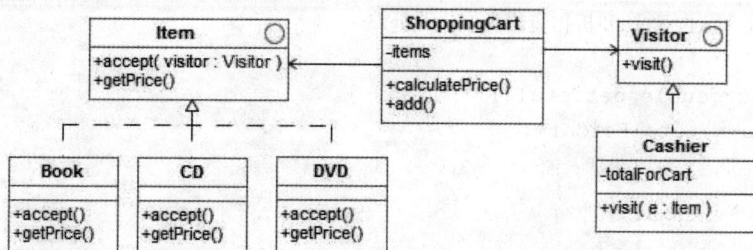

图 5-1　类图

【Java 代码】

```
interface Item{
  public void accept(Visitor visitor);
  public double getPrice();
}

class Book ___(1)___ {
  private double price;
  public Book(double price) { ___(2)___ ;}
  public void accept(Visitor visitor) {   //访问本元素
    ___(3)___ ;
  }
  public double getPrice() {
    return price;
  }
}
//其他物品类略
interface Visitor{
  public void visit(Book book);
  //其他物品的 visit 方法
}

class Cashier ___(4)___ {
  private double totalForCart;
  //访问 Book 类型对象的价格并累加
  ___(5)___ {
    //假设 Book 类型的物品价格超过 10 元打 8 折
    if(book.getPrice() < 10.0) {
      totalForCart += book.getPrice();
    } else
      totalForCart += book.getPrice() * 0.8;
  }
  //其他 visit 方法和折扣策略类似，此处略

  public double getTotal() {
    return totalForCart;
  }
}

class ShoppingCart {
  //normal shopping cart stuff
```

```
private java.util.ArrayList<Item> items = new java.util.ArrayList<>();
public double calculatePrice() {
  Cashier visitor = new Cashier();

  for(Item item: items) {
      (6)    ;
  }
  double total = visitor.getTotal();
  return total;
}
public void add(Item e) {
  this.items.add(e);
}
}
```

试题五分析

　　本题考查 Java 语言程序设计能力，涉及接口、类、对象、方法的定义和使用。要求考生根据给出的案例和代码说明，认真阅读理清程序思路，然后完成题目。题目所给代码清晰，易于理清思路。本题也是典型的访问者（Visitor）设计模式的实现示例。访问者设计模式的典型类图如下所示。该模式中最核心的部分当属 Visitor 接口，其为元素对象结构中每一种具体元素（ConcreteElement）定义了 visit 操作。

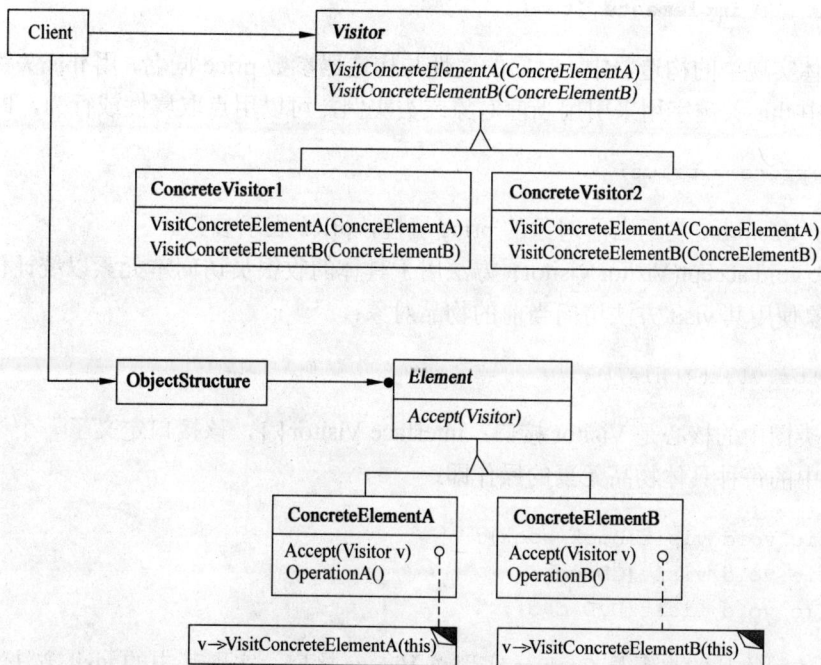

先考查题目说明，实现一个超市简单销售系统中的部分功能，顾客选择图书等物品（Item）加入购物车（ShoppingCart），到收银台（Cashier）对每个购物车中的物品统计其价格进行结账。具体物品有图书（Book）、CD 和 DVD 等。

根据题目说明进行设计，给出图 5-1 的类图，定义相关的接口、类及其之间的关系。其中 ShoppingCart 购物车中持有各种物品，物品（Item）定义为接口，声明两个方法，一个是 getPrice()可以获得物品价格，另一个 accept(visitor: Visitor)接受由 visitor 对象进行价格统计，方法由子类实现。Book、CD 和 DVD 三个具体类实现接口 Item，需要具体定义 getPrice()和 accept()方法的实现。Visitor 定义为访问每个物品的接口，具体访问者即其实现类 Cashier 对 ShoppingCart 中的每个物品进行统计。

元素对象结构中，Item 定义为接口，用 interface 关键字。其中声明的方法缺省为 public，此处显式添加了 public 关键字，没有方法实现：

```
public void accept(Visitor visitor);
public double getPrice();
```

接口无法直接创建对象，需要由具体类 Book、CD 和 DVD 实现 Item 中声明的方法接口后，才能创建对象。在 Java 中，采用 implements 关键字后加接口名，即：

```
class Book implements Item{…}
class CD implements Item{…}
class DVD implements Item{…}
```

在具体实现类的构造器中，对象的属性与构造器参数 price 同名，用 this 关键字加以区分。其中 this 关键字用来引用当前对象或类实例，可以用点取属性或行为，即：

```
this.price = price;
```

其中，this.price 表示当前对象的 price 属性，price 表示参数。

public void accept(Visitor visitor) 方法用于具体的收银员访问本元素以统计价格，即 visitor 对象使用其 visit 方法访问当前的物品对象：

```
visitor.visit(this);
```

这一类图中的核心是 Visitor 接口：interface Visitor{ }，该接口定义了一个访问 Item 对象结构中的每种具体物品元素的操作即：

```
public void visit(Book book);
public void visit(CD cd);
public void visit(DVD dvd);
```

具体访问物品的收银员 Cashier 实现该 Visitor 接口，实现其中的 visit 方法。Cashier

记录（存储）所统计的物品总价格 totalForCart，在访问每个物品之后，将按具体规则对物品进行价格统计，累加至总价格。Cashier 中定义 public double getTotal()方法以返回购物车中物品的总价格。

ShoppingCart 类定义购物车中一系列物品的集合：

```
private java.util.ArrayList<Item> items = new java.util.ArrayList<>();
```

其中，采用泛型元素类型<Item>约束，从 Java 7 起，支持创建 ArrayList 等集合类对象时，从上下文推断其泛型元素类型，不用显式指出。即 new java.util.ArrayList<>()。

ShoppingCart 中的 calculatePrice()方法即为触发结账离开的行为，其中每个物品接受 Cashier 对象的价格统计：

```
for(Item item: items) {
        item.accept(visitor);
}
```

最后通过 visitor.getTotal()返回总价格。ShoppingCart 中还定义一个方法用来向购物车添加物品：

```
public void add(Item e) {
this.items.add(e);
}
```

整个系统在使用时先创建 ShoppingCart 对象，向其中添加物品，结账离开时调用 calculatePrice()统计总价，在 main()方法中如下定义：

```
public static void main(String... args) {
    ShoppingCart cart = new ShoppingCart();
    cart.add(new Book(20));
    cart.add(new CD(10));
    cart.add(new DVD(20));

    double total = cart.calculatePrice();
    System.out.println("total : " + total);
}
```

综上所述，空（1）需要标识实现接口 implements Item；空（2）要表示将参数 price 赋值给当前对象的 price，即 this.price = price；空（3）处需要使 visitor 对象调用 visit 当前对象来统计价格，即 visitor.visit(this)；空（4）为实现接口 implements Visitor；空（5）处为具体类中实现接口中声明的方法 public void visit(Book book)；空（6）处为物品对象接受收银员对当前对象进行统计，item.accept(visitor)。

参考答案

（1）implements Item

（2）this.price = price

（3）visitor.visit(this)

（4）implements Visitor

（5）public void visit(Book book)

（6）item.accept(visitor)

试题六（共 15 分）

阅读下列说明和 C++代码，填补代码中的空缺，将解答填入答题纸的对应栏内。

【说明】

以下 C++代码实现一个超市简单销售系统中的部分功能，顾客选择图书等物品（Item）加入购物车（ShoppingCart），到收银台（Cashier）对每个购物车中的物品统计其价格进行结账。设计如图 6-1 所示类图。

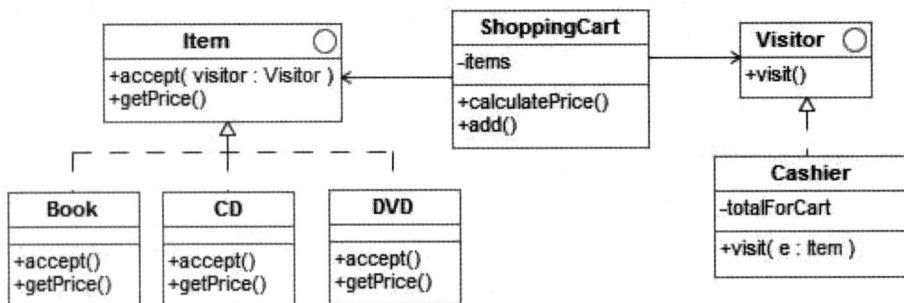

图 6-1　类图

【C++代码】

```cpp
using namespace std;
class Book;
class Visitor {
public:
    virtual void visit(Book* book)=0;
    //其他物品的 visit 方法
};

class Item {
public: virtual void accept(Visitor* visitor) = 0;
    virtual double getPrice() = 0;
```

```cpp
};

class Book    (1)    {
private:    double price;
public:
    Book(double price){ //访问本元素
        (2)    ;
    }
    void accept(Visitor* visitor) {
        (3)    ;
    }
    double getPrice() {    return price;    }
};
class Cashier    (4)    {
private:
    double totalForCart;
public:
    //访问 Book 类型对象的价格并累加
    (5)    {
        //假设 Book 类型的物品价格超过 10 元打 8 折
        if(book->getPrice() < 10.0) {
            totalForCart += book->getPrice();
        } else
            totalForCart += book->getPrice() * 0.8;
    }
    //其他 visit 方法和折扣策略类似，此处略
    double getTotal() {
        return totalForCart;
    }
};


class ShoppingCart {
private:
    vector<Item*> items;
public:
    double calculatePrice() {
        Cashier* visitor = new Cashier();

        for(int i = 0; i < items.size(); i++ ) {
            (6)    ;
        }
```

```
        double total = visitor->getTotal();
        return total;
    }

    void add(Item* e) {
        items.push_back(e);
    }
};
```

试题六分析

　　本题考查 C++ 语言程序设计能力，涉及接口、类、对象、函数的定义和使用。要求考生根据给出的案例和代码说明，认真阅读理清程序思路，然后完成题目。题目所给代码清晰，易于理清思路。本题也是典型的访问者（Visitor）设计模式的实现示例。访问者设计模式的典型类图如下所示。该模式中最核心的部分当属 Visitor 接口，其为元素对象结构中每一种具体元素（ConcreteElement）定义了 visit 操作。

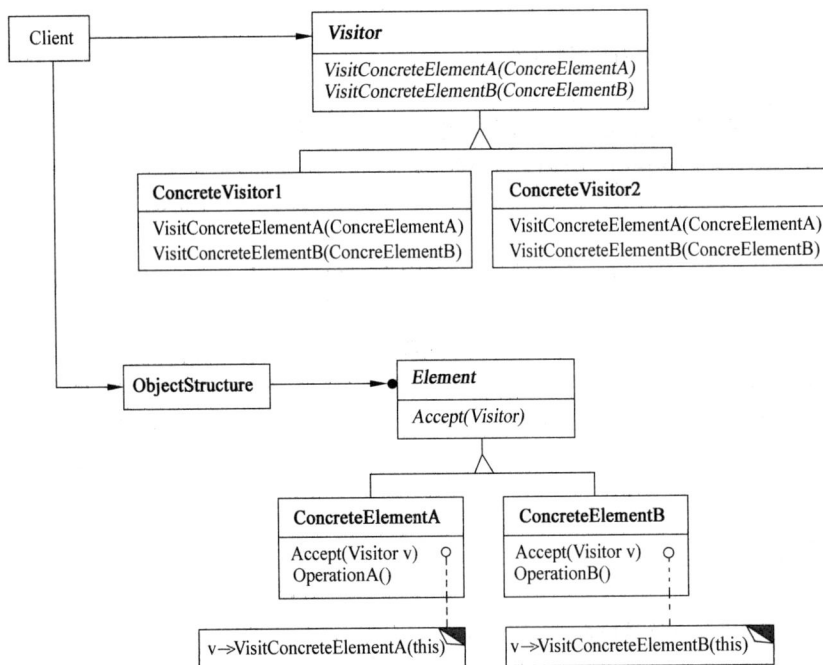

　　先考查题目说明，实现一个超市简单销售系统中的部分功能，顾客选择图书等物品（Item）加入购物车（ShoppingCart），到收银台（Cashier）对每个购物车中的物品统计其价格进行结账。具体物品有图书（Book）、CD 和 DVD 等。

　　根据题目说明进行设计，给出图 6-1 的类图，定义相关的接口、类及其之间的关系。其中 ShoppingCart 购物车中持有各种物品，物品（Item）定义为接口，声明两个纯虚函数，一个是 getPrice()可以获得物品价格，另一个 accept(visitor: Visitor)接受由 visitor 对象
进行价格统计，方法由子类实现。Book、CD 和 DVD 三个具体类继承 Item，需要具体
定义 getPrice()和 accept()函数的实现。Visitor 定义为访问每个物品的接口，具体访问者
即其实现类 Cashier 对 ShoppingCart 中的每个物品进行统计。

　　元素对象结构中，Item 接口定义为 C++中的抽象类，函数定义为纯虚函数，通过用
virtual 关键字修饰方法声明，并在声明中使用 "= 0" 来指定，只有函数的声明，没有具
体函数实现，即：

```
public:
virtual void accept(Visitor* visitor) = 0;
virtual double getPrice() = 0;
```

　　抽象类无法直接创建对象，需要由具体实现类 Book、CD 和 DVD 实现 Item 中的声
明的纯虚函数后，才能创建对象。在 C++中，采用 : 加父类名，如下所示：

```
class Book : public Item {…}
class CD : public Item {…}
class DVD : public Item {…}
```

　　在具体实现类的构造器中，对象的属性与构造器参数 price 同名，用 this 关键字加以
区分。其中 this 关键字用来指向当前对象或类实例，可以用->取属性或行为，即：

this->price = price;

　　其中，this->price 表示当前对象的 price 属性，price 表示参数。
　　void accept(Visitor* visitor)函数用于具体的收银员访问本元素以统计价格，即 visitor
对象使用其 visit 方法访问当前的物品对象：visitor->visit(this);。
　　这一类图中的另一个核心是 Visitor 接口，该接口定义了一个访问 Item 对象结构中
的每种具体物品元素的操作即，仍然采用抽象类定义：class Visitor{}，即：

```
public:
virtual void visit(Book* book)=0;
virtual void visit(CD* cd)=0;
virtual void visit(DVD* dvd)=0;
```

　　具体访问物品的收银员 Cashier 实现该 Visitor 接口，对其中声明的纯虚函数 visit 加
以实现。Cashier 记录（存储）所统计的物品总价格 totalForCart，在访问每个物品之后，
将按具体规则对物品进行价格统计，累加至总价格。Cashier 中定义 public: double getTotal()
函数以返回购物车中物品的总价格。
　　ShoppingCart 类定义购物车中一系列物品的向量集合：

```
vector<Item*> items;
```

其中，采用模板元素类型<Item*>约束。

ShoppingCart 中的 calculatePrice()函数即为触发结账离开的行为，其中每个物品接受 Cashier 对象的价格统计：

```
for(int i = 0; i < items.size(); i++ ) {
    items[i]->accept(visitor); // 或 items.at(i)->accept(visitor)
}
```

最后通过 visitor->getTotal()返回总价格。ShoppingCart 中还定义一个方法用来向购物车添加物品：

```
public void add(Item* e) {
items.push_back(e);
}
```

整个系统的在使用时先创建 ShoppingCart 对象，向其中添加物品，结账离开时调用 calculatePrice()统计总价，在 main()函数中定义如下：

```
int main() {
    ShoppingCart* cart = new ShoppingCart();
    Book* b = new Book(20);
    cart->add(b);
    CD* c = new CD(10);
    cart->add(c);

    double total = cart->calculatePrice();
    cout << "total : " << total << endl;
    delete cart;
}
```

综上所述，空（1）需要标识实现接口 Item，即用: public Item 继承 Item 类；空（2）要表示将参数 price 赋值给当前对象的 price，即 this->price = price；空（3）处需要使 visitor 对象调用 visit 当前对象来统计价格，即 visitor->visit(this)；空（4）为实现接口 Visitor，即：public Visitor 继承 Visitor 类；空（5）处为具体类中实现接口中声明的方法 void visit(Book* book)；空（6）处为物品对象接受收银员对当前对象进行统计，items.at(i)->accept(visitor)或 items[i]->accept(visitor)。

参考答案

  （1）: public Item

  （2）this->price = price

（3）visitor->visit(this)

（4）: public Visitor

（5）void visit(Book* book)

（6）items.at(i)->accept(visitor)或 items